智能科学与技术丛书

Machine Vision and Application

机器视觉与应用

曹其新 庄春刚 ◎ 等编著

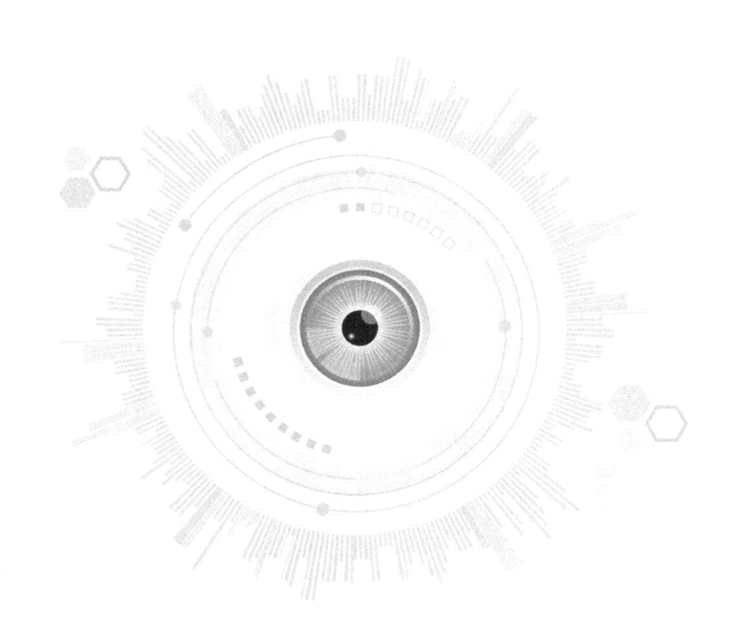

机械工业出版社
China Machine Press

图书在版编目（CIP）数据

机器视觉与应用 / 曹其新等编著 . -- 北京：机械工业出版社，2021.7（2024.11 重印）
（智能科学与技术丛书）
ISBN 978-7-111-68686-6

I. ①机… II. ①曹… III. ①计算机视觉 - 高等学校 - 教材 IV. ① TP302.7

中国版本图书馆 CIP 数据核字（2021）第 137948 号

在人工智能浪潮的大背景之下，机器视觉的应用已经覆盖各个行业。机器视觉及其应用研究的主要目的是，让计算机实时处理传感器感知的信息，用图像和图像序列来识别和认知三维世界，最终让机器人或机器具有“视觉”功能，以满足社会对机器的智能化需求。本书以应用为导向，从机器视觉的硬件构建、算法实现及应用案例研究这 3 个层次，系统地介绍机器视觉的基本知识，以及图像处理、模式识别和机器视觉应用问题的一般求解方法。本书理论与实际相结合，分享了机器视觉在物体识别和测量、实时 3D 环境建模以及机器人的视觉伺服应用等方面的解决方案。

本书可作为工程领域非电类专业的大学高年级学生和研究生的教材或自学资料，也可供从事先进制造、智能控制研究与应用的科技人员及管理人员学习。

出版发行：机械工业出版社（北京市西城区百万庄大街 22 号 邮政编码：100037）

责任编辑：王 颖 张梦玲		责任校对：殷 虹	
印 刷：	北京机工印刷厂有限公司	版 次：	2024 年 11 月第 1 版第 6 次印刷
开 本：	185mm×260mm 1/16	印 张：	18
书 号：	ISBN 978-7-111-68686-6	定 价：	79.00 元

客服电话：(010) 88361066 68326294

PREFACE

前　言

机器视觉是一项综合技术，其内容涉及数字信号处理、机械工程技术、控制与光源照明技术、传感器技术、计算机软件技术和人机接口技术等。典型的机器视觉应用系统包括图像捕捉模块、光源模块、图像数字化模块、数字图像处理模块、智能判断决策模块和机械控制执行模块。因此，机器视觉就是为智能设备安装的"眼睛"。机器视觉系统的鲁棒性、实时性、高速度和高精度是其实用性的重要指标。近年来，计算机的运算速度逐年提高，人们的生活消费方式、生产制造方式有了很大的变化，这给机器视觉应用技术带来了新的需求和挑战。

上海交通大学的"机器视觉与应用"课程开始于2001年，最早是面向该校机械工程学院机械电子工程专业研究生开设的选修课，是作为机器人学配套课程出现的。该课程主要在图像处理的基础上重点介绍机器视觉理论与算法，如图像预处理、立体视觉建模、运动视觉(或称为序列图像分析)、由图像灰度恢复三维物体形状、物体建模与识别方法，以及距离图像分析方法等。本书规避了图像处理涉及的大量数学公式，而是从应用案例入手，帮助读者掌握机器视觉技术并解决实际问题。

20年来，机器视觉应用技术一直在向更深、更高层次发展，特别是2010年以来深度学习解决了图像识别的一系列瓶颈问题，机器视觉应用也从单一视觉检测走向视觉定位、环境建模和对象识别的实用化方向。由于非电类专业出身的工程技术人员迫切希望掌握机器视觉技术并期待能灵活应用该项技术提高机器人和装备的智能化性能，因此，本书在系统地描述机器视觉的基本理论与方法时，重点介绍机器视觉应用系统涉及的新技术、新方法、新器件以及机器视觉的典型应用实例。本书内容包含计算机视觉与机器视觉的基本概念、光源技术、镜头技术、摄像机技术和典型接口技术，以及构成机器视觉系统的标定技术。同时，结合Matlab图像处理工具和OpenCV开源代码平台，绕开了烦琐的公式，介绍了机器视觉涉及的图像处理和模式识别技术。书中的主要应用案例分别来自作者指导过的张昊若、林敏捷、杨理欣几位研究生的学位论文，研究生倪培远和张悦也参与了本书的整理和编辑工作，在此表示感谢！

由于作者的水平有限，书中难免存在不足之处，请大家就如何完善本书提出宝贵意见，我们的联系方式是：qxcao@sjtu. edu. cn。

CONTENTS

目　　录

CHAPTER1

第1章

绪　　论

1.1　机器视觉的发展及系统构成

据统计，人类约有80%的信息是通过视觉从外部世界获取的。这既体现了视觉的信息量巨大，也表明了人类对视觉信息有较高的利用率，同时又体现了人类视觉功能的重要性。随着信息技术的发展，人类多年以来的梦想是给计算机、机器人或其他智能机器赋予人类的视觉功能。虽然目前还不能使计算机、机器人或其他智能机器也具有像人类等生物那样高效、灵活和通用的视觉，但自20世纪50年代以来视觉理论和技术得到了迅速发展，这使得人类的梦想正在逐步实现。

1.1.1　机器视觉的发展

计算机视觉是用计算机实现人的视觉功能，即对客观世界中三维场景的感知、识别和理解。计算机视觉是在20世纪50年代从统计模式识别开始的，当时的工作主要集中在二维图像分析、识别和理解上，如光学字符识别和对工件表面、显微图片和航空照片的分析和解释等。在20世纪60年代，Roberts将环境限制在所谓的“积木世界”，即周围的物体都是由多面体组成的，需要识别的物体可以用简单的点、直线、平面的组合来表示。通过计算机程序从数字图像中提取出立方体、楔形体、棱柱体等多面体的三维结构，并对物体形状及物体的空间关系进行描述。Roberts的研究工作开创了以理解三维场景为目的的三维机器视觉的研究。到了20世纪70年代，已经出现了一些视觉应用系统。

计算机视觉(computer vision)和机器视觉(machine vision)这两个术语既有区别又有联系。计算机视觉采用图像处理、模式识别、人工智能技术相结合的手段，着重于一幅或多幅图像的计算机分析。图像可以由多个传感器获取，也可以是单个传感器在不同时刻获取的图像序列。计算机分析是对目标物体的识别，确定目标物体的位置和姿态，对三维景物进行符号描述和解释。在计算机视觉研究中，经常使用几何模型、复杂的知识表达式，采用基于模型的匹配和搜索技术，搜索策略常使用自底向上、自顶向下、分层和启发式控制策略。机器视觉则偏重于计算机视觉技术工程化，能够自动获取和分析特定的图像，以控制相应的行为。具体地说，计算机视觉为机器视觉提供图像和景物分析的理论及算法基础；机器视觉为计算机视觉的实现提供传感器模型、系统构造和实现手段。因此可以认为，机器视觉系统就是一个能自动获取一幅或多幅目标物体图像，对所获取图像的各种特征量进行处理、分析和测量，并对测量结果做出定性分析和定量解释，从而得到有关目标物体的某种认识并做出相应决策的系统。机器视觉系统的功能包括：物体定位、特征检测、缺陷判断、目标识别、计数和运动跟踪。

1.1.2　机器视觉系统的构成

机器视觉系统一般以计算机为中心，主要由视觉传感器、高速图像采集系统及专用图像处理系统等模块构成，如图 1-1 所示。

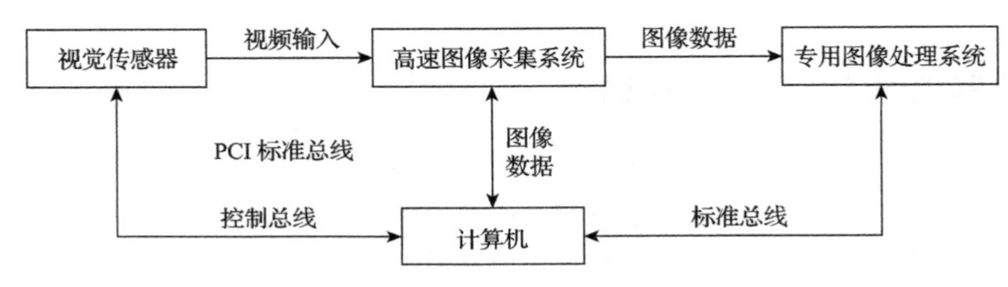

图 1-1　机器视觉系统的基本组成模块

视觉传感器是整个机器视觉系统中信息的直接来源，主要由一个或者两个图像传感器组成，有时还要配以光投射器及其他辅助设备。它的主要功能是获取足够的机器视觉系统要处理的最原始图像。图像传感器可以使用激光扫描器、线阵和面阵 CCD 摄像机或者 TV 摄像机，也可以是最新的数字摄像机等。尤其是线阵和面阵 CCD 摄像机，它们在计算机视觉的发展和应用中起着至关重要的作用。随着半导体集成技术和超大规模微细加工技术的发展，面阵 CCD 摄像机不仅商品化了，而且还具有高分辨率和高工作速度。另外，它所具有的二维特性、高灵敏度、可靠性好、几何畸变小、无图像滞后和图像漂移等优点使其成为计算机视觉中非常合适的图像传感器。光投射器可以作为普通的照明光源、半导体激光器或者红外激光器等，它的功能主要是参与形成被分析物体图像的特征。其他辅助设备为传感器提供电源和控制接口等功能。

进入 20 世纪 90 年代以后，为满足对小型化、低功耗和低成本成像系统消费需求的增加，出现了几种新的固体图像传感技术，其中最引人注目且最有发展潜力的是采用标准 CMOS 半导体工艺生产的图像传感器，即 CMOS 图像传感器。可以预计，CMOS 图像传感器以其独特的优点在计算机视觉系统中将具有广泛的应用前景。

高速图像采集系统是由专用视频解码器、图像缓冲器和控制接口电路组成的。它的主要功能是实时地将由视觉传感器获取的模拟视频信号转换为数字图像信号，并将图像直接传送给计算机进行显示和处理，或者将数字图像传送给专用图像处理系统进行视觉信号的实时前端处理。随着专用视频解码器芯片和现场可编程逻辑门阵列(FPGA)芯片的出现，现在的大多数高速图像采集系统由少数几个芯片就可以完成。图像采集系统与计算机接口采用工业标准总线，如 ISA 总线、VME 总线或者 PCI 总线等。这使得图像采集系统到计算机的实时图像数据传输成为可能。

专用图像处理系统是计算机的辅助处理器，是主要采用专用集成芯片(ASIC)、数字信号处理器(DSP)或者 FPGA 等设计的全硬件处理器。它可以实时且高速地完成各种低级的图像处理算法，以减轻计算机的处理负荷，提高整个视觉系统的速度。专用图像处理系统与计算机之间的通信可以采用标准总线接口、串行通信总线接口或者网络通信等方式。各种硬件处理系统(如基于 FPGA 的超级计算机和实时低级图像处理系统等)的出现，为机器视觉系统的实时实现提供了有利的条件。

计算机是整个机器视觉系统的核心。它除了控制整个系统中各个模块的正常运行外，还承担着视觉系统的最后结果运算和输出。由图像采集系统输出的数字图像可以直接传送到计算机，由计算机采用纯软件方式完成所有的图像处理和其他运算。如果纯软件处理能够满足视觉系统的要求，专用硬件处理系统就不用出现在机器视觉系统中。这样，一个实用的机器视觉系统的结构、性能、处理时间和价格等都可以根据具体应用而定，因此比较灵活。

针对有些机器视觉系统，还需配有相应的工件传输和定位系统，以使待监测的工件通过特定的传送系统安放到预定的空间内，并且在必要的时候，加以定位限制。

为适应现代工业发展的需要，在各种小型机、微型机，特别是在功能强大的 IBM-PC 上开发各种专用微型视觉组件变得更为重要。越来越多的公司投入大量人力物力研究视觉组件产品。单就美国而言，早在 1983 年年底就有一百多家公司跻身于计算机视觉系统的市场，而经过 20 多年的发展，投入到这个领域的公司不计其数。随着微处理器和超大规模集成电路技术日益成熟，已经能生产出更小、更先进、更灵活且可靠耐用的视觉组件产品，并使它们走出实验室进入实际工作现场。

在二维视觉系统处理中，随着机器视觉的飞速发展，已从二值视觉系统发展为灰度视觉系统，并已用于实际。二值视觉系统仅通过像素从 0 到 1 或从 1 到 0 的变化提取图像边缘点，需要高对比度图像。灰度视觉系统具有检测复杂场景的能力，如复杂工件识别和表面特征(纹理、阴影、模式等)分析。采用一定的算法，系统精度受照明变化的影响很小。灰度是图像辐射度或亮度的量化。该信息是通过视频模-数(A/D)转换器存储在帧存体中获得的，灰度分辨率随机器视觉系统的不同而不同，但数值通常是 2 的乘方(如 4、16、64 和 256)。灰度分辨率将确定视觉系统检测区域亮度值的最小变化。灰度分辨率结合“子像素”能力在机器视觉系统中起着重要作用。

近年来在三维视觉信息获取方面也取得了巨大的进步，由于实现思想和条件的不同，因此产生了相应的诸多方法，例如，根据照明方式可分为主动测距法和被动测距法。前者需要利用特别的光源所提供的结构信息，而后者是在自然光下完成深度信息获取的。被动测距法适合受环境限制和需保密的场合；而主动测距法可应用的领域非常广泛，且具有测量精度高、抗干扰性能好和实时性强等优点。总之，三维视觉的引入进一步扩大了机器视觉的应用领域。

此外，机器视觉系统的界面是开放的，用户可根据应用需要进行计算机编程，以改善系统的功能。为进一步使机器视觉系统与工业自动化现场相适应，该系统由菜单驱动系统，可用鼠标或光笔在屏幕上选择功能项，易于操作，无须专门培训操作员。

机器视觉系统具有高度的智能和普遍的适应性，并不断完善。目前它已完全用于工业现场，满足现代生产过程的要求。

1.2 Marr 的视觉理论框架

20 世纪 80 年代初，Marr(1982)首次从信息处理的角度综合了图像处理、心理物理学、神经生理学及临床神经病学等方面已取得的重要研究成果，提出了第一个较为完善的视觉系统框架，使计算机视觉研究有了一个比较明确的体系。虽然这个理论还需要通过研究不断地改进和完善，但 Marr 的视觉计算理论是首次提出的阐述视觉机理的系统理论，并且对人类视觉和计算机视觉的研究都产生了深远的推动作用。下面简要介绍 Marr 视觉理论的基本思想及理论框架。

1.2.1 视觉系统研究的 3 个层次

Marr 从信息处理系统的角度出发，认为对视觉系统的研究应分为 3 个层次，即计算理论层次、表达与算法层次和硬件实现层次。

计算理论层次要回答视觉系统的计算目的与计算策略是什么，或视觉系统的输入输出是什么，如何由系统的输入求出系统的输出。在这个层次上，视觉系统的输入是二维图像，输出则是三维物体的形状、位置和姿态。视觉系统的任务就是研究如何建立输入输出之间的关系和约束，如何根据二维灰度图像恢复物体的三维信息。表达与算法层次是要进一步回答如何表达输入和输出信息，如何实现计算理论所对应的功能的算法，以及如何由一种表示变换成另一种表示。一般来说，不同的表达方式完成同一计算的算法会不同，但 Marr 算法与表达是比计算理论低一层次的问题，不同的表达与算法，在计算理论层次上可以是相同的。最后，硬件实现层次解决如何用硬件实现上述表达和算法，比如计算机体系结构和具体的计算装置及其细节。

从信息处理的角度来看，至关重要的乃是最高层次，即计算理论层次。这是因为构成视觉的计算本质取决于解决计算问题本身，而不取决于用来解决计算问题的特殊硬件。换句话说，正确理解待解决问题的本质，将有助于理解并创造算法。如果只考虑解决问题的机制和物理实现，则对理解算法往往无济于事。

区分以上 3 个不同层次，对于深刻理解计算机视觉与生物视觉系统以及它们的关系都是有益的。例如，人的视觉系统与目前的计算机视觉系统在“硬件实现”层次上是完全不同的，前者是极为复杂的神经网络，而后者目前使用的是计算机，但它们可能在计算理论层次上完成相同的功能。

视觉系统研究的 3 个层次可归纳为表 1-1。

表 1-1 视觉系统研究的 3 个层次的含义和所解决的问题

要素	名称	含义和所解决的问题
1	计算理论	计算目的是什么，为什么要这样计算
2	表达和算法	怎样实现计算理论，什么是输入输出表达，用什么算法实现表达间的转换
3	硬件实现	怎样在物理上实现表达和算法，什么是计算结构的具体细节

1.2.2 视觉信息处理的 3 个阶段

Marr 从视觉计算理论出发，将系统自下而上分为 3 个阶段，即视觉信息从最初的原始数据(二维图像数据)到最终对三维环境的表达经历了 3 个阶段的处理，如图 1-2 所示。第一阶段(也称为早期阶段)构成所谓的“要素图”或“基元图”(primary sketch)，基元图由二维图像中的边缘点、直线段、曲线、顶点、纹理等基本几何元素或特征组成；第二阶段(中期阶段)，Marr 称为对环境的 2.5 维描述，2.5 维描述是一种形象的说法，是对部分的、不完整的三维信息描述。用“计算”的语言来讲，就是重建三维物体在以观察者为中心的坐标系下的三维形状与位置。当人眼或摄像机观察周围环境物体时，观察者对三维物体最初是以自身的坐标系来描述的，另外，我们只能观察到物体的一部分(另一部分是物体的背面或被其他物体遮挡的部分)。这样，重建的结果是在观察者坐标系下描述的部分三维物体形状，称为 2.5 维描述。这一阶段中存在许多并行的相对独立的模块，如立体视觉、运动分析、由灰度恢复表面形状等不同处理单元。事实上，从不同角度去观察物体，观察到的形状都是不完整的。不难想象，人脑中存有同一物体从所有可能的观察角度看到的形象，以用来与所谓的物体的 2.5 维描述进行匹配与比较。因此，必须对 2.5 维描述进行进一步处理以得到物体完整的三维描述，而且必须是在物体本身某一固定坐标系下的描述，这一阶段称为第三阶段(后期阶段)。

Marr 理论是计算机视觉研究领域的划时代成就，积极推动了这一领域的研究，多年来对图像理解和计算机视觉的研究发展起了重要的作用。但 Marr 理论也有其不足之处，其中有 4 个关于整体框架(见图 1-2)的问题：

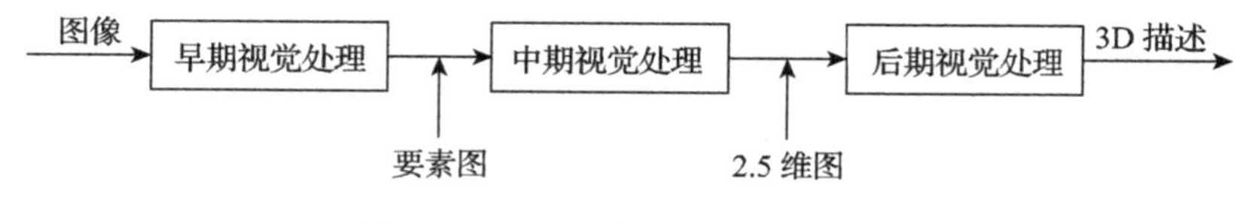

图 1-2 Marr 框架的视觉 3 个阶段

(1)框架中输入是被动的，给什么图像，系统就处理什么图像。

(2)框架中加工目的不变，总是恢复场景中物体的位置和形状等。

(3)框架缺乏或者说没有足够重视高层知识的指导作用。

(4)整个框架中信息加工过程基本上是自下而上的，单向流动，没有反馈。

针对上述问题，近年来人们提出了一系列改进思路，对于图 1-2 所示的框架，可对其改进并融入新的模块得到图 1-3 所示的框架，具体改进如下。

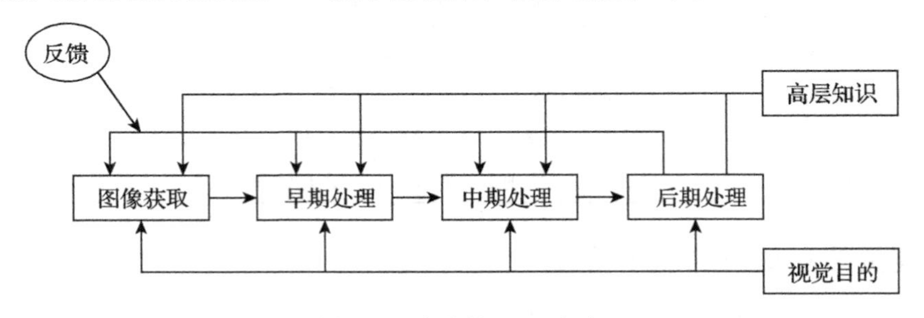

图 1-3　改进的 Marr 框架

(1)人类视觉是主动的，会根据需要改变视角，以帮助识别。主动视觉是指视觉系统可以根据已有的分析结果和视觉的当前要求，决定摄像机的运动以从合适的视角获取相应的图像。人类的视觉也是有选择的，可以注视(以较高分辨率观察感兴趣区域)，也可以对场景中某些部分视而不见。选择性视觉是指视觉系统可以根据已有的分析结果和视觉的当前要求，决定摄像机的注意点以获取相应的图像。考虑到这些因素，在改进框架中增加了图像获取模块。该模块要根据视觉目的选择采集方式。

(2)人类的视觉可以根据不同的目的而进行调整。有目的的视觉(也称定性视觉)是指视觉系统根据视觉目的进行决策，例如，是完整地恢复场景中物体的位置和形状等，还是仅仅检测场景中是否有某物体存在。事实上，有很多场合只需定性结果就可以，并不需要复杂性高的定量结果。因此在改进框架中增加了视觉目的模块，但定性分析还缺乏完备的数学工具。

顺便指出，有一种相关的观点认为 Marr 关于对场景先重建后解释的思路可以简化视觉任务，但与人的视觉功能并不完全吻合。事实上重建和解释不总是串行的。

(3)人类可在仅从图像中获取部分信息的情况下完全解决视觉问题，原因是隐含地使用了各种知识。例如，借助 CAD 设计资料获取物体的形状信息(使用物体模型库)，从而可帮助解决由单幅图恢复物体形状的问题。利用高层知识可解决低层信息不足的问题，所以在改进框架中增加了高层知识模块。

(4)人类视觉中前后处理之间是有交互的，尽管对这种交互的机理了解得还不充分，但高层知识和后期处理中的反馈信息对早期处理的作用是重要的。从这个角度出发，在改进框架中增加了反馈来控制流向。

最后需要指出，限于历史等因素，Marr 没有研究如何用数学方法严格地描述视觉信息的问题。他虽然较充分地研究了早期视觉，但基本没有论及对视觉知识的表达、使用和基于视觉知识的识别等。近年来有许多试图建立计算机视觉理论框架的工作，其中 Grossberg 宣称建立了一个新的视觉理论：表观动态几何学(dynamic geometry of surface form and appearance)。它指出感知的表面形状是分布在多个空间尺度上经过多种处理动作的总结果，因此 2.5 维图并不存在，向 Marr 的理论提出了挑战。但 Marr 的理论使得人们对视觉信息的研究有了明确的认识和较完整的基本体系，因此仍被看作研究的主流。现在新提出的理论框架均包含它的基本组成部分，多数被看作它的补充和发展。尽管 Marr 的理论在许多方面还存在争议，但至今它仍是广大计算机视觉工作者普遍接受的计算机视觉理论基本框架。

1.3 机器视觉任务和机器视觉与其他领域的关系

1.3.1 机器视觉任务

机器视觉系统被用于分析图像和生成一个对成像物体（或场景）的描述（如图 1-4 所示）。这些描述必须包含：关于成像物体的某些方面的信息，而这些信息将用于实现某些特殊的任务。因此，我们把机器视觉系统看作一个与周围环境进行交互的大实体的一部分。视觉系统可以被看作关于场景的反馈回路中的一个单元，而其他的单元则用来做决策和执行这些决策。

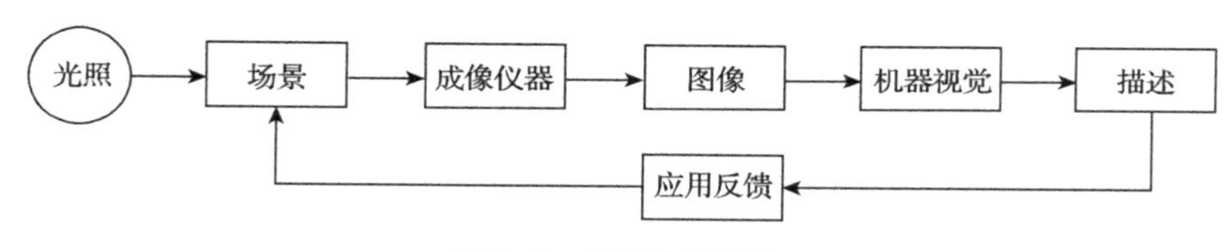

图 1-4 机器视觉系统

机器视觉系统的输入是图像，或者图像序列；而它的输出是一个描述。这个描述需要满足下面两个准则。

(1)这个描述必须和成像物体（或场景）有关。

(2)这个描述必须包含完成指定任务所需要的全部信息。

第一个准则保证了这个描述在某种意义上应依赖于视觉输入，而第二个准则保证了视觉系统的输出信息是有用的。

对物体的描述并不总是唯一的。从许多不同的观点和不同的细节层次上来看，我们都可以构造出对物体的不同描述。因此，我们无法对物体进行“完全的”描述。幸运的是，我们可以避开这个潜在的哲学陷阱，而只去考虑针对某一特殊任务的某种有效描述。也就是说，我们所需要的并不是关于成像物体的所有描述，而是那些有助于我们进行正确操作的描述。

可以通过一个简单的例子来弄清楚这个观点。我们考虑一个任务：指导机械臂抓取传送带上的零件。零件在传送带上的位置以及零件的朝向都可以是任意的，并且几种不同类型的零件将同时在传送带上传输，而这些不同的零件将被装配在不同的设备上。当零件经过装在传送带上方的摄像机时，物体的图像将会被输入视觉系统。在这个例子中，视觉系统所要给出的描述很简单，即零件的位置、朝向以及种类。我们可能只需要使用几个数字就能够将这个描述表示清楚。但是，在其他一些例子中，可能需要使用复杂的符号系统才能将这些描述表达清楚。

我们也可能碰到过这样的情况，反馈回路对于机器并不是“封闭”的，人们将对视觉系统输出的描述进行进一步解释。对于这种情况，上面提出的两个准则仍然需要满足。只是在这种情况下，我们更加难以确定视觉系统是否成功地解决了给定的视觉问题。

1.3.2　机器视觉与其他领域的关系

下面 3 个领域是与机器视觉紧密联系在一起的(参见图 1-5)：

- 图像处理
- 模式分类
- 场景分析

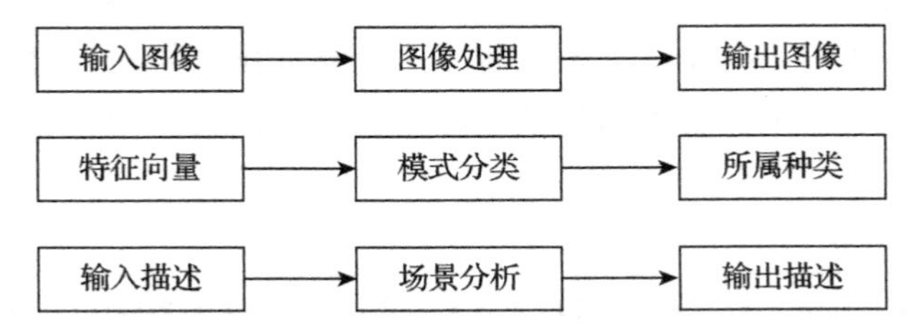

图 1-5　机器视觉的“原始范例”包括图像处理、模式分类和场景分析

图像处理主要是从已有图像中产生出一幅新的图像。图像处理所使用的技术大部分来自线性系统理论。图像处理所产生的新的图像可能经过了噪声抑制、去模糊、边缘增强等操作；但是，它的输出结果仍然是一幅图像，因此，其输出结果仍然需要人来对其进行解释。正如我们在后面将要看到的，对于理解成像系统的局限性和设计机器视觉处理模块，一些图像处理技术是很有用的。

模式分类的主要任务是对“模式”进行分类。这些“模式”通常是一组用来表示物体属性的给定数据(或者关于这些属性的测量结果)，例如，物体的高度、质量等。尽管分类器的输入并不是图像，但是，模式分类技术往往可以有效地用于对视觉系统所产生的结果进行分析。识别一个物体，就是将其归为一些已知类中的某一类。但是，需要注意的是，对物体的识别只是机器视觉系统的众多任务中的一个。在对模式分类的研究过程中，我们得到了一些对图像进行测量的简单模型，但是，这些技术通常将图像看作一个关于亮度的二维模式。因此，对于以任意姿态出现在三维空间中的物体，我们通常无法直接使用这些模型进行处理。

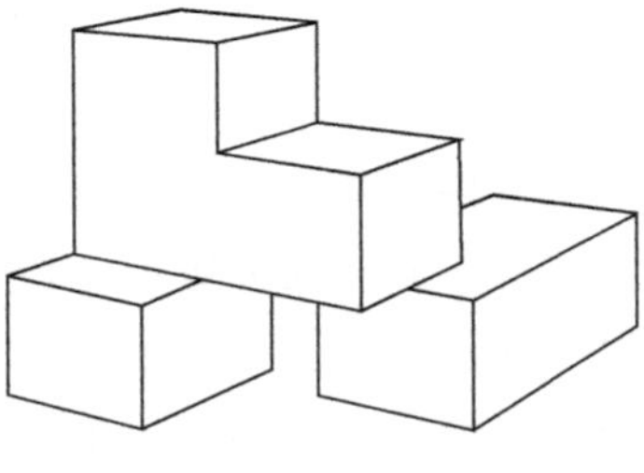

场景分析关注将从图像中获取的简单描述转化为一个更加复杂的描述。对于某些特定的任务，这些复杂描述会更加有用。这方面的一个经典例子是对线条图进行解释(如图 1-6 所示)。这里，我们需要对一幅由几个多面体构成的图进行解释。该图是以线段集(即一组线段)的形式给出的。在能够用线段集来对线条

图 1-6　在场景分析中，底层的符号描述(例如线条图)用于生成“高级”的符号描述

图进行解释之前，我们首先需要确定这些由线段勾勒出的图像区域是如何组合在一起(从而形成物体)的？此外，我们还想知道物体之间是如何相互支撑的？这样，从简单的符号描述(即线段集)中，我们获得了复杂的符号描述(包括图像区域之间的关系，以及物体之间的相互支撑关系)。注意在这里，我们的分析和处理并不是从图像开始的，而是从对图像的简单描述(即线段集)开始的。因此，这并不是机器视觉的核心问题。

在这里，我们再一次强调，机器视觉的核心问题是：从一幅或多幅图像中生成一个符号描述！

1.4　参考文献

[1] 张广军．机器视觉[M]．北京：科学出版社，2005：1-8.

[2] 伯特霍尔德·霍恩．机器视觉[M]．王亮，蒋欣兰，译．北京：中国青年出版社，2014：3-6.

[3] Roberts L G. Machine perception of three-dimensional solids[M]. MIT Press，1965：159-197.

[4] Guzman A. Decomposition of a visual scene into three-dimensional bodies[M]. Academic Press，1969.

[5] Mackworth A K. Interpreting pictures of polyhedral scenes[J]. Artificial Intelligence. 1973，4(2)：121-137.

[6] 吴健康，肖锦玉．计算机视觉基本理论和方法[M]．合肥：中国科学技术大学出版社，1993.

[7] Marr D. Vision：A computational investigation into the human representation and processing of visual information[M]. Freeman and Company，1982.

[8] 吴立德．计算机视觉[M]．上海：复旦大学出版社，1993.

[9] Aloimonos Y. Special issue on purposive，qualitative，active vision[C]. CVGIP-IU，1992，56(1)：1-29.

[10] Huang T，Stucki P. Special section on 3-D modeling in image analysis and synthesis[C]. IEEE Trans. Pattern Analysis and Machine Intelligence，1993，15 (6)：529-616.

CHAPTER 2

第 2 章

成像与图像采集

2.1 亮度与成像

图像可看作亮度在平面上的一种分布，这种分布与成像的客观世界的性质有关。直观地说，场景越亮，图像也越亮，它们之间的关系可借助光度学来描述。

2.1.1 光度学

下面先给出与光度学相关的一些名词和定义。

1. 电磁辐射频谱

光是一种电磁辐射，而研究各种电磁辐射强弱和度量的学科称为辐射度学，光度学可看作辐射度学的一个特殊分支。光度学主要研究可见光的强弱和度量。

电磁辐射的频谱如图 2-1 所示，从 γ 射线到无线电波覆盖很大的波长范围(约 10^{13} m)。其中，光学谱段一般是指包括波长为 10nm 左右的远紫外线到波长为 0.1cm 的远红外线的范围。波长小于 10nm 的是 γ 射线、X 射线。而波长大于 0.1cm 的则属于微波和无线电波。在光学谱段内，又可以按照波长分为远紫外、近紫外、可见光、近红外、中红外、远红外

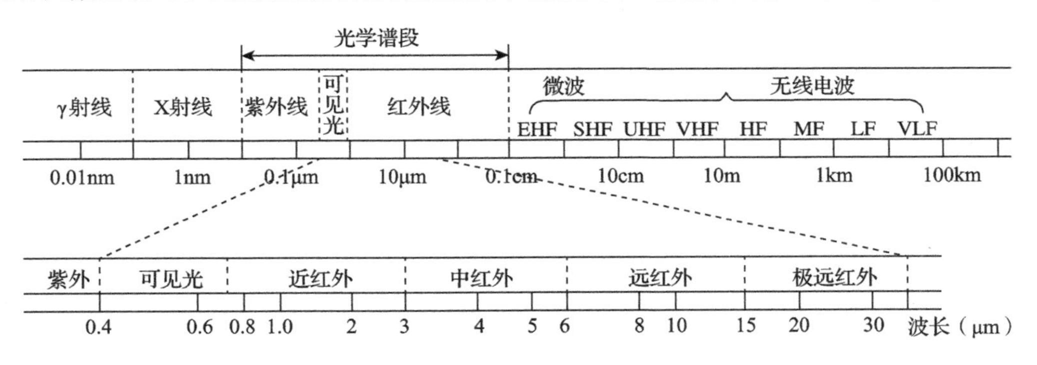

图 2-1 电磁辐射的频谱

和极远红外。可见光谱段为辐射能对人眼产生目视刺激而形成光亮感的谱段，一般的波长范围为 0.38～0.76μm。对使人眼产生总的目视刺激的度量是光度学的研究范畴。

辐射度学中一个最基本的量是辐射通量，或者说辐射功率或辐射量，单位是瓦(W)。在光度学中，使用光通量表示光辐射的功率或光辐射量，其单位是流明(lm)。需要指出，度量光通量常需要对光辐射量用反映人眼光谱响应的特性进行加权以得到对眼睛有效的通量。对光的度量是用具有"标准人眼"视觉响应的探测器对辐射能的度量。事实上，这里除了要考虑对光辐射能的客观物理量的度量外，还应考虑人眼视觉机理的生理和感觉印象等心理因素。

2. 点光源和扩展光源

当光源的线度足够小，或距离观察者足够远，以至于眼睛无法分辨其形状时，可称为点光源。点光源 Q 沿某个方向 r 的发光强度 I 定义为沿此方向上单位立体角内发出的光通量，如图 2-2a 所示。因为立体角是从一点(称为立体角的顶点)出发通过一条闭合曲线上所有点的射线围成的空间部分，所以立体角表示由顶点看闭合曲线时的视角。具体可以取一立体角，在以其顶点为球心所作的球面上截出部分面积，则截出面积与球面半径的平方之比即为该立体角的度量。立体角的单位是球面度，记为 sr。一个球面度对应在球面上所截取的面积等于以球半径为边长的正方形面积时的立体角。

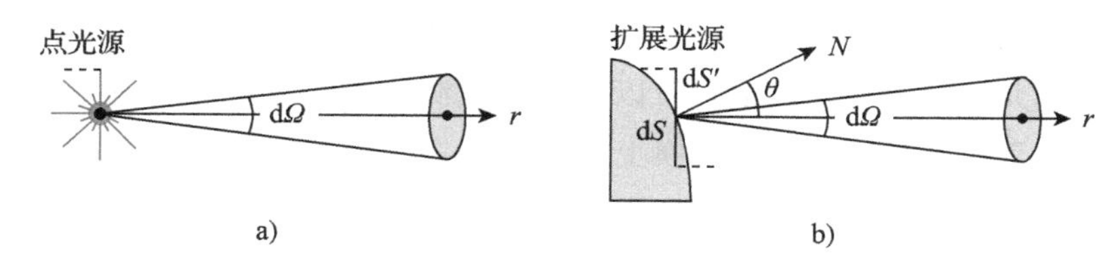

图 2-2　点光源和扩展光源

根据图 2-2a 所示，如果以 r 为轴取一个立体角元 $\mathrm{d}\Omega$，设 $\mathrm{d}\Omega$ 内的光通量为 $\mathrm{d}\Phi$，则点光源在沿 r 方向的发光强度为：

$$I=\frac{\mathrm{d}\Phi}{\mathrm{d}\Omega} \tag{2-1}$$

发光强度的单位为坎[德拉](cd)，1cd=1lm/sr。

实际的光源总有一定的发光面积，可称为扩展光源。扩展光源表面的每块面元 $\mathrm{d}S$ 沿某个方向 r 有一定的发光强度 $\mathrm{d}I$，如图 2-2b 所示。扩展光源沿 r 方向的总发光强度为各个面元沿 r 方向的发光强度之和。

3. 亮度和照度

在图 2-2b 中，设 r 与面元 $\mathrm{d}S$ 的法线 N 的夹角为 θ，如迎着 r 的方向观察时，其投影面积为 $\mathrm{d}S'=\mathrm{d}S\cos\theta$。面元 $\mathrm{d}S$ 沿 r 方向的(光度学)亮度 B 定义为在 r 方向上单位投影面积的发光强度，或者说 B 是 r 方向上的单位投影面积在单位立体角内发出的光通量(对光源也常用辐射亮度来描述其亮度，对应发射功率)。

$$B \equiv \frac{\mathrm{d}I}{\mathrm{d}S'} \equiv \frac{\mathrm{d}I}{\mathrm{d}S\cos\theta} \equiv \frac{\mathrm{d}\Phi}{\mathrm{d}\Omega \mathrm{d}S\cos\theta} \tag{2-2}$$

亮度的单位为坎[德拉]每平方米($\mathrm{cd/m^2}$)。

一个被光线照射的表面的照度定义为照射在单位面积上的光通量(从辐射学的角度也称辐照度，是单位面积的入射功率)。设面元 dS 上的光通量为 dΦ，则此面元上的照度 E 为

$$E = \frac{\mathrm{d}\Phi}{\mathrm{d}S} \tag{2-3}$$

照度的单位为勒[克斯](lx 或 lux)，$1\mathrm{lx}=1\mathrm{lm/m^2}$。

4. 对亮度和照度的讨论

亮度和照度既有一定的联系，也有明显的区别。照度是对具有一定强度的光源照射场景的辐射量的度量，而亮度则是在有照度的基础上对观察者所感受到的光强的度量。在真空中，沿辐射直线方向的亮度是常数。照度值要受到从光源到物体表面距离的影响，而亮度则与从物体表面到观察者的距离无关。一般对实际景物讨论它所受到的照度，而对光源则讨论其发出的亮度。当对实际景物成像时常将其看作光源。

与亮度密切相关的一个心理学名词是主观亮度。主观亮度是指由人的眼睛依据视网膜感受光刺激的强弱所判断出的被观察物体的亮度。分布在视网膜上的各个感光单元独立地接收光通量的刺激。因为扩展光源在视网膜上的像的照度越大，照射在它所覆盖面积内每个感光单元的光通量就越多，所以对扩展光源，规定眼睛的主观亮度就是视网膜上的像照度。对于点光源，它在视网膜上的像仅落在个别的感光单元上，此时的主观亮度不取决于像的照度，而取决于进入瞳孔的总光通量。

像亮度与光源上每个面元发出的总光通量中有多少进入观察器有关，可表示为

$$L' = k\left(\frac{n'}{n}\right)^2 L \tag{2-4}$$

式中：L'是像亮度；L 是物亮度；n'和 n 分别是像空间和物空间的折射率；k 为透射率。在 $n'=n$ 时，如果忽略光的损失(即 $k\approx1$)，则像亮度近似等于物亮度，并与物像间的相对位置、成像系统的放大率无关。

像照度决定了使成像物(如底片)感光的总光通量。在光点距光轴很近时，有

$$E = \frac{k\pi L u_0^2}{V^2} \tag{2-5}$$

式中：k 和 L 同上；u_0 为入射孔径角；V 是横向放大率。在像距远大于焦距的情况下，像照度与横向放大率的平方成反比，例如投影仪会使像在放大的同时变暗。在物距远大于焦距的情况下，像照度基本保持不变，如用摄像机拍摄远近不同的目标时，只要物亮度相同，感光面的感光程度是一样的。

2.1.2 亮度成像模型

光辐射总伴随着能量辐射，光照射在物体表面形成能量分布，这些谱能量分布可记

为 $E(\lambda)$。$E(\lambda)$与光源的分布 $S(\lambda)$和光所照射物体的反射特性 $R(\lambda)$是密切相关的，这个关系可以表示成：

$$E(\lambda) = S(\lambda)R(\lambda) \tag{2-6}$$

下面介绍一个简单的图像成像模型。图像这个词在这里代表一个 2D 亮度函数(即将图像看成一个光源)$f(x,y)$。这里 $f(x,y)$表示图像在空间特定坐标点(x,y)位置处的亮度。因为亮度实际是能量的度量，所以 $f(x,y)$一定不为 0 且为有限值，即：

$$0 < f(x,y) < \infty \tag{2-7}$$

因为人们日常看到的图像一般是对场景中物体上反射出的光进行度量而得到的，所以 $f(x,y)$基本上由两个因素确定：入射到可见场景上光的量；场景中物体对入射光反射的比值。它们可分别用照度函数 $i(x,y)$和反射函数 $r(x,y)$表示。一些典型的 $r(x,y)$值如下：黑天鹅绒 0.01，不锈钢 0.65，粉刷的白墙平面 0.80，镀银的器皿 0.90，白雪 0.93。因为 $f(x,y)$与 $i(x,y)$和 $r(x,y)$都成正比，所以可以认为 $f(x,y)$是由 $i(x,y)$和 $r(x,y)$相乘得到的：

$$f(x,y) = i(x,y)r(x,y) \tag{2-8}$$

其中

$$0 < i(x,y) < \infty \tag{2-9}$$

$$0 < r(x,y) < 1 \tag{2-10}$$

式(2-9)表明入射量总是大于零(只考虑有入射的情况)，但也不是无穷大(因为物理上应可以实现)。式(2-10)表明反射率在 0(全吸收)和 1(全反射)之间。两式给出的数值都是理论界限。需要注意，$i(x,y)$的值是由光源决定的，而 $r(x,y)$的值是由场景中物体的特性所决定的。

一般将单色图像 $f(\cdot)$在坐标(x,y)处的亮度值称作图像在该点的灰度值(可用 g 表示)。根据式(2-8)～式(2-10)可知，g 将在下列范围内的取值：

$$G_{\min} \leqslant g \leqslant G_{\max} \tag{2-11}$$

理论上对 $G_{\min}$的唯一限制是它应为正数(即对应有入射，但一般取为 0)，而对 $G_{\max}$的唯一限制是它应有限。实际中，区间$[G_{\min}, G_{\max}]$称为灰度值范围。一般常把这个区间数字化地移到区间$[0,G)$中(G 为正整数)。当 $g=0$ 时看作黑色，$g=G-1$ 时看作白色，而所有中间值代表从黑到白的灰度值。

2.2 镜头

2.2.1 针孔成像模型

可以想象一下，将一个盒子的一侧扎一个小孔，然后将盒子的另一侧改成一块半透明板。如果在一个较暗的屋子里将这个盒子放在你面前，将针孔对准某种光源(比如说蜡烛)，你可以在半透明板上看到颠倒的蜡烛图像(见图 2-3)，这个图像是通过景物投射到盒子的光线形成的。如果假设针孔可以缩小成一个点(当然在物理上是不可能的)，那么就只有唯一的一条光线穿过 3 个点：成像板平面(或称为成像面)上的一个点、针孔以及景物中的某个点。

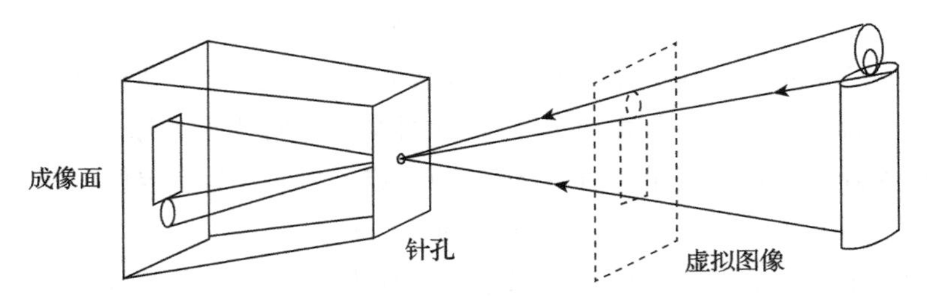

图 2-3　针孔成像模型

在现实中，针孔(不管多小)总不能无限小，成像平面上的每个点收集的是具有一定角度的锥形光束的光线，因此严格说来理想化的、极其简单的成像几何模型是不成立的。再加上实际的摄像机一般都配备镜头，这使得事情更加复杂。然而，15 世纪初由 Brunelleschi 首先提出的针孔透视投影模型(或称为中心透视投影)在数学上是很方便的。这个模型尽管简单，但它对成像过程的近似程度往往是可以接受的。透视投影产生的是一幅颠倒的图像，因此有时将其设想为一个虚拟图像会方便一些，这幅图像落在一个处于针孔前面的平面上，它到针孔的距离等于实际成像面到针孔的距离(见图 2-3)。这幅虚拟图像除了图像是倒立的以外，与实际图像是完全等价的。根据所考虑的情况选择其中任意一种会更加方便。图 2-4a 表明了透视投影的明显效果：所观察到的物体的大小取决于它们的距离。例如，杆 B 和杆 C 的图像 B' 和 C' 具有相同的高度，但实际上杆 A 与杆 C 的尺寸只是杆 B 的一半。图 2-4b 展示了另一个众所周知的现象：在同一平面 Π 上两条平行线的投影在成像面上将会聚到一条水平线 H 上(在成像面上)，H 这条线是穿过针孔与 Π 平行的平面与成像面相交的交线。还需指出的一点是，平面 Π 上与成像面平行的直线 L 在成像面上没有图像。

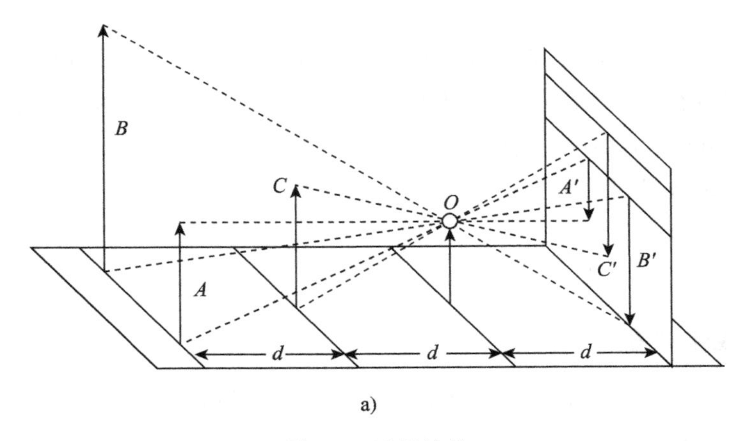

a)

图 2-4　透视效果

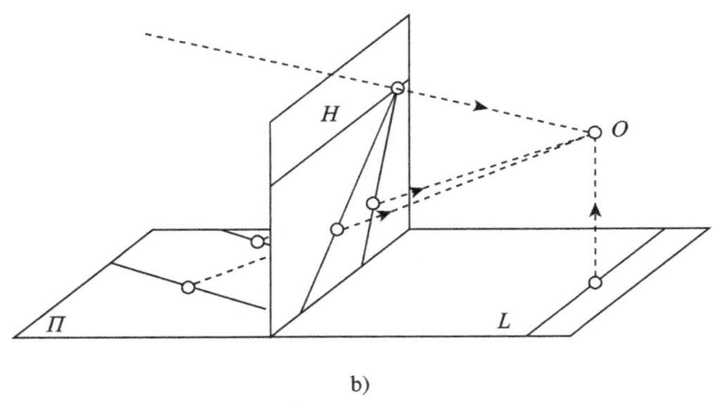

b)

图 2-4 （续）

这些性质很容易用纯几何方式证明，并且使用参考框架、坐标和方程来推理也很方便(尽管并不十分优雅)。例如，将一个坐标系$(O,\boldsymbol{i},\boldsymbol{j},\boldsymbol{k})$附加到一个针孔摄像机上，它的原点 O 与针孔重合，而向量 $\boldsymbol{i}$ 与 $\boldsymbol{j}$ 组成一个与图像平面 Π' 平行的向量平面的基，Π' 平面位于沿 $\boldsymbol{k}$ 向量正方向距离针孔 f' 处(见图 2-5)。通过针孔又垂直于 Π' 的直线称为光轴，其穿过 Π' 的点称为图像中心。这个点可以作为图像平面坐标系的原点，这在摄像机定标过程中起着重要作用。

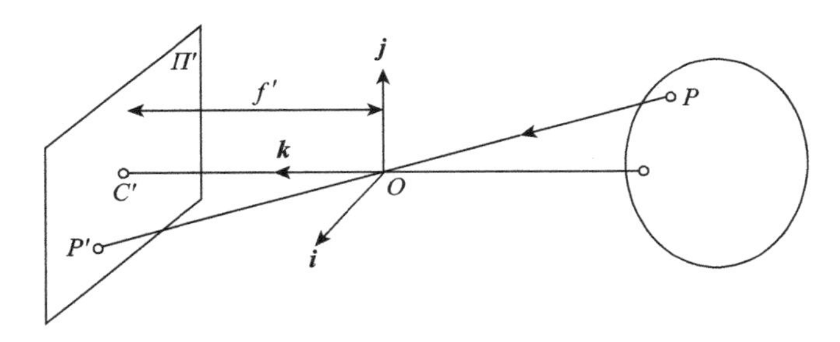

图 2-5　摄像机透视模型

如果用 P 表示景物中坐标为(x,y,z)的一点，P'是它的图像，坐标为(x',y',z')。因为 P'处在图像平面中，所以有 $z'=f'$。又因为 P、O、P'这 3 个点共线，所以应有$\overrightarrow{OP'}=\lambda\overrightarrow{OP}$，$\lambda$ 为某个数，有：

$$\begin{cases} x' = \lambda x \\ y' = \lambda y \Leftrightarrow \lambda = \dfrac{x'}{x} = \dfrac{y'}{y} = \dfrac{z'}{z} \\ z' = \lambda z \end{cases}$$

因此有：

$$\begin{cases} x' = f' \dfrac{x}{z} \\ y' = f' \dfrac{y}{z} \end{cases} \tag{2-12}$$

2.2.2　镜头畸变

任何镜头都不是完美无瑕的，许多摄像机的镜头质量更差。镜头的瑕疵会导致各种图像畸变，包括色像差（彩色边纹）、球面像差或像散现象（跨场景的焦距变化）和几何畸变。

几何畸变通常是我们在机器人应用中遇到的最主要问题，包含两个部分：径向畸变和切向畸变。径向畸变造成图像从主点开始沿着径向线发生位移。径向误差可以通过多项式近似表达：

$$\delta_r = k_1 r^3 + k_2 r^5 + k_3 r^7 + \cdots \tag{2-13}$$

式中，r 是图像与主点之间的距离。桶形畸变发生在放大效果随着远离主点而减弱的时候，它会造成靠近图像边缘的直线向外弯曲。枕形畸变发生在放大效果随着远离主点而增强的时候，它会造成靠近图像边缘的直线向内弯曲。切向畸变或偏心畸变发生在与半径垂直的方向上，但是通常没有径向畸变严重。发生畸变和未发生畸变的图像如图 2-6 所示。

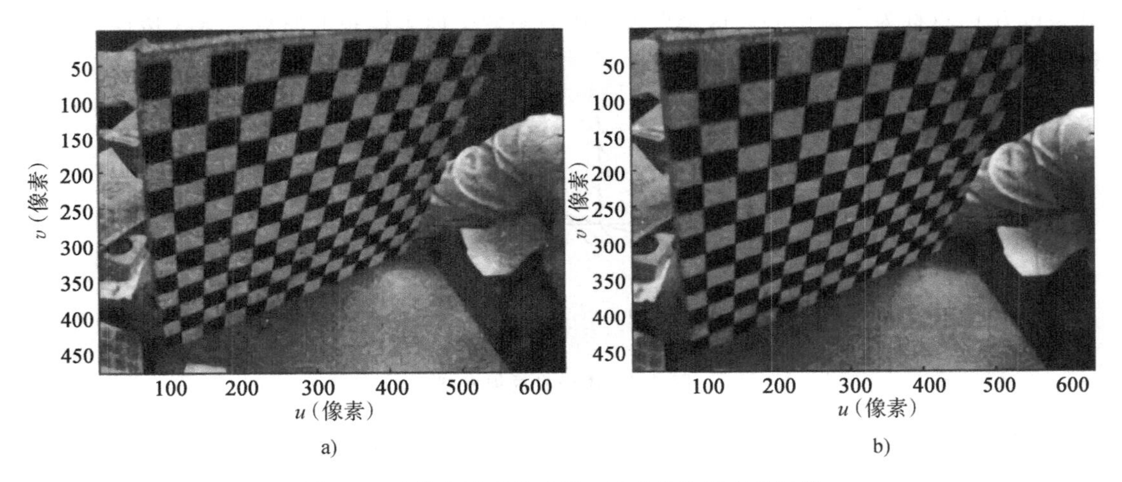

图 2-6　a)发生畸变的图像；b)未发生畸变的图像

畸变后，点(u,v)的坐标由下式给出：

$$u^{\mathrm{d}} = u + \delta_u, \quad v^{\mathrm{d}} = v + \delta_v \tag{2-14}$$

其中位移是

$$\begin{pmatrix}\delta_u \\ \delta_v\end{pmatrix} = \underbrace{\begin{pmatrix} u(k_1 r^2 + k_2 r^4 + k_3 r^6 + \cdots) \\ v(k_1 r^2 + k_2 r^4 + k_3 r^6 + \cdots)\end{pmatrix}}_{\text{径向}} + \underbrace{\begin{pmatrix} 2p_1 uv + p_2(r^2 + 2u^2) \\ 2p_1 uv + p_1(r^2 + 2v^2)\end{pmatrix}}_{\text{切向}} \tag{2-15}$$

对于不同的(u,v)值，位移向量可以绘制出来，如图 2-7 所示。这些向量不仅指出了在图像上的不同点纠正畸变所需要的位移，即$(-\delta_u, -\delta_v)$，并且还展示出了占主导的径向畸变。

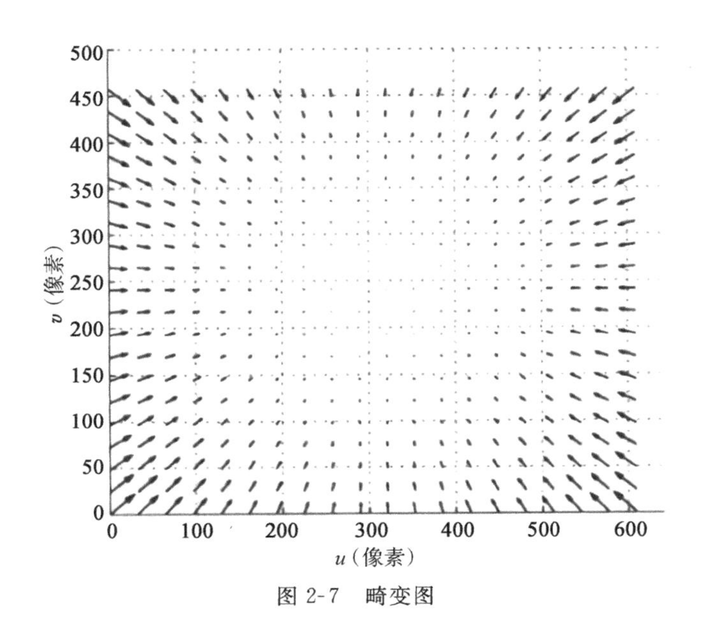

图 2-7　畸变图

通常 3 个系数就足以描述径向畸变，这样总畸变模型就可以由(k_1,k_2,k_3,p_1,p_2)参数化，它们被认为是附加的内部参数。

2.2.3　远心与景深

在一般的标准光学成像系统中，光束是汇聚的。这对光学测量有明显的不利影响(见图 2-8a)。如果目标的位置变化，则它的成像在目标接近镜头时变大而在远离镜头时变小。因为目标的深度并不能从图像中得到，所以除非将目标放置在已知的距离上，否则测量误差是不可避免的。

如果将光圈的位置移到平行光的汇聚点(F_2)，则可得到远心成像系统(见图 2-8b)。此时，主射线(通过光圈中心的光线)在目标空间内与光轴平行，目标位置的微小变化并不会改变目标图像的尺寸。当然，目标离聚焦位置越远，它被模糊得越厉害。但是，模糊圆盘的中心位置并不改变。远心成像的缺点是远心镜头的直径至少要达到待成像目标的尺寸。这样，大目标的远心成像就很昂贵。

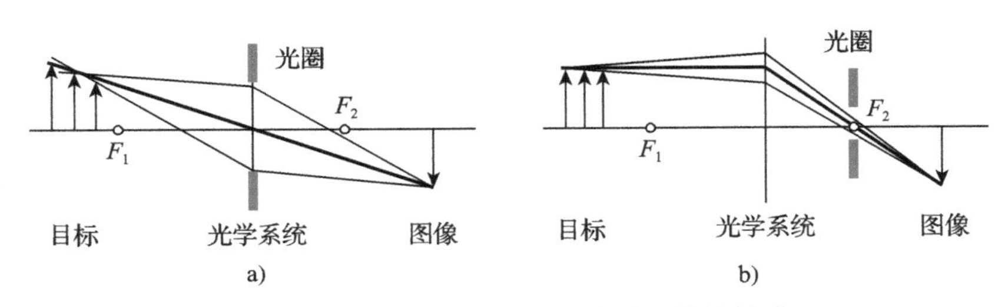

图 2-8　移动光圈位置能改变光学系统的性质

实际使用的光学系统只能对一定距离内的目标清晰成像。换句话说，当光学系统聚焦在某个距离时，它只能对这个距离上下一定范围内的景物给出清晰的图像。这个距离范围称为景深。对于特定的应用，常需要确定一个可保证一定清晰度的距离范围，也就是确定一定的景深。

图 2-9 给出一个薄透镜成像时其景深的示意图。由图可见，当目标与镜头的距离 d_o 增加时，图像与镜头的距离 d_i 会减少，对应的图像平面会接近镜头(所偏移的距离也称为透镜轴向球形像差)。一个点(目标图像)会扩散为一个半径为 r 的模糊圆盘(这是由于透镜横向球形像差造成的)。

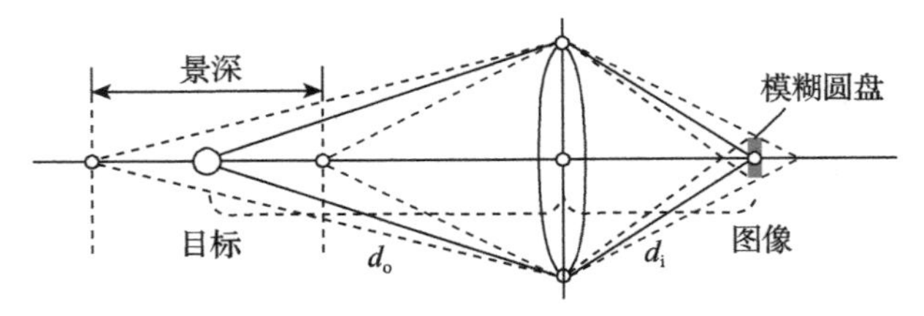

图 2-9　薄透镜成像时景深的示意

令 λ 代表镜头焦距，则薄透镜成像公式为：

$$\frac{1}{\lambda}=\frac{1}{d_o}+\frac{1}{d_i} \tag{2-16}$$

如果用 Z 代表目标与正确聚焦位置的差(景深)，z 代表模糊圆盘的位置与正确聚焦位置的差，d'_o 和 d'_i 分别代表没有正确聚焦时目标和图像与镜头的实际距离，则对于没有正确聚焦的目标有：

$$d'_o=d_o+Z \tag{2-17}$$

$$d'_i=d_i-z \tag{2-18}$$

联立上两式并对 Z 和 z 进行一阶泰勒展开(设 $Z \ll d_0$ 和 $z \ll d_i$)得到：

$$z=\frac{d_i^2}{d_o^2}Z \tag{2-19}$$

引入 f-因数(焦距 λ 与光圈直径 D 的比)：

$$n_f=\frac{\lambda}{D} \tag{2-20}$$

利用 $2r \approx (D/d_i)z$ 的关系，由式(2-16)可得到景深 Z 作为 r(也称为可允许的不清晰半径)的函数：

$$Z \approx \frac{2n_f d_o(d_o-\lambda)}{\lambda^2}r=\frac{2n_f d_o^2}{\lambda d_i}r \tag{2-21}$$

由上式可知，景深 Z 与镜头的 f-因数成正比，而 $n_f \to \infty$ 这个极限对应具有无穷景深的小孔摄像机。

下面讨论几个实际应用中特殊的景深情况。

(1)目标距离很远，$d_o \gg \lambda$。

这对应一般拍照时的情况。目标尺寸比图像尺寸大很多，此时 $\lambda \approx d_i$，景深为：

$$Z \approx 2n_f r\frac{d_o^2}{\lambda^2} \tag{2-22}$$

景深与焦距的平方成反比，结果是小的焦距导致大的景深(尽管此时图像的尺寸很小)。望远镜镜头和有大图像尺寸的摄像机比广角镜头和有小图像尺寸的摄像机的景深要小得多。一个典型的高分辨率 CCD 摄像机的像元尺寸约为 10μm×10μm，因此可允许的不清晰半径 r 为 5μm。设有一个 f-因数为 2、焦距为 15mm 的镜头，则当目标距离 1.5m 时它的景深为±0.2m。

(2)目标-图像尺寸为 1∶1，$d_0 \approx d_i \approx 2\lambda$。

这对应复制时的情况。目标和图像有相同的尺寸，景深为：

$$Z \approx 4n_f r \tag{2-23}$$

景深现在不依赖于焦距，且与可允许的不清晰半径 r 有相同的量级。仍考虑前面 r 为 5μm、f-因数为 2 时的情况，此时景深只有 40μm，即只在很小的一个目标范围内可清晰成像。

(3)目标距离很近，镜头焦距也很小，$d_0 \approx \lambda$ 和 $d_i \gg \lambda$。

这对应显微成像时的情况。目标尺寸比图像尺寸小很多，尽管此时目标被放大了很多，但景深更小了，可写为

$$Z \approx 2n_f r \frac{d_0}{d_i} \tag{2-24}$$

当放大倍数为 50，即 $d_i/d_0 = 50$ 且 $n_f = 1$ 时，得到的景深很小，只有 0.2μm。

2.3 摄像机

2.3.1 CCD 传感器

电荷耦合器件(Charge Coupled Device，CCD)摄像机于 1970 年推出，已经在大部分现代应用中取代了摄像管摄像机。从消费者用的摄像机到适合显微镜或天文学应用的专用摄像机，CCD 传感器采用敷设在薄硅片上组成矩形网格的电荷收集晶格，并记录到达每个晶格的光能总量的某种度量(见图 2-10)。每个晶格是由在硅片上生长一层二氧化硅，然后在二氧化硅上渗入导电门结构的方式组成的。当光子击中硅片时，电子-空穴对就产生了(光电转换)，而电子则被加载有正电压的门所形成的势能阱所捕获。每个晶格将把一个固定时间间隔 T 内产生的电荷收集起来。

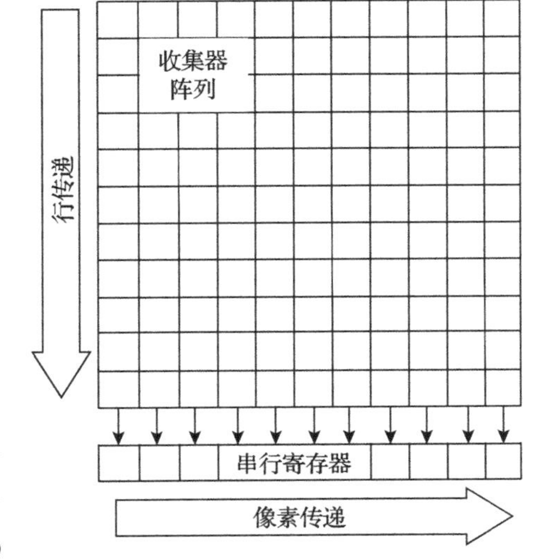

图 2-10　CCD 装置

此时，存储在每个晶格内的电荷使用电荷耦合方式往外传递，通过控制门电势的方法，每个晶格存储的电荷成组地从一个晶格传输至另一个晶格，组与组之间保持一定间隔。图像从 CCD 按一次一行的方式读出，每行平行地传输至一个

串行输出寄存器，每次传一列的一个元素。在读出两行之间的内容时，寄存器将电荷逐个传递到一个输出放大器中，放大器随之产生一个与所收到的电荷量成正比的信号。这个过程直到整幅图都读出才结束。对于视频应用场合，图像读出过程每秒重复 30 次(电视帧率)。而在天文学等低亮度应用中，这个过程较慢，以便留出成倍的时间(秒、分甚至小时)收集电荷。要注意的是，大部分 CCD 摄像机的数字输出在内部先转换成模拟电视信号，再送到图像帧采集卡中以构成最后的数字图像。

日常生活中使用的 CCD 摄像机实际上与黑白摄像机使用相同的芯片，所不同的是，它让传感器相继的行或列分别感应红、绿或蓝光。经常使用的方法是采用过滤镀膜阻挡它们的补色。也可采用其他滤波方式，如用 2×2 阵列组成的块拼镶嵌结构，每块用 2 个绿光、1 个红光与 1 个蓝光接收器(Bayer 格式)。单个 CCD 摄像机的分辨率自然是有限的，而较高质量的摄像机使用光束分裂器，将图像传送到 3 个使用不同彩色滤波器的 CCD 上。随后每一个颜色通道分别数字化(RGB 输出)，或结合成复合彩色视觉信号(在美国用 NTSC 制，在欧洲用 SECAM，在日本用 PAL 制)，或组合成分量视频格式以将彩色与亮度信息分开。

2.3.2　CMOS 传感器

CMOS 图像传感器的结构如图 2-11 所示，其基本结构由像元阵列、行选通逻辑、列选通逻辑、定时和控制电路、模拟信号处理器(ASP)等部分组成。目前的 CMOS 图像传感器已经集成有模-数转换器(ADC)等辅助电路。CMOS 图像传感器有两种基本类型：无源像素图像传感器(PPS)和有源像素图像传感器(APS)。

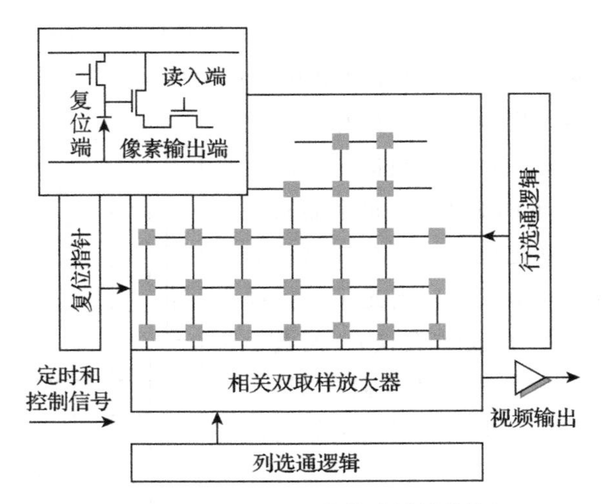

图 2-11　CMOS 图像传感器的结构

PPS 像元结构简单，没有信号放大作用，只有单一的光敏二极管(MOS 或 PN 结二极管)，其工作原理如图 2-12a 所示。光敏二极管将入射光信号转变为电信号，电信号通过一个晶体管(开关)传输到像元阵列外围的放大器。

因为 PPS 像元结构简单，所以在给定的单元尺寸下，可设计出最高的填充系数(有效光敏面积与单元面积之比)。在给定的填充系数下，单元尺寸可设计得最小。但是，PPS 的致命弱点是读出噪声大，主要是固定图形噪声，一般有 250 个均方根电子。由于多路传输线寄生电容及读出速率的限制，PPS 难以向大型阵列发展(难以超过 1000 个像元×1000 个像元)。

APS 像元结构内引入了至少一个(一般为几个)晶体管，具有信号放大和缓冲作用，其原理图如图 2-12b 所示。在像元内设置放大元器件改善了像元结构的噪声性能。

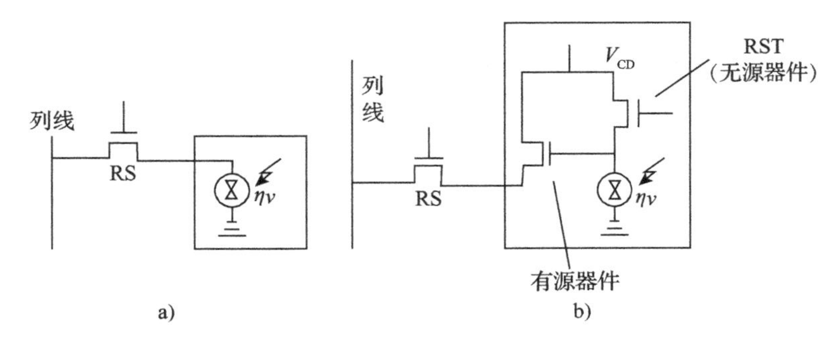

图 2-12　CMOS 图像传感器像元结构原理

APS 像元结构复杂，与 PPS 相比，其填充系数小(一般为 20%～30%)，因而需要一个较大的单元尺寸。随着 CMOS 技术的发展，几何设计尺寸日益减小，填充系数已不是限制 APS 潜在性能的因素。由于 APS 潜在的性能，目前主要在发 展 CMOS 有源像素图像传感器。

CMOS 图像传感器的像元电路如图 2-13 所示。CMOS 图像传感器的光敏单元行选通逻辑和列选通逻辑可以是移位寄存器，也可以是解码器。定时和控制电路限制信号读出模式，设定积分时间，控制数据输出率等。模拟信号处理器完成信号积分、放大、取样和保持、相关双取样、双△取样等功能。模-数转换器(ADC)是数字成像系统所必需的。CMOS 图像传感器可以使整个成像阵列有一个 ADC 或几个 ADC，也可以是成像阵列中每列各一个。

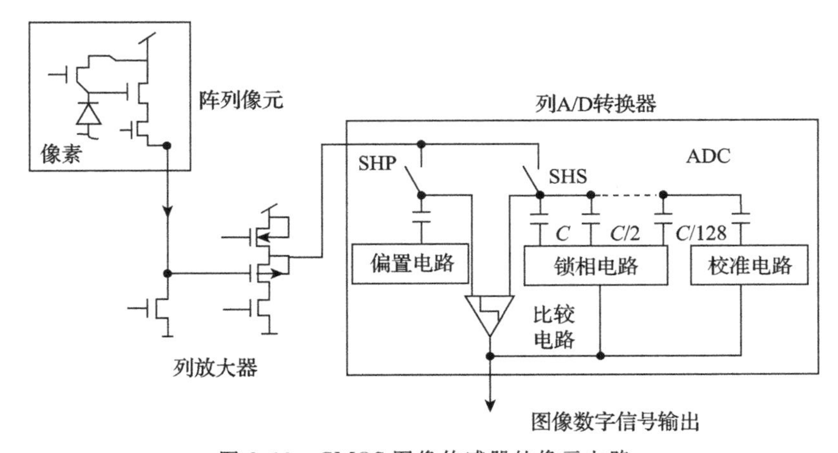

图 2-13　CMOS 图像传感器的像元电路

CMOS 图像传感器的信号有 3 种读出模式：

(1)整个阵列逐行扫描读出。这是一种较普通的读出模式。

(2)窗口读出模式。仅读出感兴趣窗口内像元的图像信息，这增加了感兴趣窗 口内信号的读出率。

(3)跳跃读出模式。每隔 n 个像元读出，以降低分辨率为代价，允许图像取样以增加读出速率。

跳跃读出模式与窗口读出模式相结合可实现电子全景摄像、倾斜摄像和可变 焦摄像。

2.3.3　彩色成像

人类和一些动物在进化过程中发展出一种间接色彩感知机制。人建立起了对入射辐照光波长敏感的 3 种类型的传感器，即三色觉(trichromacy)。人类视网膜上颜色敏感的感受器是锥状体(cone)。视网膜上另一种光敏感受器是杆状体(rod)，它专注于在周边光照强度低的情况下的单色感知。锥状体按照感知的波长范围分为 3 类：S(短，敏感度最大出现在约为 430nm 处)；M(中，约为 560nm 处)；L(长，约为 610nm 处)。锥状体 S、M、L 偶尔也分别称作锥状体 B、G、R，但是这有点误导。当锥状体 L 激发时，我们看到的不单独是红色。具有等分布波长谱的光对人呈现白色，非平衡的光谱显现出某种色泽。

感受器的反应或摄像机中传感器的输出可以以数学方式建模，设 i 是某个传感器类型，$i=1,2,3$ (在人的情况下是视网膜锥状体的类型 S、M、L)。设 $R_i(\lambda)$是传感器的光敏度，$I(\lambda)$是照明的谱密度，$S(\lambda)$表示表面元如何反射照明光的每个波长。第 i 个传感器的光谱响应可以用一定波长范围内的积分来建模：

$$q_i = \int_{\lambda_1 \lambda_i}^{\lambda_2} I(\lambda) R_i(\lambda) S(\lambda) \mathrm{d}(\lambda) \tag{2-25}$$

考虑锥状体类型 S、M、L，矢量(q_S, q_M, q_L)是如何表示色彩或表面元的？这不是根据式(2-25)而得到的，因为光敏器的输出取决于 3 个因素 $I(\lambda)$、$S(\lambda)$、$R_i(\lambda)$，只有 $S(\lambda)$与表面元有关。只有在理想情况下，即当照明是纯粹的白光($I(\lambda)=1$)时，我们才能将(q_S, q_M, q_L)作为表面色彩的估计。

锥状体 S、M、L 的相对敏感度的定性表示如图 2-14 所示。测量是在白光源照射角膜时进行的，以便考虑眼睛的角膜、晶状体和内部颜料对波长的吸收。

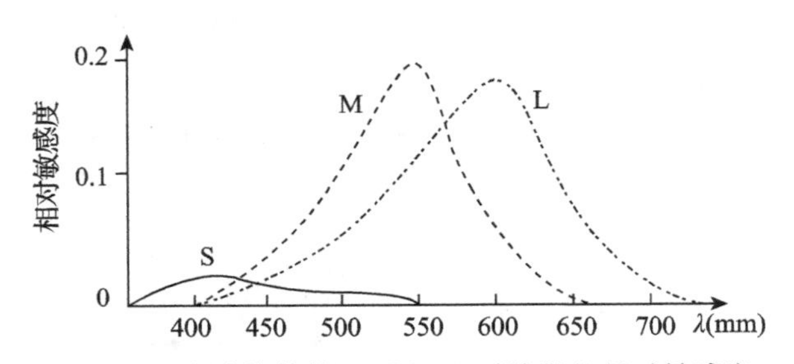

图 2-14　人眼锥状体 S、M、L 对波长的相对敏感度

有关的一种现象称作条件等色(color metamer)。一般而言，条件等色是指两件物理

上不同的事物看起来却相同。红加绿产生黄就是一种条件等色，因为黄也可以由一个光谱颜色产生。人的视觉系统受愚弄将红加绿感知成与黄一样。

我们来考虑色彩匹配实验。某人展示由两个邻近色块构成的模式，第一个色块显示测验光——某个波长的光谱颜色。第二个色块是 3 个选择的基色光(即红＝645.2nm、绿＝525.3nm、蓝＝444.4nm)的加性组合。观察者控制红、绿、蓝的强度直至两个色块看起来完全相同。因条件等色现象，这个匹配实验是可行的。测量结果如图 2-15 所示(根据图 2-14 重绘)。在该图中可以看到红和绿曲线上出现了负波瓣，这似乎是不可能的。对于呈现负值的波长，因为光谱色暗的原因，3 个叠加光并不能与光谱色在感觉上匹配。如果要获得感觉上的匹配，观察者必须给对应光谱色的色块增加亮度。这个亮度的增加以色彩匹配函数的降低来描绘，所以出现了负值。

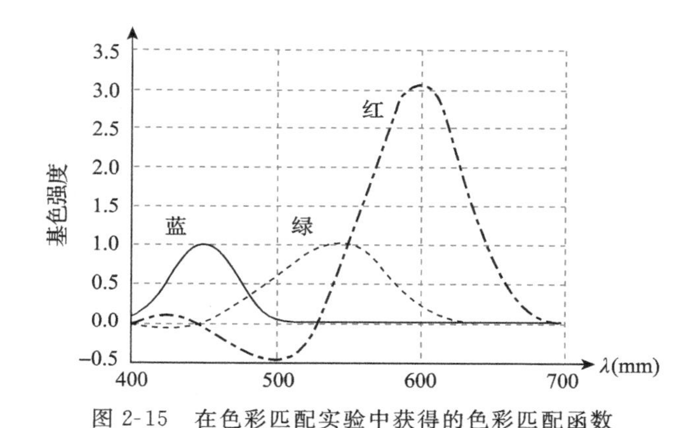

图 2-15 在色彩匹配实验中获得的色彩匹配函数

人的视觉有很多错觉。感知到的色彩除了受照明的光谱影响外，还受所观察颜色的周边色彩和场景解释的影响。此外，眼睛对光照条件变化的适应不是很快且感知受适应的影响。但是，为简单起见，我们假设视网膜上某点入射光的光谱完全决定色彩。

由于彩色几乎可以用任意的基色集合来定义，因此国际社会协商确定广泛应用的基色和色彩匹配函数。引进色彩模型(color model)作为数学抽象，我们可以将色彩表达为数字的元组，通常是颜色分量的 3 或 4 个数值的元组。受报刊和彩色电影发展的驱动，于 1931 年 CIE (International Commission on Illumination，国际照明委员会，在瑞士洛桑，仍在运作)提出了一个技术标准，称作 XYZ 色彩空间(XYZ color space)。

这个标准由 3 个理想的光和色彩匹配函数来给定，光是 $X=700.0$nm、$Y=546.1$nm、$Z=435.8$nm，色彩匹配函数是 $X(\lambda)$、$Y(\lambda)$、$Z(\lambda)$，对应于普通人通过提供 2°视野的光圈观察屏幕的感知能力。这一标准是主观的，因为在物理上是可实现的，所以能够产生色彩匹配实验中的色彩匹配函数。基色光集合根本不存在，但是，如果我们想刻画理想光，那么非常粗略的有 $X\approx$红、$Y\approx$绿、$Z\approx$蓝。CIE 标准是绝对标准的一个例子，它定义了色彩的无歧义表达，不依赖其他外部因素。更近期的和更精确的绝对标准有 CIELAB 1976 (ISO 13665)和 HunterLab (http://www.hunterlab.com)。稍后，我们还将介绍一些相对的色彩标准，例如，RGB 色彩空间。有几种在使用的 RGB 色彩空间——同一幅图像在两台计算机上的显示有可能不同。

XYZ 色彩标准满足 3 个要求：

(1)不同于色彩匹配实验中产生色彩匹配函数负波瓣的情况，XYZ 色彩空间的色彩匹配函数必须是非负的。

(2)$Y(\lambda)$的数值应该与亮度(照度)相符。

(3)实施规范化以确保对应于 3 种色彩匹配函数的功率相等(即 3 条曲线下的面积相等)。

作为结果的色彩匹配函数如图 2-16 所示。实际的色彩是如下方式的混合(更准确地说是一个凸组合)。

$$c_X X + c_Y Y + c_Z Z \tag{2-26}$$

式中，$0 \leqslant c_X$，c_Y，$c_Z \leqslant 1$ 是混合权重(强度)。人所感知的色彩子空间称作色阶(色彩范围，color gamut)，如图 2-17 所示。

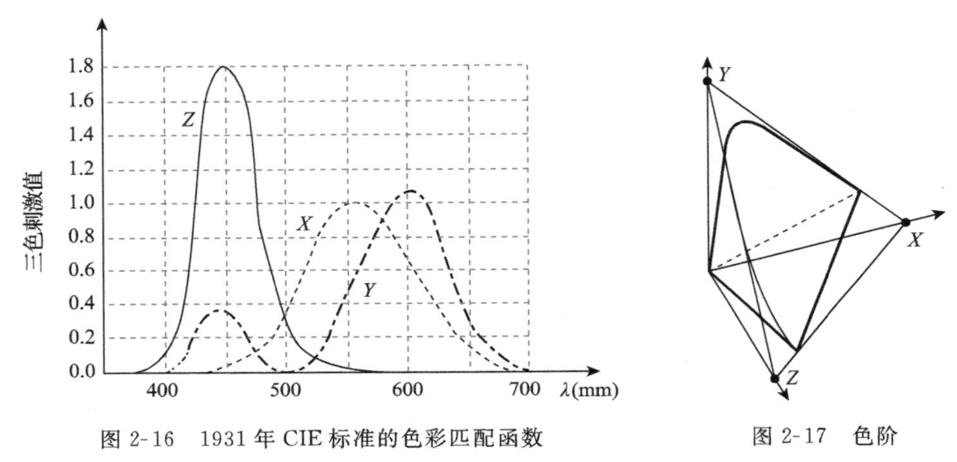

图 2-16　1931 年 CIE 标准的色彩匹配函数　　图 2-17　色阶

因为三维图示在出版时难以处理，所以使用 3D 色彩空间的平面视图。投影面由穿过三轴极值点(即端点)的 X、Y、Z 的平面给定。新的 2D 坐标(x, y)按如下方式获得：

$$x = \frac{X}{X+Y+Z}, \quad y = \frac{Y}{X+Y+Z}, \quad z = 1 - x - y$$

该平面投影的结果就是 CIE 色度图，如图 2-18 所示。这个马蹄状的子空间包含了人所能看到的所有颜色，所有人可见的单色光谱都映射到了这个马蹄状的曲线部分，其波长如图 2-18 所示。

显示和打印设备使用 3 个挑选出来的真实的基色(完全不同于 XYZ 色彩空间形式上的基色)。这些基色的所有可能的混合不能覆盖 CIE 色度图中整个马蹄状的内部。如图 2-19 所示，在 3 种特殊设备上定性地展示了这种情况。

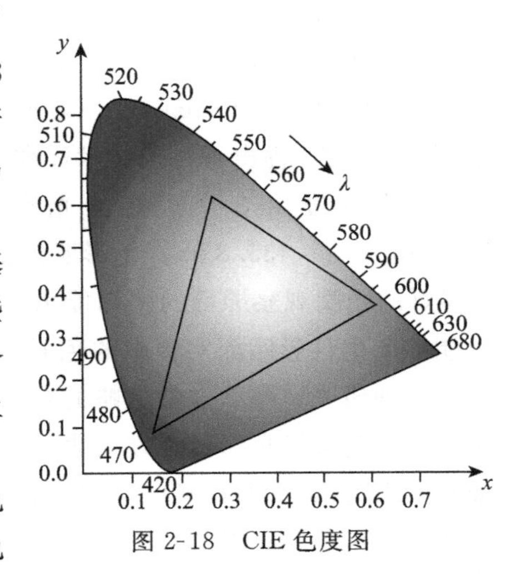

图 2-18　CIE 色度图

在实践中，存在几种不同的基色及其对应的色彩空间，彼此之间可以互相转换。如果使用绝对色彩空间，则转换是 1 到 1 的映射，并不损失信息(除截断误差外)。因为色彩空间具有各自的色阶(色彩范围)，所以如果转换值超出色阶就会损失信息。

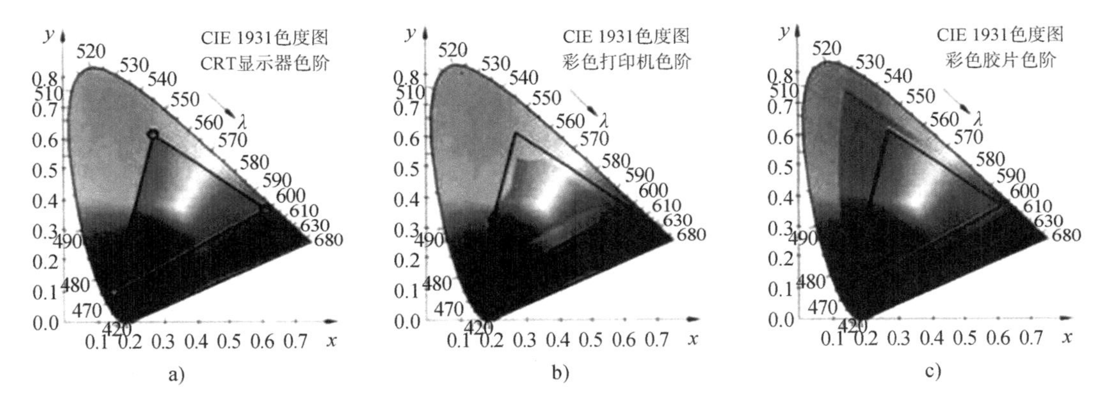

图 2-19　使用 3 种典型的显示设备所能产生的色阶

RGB 色彩空间源于使用阴极射线管(CRT)的彩色电视。RGB 色彩空间是相对色彩标准的一个例子(完全不同于绝对标准，例如 CIE 1931)。基色(R——红、G——绿、B——蓝)模拟在 CRT 荧光材料中的荧光物质。RGB 模型使用加性色彩混合以获知需要发出什么样的光才能产生给定的色彩。具体色彩的值用 3 个元素的向量来表达——3 个基色的亮度，见式(2-26)。到另一种色彩空间的转换用一个 3×3 矩阵变换来表达。假设每个基色的数值量化成 $m=2^n$ 个数，记最高亮度值 $k=m-1$，则(0,0,0)是黑、(k,k,k)是(电视)白、$(k,0,0)$是“纯”红，等等。数 $k=255=2^8-1$ 是常见的，即每个色彩通道有 8 位。在这样的离散空间中，有 $256^3=2^{24}=16777216$ 种可能的色彩。

RGB 模型可看成 3D 坐标的色彩空间(参见图 2-20)，请注意合成色(secondary color)是两个纯基色的组合。RGB 色彩模型有一些特殊的实例，包括 sRGB、Adobe RGB 和 Adobe 宽色阶(wide gamut)RGB。它们在变换矩阵和色阶上略有不同。在 RGB 与 XYZ 色彩空间之间的一种变换是：

$$\begin{bmatrix} R \\ G \\ B \end{bmatrix} = \begin{bmatrix} 3.24 & -1.54 & -0.50 \\ -0.98 & 1.88 & 0.04 \\ 0.06 & -0.20 & 1.06 \end{bmatrix} = \begin{bmatrix} X \\ Y \\ Z \end{bmatrix}$$

$$\begin{bmatrix} X \\ Y \\ Z \end{bmatrix} = \begin{bmatrix} 0.41 & 0.36 & 0.18 \\ 0.21 & 0.72 & 0.07 \\ 0.02 & 0.12 & 0.95 \end{bmatrix} \begin{bmatrix} R \\ G \\ B \end{bmatrix} \tag{2-27}$$

美国和日本的彩色电视机曾经用过 YIQ 色彩模型。Y 分量表示亮度，而 I 和 Q 表达色彩。YIQ 是加性色彩混合的另一个例子。该系统存储亮度值和两个色度通道值，近似对应于色彩中的蓝和红分量。该色彩空间与 PAL 电视制式(使用的地方有澳大利亚和除法国外的欧洲各国，法国使用 SECAM 制式)的 YUV 色彩模型很接近。YIQ 色彩空间相对于 YUV 色彩空间旋转了 33°。YIQ 色彩模型是有用的，由于 Y 分量提供了显示单色所需要的所有信息，因此它进一步使人类视觉系统的特性得以利用，特别是在我们对亮度(luminance)很敏感的某些方面，亮度代表了觉察到的光源能量。

CMY——Cyan(青)、Magenta(品红)、Yellow(黄)色彩模型是印刷过程中使用的减性色彩混合。它表达需要使用何种油墨，以便使得从白基底(纸、画家的画布)反射的光穿过油墨后产生给定的颜色。CMYK 存储变成黑色需要加的油墨值。黑色可以由 C、M、Y 分量产生，但是由于在打印文档时要大量使用黑色，所以有一种专门的黑色油墨是有优势的。不同的油墨、基底、印刷特征(改变每种油墨的色彩转换函数，因而改变外观)的集合，使用了很多 CMYK 色彩空间。

HSV——Hue(色调)、Saturation(饱和度)、Value(值)(也称作 HSB，Hue(色调)、Saturation(饱和度)、Brightness(亮度))，因为更接近思维和技巧而为画家所常用，画家通常使用三四十种色彩(由色调所表征，技术上就是主要的波长)。如果想获得另外的色彩，则利用给定的色彩进行混合，例如，“紫色”或“橙黄”。画家也常需要不同饱和度的色彩，例如将“消防队红色”变为粉红色。这将把“消防队红色”与白色(或黑色)相混合来获得期望的较低的饱和度。HSV 色彩模型如图 2-21 所示。

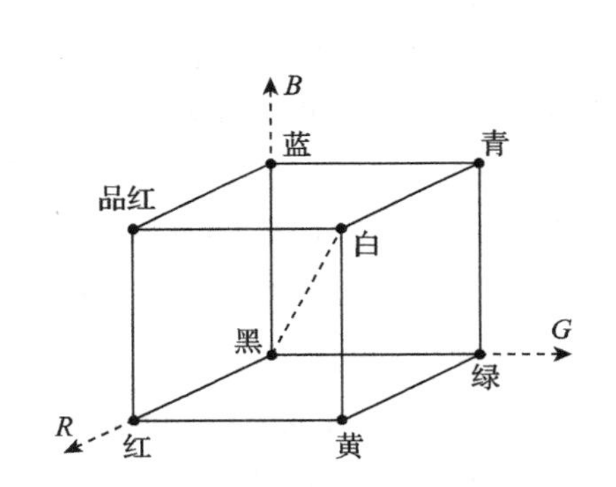

图 2-20　以红、绿、蓝为基色，以黄、青、品红为合成色的 RGB 彩色空间

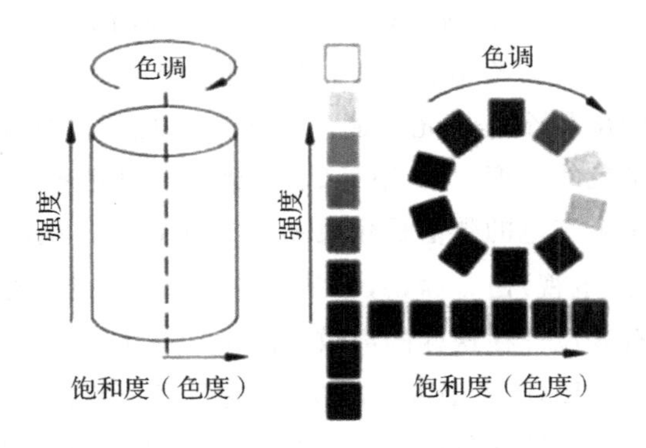

图 2-21　用一个圆柱体和展开的圆柱表示的 HSV 色彩模型

HSV 将亮度信息从彩色中分解出来，而色调和饱和度与人类感知相对应，因而使得该模型在开发图像处理算法中非常有用。如果我们将增强算法用在 RGB 每个分量上，那么人对该图像的色彩感知就变坏了，而如果仅对 HSV 的亮度分量进行增强(让彩色信息不受影响)，那么效果就会或多或少地与期望相近。HSL（Hue(色调)、Saturation(饱和度)、Lightness/Luminance（光亮度/明度）)，也作为 HLS 或 HSI（Hue（色调)、Saturation(饱和度)、Intensity(强度或亮度))而为人所知，并与 HSV 类似。“光亮度”替换了“亮度”。差别在于一种纯色的亮度等于白色的亮度，而一种纯色的光亮度等于中度灰(medium gray)的光亮度。

这个例子创建一个简单的真彩色图像，然后分离颜色通道(平面)。示例显示每个颜色通道和原始图像。创建一个 RGB 图像，其中包含不间断的红色、绿色和蓝色区域。这幅图像的尺寸是 200 像素×200 像素。原始图像如图 2-22 所示。

```
RGB= reshape(ones(200,1)* reshape(jet(200),1,600),[200,200,3]);
imshow(RGB)
title('Original RGB Image')
```

将 3 个颜色通道分开。

```
[R,G,B]= imsplit(RGB);
```

图 2-22 原始 RGB 图像

分别显示每个颜色通道，以及原始的 RGB 图像。请注意，图 2-22 中每个单独的颜色平面都包含一个白色区域。白色对应于每一种单独颜色的最大值(最纯色)。例如，在色通道图像中，白色代表纯红色值的最高浓度。当红色与绿色或蓝色混合时，就会出现灰色像素。图像中的黑色区域显示不包含红色值的像素值，即 $R==0$。

```
subplot(2,2,1)imshow(R) title('Red Channel')
subplot(2,2,2)imshow(G) title('Green Channel')
subplot(2,2,3)imshow(B) title('Blue Channel')
subplot(2,2,4)imshow(RGB) title('Original Image')
```

创建一个全黑通道。

```
allBlack = zeros(size(RGB, 1), size(RGB, 2), class(RGB));
```

创建单个颜色通道的颜色版本，如图 2-23 所示。

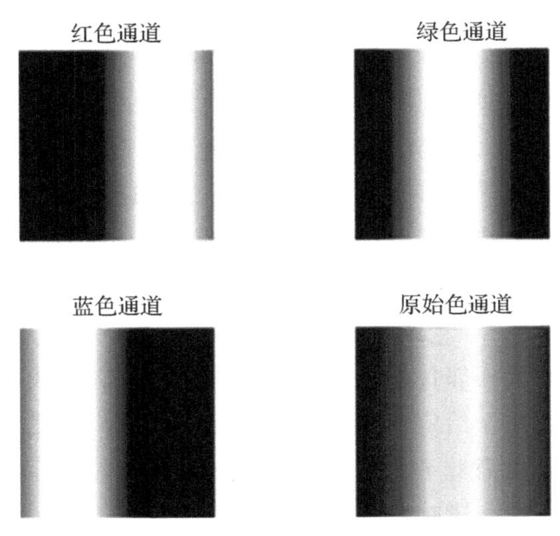

图 2-23 颜色通道分离

```
justRed = cat(3, R, allBlack, allBlack);
justGreen = cat(3, allBlack, G, allBlack);
justBlue = cat(3, allBlack, allBlack, B);
```

在蒙太奇中显示所有颜色通道和原始图像，如图 2-24 所示。

```
montage({justRed, justGreen, justBlue, RGB}, 'ThumbnailSize', []);
```

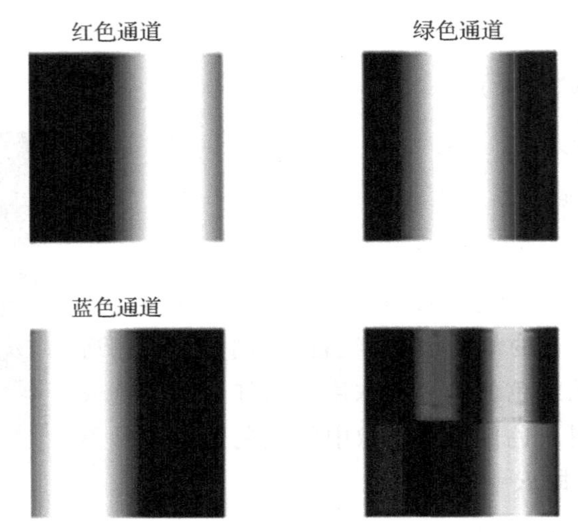

图 2-24 在蒙太奇中显示各颜色通道和原始图像

2.3.4 摄像机性能

光最初从一个或多个光源出发，经世界中的单个或多个表面反射，再通过摄像机光学器件(镜头)最终到达成像传感器。影响数字图像传感器的主要因素是快门速度、采样间距、填充率、芯片尺寸、模拟增益、传感器噪声和模-数转换器的分辨率(和品质)。这些参数的很多实际数值可以从数码图像所嵌入的 EXIF 标注信息中读出，而其他部分可以从摄像机制造商的说明书、摄像机评论，或标定网站获得。

快门速度(曝光时间)直接控制到达传感器的光量，因此，它决定着图像是欠曝光还是过曝光。(对于亮的场景，大的光圈或慢的快门速度会造成浅景深或运动模糊效果，摄影师有时会使用中性密度滤光片。)对于动态场景，快门速度也决定了所产生的照片中的运动模糊量。通常，较高的快门速度(较小的运动模糊)使后续的分析更容易。但是，当拍摄的视频用于显示的时候，为了避免频闪效应(stroboscopic effect)，可能还期望有一些运动模糊。

采样间距是成像芯片上相邻传感器单元的物理间隔。具有较小采样间距的传感器具有更高的采样密度，因此对于给定的活性芯片区域，它提供了更高的(根据像素而定)分辨率。然而，较小的间距也意味着每个传感器具有较小的面积而不能累积更多的光子，使其光敏性降低而更易受噪声影响。

填充率是活性传感区域大小在理论上可获得的传感区域(横向和纵向采样间距的乘积)的比值。通常，更高的填充率较好，因为结果会捕获更多的光和较小的走样。但是，这必须与在活性传感区域内添置的额外电路相平衡。摄像机的填充率可以使用光度测定学中的摄像机标定过程来凭经验确定。

对于芯片尺寸，视频和智能摄像机通常使用小尺寸芯片(1/4～1/2in(1in＝0.025 4m)的传感器)，而数码单反(DSLR)摄像机使用更接近传统胶片帧的大小

(35mm)。当整体器件的尺寸并不重要时，优先选择更大的芯片尺寸，因为这样每个传感器单元可以具有更好的光敏性。(对于紧凑的摄像机，更小的芯片意味着所有的光学器件可以成比例地缩小。)但是，较大的芯片在生产上成本更高，不仅因为每块晶片上可承载的芯片数量减少，而且还因为芯片瑕疵出现的概率随着芯片面积呈线性增长。

对于模拟增益，在模-数转换前，感知到的信号通常由传感放大器来提升。在视频摄像机中，这些放大器的增益传统上由自动增益控制(AGC)逻辑所控制，它可以调整这些数值来获得好的整体曝光。在更新的数码静态摄像机中，使用者现在通过ISO设定对增益进行一些额外控制，这一般用ISO标准单位来表示，比如100、200或400。因为多数摄像机的自动曝光控制也调整光圈和快门速度，所以手工设置ISO从摄像机的控制中去除了一个自由度，就像手工设置光圈和快门速度一样。在理论上，更高的增益可以使摄像机在低光条件下更好地工作(减小了光圈已经最大后由曝光时间长而产生的运动模糊)。但是在实践中，更高的ISO设定通常会放大传感器噪声。

对于传感器噪声，在整个传感过程中，噪声从各种源叠加进来，可能包括固定样式的噪声、暗电流噪声、散粒噪声、放大器噪声和量化噪声。呈现在采样图像中的最终噪声依赖于所有这些量，还依赖于入射光(由场景辐射和光圈所控制)、曝光时间和传感器增益。对于低光条件(噪声起因于低光子数量)，泊松模型可能比高斯模型更合适。Liu、Szeiiski使用该模型，与Grossberg和Nayar所获得的摄像机响应函数(CRF)的经验数据库一起使用，来估计给定图像的噪声水平函数(NLF)，它预测每个像素处作为亮度函数的整体噪声方差(为每个彩色通道分别估计NLF)。当你拍摄图片之前拿到摄像机时，另一种方法是通过重复拍摄含有各种彩色和亮度的场景来预先标定NLF。(当估计方差时，要保证可以丢弃具有大梯度的像素或降低其权重，因为曝光的微小偏移会影响这些像素所感知到的数值。)不幸的是，对于不同的曝光时间和增益设定，预先标定过程可能需要重复进行，其原因在于传感器系统内部所发生的复杂的相互作用。

在实践中，多数计算机视觉算法(比如图像去噪、边缘检测和立体视觉匹配)，都会受益于噪声水平的估计，至少是初步的估计。在排除预先标定摄像机或重复拍摄相同场景的方法之后，最简单的方法是寻找接近常量值的区域并在这样的区域中估计噪声的方差。

模-数转换(ADC)的分辨率。成像传感器内模拟处理链中的最后一步是模-数转换。尽管有各种方法可以实现这个处理，但有两个量是我们感兴趣的，即该处理过程的分辨率(它产生多少位)和噪声水平(在实践中这些位有多少是有用的)。对于多数摄像机，标注的位数(对于压缩的JPEG图像是8位，一些数码单反相机(DLSR)提供的原始格式数据名义上是16位)超过实际可用的位数。最好的说明方法是简单地标定给定传感器的噪声，例如，通过重复拍摄同一个场景并绘制出所估计的作为亮度函数的噪声。

对于数字后处理，一旦到达传感器的辐照度数值被转换成数位，多数摄像机就会进行各种数字信号处理(DSP)运算来增强图像，然后再对像素值进行压缩和存储。这包括彩色滤波阵列(CFA)去马赛克、白点设定以及通过γ函数对亮度值进行映射以增加信号感知到的动态范围。

2.3.5 深度摄像机

深度摄像机就是可以获取场景中物体与摄像头物理距离的摄像机。深度摄像机通常由多种镜头和光学传感器组成，根据测量原理不同，主流的深度摄像机一般使用以下几种方法：飞行时间法、结构光法、双目立体视觉法。

飞行时间简称 ToF。其测距原理是：连续发射经过调制的特定频率的光脉冲(一般为不可见光)到被观测物体上，然后接收从物体反射回去的光脉冲，通过检测光脉冲的飞行(往返)时间来计算被测物体与摄像机的距离。ToF 法根据调制方法的不同，一般可以分为两种：脉冲调制(pulsed modulation)和连续波调制(continuous wave modulation)。ToF 深度摄像机对时间测量的精度要求较高，即使采用最高精度的电子元器件，也很难达到毫米级的精度。因此，在近距离测量领域，尤其是 1m 范围内，ToF 深度摄像机的精度与其他深度摄像机相比还具有较大的差距。这限制了它在近距离高精度领域的应用。但是，ToF 深度摄像机可以通过调节发射脉冲的频率改变摄像机测量距离。ToF 深度摄像机与基于特征匹配原理的深度摄像机不同，其测量精度不会随着测量距离的增大而降低，其测量误差在整个测量范围内基本上是固定的。ToF 深度摄像机抗干扰能力也较强。因此，在测量距离要求比较远的场合(如无人驾驶)，ToF 深度摄像机具有非常明显的优势。

结构光法就是使用提前设计好的具有特殊结构的图案(比如离散光斑、条纹光、编码结构光等)来将图案投影到三维空间物体表面上，使用另外一个摄像机观察在三维物理表面成像的畸变情况。如果结构光图案投影在该物体表面是一个平面，那么可观察到成像中结构光的图案就和投影的图案类似，没有变形，只是根据距离远近产生一定的大小变化。但是，如果物体表面不是平面，那么观察到的结构光图案就会因为物体表面不同的几何形状而产生不同的扭曲变形，而且根据距离的不同而不同。根据已知的结构光图案及观察到的变形，就能根据算法计算被测物的三维形状及深度信息。

双目立体视觉法的原理和人眼类似，通过计算空间中同一个物体在两个摄像机上成像的视差就可以根据三角测量关系计算得到物体与摄像机的距离。该方法对摄像机硬件要求低，成本也低。它不需要像 ToF 和结构光那样使用特殊的发射器和接收器，使用普通的消费级 RGB 摄像机即可。由于直接根据环境光采集图像，因此它在室内、室外都能使用，相比之下，ToF 和结构光基本只能在室内使用。但是，双目立体视觉法对环境光照非常敏感，依赖环境中的自然光线采集图像。而由于光照角度变化、光照强度变化等环境因素的影响，拍摄的两幅图片的亮度差别会比较大，这会对匹配算法提出很大的挑战。双目立体视觉法不适用于单调缺乏纹理的场景。因为双目立体视觉法根据视觉特征进行图像匹配，所以对于缺乏视觉特征的场景(如天空、白墙、沙漠等)会出现匹配困难，导致匹配误差较大甚至匹配失败。

目前消费市场上常见的深度摄像机主要包括微软的 Kinect 系列、华硕的 Xtion、Intel 的 Realsense 系列等。深度摄像机在三维建模、自然人机交互(手势/人脸识别)、AR/VR、自动驾驶等领域有着非常广泛的应用。

2.4 摄像机-计算机接口

摄像机捕获图像后输出模拟或者数字视频信号，本节将讨论图像如何传到计算机中。

对于模拟信号，我们需要在计算机中安装一个叫作图像采集卡的专用接口。对于电视机有多种模拟视频标准，但是对于机器视觉来讲，其中4种比较重要：EIA-170和CCIR(黑白视频的标准)；PAL和NTSC(彩色视频的标准)。

这几种标准的主要区别是：EIA-170和NTSC的帧率为30Hz，每幅图像有525行；而CCIR和PAL的帧率为25Hz，每幅图像有625行。

模拟视频信号的同步信息是包含在信号中的，与其相反，数字视频信号的同步信息是分离的。为了生成数字信号，摄像机会将传感器输出的电压进行数-模转换，然后将产生的数值串行或并行地传输到图像采集卡。

Camera Link标准规范了数字摄像机和图像采集卡之间的接口，采用了统一的物理接插件和线缆定义。只要是符合Camera Link标准的摄像机和图像采集卡就可以物理上互连。Camera Link标准中包含Base、Medium、Full这3个规范，但都使用统一的线缆和接插件。Camera Link Base使用4个数据通道，Medium使用8个数据通道，Full使用12个数据通道。Camera Link标准支持的最高数据传输率可达680MB/s。Camera Link标准中还提供了一个双向的串行通信连接。图像采集卡和摄像机可以通过它进行通信，用户可以通过从图像采集卡发送相应的控制指令来完成摄像机的硬件参数设置和更改，方便用户以直接编程的方式控制摄像机。

IEEE 1394接口是苹果公司开发的串行标准，俗称火线接口(firewire)。同USB一样，IEEE 1394也支持外设热插拔，可为外设提供电源，省去了外设自带的电源，能连接多个不同设备，支持同步数据传输。IEEE 1394分为两种传输方式：Backplane模式和Cable模式。Backplane模式的最小速率也比USB1.1的最高速率高，分别为12.5Mbit/s、25Mbit/s、50Mbit/s，可以用于多数的高带宽应用。Cable模式是速度非常快的模式，分为100Mbit/s、200Mbit/s和400Mbit/s这几种。在200Mbit/s下可以传输不经压缩的高质量数据电影。

1394b是1394技术的升级版本，是仅有的专门针对多媒体——视频、音频、控制及计算机而设计的家庭网络标准。它通过低成本、安全的CAT5(五类线)实现了高性能家庭网络。1394a自1995年就开始提供产品，1394b是1394a技术的向下兼容扩展。1394b能提供800Mbit/s或更高的传输速度，虽然市面上还没有1394b接口的光储产品出现，但相信在不久之后也必然会出现在用户眼前。

在USB1.1时代，1394a接口在速度上占据了很大的优势。在USB2.0推出后，1394a接口在速度上的优势不再那么明显。同时多数主流的计算机并没有配置1394接口，要使用必须要购买相关的接口卡。这会增加额外的开支。单纯的1394接口的外置式光储基本很少，大多都是同时带有1394和USB接口的多接口产品，使用更为灵活方便。IEEE 1394的原来设计有高速传输率，容许用户在计算机上直接通过IEEE 1394界面来编辑电子影像档案，以节省硬盘空间。在未有 IEEE 1394 以前，编辑电子影像必须利用特殊硬件，把影片下载到硬盘上进行编辑。但随着硬盘空间愈来愈便宜，高速的 IEEE 1394 反而取代了 USB 2.0 成为外接硬盘的最佳接口。1394a 理论上所能支持的最长线长为 4.5m，正常的标准传输速率为 100Mbit/s，并且支持多达 63 个设备。

USB(Universal Serial Bus2.0，通用串行总线)是一种应用在计算机领域的新型接口技术。USB 接口具有传输速度更快，支持热插拔以及连接多个设备的特点，目前已经在各类外部设备中被广泛地采用。USB 接口有 3 种：USB1.1、USB2.0 和 USB3.0。理论上 USB1.1 的传输速度可以达到 12Mbit/s，而 USB2.0 速度则可以达到 480Mbit/s，并且可以向下兼容 USB1.1。早在 1995 年，就已经有个人计算机带有 USB 接口了，但由于缺乏软件及硬件设备的支持，这些个人计算机的 USB 接口都闲置未用。在 1998 年以后，随着微软在 Windows 98 中内置了对 USB 接口的支持模块，加上 USB 设备的日渐增多，USB 接口才逐步走入实用阶段。这几年，随着大量支持 USB 的个人计算机的普及，USB 逐步成为个人计算机的标准接口，并已经是大势所趋。在主机端，最新推出的个人计算机几乎 100%支持 USB；而在外设端，使用 USB 接口的设备(例如数码摄像机、扫描仪、游戏杆、磁带和软驱、图像设备、打印机、键盘、鼠标等)也与日俱增。

吉比特以太网或称千兆以太网(GbE，Gigabit Ethernet 或 1 GigE) 是一个描述各种以吉比特每秒速率进行以太网帧传输的术语，由 IEEE 802.3-2005 标准定义。该标准允许通过集线器连接的半双工吉比特进行连接，但是在市场上利用交换机的全双工连接才是标准。

2.5 参考文献

[1] 章毓晋．图像工程：下册[M]．北京：清华大学出版社，2012：47-51，70-72.

[2] 大卫·A 福赛思．计算机视觉：一种现代化方法(第二版)[M]．高永强，等译．北京：电子工业出版社，2004：2-4.

[3] 彼得·科克．机器人学、机器视觉与控制：MATLAB 算法基础[M]．刘荣，等译．北京：电子工业出版社，2016：255-256.

[4] 卡斯特恩·斯蒂格，马克乌斯·乌尔里克，克里斯琴·威德曼．机器视觉算法与应用[M]．杨少荣，吴迪靖，段德山．北京：清华大学出版社，2008：66-84.

[5] 米兰·桑卡，赫拉·瓦卡，罗杰·博伊尔．图像处理、分析与机器视觉[M]．艾海舟，等译．北京：清华大学出版社，2011：22-28.

[6] 里查德·塞利斯基．计算机视觉——算法与应用[M]．艾海舟，兴军亮，等译．北京：清华大学出版社，2012：58-60.

[7] Wandell B. Foundation of Vision[J]. Sinauer Associates，1995.

CHAPTER3

第3章

图像预处理基础

3.1 数据结构

3.1.1 传统的图像数据结构

传统的图像数据结构有矩阵、链、图、物体属性表、关系数据库，它们不仅对直接表示图像信息非常重要，而且还是更复杂的图像分层表示方法的基础。

矩阵是低层图像表示的最普通的数据结构，矩阵元素是整型数值，对应于采样栅格中相应像素的亮度或其他属性。这类图像数据通常是图像获取设备(例如，扫描仪)的直接输出。矩形和六边形采样栅格的像素都可以用矩阵来表示，数据与矩阵元素的对应关系对于矩形采样栅格来说是很明显的，对于六边形采样栅格来说，图像中的每个偶数行都要向右移半个像素。

矩阵中的图像信息可以通过像素的坐标得到，坐标对应于行和列的标号。矩阵是图像的完整表示，与图像数据的内容无关。它隐含着图像组成部分之间的空间关系(spatial relation)，这些图像组成部分在语义上是很重要的。在图像的情况下，空间是二维的(即平面)。一个非常自然的空间关系是相邻关系（neighborhood relation)。用矩阵表示一个分割的图像，通常要比列出所有物体之间的全部空间关系更省存储空间，但是有时我们需要记录物体间的其他关系。

用矩阵表示的特殊图像有：

(1)二值图像(binary image)(仅有两个亮度级别的图像)用仅含有0和1的矩阵来表示。

(2)多光谱图像(multispectral image)的信息可以用几个矩阵来表示，每个矩阵含有一个频带的图像。

(3)分层图像数据结构(hierarchical image data structure)用不同分辨率的矩阵来获

得。图像的这种分层表示对于具有处理器阵列结构的并行计算机是非常方便的。

多数编程语言用标准的数组数据结构表示矩阵，而且多数现代计算机都提供适合图像数据结构的物理存储。如果不能，它们通常也提供虚拟存储管理使存储器变得透明。历史上，存储限制曾经是图像应用的一个显著障碍，使得图像的各部分需要彼此独立地存取。

矩阵中有大量的图像数据，因此其处理过程需要很多时间。如果首先从原始的图像矩阵得出全局信息(全局信息更紧凑并且占用的存储空间少)，那么算法就可以加速。从概率的角度观察图像，标准化的直方图是如下现象的概率密度的估计：一个图像的像素具有某个亮度。

另一个全局信息的例子是共生矩阵(co-occurrence matrix)。它是亮度为 z 的像素(i_1, j_1)和亮度为 y 的像素(i_2, j_2)的具有空间关系的概率估计。假设这个概率仅依赖于亮度为 z 的像素和亮度为 y 的像素之间的某个空间关系 r，那么关于关系 r 的信息就记录在方形的共生矩阵 $\boldsymbol{C}_r$ 中，它的维数对应于图像的亮度级别。为了减少矩阵 $\boldsymbol{C}_r$ 的数目，引进了一些简化的假设。首先仅考虑直接的邻居，其次假定关系是对称的(没有方向)。如下的算法计算图像 $f(i,j)$的共生矩阵 $\boldsymbol{C}_r$。

(1)令 $\boldsymbol{C}_r(z,y)=0$，对于所有的 $z,y\in[0, L]$，其中 L 是最大的亮度。

(2)对于图像中的所有像素(i_1, j_1)，找到与像素(i_1, j_1)有关系 r 的像素(i_2, j_2)，则有以下关系：

$$\boldsymbol{C}_r[f(i_1,j_1),f(i_2,j_2)] = \boldsymbol{C}_r[f(i_1,j_1),f(i_2,j_2)]+1$$

如果关系 r 与像素(i_1, j_1)4-邻接，那么共生矩阵中的元素有一些有趣的性质。共生矩阵对角线上的数值 $\boldsymbol{C}_r(k,k)$等于图像中具有亮度 k 的区域的面积。因此，对角线上的元素对应的是直方图。非对角线元素的数值 $\boldsymbol{C}_r(k, j)$等于将亮度为 k 和 j $(k\neq j)$的区域分割开的边界长度。例如，对于低对比度的图像，远离对角线的共生矩阵元素等于 0 或非常小；对于高对比度的图像则相反。

考虑共生矩阵的主要原因是其描述纹理的能力。

积分图像(integral image)是另一种能够描述全局信息的矩阵表示方法。积分图像的构造方式是位置(i,j)处的值 $\mathrm{ii}(i,j)$是原图像(i,j)左上角所有像素的和：

$$\mathrm{ii}(i,j) = \sum_{k\leqslant i,l\leqslant j} f(k,l) \tag{3-1}$$

式中，f 是原图像。积分图像能够高效地用递归方法在单次图像遍历中计算出来。

(1)用 $s(i,j)$表示行方向的累加和，初始化 $s(i,j)=0$。

(2)用 $\mathrm{ii}(i,j)$表示积分图像，初始化 $\mathrm{ii}(i,j)=0$。

(3)逐行扫描图像，递归计算每个像素(i,j)行方向的累加和 $s(i,j)$和积分图像 $\mathrm{ii}(i,j)$的值。

$$s(i,j) = s(i,j-1)+f(i,j) \tag{3-2}$$

$$\mathrm{ii}(i,j) = \mathrm{ii}(i-1,j)+s(i,j) \tag{3-3}$$

(4)扫描一遍图像，当到达图像右下角像素时，积分图像就构造好了。

积分图像这个数据结构主要用来快速计算多个尺度的简单矩形图像特征。这种特征能用于快速的目标识别和目标跟踪。

如图 3-1 所示，任何矩形的累加和都能够用 4 次数组的引用来计算得到。因此，反映 2 个矩形差的特征需要 8 个引用。考虑图 3-2a 和 b 中的矩形特征，由于 2 个矩形是相邻的，因此这种包含 2 个矩形特征的只需要 6 个引用。类似的，图 3-2c 和 d 中包含 3 个或者 4 个矩形特征的分别需要用积分图像值的 8 个和 9 个引用。一旦构建好积分图像后，矩形特征可以非常高效地计算出来且所需时间是常数。

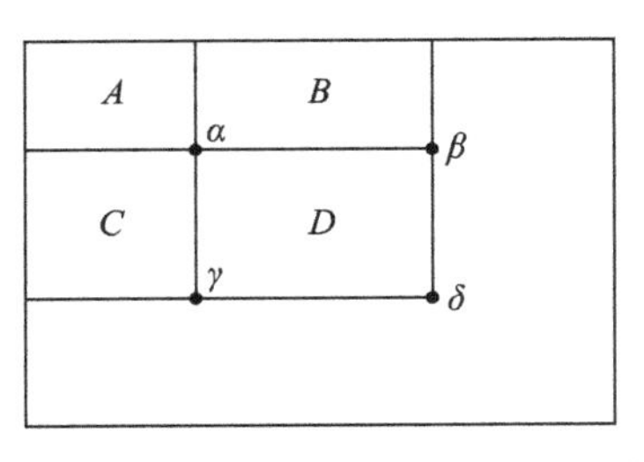

图 3-1　积分图像中矩形特征的计算

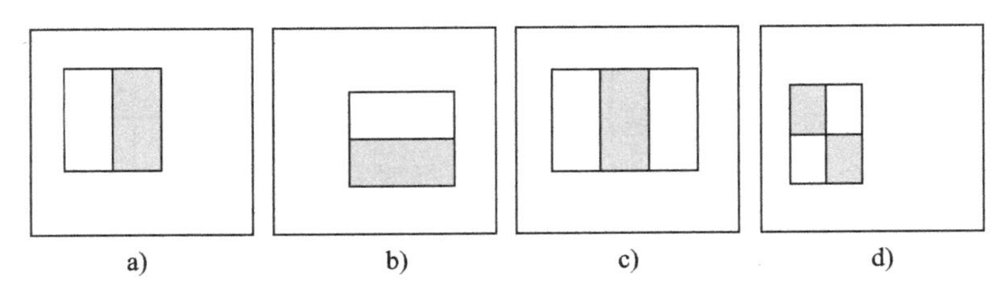

图 3-2　基于矩形的特征可以用积分图像计算

链在计算机视觉中用于描述物体的边界。链的元素是一个基本符号，这种方法使得在计算机视觉任务中可以使用形式语言理论。链适合组织成符号序列的数据，链中相邻的符号通常对应图像中邻接的基元。基元是句法模式识别中使用的基本描述元素。

符号和基元的接近(邻近)规则有例外，例如描述一个封闭边界的链，它的第一个和最后一个符号并不是邻近的，但它们在图像中对应的基元则是邻近的。类似的，不一致性在图像描述语言中也是典型的。链是线性结构，这就是它们不能在相邻或接近基础上描述图像中空间关系的原因。

链码(chain code，也称为 Freeman 码)常用于描述物体的边界，或者图像中一个像素宽的线条。边界由其参考像素的坐标和一个符号序列来定义，符号对应几个事先定义好方向的单位长度的线段。请注意，链码本身是相对的，数据是相对于某个参考点来表示的。图 3-3 给出了一个链码的例子，其中使用的是 8-邻接。用 4-邻接定义链码也是可能的。

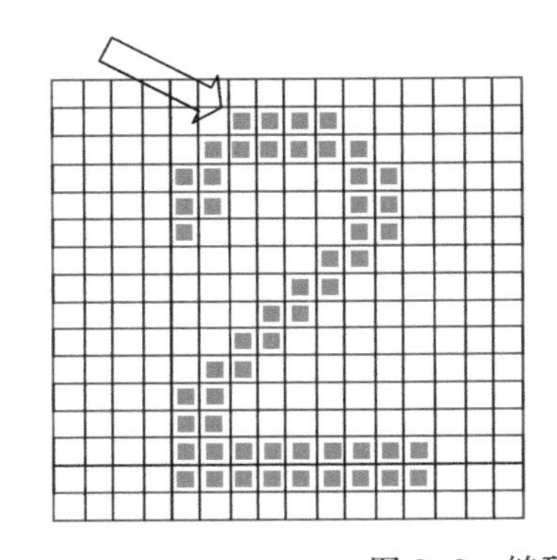

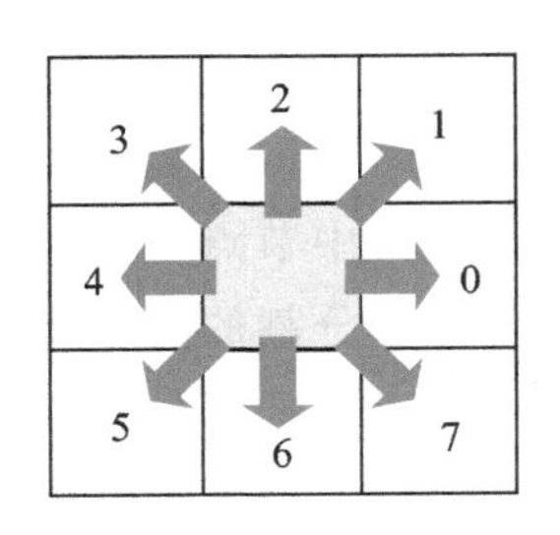

图 3-3　链码示例

如果需要从链码中得到局部信息，就必须系统地搜索整个链码。例如，如果我们想知道边界在何处向左转 90°，则必须在链中找到这样一对样式符号。这是很简单的。另一方面，有关在点(i_0, j_0)附近的边界形状的问题并不简单。我们必须考查所有的链直到找到点(i_0, j_0)为止，然后才能开始分析靠近点(i_0, j_0)的一小段边界。

用链码描述图像适合基于形式语言理论的句法模式识别。在处理真实图像时，就会出现如何处理由噪声引起的不确定性问题，因此出现了一些带有变形矫正的句法分析技术。另一种处理噪声的方法是平滑边界，或者用另一条曲线来近似，然后将这个新曲线用链码来描述。

行程编码(run length coding)通常用于图像矩阵中符号串的表示(例如，传真机就使用行程编码)。为了简单起见，首先考虑二值图像。行程编码仅记录图像中属于物体的区域，该区域表示成以表为元素的表。存在多种在细节上不同的方案，有代表性的一个方案是：图像的每行表示一个子表，它的第一个元素为行号。然后是由坐标对构成的项，第一个为行程的开始，第二个是结束(起始和结束用列坐标表示)。一行中可以有若干个这样的序列。行程编码如图 3-4 所示。行程编码的主要优点是存在计算图像区域的交和并的简单算法。

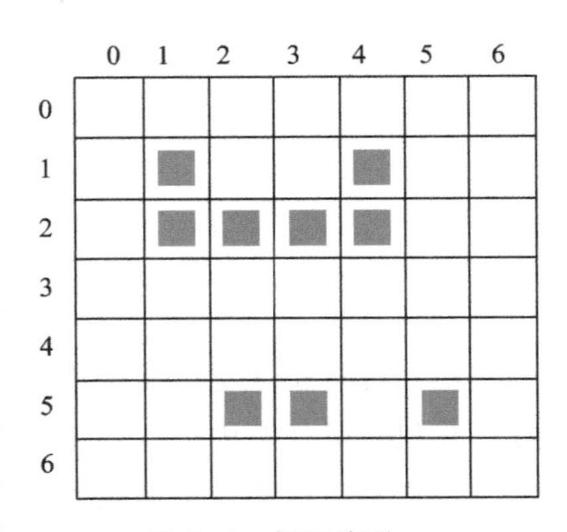

图 3-4　行程编码

行程编码也可用于含有多个亮度级别的图像，在这种情况下，考虑的是一行中具有相同亮度的邻接像素序列。在子表中不仅要记录序列的开始和结束，而且还要记录亮度。

从实现的角度来看，链可以用静态数据结构来表示(例如，一维数组)，大小是链的最大估计长度。这样可能太耗费存储空间了，因此动态数据结构性能更优越。LISP 语言中的表(list)是一个例子。

拓扑数据结构将图像描述成一组元素及其相互关系，这些关系通常用图结构来表示。图(graph)$G=(V,E)$是一个代数结构，由一组节点$V=\{v_1, v_2, \cdots, v_n\}$和一组弧$E=\{e_1, e_2, \cdots, e_n\}$构成。每条弧$e_k$代表一对无次序的节点$\{v_i, v_j\}$，节点不必有区别。节点的度数等于该节点所具有的弧数。

赋值图(evaluated graph)是指弧、节点或两者都带有数值的图，这些数值可能表示加权或费用。

区域邻接图(region adjacency graph)是这类数据结构的一个典型，其中节点对应于区域，相邻的区域用弧连接起来。分割的图像由具有相似性质(亮度、纹理、彩色等)的区域构成，这些区域对应场景中的一些实体。当区域之间具有一些共同边界时，相邻关系就成立了。图 3-5 给出了

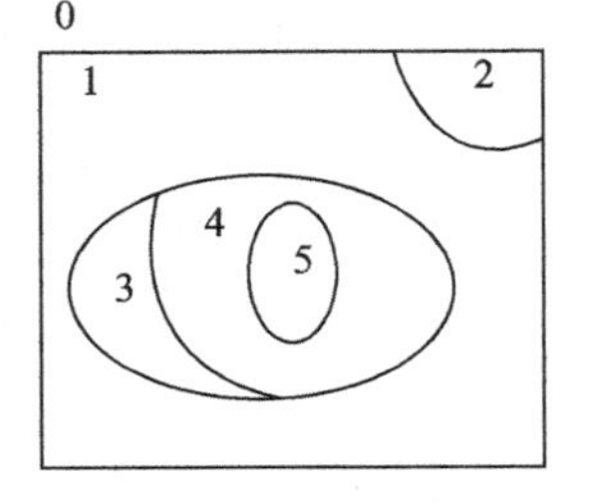

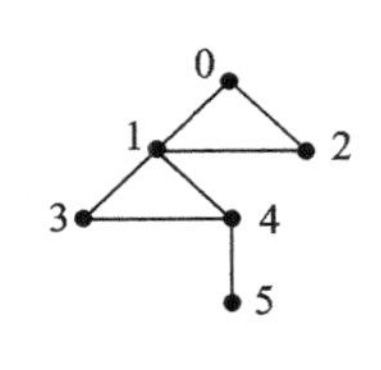

图 3-5　区域邻接图示例

一个区域邻接图的例子，其中图像中的区域用数字标识，0 代表图像外的像素。在区域邻接图中，0 这个数值用来指出与图像边界接触的区域。

区域邻接图具有一些吸引人的特征。如果一个区域包围其他区域，那么对应内部区域的那部分图就可以被图的分割分离出来。度数为 1 的节点表示简单的孔。

区域邻接图中的弧可以包括相邻区域之间关系的一个描述，常见的关系有“在左侧”或“在内部”。在识别任务中，区域邻接图可以与存储的模式进行匹配。

区域邻接图通常是利用区域图(region map)创建的，区域图是与原始图像矩阵有相同维数的矩阵，其元素是区域的识别标号。为了创建区域邻接图，图像中所有的区域边界都要跟踪出来，所有相邻区域的标号都要记录下来。也可以从四叉树表示的图像中创建区域邻接图，这个过程很容易。

区域邻接图明确地存储了图像中所有区域的相邻信息。区域图也含有这样的信息，但是从中得到它却要困难得多。如果我们想快速地将区域邻接图与区域图关联起来，只要将区域邻接图的节点用区域的识别标号和某个代表像素(例如，区域左上角的像素)标注起来，就足够了。

区域邻接图可以用于区域归并(其中具有相同图像解释的相邻区域合并成一个区域)。特别地，请注意如果在区域之间有不止一次分割开彼此的边界(如图 3-6 所示)，归并就可能是错综复杂的(例如，可能产生原本没有的“孔”)。

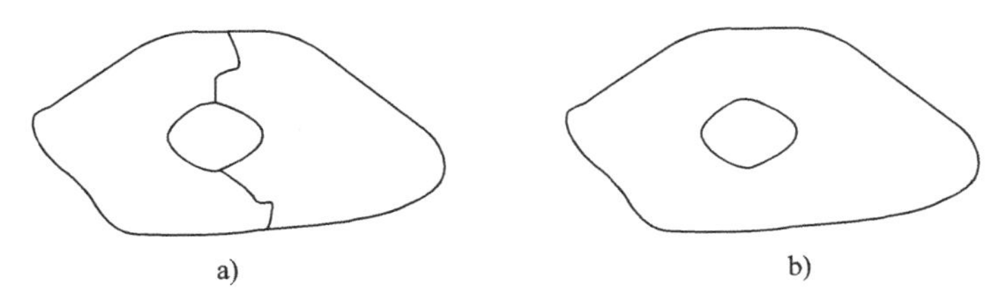

图 3-6　区域归并可能产生孔

关系数据库也可以用来表示从图像中得到的信息，这时所有的信息集中在语义上重要的图像组成部分是物体之间的关系，而物体是图像分割的结果。关系以表的形式来存储。图 3-7 和表 3-1 给出了一个这种表示的例子，其中每个物体有名字和其他特征，比如，图像中对应区域左上角的像素。物体间的关系也在关系表中表示出来。在图 3-7 和表 3-1 中，这种关系是“在内部”，例如，物体 7(池塘)位于物体 6(小山)内。

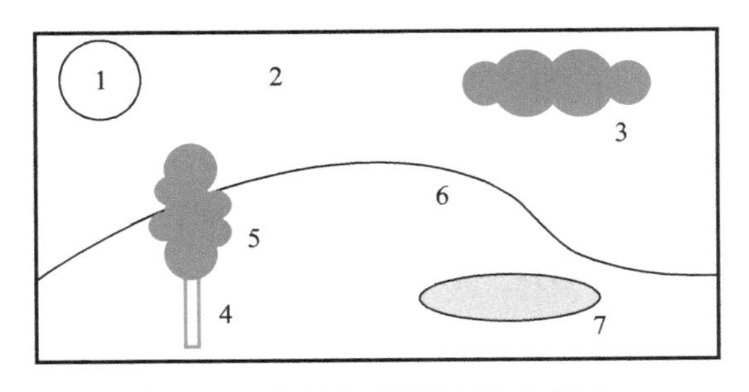

图 3-7　使用关系结构的物体描述

使用关系结构的描述适合用于高层次的图像理解工作。在这种情况下，类似于数据库检索，用关键词搜索适用加速整个处理过程。

表 3-1 图 3-7 中物体关系表

序号	物体名字	彩色	最小行	最小列	内部
1	太阳	白	5	40	2
2	天空	蓝	0	0	—
3	云	灰	20	180	2
4	树干	棕	95	75	6
5	树冠	绿	53	63	—
6	小山	浅绿	97	0	—
7	池塘	蓝	100	160	6

3.1.2 分层数据结构

在本质上，计算机视觉的计算代价是十分高昂的，仅考虑所需处理的巨大数据量就会得出这个结论。我们称为复杂的系统需要处理相当可观的图像数据量。因为我们想要具有交互性的系统，所以通常期望得到非常快的响应。一种解决方法是使用并行计算机(换句话说是，强力)。不幸的是，很多计算机视觉问题都很难在多处理器间分配计算负荷，或者根本就无法分解。分层数据结构使得使用一些特殊算法成为可能，这些算法在相对较小的数据量基础上决定处理策略。它们使用知识而不是强力来减轻计算负荷并提高处理速度，只对图像的实质部分才在最精细的分辨率上工作。我们要介绍两种典型的结构，即金字塔(pyramid)和四叉树(quadtree)。

金字塔属于最简单的分层数据结构，它有两种结构，即 M 形金字塔(M-pyramid)(矩阵形金字塔)和 T 形金字塔(T-pyramid，树形金字塔)。

M 形金字塔是一个图像序列$\{M_L, M_{L-1}, \cdots, M_0\}$，其中 M_L 是具有与原图像同样分辨率和元素的图像，M_{i-1}是由 M_i 降低一半分辨率得到的图像。当创建金字塔时，通常我们只考虑维数是 2 的幂的方阵，这时 M_0 仅对应一个像素。

当需要对图像的不同分辨率同时进行处理时，可以采用 M 形金字塔。分辨率每降低一层，数据量则减少 1/4，因而处理速度差不多也提高 4 倍。

通常同时使用几个分辨率比仅使用 M 形金字塔中的一个图像要好。对于这类算法，我们更喜欢用 T 形金字塔，即树状结构。设 2^L 是原始图像的大小(最高分辨率)。T 形金字塔定义为：

(1)一个节点集合 $P=\{P=(k,i,j)$使得 $k\in[0,L]; i,j\in[0,2^k-1]\}$。

(2)一个映射 F 定义在金字塔的节点 P_{k-1}、P_k 之间，

$$F(k,i,j) = (k-l, i \text{ div } 2, j \text{ div } 2)$$

其中 div 表示整数除。

(3)一个函数 V 将金字塔的节点 P 映射到 Z，其中 Z 是对应于亮度级别数的所有数

的子集合，例如，$Z=\{0,1,2,\cdots,255\}$。

对于给定的 k，T 形金字塔的节点对应于 M 形金字塔中的一些图像点，节点 $P=\{(k,i,j)\}$集合中的每个元素对应于 M 形金字塔的一个矩阵，称 k 为金字塔的层数。对于给定的 k，图像 $P=\{(k,i,j)\}$构成金字塔第 k 层的一个图像。F 是所谓的父映射。在 T 形金字塔中，除了根(0,0,0)之外的所有节点 P_k 都有定义。除了叶子节点外，T 形金字塔的每个节点都有 4 个叶子节点；叶子节点是第 L 层的节点，对应于图像的单个像素。

T 形金字塔中单个节点的数值由函数 V 定义。叶子节点的值就是原始图像在最高分辨率下图像函数的值（亮度），图像的尺度是 2^{L-1}。树的其他层节点的数值或者 4 个子节点的算术平均值，或者由粗采样定义的值，都意味着使用的是一个子节点的值(比如，左上)。

M 形金字塔存储所有图像矩阵需要的像素个数：

$$N^2\left(1+\frac{1}{4}+\frac{1}{16}+\cdots\right)\approx 1.33N^2 \tag{3-4}$$

其中，N 是原始矩阵(有最高分辨率的图像)的维数，通常是 2 的幂 2^L。

T 形金字塔的存储表示与 M 形金字塔相似。树的弧不必存储，这是由于其结构的规范性，树的子节点和父节点的地址都很容易计算出来。

四叉树是对 T 形金字塔的改进。除叶子节点外，每个节点有 4 个子节点(西北 NW (North-Western)、东北 NE (North-Eastern)、西南 SW (South-Western)、东南 SE (South-Eastern))。与 T 形金字塔相似，在每个层次上图像被分解为 4 个象限，但无须在所有层次上保留节点。如果父节点有 4 个具有相同值(如，亮度)的子节点，则无须保留这些子节点。对于具有大的均匀区域的图像来说，这种表示比较节省存储空间。图 3-8 给出了一个简单的四叉树例子。

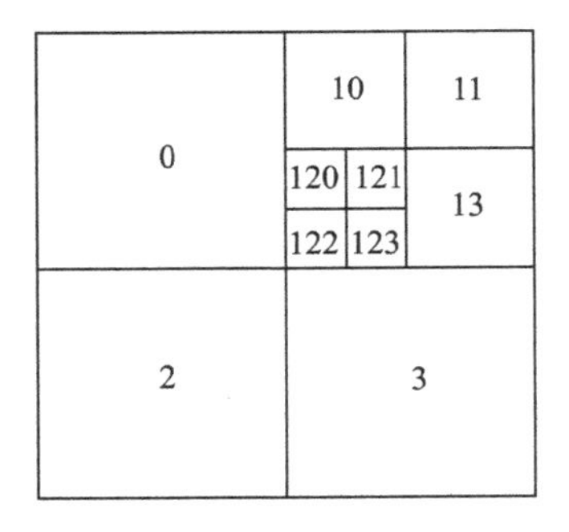

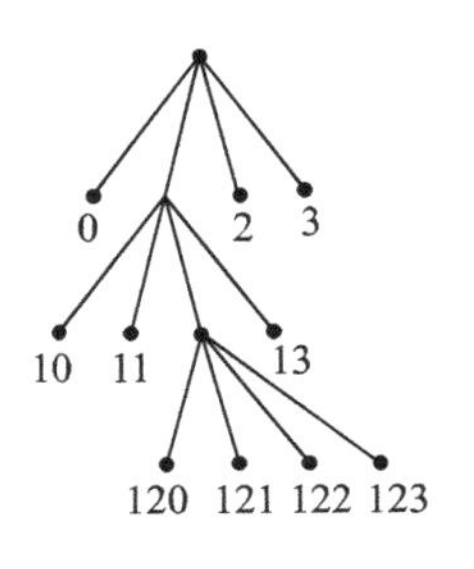

图 3-8　四叉树

用四叉树来表示图像的优点是，对于图像相加、物体面积计算和统计矩(moment)计算存在简单的算法。四叉树和金字塔分层表示的主要缺点是，它们依赖于物体的位置、方向和相对大小。两个仅有微小差别的相似图像可能会具有非常不同的金字塔或四叉树表示。当两个图像描述的是完全相同而只是略微移动了景物时，也可能产生完全不同的表示。

这些缺点在使用规范的形状四叉树(shape of quadtree)时可以避免，这时我们并不对整个图像建立四叉树，而是对一个个物体建立四叉树。这种表示要用到物体的几何特征(包括质心和主轴)，首先得到每个物体的质心和主轴，然后找到中心在质心而边平行于主轴的最小外接矩形，最后将这个矩形(子图像)用四叉树来表示。用规范的形状四叉树和若干附加的数据项(质心的坐标，主轴的角度)表示的物体具有平移、旋转和尺度不变性。

四叉树通常的表示方式是将整个树作为一个个节点的表来表示，每个节点有几个表征项。图 3-9 给出了一个例子。“节点类型”项含有该节点是叶子节点还是在树内部的信息。其他数据项可以是节点在树中的层次、图片中的位置、节点码等。这种类型的表示在存储上是昂贵的。由于在父节点和子节点之间有指针，因此它的优点是容易存取任何节点。

节点类型
指向子节点NW的指针
指向子节点NE的指针
指向子节点SW的指针
指向子节点SE的指针
指向父节点的指针
其他数据

图 3-9　描述四叉树节点的记录

用叶码(leafcode)来表示四叉树可以降低存储需求。图片中的每个点都用反映四叉树后续划分的一个数字序列来编码，0 代表 NW 象限。类似地其他象限表示为：1 代表 NE，2 代表 SW，3 代表 SE。码中最重要的数字(在左边)对应最高层的划分，最不重要的数字(在右边)对应最后的划分。码中数字的个数与四叉树层的数目相同。这样整个树就被表示成由叶码和区域亮度组成的对的序列。创建四叉树的程序可以利用递归方法。

T 形金字塔与四叉树非常相似，但是有两个基本不同点。T 形金字塔是一个平衡的结构，这意味着对应的树在划分图像时不考虑其内容，因此它是规范的和对称的。四叉树是非平衡的。另一个不同点在于，对单个节点数值的解释。

四叉树已经有广泛的应用，特别是在地理信息系统(Geographic Information System，GIS)领域。它与在三维空间中推广的“八叉树”(octree)结合在一起，在迭层数据(layered data)的分层表示方面已被证明十分有用。

金字塔结构的使用非常广泛，有几个扩展和修正。回想一下，一个简单的 M 形金字塔是一个图像序列$\{M_L, M_{L-1}, \cdots, M_0\}$，其中 M_i 是 M_{i+1} 的 2×2 缩影。我们可以定义一个“缩影窗口”(reduction window)的概念，对于 M_i 的每个单元 c，它的缩影窗口 $w(c)$ 是它在 M_{i+1} 中的子集合。在这里，单元 c 是图像 M_i 在相应金字塔分辨率层次下任何单独的元素。如果图像的创建方式使得所有的内部单元都具有相同数目的邻居(例如，习惯中的方形栅格)，而且它们具有相同数目的孩子，那么这样的金字塔就是规范的。

我们可以用缩影窗口和“缩影因子”(reduction factor)λ 来建立规范金字塔的分类标准，缩影因子 λ 定义了层间图像区域的降低比值：

$$\lambda \leqslant \frac{|M_{i+1}|}{|M_i|}, \quad i = 0, 1, \cdots, L-1$$

在最简单的情况下，缩影窗口是 2×2 的且互不重叠，此时我们有 $\lambda=4$。如果我们选择让缩影窗口有重叠，缩影因子就会降低。表征规范金字塔的符号是缩影窗口/缩影因子。图 3-10 给出了一些简单例子。

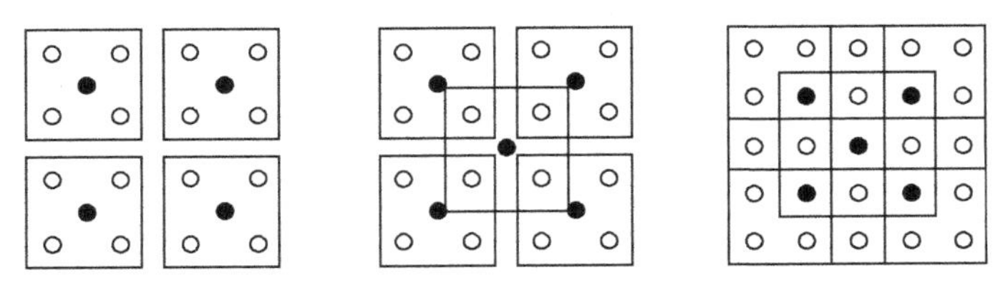

图 3-10 一些规范金字塔的定义

第 i 层给定单元的缩影窗口可以向下传播，并且比第 $i+1$ 层有更高的分辨率。对于第 i 层的单元 c_i，我们可以记 $w^0(c_i)=w(c_i)$，然后递归地定义：

$$w^{k+1}(c_i) = \bigcup_{q\in w(c_i)} w^k(q) \tag{3-5}$$

式中，$w^k(c_i)$是覆盖所有连到单元 c_i 的第 $i+k+1$ 层单元的等价窗口。请注意这个窗口的形状依赖于金字塔的类型，例如，一个 $n\times n/2$ 类型的金字塔会产生八边形的等价窗口，而一个 $n\times n/4$ 类型的金字塔会产生方形的等价窗口。使用非方形的窗口(比如 2×2/4 类型的金字塔)能够避免方形特征占主导的情况。

2×2/4 类型的金字塔使用很广泛，我们通常说的“图像金字塔”就是指这种情况；2×2/2 类型的结构常被称作“重叠金字塔”。5×5/2 类型的金字塔用于紧致图像编码，其中图像金字塔由差分的拉普拉斯(Laplacian)金字塔所增强。这里给定层的拉普拉斯是在本层图像与从低一层分辨率图像“扩张”得到的图像之间按照像素与像素的差别来计算的。拉普拉斯图像在低对比度区域中的数值可能是 0(或接近 0)，因此容易压缩。

“非规范金字塔”(irregular pyramid)是从图像的图表示(例如，区域邻接图)结构中收缩导出的。这里，通过选择性地删除一些边和节点，图可以变成更小的图，这取决于具体的选择方案。在减小整体复杂度的同时，重要的结构仍能保留在父节点的图中。金字塔的方法具有一般性，自身有很多发展，例如，缩影算法(reduction algorithm)不必是确定性的。

3.2 图像预处理

3.2.1 灰度值变换

图像灰度值变换是根据原始图像中每个像素的灰度值按照某种映射规则，直接将其变换或转化成另一灰度值，从而达到增强图像视觉效果的目的。在点操作情况下，若以 s 和 t 分别代表原始图像和增强图像在同一位置处的灰度值，用 E_h 代表灰度映射函数，则有：

$$t = E_\mathrm{h}(s) \tag{3-6}$$

这种增强方法的原理可借助图 3-11 来说明。设拟增强图像具有 4 种灰度级(从低到高依次用 Y、G、B、R 来表示)，所用映射规则如图中间的曲线 $E_\mathrm{h}(s)$所示。根据这个曲线映射规则，原灰度值 B 被映射为灰度值 Y，而原灰度值 R 被映射为灰度值 B。

如果根据这个映射规则进行灰度变换，则左边的图像将会被转换为右边的图像。如果恰当地设计曲线的形状就可以得到需要的增强效果。例如在图 3-11 中，原图像中两种方块的灰度值是相邻的，映射后图像中两种方块的灰度值拉开了距离，所以图像的对比度得到了增强。

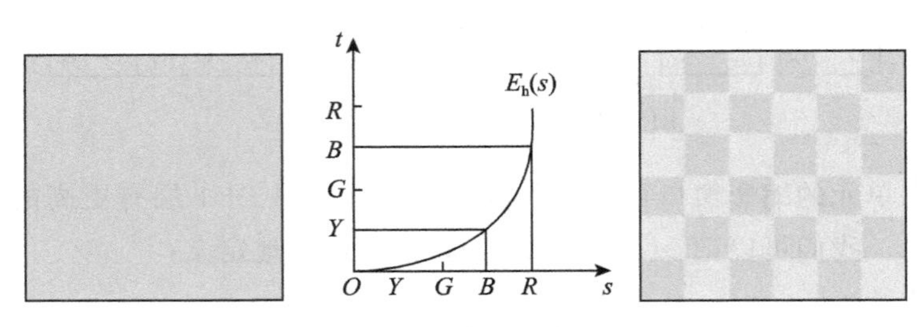

图 3-11　图像灰度映射原理 1

图像灰度映射的关键是根据增强要求设计灰度映射函数，或映射规则。图 3-12 使用若干个灰度变换函数作为例子来分析它们的特点和功能。设原灰度值 s 和映射后灰度值 t 的取值范围都为 $0\sim L-1$。如果变换曲线是从原点到($L-1$，$L-1$)的直线，则变换前后灰度值不变。但如图 3-12a 所示变换曲线，则会使原始图像中灰度值小于拐点值的像素在变换后的图像中都取为拐点值，这些像素的灰度值均有增加。图 3-12b 所示变换曲线将原始图像根据像素灰度值分成 3 部分。在每部分中，变换后像素的灰度值都保持原来的顺序，但均扩展为 $0\sim L-1$。这样，对应 3 部分灰度的像素间的反差都会增加。因为图 3-12c 所示变换曲线的左下半部与图 3-11 中的变换曲线类似，所以原始图像中灰度值小于 $L/2$ 的像素在变换后灰度值会更小。但图 3-12c 所示变换曲线的右上半部与此相反，会使原始图像中灰度值大于 $L/2$ 的像素在变换后灰度值变大，这样全图的反差会增加。最后，图 3-12d 所示变换曲线与图 3-12c 所示变换曲线有某种反对称性，其总体效果主要是降低变换后图像的反差。

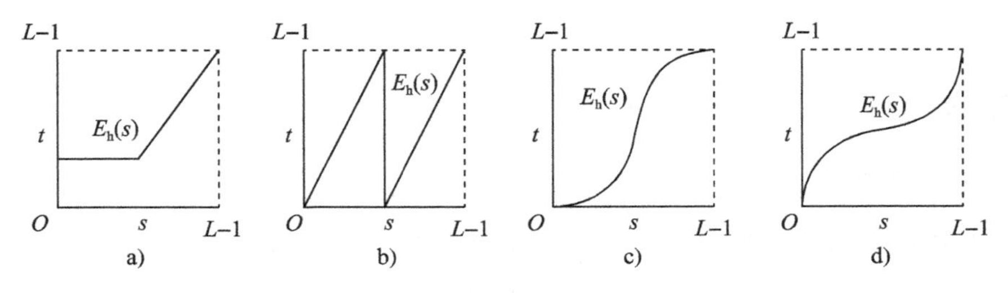

图 3-12　图像灰度映射原理 2

根据具体应用的要求，可以设计出不同的映射函数以进行图像灰度映射，从而增强视觉效果。图 3-13 给出了几个典型的灰度映射函数示例。

1. 图像求反

图像求反是将原图的灰度值翻转，简单来说就是使黑变白，使白变黑。此时的 $E_h(s)$ 可用图 3-13a 所示的曲线表示。普通黑白底片和照片的关系就是这样的。

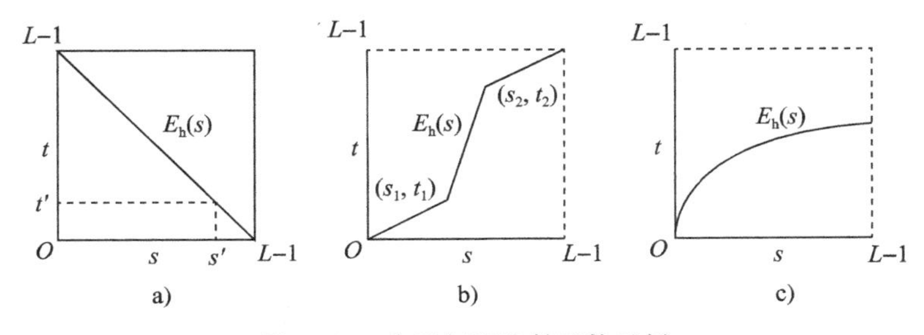

图 3-13 典型灰度映射函数示例

具体变换时，只需将图像中每个像素的灰度值根据变换曲线进行映射。例如原来灰度值为 s' 的映射为 t'（如图 3-13a 所示）。这里的映射是一对一的，所以只要读出原灰度值，变换后就会得到新灰度值并赋给原像素。

2. 增强对比度

增强图像对比度可通过增加图像中各部分间的反差来实现，具体是增加图像中某两个灰度值间的动态范围。典型的增强对比度的 $E_h(s)$ 如图 3-13b 中的曲线（实际是一条折线）所示。可以看出通过这样一个变换，原图中灰度值在 $0 \sim s_1$ 和 $s_2 \sim L-1$ 间的动态范围减小了，而原图中灰度值在 $s_1 \sim s_2$ 间的动态范围增加了，从而这个范围内的对比度增强了。实际中 s_1、s_2、t_1、t_2 可取不同的值进行组合，从而得到不同的效果。如果 $s_1 = t_1$、$s_2 = t_2$，则 $E_h(s)$ 曲线为一条斜率等于 1 的直线，增强图将和原图相同。如果 $t_1 = 0$、$t_2 = L-1$，则 $E_h(s)$ 曲线为一条斜率大于 1 的直线，增强图中 s_1 和 s_2 间的动态范围。如果 $s_1 = s_2$、$t_1 = 0$、$t_2 = L-1$，则增强图只剩下两个灰度级，对比度最大但细节全丢失了。

3. 动态范围压缩

动态范围压缩的目的与增强对比度的目的基本相反。有时原图的动态范围太大，超出某些显示设备的允许动态范围，这时如直接使用原图，则一部分细节可能丢失（超出上限的灰度只能显示为上限）。解决的办法是对原图进行一定的灰度压缩。一种常用的压缩方法是借助对数形式的 E_h，类似图 3-13c 中的曲线。

$$t = C \log (1 + |s|) \tag{3-7}$$

式中，C 为比例系数。恰当地选择它可使压缩后的动态范围刚好能全部显示。

4. 伽玛校正

伽玛校正借助了指数变换。指数变换的一般形式可表示为

$$t = Cs^{\gamma} \tag{3-8}$$

式中：C 为常数；γ 是实数，主要控制变换的效果。当 $\gamma > 1$ 时，变换的结果是输入中较宽的低灰度范围被映射到输出中较窄的灰度范围；而当 $\gamma < 1$ 时，变换曲线与图 3-13c 所示的曲线有些类似，变换的结果是输入中较窄的低灰度范围被映射到输出中较宽的灰度范围，而同时输入中较宽的高灰度范围被映射到输出中较窄的灰度范围。

许多图像获取、显示、打印设备的输出响应与输入激励满足指数变换的规律，为校正其响应为线性的，需进行指数变换，此时称为伽玛（γ）校正。例如，常见的 CRT 显示

器的亮度-电压响应满足指数变换规律，其值约为1.8～2.5。现在来看图3-14，图3-14a给出一幅原始图像，如果把它在一个γ值为2.5的CRT上直接显示，效果如图3-14b所示，比图3-14a暗。如果先对图3-14a进行伽玛校正，即用$\gamma=0.4$进行指数变换得到图3-14c，然后将变换后的结果显示到CRT上，得到的显示效果就如图3-14d所示，它与图3-14a基本一致。

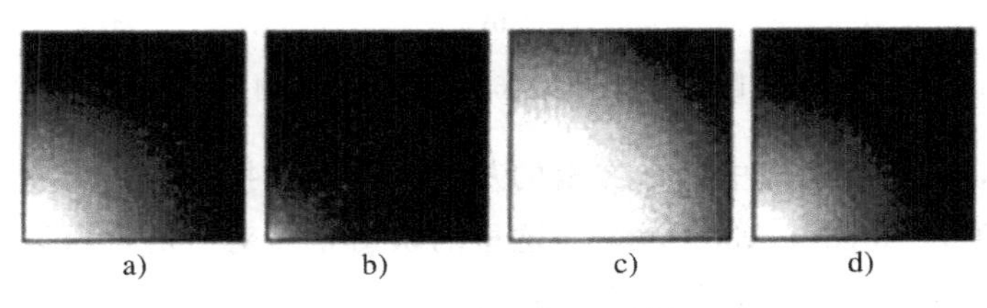

图3-14 伽马校正示例

3.2.2 几何变换

几何变换在计算机图形学中是很常见的，在图像分析中也使用得很多。这种技术可以消除获取图像时所出现的几何变形。如果我们需要匹配同一物体的两幅不同的图像，就可能需要几何变换。我们只考虑2D情况下的几何变换，因为这对于绝大多数数字图像是足够的了。一个例子是试图匹配同一区域内相差一年的两幅遥感图像，但最近的一幅图像可能并不是在精确的同一位置拍摄到的。为了检查一年间的变化，必须要做几何变换，然后再彼此相减。另一个例子是文本图像处理应用中普遍遇到的文本歪斜校正，这种情况出现于具有明显方向性(例如，一个印刷页)的图像以不同方向被扫描或以别的方式抓取到时。这种差别可能是非常小的，但当后续的处理使用了这种方向信息时就是很关键的，这在光学字符识别(OCR)中往往是这样的。

几何变换是矢量函数$\boldsymbol{T}$将一个像素(x,y)映射到一个新位置(x',y')，图3-15给出了整个区域按照点到点的方式变换的一个例子。$\boldsymbol{T}$定义的两个分量公式：

$$x' = T_x(x,y) \quad y' = T_y(x,y) \tag{3-9}$$

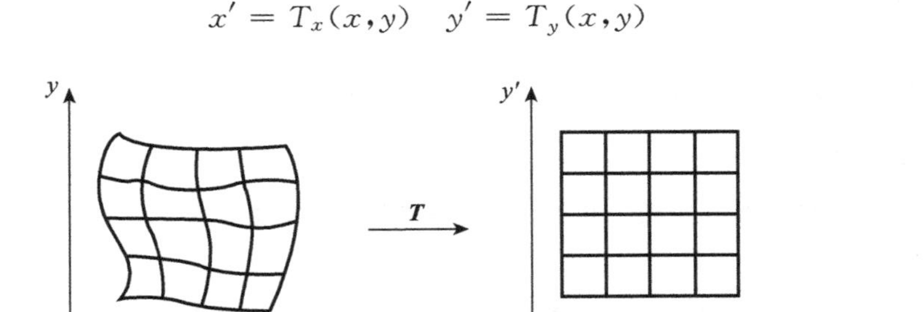

图3-15 一个平面内的几何变换

变换公式T_x和T_y可以事先可知(例如在旋转、平移和变尺度的情况下)，或者可以通过原来和变换后的图像来确定。两幅图像中已知对应点的几个像素可以用来推导未知的变换。

几何变换由两个基本步骤组成。第一步是像素坐标变换（pixel co-ordinate transformation），将输入图像的像素映射到输出图像。输出点的坐标应该按照连续数值来计算（实数），这是因为在变换后其位置未必对应于数字栅格。第二步是找到与变换后的点匹配的数字光栅中的点，并确定其亮度值。该亮度通常是用邻域中几个点的亮度插值（interpolation）来计算的。

基于预处理的计算只需要考虑待处理像素的一个邻域这一标准，几何变换就是这样一种处理方式，我们将它分类到预处理技术范畴。几何变换处在点操作和局部操作之间的边界上。

式（3-9）给出的是经过几何变换后在输出图像中找到点坐标的一般情况。通常用多项式公式来近似：

$$x' = \sum_{r=0}^{m}\sum_{k=0}^{m-r} a_{rk} x^r y^k, \quad y' = \sum_{r=0}^{m}\sum_{k=0}^{m-r} b_{rk} x^r y^k \tag{3-10}$$

这个变换对于系数 a_{rk}、b_{rk} 来说是线性的，因此如果已知两幅图像中的对应点对（x，y）、（x',y'），就可以通过求解线性方程组的方式确定 a_{rk}、b_{rk}。一般使用的点数超过系数的个数以便保证稳定性，常使用均方方法（mean square method）。

在图像中位置的变化并不快的情况下，几何变换使用低阶的多项式来近似（如 $m=2$ 或 $m=3$），这时至少需要 6 或 10 个对应点对。对应点在图像中的分布应该能够表达几何变换，通常它们是均匀分布的。一般而言，近似多项式的阶数越高，几何变换对于对应点对的分布就越敏感。

式（3-9）在实践中用双线性变换（bilinear transform）来近似，这需要至少 4 对对应点来解出变换系数。

$$x' = a_0 + a_1 x + a_2 y + a_3 xy \quad y' = b_0 + b_1 x + b_2 y + b_3 xy \tag{3-11}$$

更简单的是仿射变换（affine transformation），它需要至少 3 对对应点来解出变换系数。

$$x' = a_0 + a_1 x + a_2 y \qquad y' = b_0 + b_1 x + b_2 y \tag{3-12}$$

仿射变换包含一些典型的几何变换，有旋转、平移、变尺度和歪斜（斜切）。

几何变换作用在整个图像上时可能会改变坐标系，雅可比（Jacobian）形式 J 提供了坐标系如何变化的信息。

$$J = \left|\frac{\partial(x', y')}{\partial(x, y)}\right| = \begin{vmatrix} \dfrac{\partial x'}{\partial x} & \dfrac{\partial x'}{\partial y} \\ \dfrac{\partial y'}{\partial x} & \dfrac{\partial y'}{\partial y} \end{vmatrix} \tag{3-13}$$

如果变换是奇异的（没有逆），则 $J=0$。如果图像的面积在变换下具有不变性，则 $J=1$。

式（3-11）中双线性变换的雅可比形式是：

$$J = a_1 b_2 - a_2 b_1 + (a_1 b_3 - a_3 b_1)x + (a_3 b_2 - a_2 b_3)y \tag{3-14}$$

而式（3-12）中仿射变换的雅可比形式是：

$$J = a_1 b_2 - a_2 b_1 \tag{3-15}$$

几个重要的几何变换如下所示。

(1)旋转(rotation)，绕原点旋转角度 ϕ：

$$\begin{aligned} x' &= x\cos\phi + y\sin\phi \\ y' &= -x\sin\phi + y\cos\phi \\ J &= 1 \end{aligned} \tag{3-16}$$

(2)变尺度(change of scale)，x 轴是 a、y 轴是 b：

$$\begin{aligned} x' &= ax \\ y' &= by \\ J &= ab \end{aligned} \tag{3-17}$$

(3)歪斜(斜切)(skewing)，歪斜角度为 ϕ：

$$\begin{aligned} x' &= x + y\tan\phi \\ y' &= y \\ J &= 1 \end{aligned} \tag{3-18}$$

复杂的几何变换(扭曲(distortion))可以通过将图像分解为更小的矩形子图像来近似。对于每个子图像用对应的像素对来估计一个简单的几何变换，例如，仿射变换。这样几何变换(扭曲)就可以在每个子图像中分别修复了。

在遥感中有些典型的几何扭曲必须要修正。错误可能是由光学系统的扭曲引起的，也可能是由按行扫描中存在的非线性和非等间隔采样引起的。传感器(或卫星)相对于物体的错误位置或方向是引起旋转、歪斜和线条的非线性扭曲的主要原因。全景的扭曲(见图 3-16b)出现于靠镜子匀速旋转的线阵扫描器中。线条的非线性扭曲(见图 3-16a)是由于物体与扫描器镜子的距离发生变化引起的。在利用机械扫描器获取图像的过程中，地球的旋转产生歪斜扭曲(见图 3-16c)。与传感器的距离变化引起变尺度扭曲(见图 3-16e)。透视投影引起透视扭曲(见图 3-16f)。

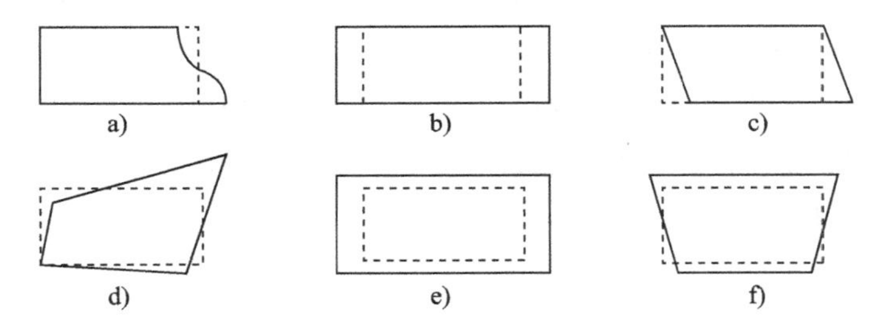

图 3-16　几何扭曲类型

假定已经完成了式(3-10)给出的平面变换，得到了新的点坐标(x',y')。新点的位置一般并不符合输出图像的离散光栅要求，变换后的点集给出了非整数坐标的输出图像。若要得到数字栅格上的数值，输出图像光栅上每个像素的数值可以用一些相邻的非整数采样点的亮度插值(brightness interpolation)来获得。

亮度插值影响着图像的品质。插值越简单，在几何和光度测量方面，精度的损失就越大，但是考虑到计算的负担，插值邻域一般都相当小。3 种常用的插值方法是最近邻、线性、双三次(bi-cubic)。

亮度插值问题一般用对偶的方法来表示，也就是确定对应于输出图像离散光栅点在输入图像中原来点的亮度。假定我们要计算输出图像中像素(x',y')亮度的数值，x'和y'位于离散光栅上(整数值，图 3-16 中用实线表示)。在原来图像中点(x,y)坐标可以用式(3-9)平面变换的逆变换得到：

$$(x,y) = T^{-1}(x',y') \tag{3-19}$$

一般来说，逆变换后的实数坐标(图 3-16 中的虚线)并不符合输入图像的离散栅格(实线)要求，因此亮度是不知道的。原始连续图像函数的仅有信息是其采样值$g_s(l\Delta x, k\Delta y)$。为了得到点$(x,y)$的亮度，需要重采样输入图像。

记亮度插值的结果为$f_n(x,y)$，其中用n区分不同的插值方法。亮度可以用卷积公式来表示：

$$f_n(x,y) = \sum_{l=-\infty}^{\infty}\sum_{k=-\infty}^{\infty} g_s(l\Delta x, k\Delta y) h_n(x - l\Delta x, y - k\Delta y) \tag{3-20}$$

函数h_n为插值核(interpolation kernel)。一般只使用小的邻域，在它之外h_n是 0。下面将介绍 3 种插值方法，为简单起见，不妨设$\Delta x = \Delta y = 1$。

最近邻插值(nearest-neighborhood interpolation)赋予点(x,y)为在离散光栅中离它最近点g的亮度数值，如图 3-17 所示。图的右侧是 1D 情况下的插值核h_1，图 3-17 的左侧显示了新的亮度是如何被赋予的。虚线表示平面变换的逆变换将输出图像的光栅映射到输入图像中的情况，实线表示输入图像的光栅。最近邻插值由下式给出：

$$f_1(x,y) = g_s[\text{round}(x), \text{round}(y)] \tag{3-21}$$

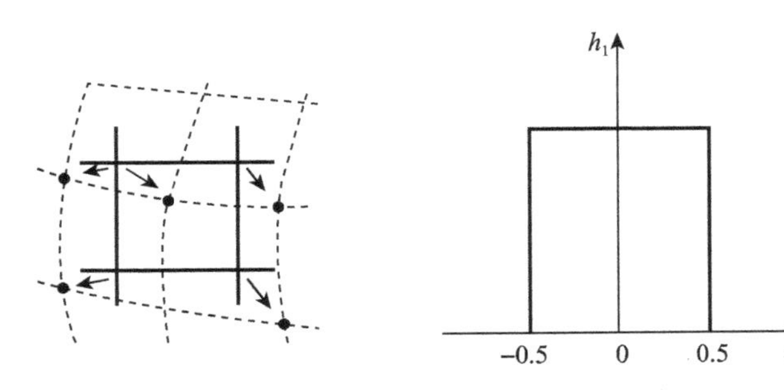

图 3-17 最近邻插值

最近邻插值的最大定位误差是半个像素。这种误差在物体具有直线边界时就会显现出来，在变换后可能会呈现阶梯状。

线性插值(linear interpolation)考虑点(x,y)的 4 个相邻点，假定亮度函数在这个邻域内是线性的。线性插值如图 3-18 所示，图的左侧显示了哪些点被用于插值。线性插值由下列公式给出：

$$\begin{aligned} f_2(x,y) = &(1-a)(1-b)g_s(l,k) + a(1-b)g_s(l+1,k) \\ &+ b(1-a)g_s(l,k+1) + abg_s(l+1,k+1) \end{aligned}$$

$$l = \text{floor}(x),\ a = x - l$$

$$k = \text{floor}(y), b = y - k \tag{3-22}$$

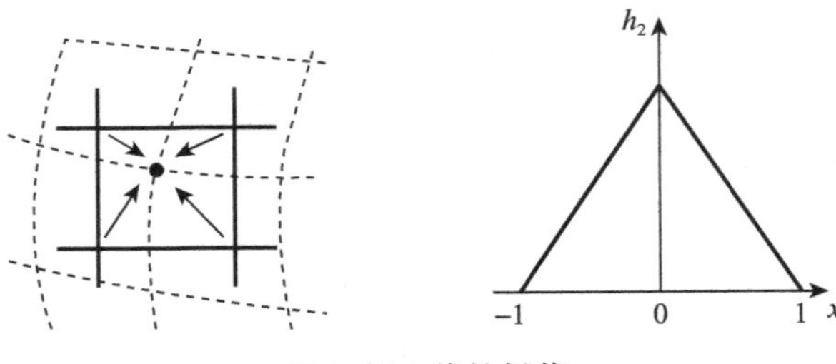

图 3-18 线性插值

线性插值可能会引起小的分辨率降低和模糊，原因在于其平均化的本性。它减轻了在最近邻插值中出现的阶梯状直边界的问题。

双三次插值(bi-cubic interpolation)用双三次多项式近似亮度函数来改善其模型，用16个相邻点进行插值。一维的插值核(墨西哥草帽(Mexican hat))如图3-19所示，由下式给出：

$$h_3 = \begin{cases} 1 - 2|x|^2 + |x^3|, & \text{当 } 0 \leqslant |x| \leqslant 1 \\ 4 - 8|x| + 5|x|^2 - |x|^3, & \text{当 } 1 \leqslant |x| \leqslant 2 \\ 0, & \text{其他} \end{cases} \tag{3-23}$$

双三次插值免除了最近邻插值的阶梯状边界问题，也解决了线性插值的模糊问题。双三次插值通常用于光栅显示中，这使得相对于任意点的聚焦成为可能。如果使用最近邻插值，具有相同亮度的区域就会增加。双三次插值非常好地保持了 图像的细节。

本示例通过对棋盘图像应用不同的转换来显示几何转换的许多属性，原始图像如图3-20所示。

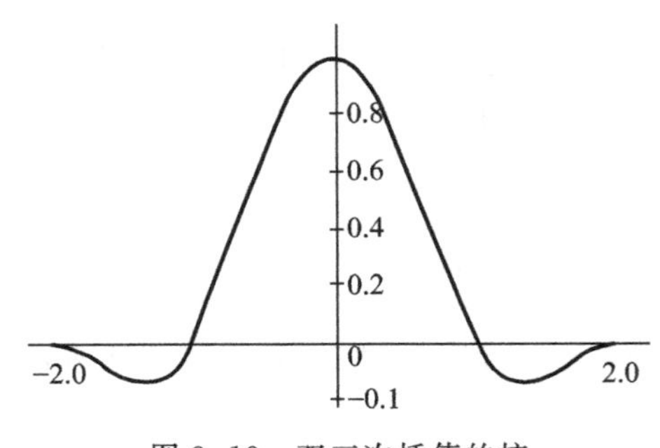

图 3-19 双三次插值的核

图 3-20 原始棋盘图像

checkerboard生成具有矩形磁贴和4个独特角的图像，这使得你可以很容易地看到棋盘图像如何被几何变换所扭曲。

```
sqsize = 60;
I = checkerboard(sqsize,4,4);
nrows = size(I,1);
```

```
ncols = size(I,2);
fill = 0.3;
imshow(I)
title('Original')
```

将非反射相似变换应用到棋盘，如图 3-21 所示。非反射相似变换可能包括旋转、缩放和平移。图像的形状和角度将被保留，平行线保持平行，直线保持不变。

```
% Try varying these 4 parameters.
scale = 1.2; % scale factor
angle = 40* pi/180; % rotation angle
tx = 0; % x translation
ty = 0; % y translation
sc = scale* cos(angle);
ss = scale* sin(angle);
T = [sc - ss 0;
ss sc 0;
tx ty 1];
```

由于非反射相似变换是仿射变换的一个子集，因此使用 affine2d 创建仿射 2D 对象。

```
t_nonsim = affine2d(T);
I_nonreflective_similarity = imwarp(I,t_nonsim,'FillValues',fill);
imshow(I_nonreflective_similarity);
title('Nonreflective Similarity')
```

图 3-21 将非反射相似变换应用到棋盘

如果将 tx 或 ty 更改为非零值，你会注意到它对输出图像没有影响。如果要查看与转换（包括平移）相对应的坐标，请添加以下空间引用信息：

```
[I_nonreflective_similarity,RI] = imwarp(I,t_nonsim,'FillValues',fill);
imshow(I_nonreflective_similarity,RI)
```

```
axis on
title('Nonreflective Similarity(Spatially Referenced)')
```

请注意，从 imwarp 传递输出的空间参照对象 RI 显示了转换关系。若要指定查看的输出图像的某一部分，请在 imwarp 函数中使用"outputview"名称-值对。

将相似变换应用到棋盘。在相似变换中，类似的三角形映射到相似的三角形。非反射相似变换是相似变换的一个子集。

```
% Try varying these parameters.
scale = 1.5; % scale factor
angle = 10* pi/180; % rotation angle
tx = 0; % x translation
ty = 0; % y translation
a = - 1; % - 1 - > reflection, 1 - > no reflection
sc = scale* cos(angle);
ss = scale* sin(angle);
T = [ sc - ss 0;
a* ss a* sc 0;
tx ty 1];
```

由于相似变换是仿射变换的一个子集(见图 3-22)，因此使用 affine2d 创建仿射 2D 对象。

```
t_sim = affine2d(T);
```

与上面的实例一样，从 imwarp 函数中检索输出空间引用对象 RI，并通过 RI 显示 imshow 反射。

```
[I_similarity,RI] = imwarp(I,t_sim,'FillValues',fill);
imshow(I_similarity,RI)
axis on
title('Similarity')
```

图 3-22 将相似变换应用于棋盘

仿射变换应用于棋盘。在仿射变换中，x 和 y 尺寸可以独立缩放或剪切，并且可能有平移、反射或旋转。平行线保持平行，直线保持不变。相似变换是仿射变换的子集，如图 3-23 所示。

```
% Try varying the definition of T.
T = [1 0.3 0;
1 1 0;
0 0 1];
t_aff = affine2d(T);
I_affine = imwarp(I,t_aff,'FillValues',fill);
imshow(I_affine)
title('Affine')
```

将投影变换应用于棋盘，如图 3-24 所示。在投影变换中，四边形映射到四边形，直线保持不变，但平行线不一定保持平行。仿射变换是投影变换的一个子集。

图 3-23　将仿射变换应用到棋盘

图 3-24　将投影变换应用于棋盘

```
T = [1 0 0.002;
1 1 0.0002;
0 0 1];
t_proj = projective2d(T);
I_projective = imwarp(I,t_proj,'FillValues',fill);
imshow(I_projective)
title('Projective')
```

将分段线性变换应用于棋盘，如图 3-25 所示。在分段线性变换中，仿射变换分别应用于图像的区域。在本例中，棋盘的左上角、右上角和左下角三点保持不变，但图像右下角的三角形区域被拉伸。

```
movingPoints = [0 0; 0 nrows; ncols 0; ncols nrows;];
fixedPoints = [0 0; 0 nrows; ncols 0; ncols* 1.5 nrows* 1.2];
t_piecewise_linear = fitgeotrans(movingPoints,fixedPoints,'pwl');
I_piecewise_linear = imwarp(I,t_piecewise_linear,'FillValues',fill);
imshow(I_piecewise_linear)
title('Piecewise Linear')
```

将正弦变换应用于棋盘，如图 3-26 所示。此示例和下面的两个示例演示如何创建显式映射，以便将常规网格(xi, yi）中的每个点与不同的点（ui, vi）相关联。此映射存储在 geometricTransform2d 对象中，imwarp 使用该对象来转换图像。在此正弦变换中，每个像素的 x 坐标保持不变，每行像素的 y 坐标按照正弦模式向上或向下移动。

```
a = ncols/12; %  Try varying the amplitude of the sinusoid
ifcn = @ (xy) [xy(:,1), xy(:,2) +  a* sin(2* pi* xy(:,1)/nrows)];
tform = geometricTransform2d(ifcn);
I_sinusoid = imwarp(I,tform,'FillValues',fill);
imshow(I_sinusoid);
title('Sinusoid')
```

图 3-25　将分段线性变换应用于棋盘

图 3-26　将正弦变换应用于棋盘

将桶变换应用于棋盘，如图 3-27 所示。桶变换从图像的中心向外径方向旋转。图像离中心更远，失真越大，从而会导致凸面。首先，定义一个将像素索引映射到中心距离的函数。使用 meshgrid 函数创建每个像素的 x 坐标和 y 坐标的数组，原点位于图像的左上角。

```
[xi,yi] = meshgrid(1:ncols,1:nrows);
```

将原点移动到图像的中心。然后，使用 cart2pol 函数将笛卡儿坐标系下的 x 和 y 转换为圆柱形角度(theta)和半径(r)。r 随着与中心像素距离的增加而发生线性变化。

图 3-27　将桶变换应用于棋盘

```
xt = xi - ncols/2;
yt = yi - nrows/2;
[theta,r] = cart2pol(xt,yt);
```

定义 3 次的振幅 a，此参数是可调节的。然后，向 r 中添加一个三次项，以便 r 随中心像素的距离发生非线性改变。

```
a = 1; % Try varying the amplitude of the cubic term.
rmax = max(r(:));
s1 = r + r.^3* (a/rmax.^2);
```

转换回笛卡儿坐标系。将原点移回图像的右上角。

```
[ut,vt] = pol2cart(theta,s1);
ui = ut + ncols/2;
vi = vt + nrows/2;
```

将 (xi, yi) 和 (ui, vi) 之间的映射存储在 geometricTransform2d 对象中。使用 imwarp 根据像素映射转换图像。

```
ifcn = @ (c) [ui(:) vi(:)];
tform = geometricTransform2d(ifcn);
I_barrel = imwarp(I,tform,'FillValues',fill);
imshow(I_barrel)
title('Barrel')
```

将针线包变换应用于棋盘，如图 3-28 所示。针线包变换是桶变换的逆，因为其三次振幅为负。距离中心更远的像素失真仍然更大，但失真显示为凹边。可以从与桶变换相同的 theta 和 r 值开始。定义一个不同的振幅 b，此参数是可调节的。然后，将减去一个三次项 r，以便 r 随中心像素的距离发生非线性变化。

图 3-28　将针线包变换应用于棋盘

```
b = 0.4; % Try varying the amplitude of the cubic term.
s = r - r.^3* (b/rmax.^2);
```

转换回笛卡儿坐标系。将原点移回图像的右上角。

```
[ut,vt] = pol2cart(theta,s);
ui = ut + ncols/2;
vi = vt + nrows/2;
```

将 (xi, yi) 和 (ui, vi) 之间的映射存储在 geometricTransform2d 对象中。使用 imwarp 根据像素映射转换图像。

```
ifcn = @ (c) [ui(:) vi(:)];
tform = geometricTransform2d(ifcn);
I_pin = imwarp)I,tform,'FillValues',fill);
imshow(I_pin)
title('Pin Cushion')
```

3.2.3　图像滤波器

最简单的滤波器是移动平均或框式滤波器，其将窗口中像素值的平均值作为输出。这种滤波器等价于图像与全部元素值为 1 的核函数先进行卷积再进行尺度缩放(见图 3-29a)。对于尺寸较大的核函数，一个有效的实现策略如下：在扫描行上用一个移动的窗口进行滑动(在可分离滤波器中)，新窗口的和值等于上一个窗口的和值加上新窗口中增加的像素值并减去离开上一个窗口的像素值。

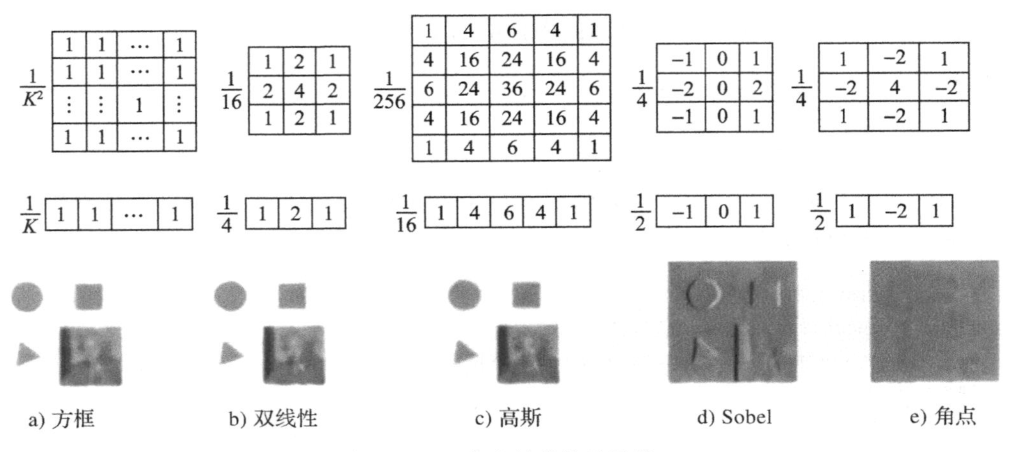

图 3-29 可分离的线性滤波器

一个平滑的图像可以借用分段的线性“帐篷”(tent)函数对图像进行分步卷积(也称为“Bartlett 滤波器”)。图 3-29b 显示一个 3×3 的这种滤波器，此滤波器也称“双线性核”，因为它的输出是两个线性(一阶)样条的乘积。

线性帐篷函数与自己卷积将产生三次近似样条。在拉普拉斯金字塔的构造中，此样条称为“高斯核”(见图 3-29c)。近似的高斯核也可以通过不断迭代卷积框式滤波器而得到。在应用中，若要求滤波器具有旋转对称性，则需要仔细调整高斯模板，然后才可以使用。

实际中，平滑核函数常用于减少高频噪声。令人惊奇的是，通过使用非锐化掩膜处理，平滑函数可以对图像进行锐化。这是因为图像模糊操作将减少高频信息，从而在图像中增加一些原图像和模糊后图像的差别，图像就会更加锐利。

$$g_{\text{sharp}} = f + \gamma(f - h_{\text{blut}} * f) \tag{3-24}$$

事实上，在数字摄影方法发明之前，这种方法是在暗室条件下锐化图像的标准方法：通过散焦从原始底片上产生模糊(“正面的”)的底片，然后按照下面的方式将两张底片重叠得到最后的图像。

$$g_{\text{sharp}} = f(1 - \gamma f_{\text{blut}} * f) \tag{3-25}$$

虽然这种滤波器不是线性的，但是它的效果很好。

线性滤波算子也常用在边缘提取的预处理阶段和兴趣点检测的算法中。图 3-29d 显示了一个简单的 3×3 边缘提取算子，此算子称为“Sobel 算子”，它是由水平的中心差分(如此命名是因为水平方向的导数以该像素为中心)和垂直的帐篷滤波器(为了平滑结果)构成的一个可分离组合。正如你所看到的核函数那样，这种滤波器有效地突出了水平边缘。

图 3-29e 所示为简单的角点检测器，它同时寻找水平和垂直方向的二阶导数。正如

你看到的那样，这种算子不仅对正方形的角点有响应，而且对沿对角线方向的边缘也有响应。

Sobel 算子和角点算子是带通和带方向的滤波器的简单例子。可以按如下方式来构造更精细的核：首先用一个高斯滤波器(单位面积)平滑图像。

$$G(x,y;\sigma)=\frac{1}{2\pi\sigma^2}e^{-\frac{x^2+y^2}{2\sigma^2}} \tag{3-26}$$

接下来采用一阶或二阶导数。这种滤波器被称为“带通滤波器”，因为它们同时滤除了低频和高频。

二维图像的二阶导数(无方向)

$$\nabla^2 f=\frac{\partial^2 f}{\partial x^2}+\frac{\partial^2 f}{\partial y^2} \tag{3-27}$$

称为“拉普拉斯算子”。首先用高斯核平滑图像，然后用拉普拉斯算子作用于图像。这等价于直接用 LoG(Laplacian of Gaussian)滤波器与原图像进行卷积。

$$\nabla^2 G(x,y;\sigma)=\left(\frac{x^2+y^2}{\sigma^4}-\frac{2}{\sigma^2}\right)G(x,y;\sigma) \tag{3-28}$$

这种滤波器在一定程度上具有很好的尺度空间特性。拉普拉斯算子是对这种更为复杂的滤波器的紧凑近似。

a)

b)

c)

图 3-30　二阶导向滤波器

同样，Sobel 算子是方向或带方向滤波器的一个简单近似。方向或带方向滤波器的获取方式如下：先用高斯核(或其他滤波器)平滑图像，再用方向导数作用于图像，其中方向导数$\nabla\hat{\boldsymbol{u}}=\frac{\partial}{\partial\hat{\boldsymbol{u}}}$的计算借用了梯度场$\nabla$和单位方向向量$\hat{\boldsymbol{u}}=(\cos\theta,\ \sin\theta)$的点积。

$$\hat{\boldsymbol{u}}\cdot\nabla(G*f)=\nabla_{\hat{\boldsymbol{u}}}(G*f)=(\nabla_{\hat{\boldsymbol{u}}}G)*f \tag{3-29}$$

方向导数平滑滤波器为：

$$G_{\hat{\boldsymbol{u}}}=uG_x+vG_y+u\frac{\partial G}{\partial x}+v\frac{\partial G}{\partial y} \tag{3-30}$$

其中$\hat{\boldsymbol{u}}=(u,v)$，是一个导向(steerable)滤波器。因为计算图像与$G_{\hat{\boldsymbol{u}}}$卷积的值可以先用一对滤波器(G_x,G_y)与原图像进行卷积，再用单位向量$\hat{\boldsymbol{u}}$与梯度场的乘积使滤波器具有导向性(潜在的局部性)。这种方法的优点是可以用很少的代价评估整个滤波器族。

如果用二阶方向导数滤波器$\nabla_{\hat{\boldsymbol{u}}}\cdot\nabla_{\hat{\boldsymbol{u}}}G_{\hat{\boldsymbol{u}}}$进行导向会怎样呢？二阶方向导数滤波器是指先求取一个(平滑的)方向导数，接着再次求取方向导数。例如，G_{xx}是在x方向上的二阶方向导数。

乍一看，对于每个方向向量$\hat{\boldsymbol{u}}$，我们都需要计算不同的一阶方向导数，导向技巧没法使用。令人惊奇的是，对于高斯方向导数，可以利用相对来说一组小的基函数计算任意阶次的导数的导向。例如，二阶方向导数只需要3个基函数，

$$G_{\hat{u}\hat{u}} = u^2 G_{xx} + 2uvG_{xy} + v^2 G_{yy} \tag{3-31}$$

进一步来说，每个基滤波器本身并没必要是可分离的，可以利用少许的可分离滤波器的线性组合来进行计算。

这种出色的结果使构造具有越来越强的方向选择的方向导数滤波器成为可能，也就是说，滤波器只在方向上具有很强的局部一致性的边缘有响应(见图3-31)。进一步来说，在给定位置上，高阶的导向滤波器可以潜在地对超过单个边缘方向有响应，它们可以对条状边缘(细线)和典型的阶梯边缘(见图3-32)都有响应。但是为了做到这些，二阶和更高阶的滤波器需要使用完整的Hilbert变换对。

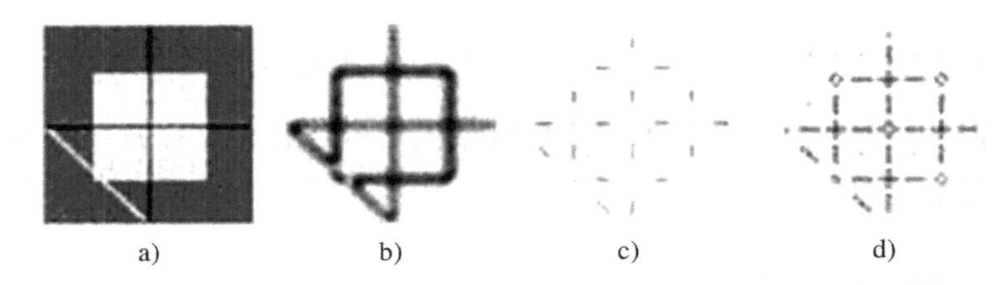

a) b) c) d)

图3-31 四阶导向滤波器

到目前为止，我们所考虑的滤波器都是线性的，即两个信号和的响应与它们各自响应的和相等。换句话说，每个像素的输出值是一些输入像素的加权和。线性滤波器易于构造，并且易于从频率响应角度进行分析。

然而在很多情况下，使用邻域像素的非线性组合可能会得到更好的效果。考虑图3-32e，噪声是散粒噪声，而不是高斯噪声，即图像偶尔会出现很大的值。这种情况下，若用高斯滤波器对图像进行模糊，噪声像素是不会被去除的，它们只是转换为更柔和但仍然可见的散粒(见图3-32c)。

这种情况下，使用中值滤波器是一个较好的选择。中值滤波器选择每个像素的邻域

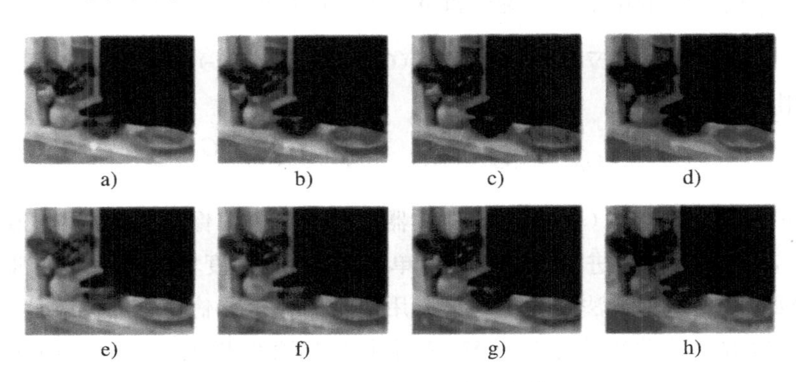

a) b) c) d)

e) f) g) h)

图3-32 中值和双边滤波器

像素的中值作为输出(见图 3-33a)。通过使用随机选择算法，中值可以在线性时间内计算出来。由于散粒噪声通常位于邻域内正确值的两端，中值滤波可以对这类异常像素进行过滤(见图 3-32c)。

中值滤波除了中等计算速度外，还有一个不足，即由于中值滤波只选择一个像素作为输出像素，因此一般很难有效去除规则的高斯噪声。这时采用 α-截尾均值滤波会得到更好的效果。α-截尾均值滤波是指去掉百分率为 α 的最小值和最大值后剩下的像素的均值(见图 3-33b)。

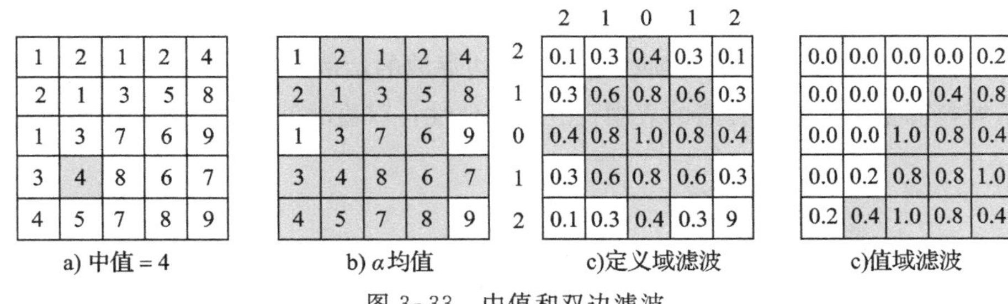

图 3-33 中值和双边滤波

另一种方法是计算加权中值，其中每个像素会被多次使用，次数依赖于其到中心的距离。这种方式等价于使以下的权重目标函数最小化。

$$\sum_{k,l} w(k,l)\,|f(i+k,j+l)-g(i,j)|^{p} \tag{3-32}$$

其中 $g(i,j)$是理想输出值。当 $p=1$ 时，上式为权重中值。当 $p=2$ 时，上式为普通的加权均值，此时它等价于用权重的和进行归一化后的相关运算。此外，加权平均也与鲁棒统计学的一些方法有着密切关系。

因为现在的摄像机很少出现散粒噪声，所以非线性平滑的另一个特性可能显得更重要。这种滤波器大的保边(edge preserving)效果更好，即当它们在滤除高频噪声时，边缘不容易被柔化。

考虑图 3-32a 所示的噪声图像。为了去除大部分噪声，高斯滤波器强制平滑掉高频的细节，而这些高频细节的大部分是明显的边缘。中值滤波效果会好一些，但是正如前面所述，在对裂痕进行平滑时，它的效果并不是很好。

尽管我们可以尝试 α-截尾均值和加权中值方法，但这些方法还是有一个使尖锐的转角圆滑的倾向，因为平滑区域中大部分像素来源于背景。

如果我们将加权滤波器核和更好地抑制外点的方案结合起来会怎样呢？如果我们采取简单的抑制(以一种柔和的方式)策略，抑制与中心像素的值差别很大的像素，而不是抑制一个固定的百分比 α 会怎样呢？这就是双边滤波器思想的精髓。

在双边滤波器中，输出像素的值依赖于邻域像素的值的加权组合。

$$g(i,j)=\frac{\sum_{k,l} f(k,l)w(i,j,k,l)}{\sum_{k,l} w(i,j,k,l)} \tag{3-33}$$

权重系数 $w(i,j,k,l)$ 取决于定义域核(见图 3-33c),

$$d(i,j,k,l)=\exp\left(-\frac{(i-k)^2+(j-l)^2}{2\sigma_d^2}\right) \tag{3-34}$$

并且依赖于数据的值域核(见图 3-33d)

$$r(i,j,k,l)=\exp\left(-\frac{\| f(i,j)-f(k,l)\|^2}{2\sigma_r^2}\right) \tag{3-35}$$

的乘积。它们相乘后,就会产生依赖于数据的双边权重函数。

$$r(i,j,k,l)=\exp\left(-\frac{(i-k)^2+(j-l)^2}{2\sigma_d^2}-\frac{\| f(i,j)-f(k,l)\|^2}{2\sigma_r^2}\right) \tag{3-36}$$

图 3-34 显示了对含有噪声的阶梯边缘的双边滤波的示例。注意,定义域核是普通的高斯核,值域核测量了与中心像素的表观(亮度)相似性,双边滤波器核是这两个核的乘积。

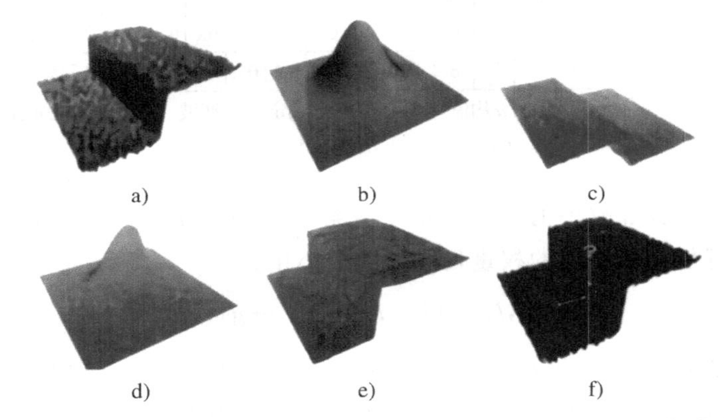

图 3-34 双边滤波器:a)带有噪声的阶梯边缘输入;b)定义域滤波;c)值域滤波;d)双边滤波;e)阶梯边缘的滤波输出;f)像素间的 3D 距离

值域滤波器使用的是中心像素和邻域像素的矢量距离。对于彩色图像,这点很重要。因为图像中任意一个彩色通道的边缘都给出了材料变化的信号,所以都会导致此像素的影响权重的降低。

此示例显示如何使用包含 5×5 的滤波器对 2D 灰度图像进行滤波——使用与 imfilter 相等的权重(通常称为均值滤波器)。该示例还显示如何使用相同的滤波器对真彩色(RGB)图像进行滤波。真彩色图像是大小为 $m\times n\times 3$ 的 3D 数组,其中最后一个维度代表 3 个颜色通道。使用二维滤波器过滤真彩色图像相当于使用相同的 2D 滤波器对每个平面进行单独成像。

使用均值滤波器对 2D 灰度图像进行滤波的过程如下。

向工作空间导入灰度图像并显示原始图像,如图 3-35 所示。

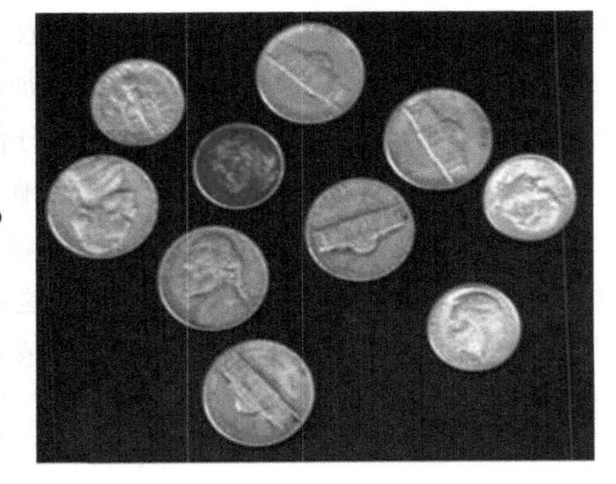

图 3-35 原始图像

```
I = imread('coins.png');
figure
imshow(I)
title('Original Image')
```

创建一个标准化的 5×5 平均滤波器，使用 imfilter 将均值滤波应用于灰度图像并显示结果，如图 3-36 所示。

```
h = ones(5,5)/25;
I2 = imfilter(I,h);
figureimshow(I2)
title('Filtered Image')
```

使用 imfilter 对多维真彩色(RGB)图像进行滤波的过程如下。

将真彩色图像读入工作区，如图 3-37 所示。

```
rgb = imread('peppers.png');
imshow(rgb);
```

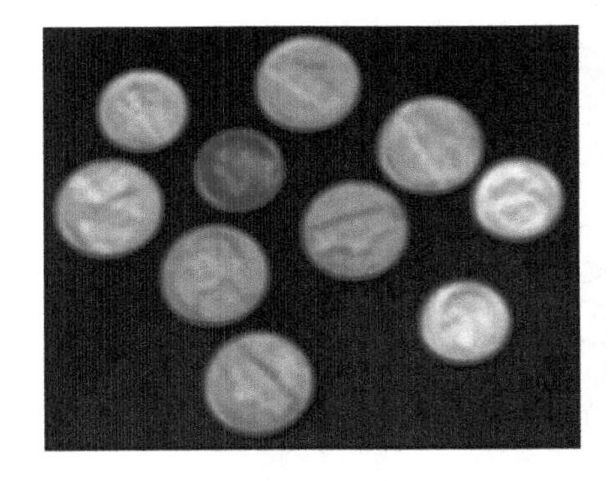

图 3-36　滤波后的图像

图 3-37　原始图像

创建一个滤波器。该均值滤波器包含相等的权重，并使滤波后的图像看起来比原来更模糊。使用 imfilter 对图像进行滤波，并且显示图 3-38 所示图像。

```
h = ones(5,5(/25;
rgb2 = imfilter(rgb,h);
figure
imshow(rgb2)
```

图 3-38　滤波后的图像

使用预定义滤波器进行图像滤波的过程如下。

此示例显示如何使用可用的 fspecial 函数创建可以和 imfilter 一起使用的滤波器。fspecial 函数产生几种以相关核的形式预定义的滤波器。此示例说明如何对灰度图像进行反锐化滤波。反锐化滤波具有生产边缘和精细化的效果，使图像中的细节更加清晰。

读取图像(见图 3-39)，使用 fspecial 函数产生滤波器。

```
I = imread('moon.tif');
h = fspecial('unsharp')
h =  3×3
- 0.1667 - 0.6667 - 0.1667
- 0.6667 4.3333 - 0.6667
- 0.1667 - 0.6667 - 0.1667
```

使用 imfilter 将滤波器应用于图像。为进行对比，显示原图和滤波后的图像，如图 3-39、图 3-40 所示。

```
I2 = imfilter(I,h);
imshow(I)
title('Original Image')
figure
imshow(I2)
title('Filtered Image')
```

图 3-39　原始图像

图 3-40　滤波后的图像

使用导向滤波器执行 FlDsh No-flDsh 去噪的过程如下。

此示例显示如何使用引导滤波来平滑图像，同时降低噪点并保留边缘。该示例使用同一场景的两幅图片，一幅拍摄时用闪光灯，另一幅没用闪光灯。没用闪光灯的版本保留了颜色，但是由于光线不足，噪声很大。此示例使用闪光灯拍摄的照片作为引导图像。读取要滤波的图像到工作区。此示例使用未用闪光灯拍摄的一些玩具的图片。由于光线较弱，因此图像中包含很多噪声。

将要过滤的图像读取到工作空间中。本示例使用的图片包含一些不带闪光灯拍摄的玩具。由于光线不足，因此图像包含很多噪声，如图 3-41 所示。

```
A = imread('toysnoflash.png');
figure;
imshow(A);
title('Input Image -  Camera Flash Off')
```

图 3-41　要过滤的图像

将要用作引导图像的图像读入工作区(见图 3-42)。在这里，引导图像是用闪光灯拍摄的同一场景的图像。

```
G = imread('toysflash.png');
figure;
imshow(G);
title('Guidance Image -  Camera Flash On')
```

图 3-42　用作引导的图像

执行引导滤波操作。使用 imguidedfilter 函数可以指定用于滤波的邻域的大小，默认值为 5×5。这个示例使用 3×3 邻域。还可以指定滤波器的平滑量，该值可以是任何正数。解决这个问题的一种方法是首先使用默认值并查看结果。如果你想要更少的平滑和更多的边缘保存，应为此参数使用较低的值。为了更平滑，请使用更高的平滑值。此示例设置了平滑参数的值。滤波图像如图 3-43 所示。

```
nhoodSize =  3;
smoothValue =  0.001* diff(getrangefromclass(G)).^2;
B = imguidedfilter(A, G, 'NeighborhoodSize',nhoodSize, 'DegreeOfSmoothing',smoothValue);
figure,imshow(B), title('Filtered Image')
```

图 3-43 滤波图像

检查原始图像区域的特写并将其与过滤后的图像进行比较，看看这种边缘保持平滑滤波器的效果，见图 3-44。

```
figure;
h1 = subplot(1,2,1);
imshow(A), title('Region in Original Image'), axis on
h2 = subplot(1,2,2);
imshow(B), title('Region in Filtered Image'), axis on
linkaxes([h1 h2])
xlim([520 660])
ylim([150 250])
```

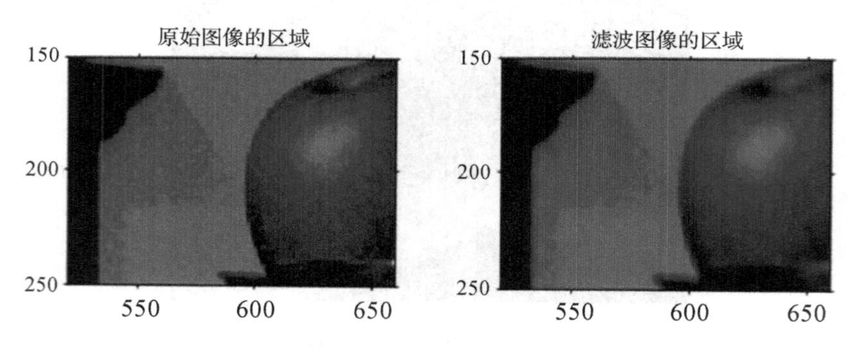

图 3-44 滤波效果显示

对积分图像应用多个滤波器的过程如下。

这个示例展示了如何将多个大小不同的框式滤波器应用于使用积分图像进行过滤。积分图像是一种有用的使用局部图像表示的图像，并且可以快速计算。盒式滤波器可以看作局部加权对每个像素的求和。

读取图像并显示，如图 3-45 所示。

```
originalImage = imread('cameraman.tif');
figure
imshow(originalImage)
title('Original Image')
```

定义 3 个框式滤波器的大小。

```
filterSizes = [7 7;11 11;15 15];
```

填充图像以适应最大的框式滤波器的尺寸。将每个尺寸填充一个数以等于最大滤波器尺寸的一半。请注意使用复制样式填充可以帮助减少边界伪影。

```
maxFilterSize = max(filterSizes);
padSize = (maxFilterSize - 1)/2;
paddedImage = padarray (originalImage,padSize,'replicate','both');
```

使用积分图像功能并显示它，如图 3-46 所示。从左到右，从上到下，积分图像是单调不递减的。每个像素表示所有像素的和增强到图像中当前像素的顶部和左侧。

图 3-45　原始图像

图 3-46　积分图像功能

```
intImage = integralImage (paddedImage);
figure
imshow(intImage,[])
title('Integral Image Representation')
```

将 3 个大小不同的框式滤波器应用于完整图像。integerBoxFilter 函数可将二维框式滤波器应用于图像。

```
filteredImage1 = integralBoxFilter(intImage, filterSizes(1,:));
filteredImage2 = integralBoxFilter(intImage, filterSizes(2,:));
filteredImage3 = integralBoxFilter(intImage, filterSizes(3,:));
```

tegrationBoxFilter 函数仅返回已计算的部分过滤且没有被填充。对于不同大小的输出，使用大小不同的框式滤波器过滤相同的积分图像。这类似于 conv2 函数中的“有效”选项。

因为在计算积分图像之前已对图像进行了填充以容纳最大的盒式滤波器，所以不会丢失图像内容。filteredImage1 和 filteredImage2 具有可以裁剪的其他填充方法。

```
extraPadding1 = (maxFilterSize - filterSizes(1,:))/2;
```

```
filteredImage1 = filteredImage1(1+ extraPadding1(1):end- extraPadding1(1),...
1+ extraPadding1(2):end- extraPadding1(2) );
extraPadding2 = (maxFilterSize - filterSizes(2,:))/2;
filteredImage2 = filteredImage2(1+ extraPadding2(1):end- extraPadding2(1),...
1+ extraPadding2(2):end- extraPadding2(2) );
figure
imshow(filteredImage1,[])
title('Image filtered with [7 7] box filter')
```

不同大小的滤波器处理图片的效果如图 3-47、图 3-48、图 3-49 所示。

图 3-47　7×7 滤波器处理图片

```
figure
imshow(filteredImage2,[])
title('Image filtered with [11 11] box filter')
```

图 3-48　11×11 滤波器处理图片

图 3-49　15×15 滤波器处理图片

```
figure
imshow(filteredImage3,[])
title('Image filtered with [15 15] box filter')
```

3.2.4 形态学操作

形态学操作是非线性空间操作的一类，操作示意图如图 3-50 所示。输出矩阵中每一个像素是一个像素子集的函数，该子集是输入图像中围绕对应像素的一个区域中的像素。

$$O[u,v]=f(I[u+i,v+j]),\quad \forall(i,j)\in\mathcal{S},\quad \forall(u,v)\in I \tag{3-37}$$

其中，$\mathcal{S}$ 是结构化元素，通常是一个尺寸为 $w\times w$ 的方形区域，这个区域边长为奇数 $w=2h+1$，$h\in Z^+$ 是半宽。选中的像素是那些对应的结构化元素值不为 0 的点，如图 3-50 中红色像素所示。正如它的名字那样，形态学操作涉及图像中目标对象的形态或形状。

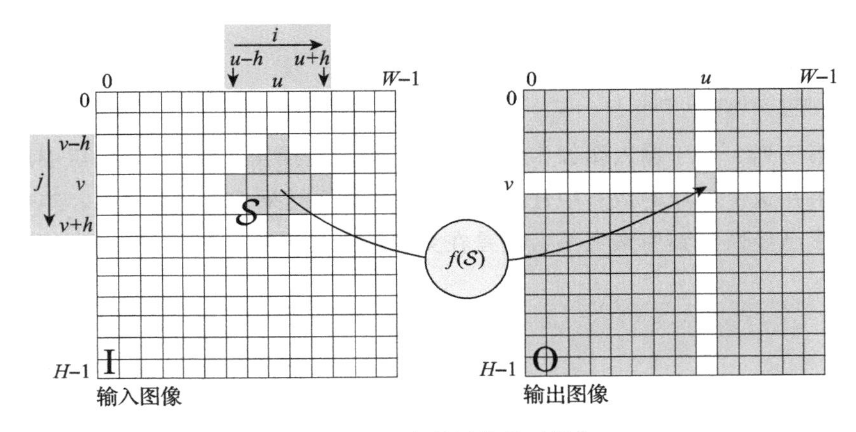

图 3-50 形态学图像处理操作

解释这个概念的最好方法是举一个简单的例子，这里采用一个由脚本创建的合成二值图像：

```
>> eg_morph1
>> idisp(im)
```

再把它复制并向下排成一列，如图 3-51 所示的第一列。结构化元素显示为红色，在每一行的最后。如果考虑最上面一行，则其结构化元素是一个方形。

```
>> S= ones(5,5);
```

然后使用最小值运算把它应用到原始图像：

```
>> mn= imorph(im,S,'min');
```

结果显示在第二列。对于输入图像中的每一个像素，该操作求取 5×5 窗口中所有像素的最小值。如果在这个邻域的像素中有任何一个为 0，那么产生的像素值将会为 0。结果很有戏剧性——两个对象已经完全消失，两个正方形也已经分离并且变得更小。消失的两个对象与结构化元素的形状不一致。这也是形态或形状的连接所在——只有那些包含结构化元素的形状才会在输出图像中呈现。

结构化元素可以定义圆、环状物、五角星、长为 20 像素并与水平方向成 30°角的线段，或者鸭子。这种技术允许建立非常强大的基于形状的滤波器。第二行中显示了针对更大的方形结构化元素的结果，更大的结构化元素导致较小的正方形完全消失，较大的正方形也进一步减少。第三行的结构化元素是一条宽为 14 像素的水平直线，其结果中仅保留了一条长的水平线。

我们刚才执行的操作通常被称为腐蚀，因为大的对象被腐蚀掉或者变得更小——本例中 5×5 的结构化元素使得图像中每一个形状的周边都被切掉了两个像素。原来是 5×5 的小方正形现在只有 1×1 大小。如果重复这个操作，则小正方形最终将会消失，并且大的正方形也将会进一步减小。

上述操作的逆操作是膨胀，它使对象变大。在图 3-51 中，我们把膨胀应用到第二列中的图像上：

```
>> mx= imorph(mn,S,'max');
```

结果显示在第三列。对于输入图像中的每一个元素，该操作求在 5×5 窗口中所有像素的最大值。如果在这个邻域的像素中任意一点为 1，那么结果像素值就为 1。本例中我们看到两个正方形已经恢复到原来大小，但是在大的正方形上已经失去了突起物。

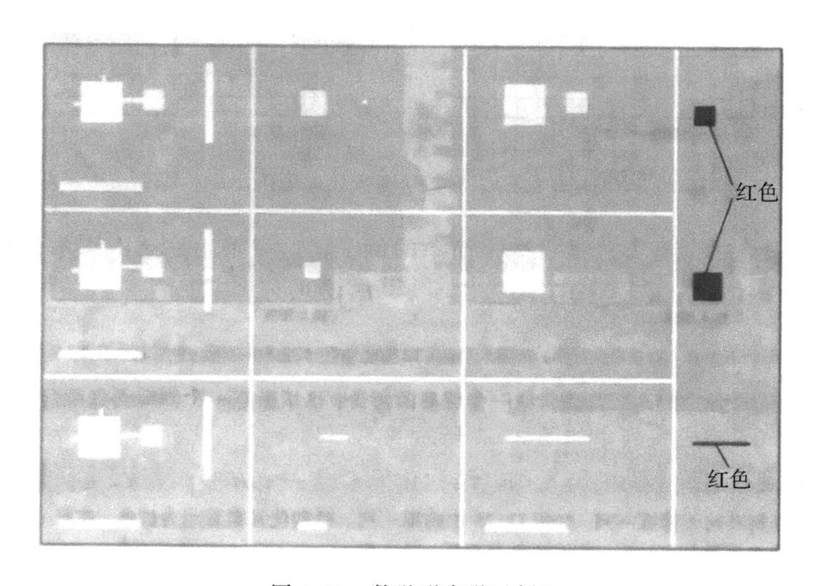

图 3-51 数学形态学示例 1

形态学操作经常被写成算子的形式。腐蚀是：

$$O = I \ominus \delta$$

其中，在式(3-37)中 $f(\cdot)=\min(\cdot)$。

膨胀是：

$$O = I \oplus \delta$$

其中，在式(3-37)中 $f(\cdot)=\max(\cdot)$。

腐蚀和膨胀是依下式相关的：

$$A \oplus B = \overline{\overline{A} \ominus B}$$

其中上横线表示像素值的逻辑补。本质上该式可以被描述为：腐蚀白色像素等同于膨胀黑色像素，反之亦然。对于下面的形态学运算：

$$(A \oplus B) \oplus C = A \oplus (B \oplus C)$$
$$(A \ominus B) \ominus C = A \ominus (B \ominus C)$$

其含义是连续地使用结构化元素进行腐蚀或膨胀等同于只使用一个较大的结构化元素，但是前者的计算量更小。这些运算被分别称为闵可夫斯基(Minkowski)减法和加法。它们的速记函数是：

```
>> out= ierode(im,S);
>> out= idilate(im,S);
```

它们可以用来代替低级函数 imorph。

按顺序操作(即先腐蚀后膨胀)，被称为开操作，因为它打开了缺口。该操作的算子记为：

$$I \circ S = (I \ominus S) \oplus S$$

开操作不仅选择了特定的形状，也清理了图像：两个正方形被分开，而且大正方形上的突起物也被清除，因为它们与结构化元素的形状不一致。

在图 3-52 中，我们逆序执行了这个操作，即先膨胀后腐蚀。在第一行，没有丢失任何形状，它们先变大，然后收缩，大的正方形仍然有突起物。但大正方形上的那个洞被填满了，这是因为它与结构化元素的形状不一致。在第二行中，大的结构化元素使两个正方形结合在一起。这种数学操作也称为闭操作，因为它关闭了缺口，其算子记为：

$$I \bullet S = (I \oplus S) \ominus S$$

注意，在最后一行中，保留了两条与图像边缘相接的线段，这是处理边缘像素时的默认行为。

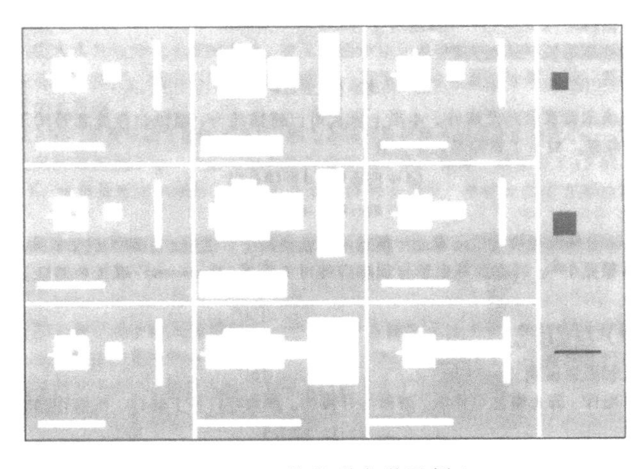

图 3-52　数学形态学示例 2

开操作和闭操作是分别通过工具箱函数 iopen 和 iclose 执行的。与腐蚀和膨胀不同，重复使用开操作或闭操作是无效的，因为这些操作本身就是幂等的：

$$(I \circ S) \circ S = I \circ S$$

$$(I \bullet S) \bullet S = I \bullet S$$

形态学开操作的常见应用是去除图像中的噪声。以下代码读取一幅图像：

```
> > objects= iread('segmentation.png');
```

如图 3-53a 所示，这个噪声二值图像是一个相当破旧的目标对象经分割操作后的输出结果。我们希望去除不属于对象的黑色像素，并且填满 4 个黑色矩形中的孔。

我们选择一个对称的半径为 3 的圆形结构化元素。

```
> > S= kcircle(3)
S=
  0  0  0  1  0  0  0
  0  1  1  1  1  1  0
  0  1  1  1  1  1  0
  1  1  1  1  1  1  1
  0  1  1  1  1  1  0
  0  1  1  1  1  1  0
  0  0  0  1  0  0  0
```

应用闭操作填充对象中的孔：

```
> > closed= iclose(objects,S);
```

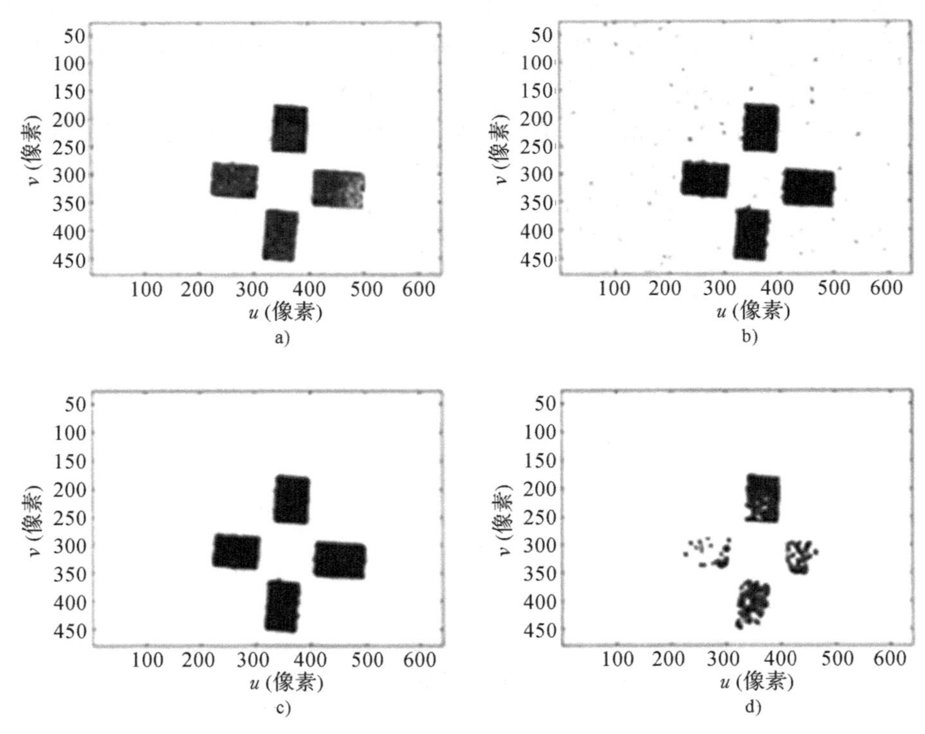

图 3-53　形态学善后处理

结果如图 3-53b 所示。孔已经被填满，但是噪声像素也已经成为小圆圈，有些已经结块。我们再通过开操作将其消除：

```
> > clean= iopen(closed,S);
```

结果如图 3-53c 所示，这是一个相当干净的图像。如果将上述顺序反过来，即先执行开操作再执行闭操作：

```
> > opened= iopen(objects,S);
> > closed= iclose(opened,S);
```

结果如图 3-53d 所示，图像更加破败。尽管开操作已经去除了孤立的噪声像素，但是它也清除了目标对象中的大组块，且无法修复。

我们也可以使用形态学操作检测目标的边缘。接着上面的例子，使用图 3-53c 所示的图像执行清除操作，我们用一个圆形结构化元素计算这个图像的腐蚀：

```
> > eroded= imorph(clean,kcircle(1), 'min');
```

图像中的目标都变得稍微小了一点儿，这是由于结构化元素使每一个目标的外边被削掉了一个像素。从原始图像中减去腐蚀后的图像：

```
> > idisp(clean- eroded)
```

结果是每个目标对象的周边剩下一层像素点，如图 3-54 所示。

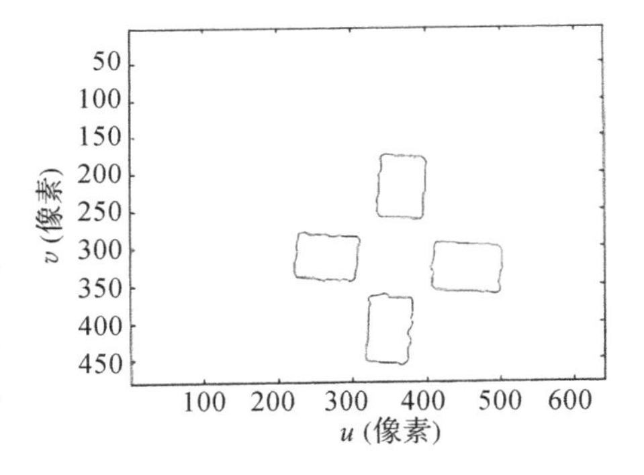

图 3-54　形态学处理的边缘检测

形态交离变换是形态学结构化元素的一个变种。它的值是 0、1，或者随意，如图 3-55a 所示。为了使结果为 1，0 和 1 像素必须与下面的图像像素精确匹配，如图 3-55b 所示。如果有任何一个 0 或 1 不匹配(如图 3-55c 所示)，那么结果将会为 0。工具箱的实现方法和形态学函数很相似。

```
out= hitormiss(image,S);
```

其中结构化元素中的任意元素被设定为特殊的 Matlab 值 NaN。

a)

	1	
0	1	1
0	0	

b)

1	1	0
0	1	1
0	0	1

c)

1	1	0
0	1	1
1	0	1

图 3-55　击中与否运算

形态交离变换将反复地与不同的结构化元素一起使用来执行操作，例如骨架化和线性特征检测。目标的骨架可以通过下面的方法计算：

```
> > skeleton= ithin(clean);
```

如图 3-56a 所示，这些线条都是单像素宽的，且是广义泰森多边形图的边缘——它们根据最接近的形状边界来描绘像素集。然后可以找到骨架的终止点：

```
> > ends= iendpoint(skeleton);
```

也可以找到三叉点，即三条线的交点：

```
> > joins= itriplepoint(skeleton)
```

结果分别如图 3-56b、c 所示。

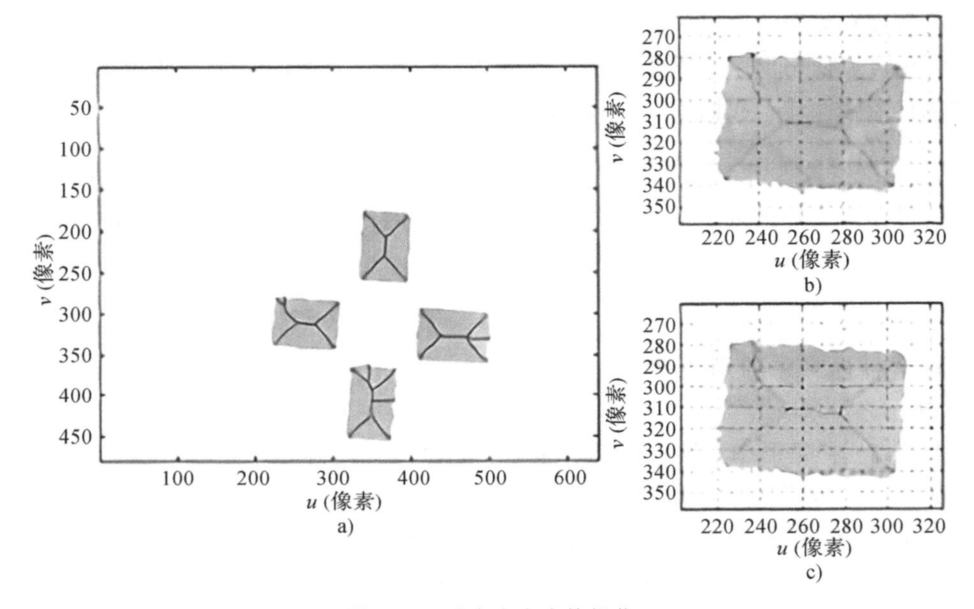

图 3-56　形态交离变换操作

3.3　参考文献

[1] 米兰·桑卡，赫拉·瓦卡，罗杰·博伊尔．图像处理、分析与机器视觉[M]．艾海舟，等译．北京：清华大学出版社，2012：70-77，82-85，157-166，204-209，394-400，403-405.

[2] 彼得·科克．机器人学、机器视觉与控制：MATLAB 算法基础[M]．刘荣，等译．北京：电子工业出版社，2016：309-315，445-461，469-475.

C H A P T E R 4

第4章

图像分割和特征匹配

4.1 图像分割

4.1.1 阈值分割

在利用阈值化方法分割灰度图像时，一般都对图像有一定的假设。换句话说，这是基于一定的图像模型的。最常用的模型可描述如下：假设图像由具有单峰灰度分布的目标和背景组成，在目标或背景内部相邻像素间的灰度值是高度相关的。但在目标和背景交界处，两边的像素在灰度值上有很大的差别。如果一幅图像满足这些条件，则它的灰度直方图基本上可看作由分别对应目标和背景的两个单峰直方图混合而成。此时如果这两个分布大小(数量)接近且均值相距足够远，而且均方差也足够小，则直方图应是双峰的。对这类图像，可用阈值化方法较好地进行分割。

最简单的利用阈值化方法分割灰度图像的步骤如下。首先对一幅灰度值为 $g_{\min}$～$g_{\max}$之间的图像确定一个灰度阈值 $T(g_{\min}<T<g_{\max})$，然后将图像中每个像素的灰度值与阈值 T 进行比较，并根据比较结果(分割)将对应的像素划为两类，即像素的灰度值大于阈值的为一类，像素的灰度值小于阈值的为另一类(灰度值等于阈值的像素可归入这两类之一)。这两类像素一般对应图像中的两类区域。在以上步骤中，确定阈值是关键，如果能确定一个合适的阈值就可方便地将图像分割开来。

如果图像中有多个灰度值不同的区域，那么可以选择一系列的阈值以将每个像素分到合适的类别中。如果只用一个阈值分割，则称为单阈值方法；如果用多个阈值分割，则称为多阈值方法。

不管用何种方法选取阈值，由单阈值分割后的图像可定义为：

$$g(x,y)=\begin{cases}1, & f(x,y)>T \\ 0, & f(x,y)\leqslant T\end{cases} \tag{4-1}$$

在一般的多阈值情况下，阈值化分割结果可表示为：

$$g(x,y)=k,\quad 当 T_k < f(x,y) \leqslant T_{k+1},\quad k=0,1,2,\cdots,K \tag{4-2}$$

式中，$T_1,\cdots,T_k$ 是一系列分割阈值，k 表示图像分割后各区域的不同灰度或标号。

由上述讨论可知，阈值化分割方法的关键是选取合适的阈值。阈值一般可写成如下形式：

$$T=T[x,y,f(x,y),q(x,y)] \tag{4-3}$$

式中，$f(x,y)$是在像素点(x,y)处的灰度值，$q(x,y)$是该点邻域的某种局部性质。换句话说，T 在一般情况下可以是(x,y)、$f(x,y)$和 $q(x,y)$的函数。借助上式，可将阈值化分割方法分成如下 3 类。

(1)如果阈值仅是根据 $f(x,y)$来选取的，则所得到的阈值仅与各个图像像素的本身性质相关(也有叫作全局阈值的，因为此时确定的阈值考虑了全图的像素)。

(2)如果阈值是根据 $f(x,y)$和 $q(x,y)$来选取的，则所得到的阈值就是与(局部)区域性质相关的(也有叫作局部阈值的)。

(3)如果阈值进一步地(除根据 $f(x,y)$和 $q(x,y)$来选取外)还与(x,y)有关，则所得到的阈值是与坐标相关的(也有叫作动态阈值的，且可将前两种阈值对应称为固定阈值)。

以上对阈值化分割方法的分类思想是通用的。近年来，许多阈值化分割方法借用了神经网络、模糊数学、遗传算法、信息论等知识，但这些方法仍可归纳到以上 3 种方法类型中。

图像的灰度直方图是图像中各像素灰度值的一种统计度量。最简单的阈值选取方法多是根据直方图进行的。根据前面对图像模型的描述可知，如果对双峰直方图选取以两峰之间的谷所对应的灰度值作为阈值，就可将目标和背景分开。谷的选取有许多方法，下面介绍两种比较有特点的方法。

1. 最优阈值

实际图像中目标和背景的灰度值常有部分交错，即便选取直方图的谷也不能将它们决然分开。这时常希望能减小误分割的概率，而选取最优阈值是一种常用的方法。设一幅图像仅包含两类主要的灰度值区域(目标和背景)，它的直方图可看成对灰度值概率密度函数 $p(z)$的一个近似。这个密度函数实际上代表的是目标和背景的两个单峰密度函数之和。如果已知密度函数的形式，那么就有可能选取一个最优阈值以把图像分成两类区域而使误差最小。

设有一幅混有加性高斯噪声的图像，它的混合概率密度是：

$$\begin{aligned}p(z)&=P_1p_1(z)+P_2p_2(z)\\&=\frac{P_1}{\sqrt{2\pi}\sigma_1}\exp\left[-\frac{(z-\mu_1)^2}{2\sigma_1^2}\right]+\frac{P_2}{\sqrt{2\pi}\sigma_2}\exp\left[-\frac{(z-\mu_2)^2}{2\sigma_2^2}\right]\end{aligned} \tag{4-4}$$

式中，P_1 和 P_2 分别是背景和目标区域灰度值的先验概率，μ_1 和 μ_2 分别是背景和目标区域的平均灰度值；σ_1 和 σ_2 分别是均值的均方差。因为根据概率定义有 $P_1+P_2=1$，所以混合概率密度中共有 5 个未知的参数。如果能求得这些参数就可以确定混合概率密度。

现在来看图 4-1。假设 $\mu_1<\mu_2$，需定义一个阈值 T 以使灰度值小于 T 的像素被分割为背景，而使得灰度值大于 T 的像素被分割为目标。这时错误地将一个目标像素划分为背景的概率和将一个背景像素错误地划分为目标的概率分别是：

$$E_1(T)=\int_{-\infty}^{T}p_2(z)\mathrm{d}z,\qquad E_2(T)=\int_{T}^{\infty}p_1(z)\mathrm{d}z \tag{4-5}$$

总的误差概率是：

$$E(T)=P_2\times E_1(T)+P_1\times E_2(T) \tag{4-6}$$

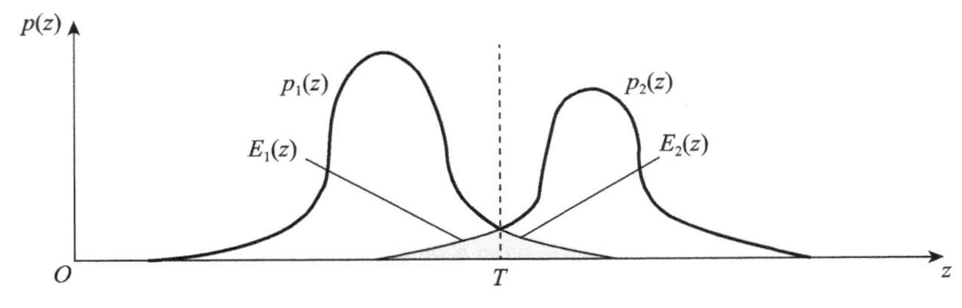

图 4-1　最优阈值选取示意

为求得使该误差最小的阈值，可将 $E(T)$对 T 求导并令导数为 0，这样可得到：

$$P_1\times p_1(T)=P_2\times p_2(T) \tag{4-7}$$

将这个结果用于高斯密度(将式(4-4)代入)可得到二次式：

$$\begin{cases}A=\sigma_1^2-\sigma_2^2\\ B=2(\mu_1\sigma_2^2-\mu_2\sigma_1^2)\\ C=\sigma_1^2\mu_2^2-\sigma_2^2\mu_1^2+2\sigma_1^2\sigma_2^2\ln(\sigma_2P_1/\sigma_1P_2)\end{cases} \tag{4-8}$$

该二次式在一般情况下有两个解。如果两个区域的方差相等，则只有一个最优阈值：

$$T_{\text{optimal}}=\frac{\mu_1+\mu_2}{2}+\frac{\sigma^2}{\mu_1-\mu_2}\ln\left(\frac{P_2}{P_1}\right) \tag{4-9}$$

进一步，如果两种灰度值的先验概率相等(或方差为 0)，则最优阈值就是两个区域中平均灰度值的中值。如上得到的最优阈值也称为最大似然阈值。

2. 由直方图凹凸性确定的阈值

在含有目标和背景两类区域的真实图像中，直方图并不一定总是呈现双峰形式，特别是当图像中目标和背景面积相差较大时，直方图的一个峰会淹没在另一个峰旁边的缓坡里。这时直方图基本成为单峰形式。为解决这类问题，可以通过对直方图凹凸性的分析，以从这样的直方图中确定一个合适的阈值来分割图像。

图像的直方图(包括部分坐标轴)可看作平面上的一个区域，对该区域可计算其凸包并求取其最大的凸残差。因为凸残差的最大值常出现在直方图高峰的肩处，所以可用对应最大凸残差的灰度值作为阈值来分割图像。这里最大的凸残差是用一种称为凹性测度的指标来衡量的。与一般方法不同，这里要求对凸残差的计算是沿着与灰度轴垂直的直线进行的。

图 4-2 给出了解释上述方法的一个图示，其中直方图的包络（粗曲线）及相应的左边缘（粗直线）、右边缘（已退化为点）和底边（粗直线）一起围成一个 2D 平面区域。计算出这个区域的凸包（见图中前后相连的细直线段）并检测凸残差最大处可得到的一个分割阈值 T，利用这个阈值就可以分割图像了。这样确定的阈值仍是一个依赖像素的全局阈值。

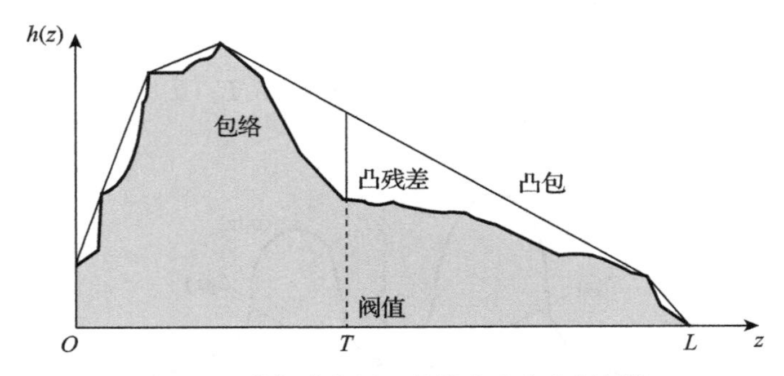

图 4-2　分析直方图凹凸性来确定分割阈值

上述方法的一种变形是先将直方图函数取对数，计算指数凸包，然后借助凹凸性分析来确定阈值。

对噪声较大的图像，上述方法有时会由于噪声干扰而产生一些虚假的凹性点，从而导致选取错误的阈值。解决这个问题的一种方法是再结合一些其他准则。例如将平衡测度和繁忙性测度与凹性测度相结合定义一个优度函数，这个优度函数的值与平衡测度和凹性测度成正比，而与繁忙性测度成反比。通过搜索优度函数的极值可得到对噪声有相当鲁棒性的分割阈值。

实际图像常受到噪声的影响，此时原本将峰分离开的谷会被填充。根据前面介绍的图像模型可知，如果直方图上对应目标和背景的峰相距很近或者大小差很多，要检测它们之间的 谷就很困难了。因为此时直方图基本是单峰的，虽然峰的一侧会有缓坡，或峰的一侧没有另一侧陡峭。为解决这类问题除利用像素自身性质外，还可以利用一些像素邻域的局部性质。下面介绍两种方法。

1. 直方图变换

直方图变换的基本思想是利用像素邻域的局部性质对原来的直方图进行变换以得到一个新的直方图。这个新的直方图与原直方图相比，峰之间的谷更深了，或者谷转变成峰从而更易检测了。这里常用的像素邻域局部性质是像素的梯度值，它可借助前面的梯度算子作用于像素邻域而得到。

现在来看图 4-3，其中图 4-3b 给出图像中一段边缘的剖面（横轴为空间坐标，竖轴为灰度值），这段剖面可分成Ⅰ、Ⅱ、Ⅲ共三部分。由这段剖面得到的灰度直方图见图 4-3a（横轴为灰度值统计值，三段点划线分别给出边缘剖面中三部分各自的统计值）。对图 4-3b 中的边缘剖面求梯度得到图 4-3d 所示曲线，可见对应目标或背景区域内部，其梯度值小；而对应目标和背景边界区，其梯度值大。如果统计梯度值的分布，可得到图 4-3c 所示的梯度直方图，它的两个峰分别对应目标与背景的内部区域和边界。变换直方图就是根据这些特点得到的，一般可分为两类：1)具有低梯度值像素的直方图；2)具有高梯度值像素的直方图。

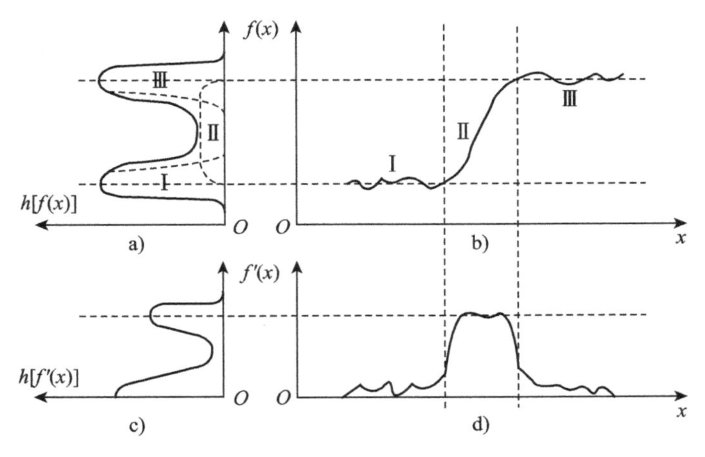

图 4-3　边缘及梯度的直方图

先看第 1 类直方图。根据前面描述的图像模型可知，目标和背景区域内部的像素具有较低的梯度值，而它们边界上的像素具有较高的梯度值。如果可设法获得仅具有低梯度值的像素的直方图，那么这个新直方图中对应内部点的峰应基本不变。但因为减少了一些边界点，所以谷应比原直方图要深。

更一般地，还可计算一个加权的直方图，其中赋予具有低梯度值的像素权重大一些。例如设一个像素点的梯度值为 g，则在统计直方图时可给它加权 $1/(1+g)^2$。这样一来，如果像素的梯度值为零，则它得到最大的权重(为 1)；如果像素具有很大的梯度值，则它得到的权重就变得微忽其微。在这样的加权直方图中，因为边界点贡献小而内部点贡献大，峰基本不变而谷变深，所以峰谷差距加大(参见图 4-4a，虚线为原直方图)。

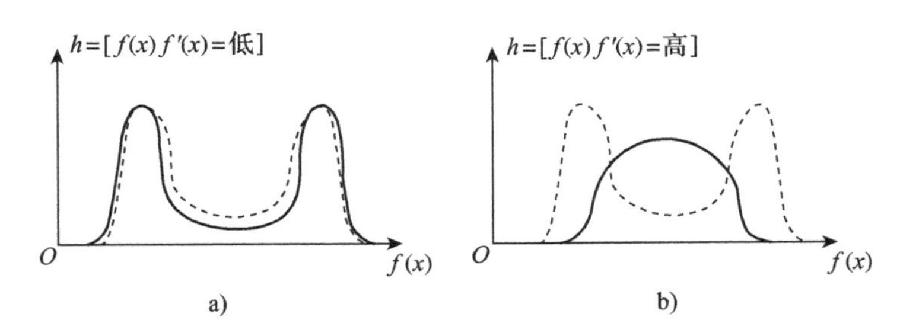

图 4-4　变换直方图示例

第 2 类直方图与第 1 类相反。仅具有高梯度值的像素的直方图在对应目标和背景的边界像素灰度级处有一个峰(参见图 4-4b，虚线为原直方图)。这个峰主要由边界像素构成，对应这个峰的灰度值就可作为分割用的阈值。

更一般地，也可计算一个加权的直方图，不过这里赋予具有高梯度值的像素权重大一些。例如可用每个像素的梯度值 g 作为该像素的权值。这样在统计直方图时，梯度值为零的像素就不必考虑，而具有大梯度值的像素将得到较大的权重。

上述方法也等效于将对应每个灰度级的梯度值加起来，如果对应目标和背景边界处像素的梯度大，则在这个梯度直方图中对应目标像素和背景像素之间的灰度级处会出现一个峰。该方法可能会遇到的一个问题是：当目标和背景的面积比较大但边界像素比较少(如边界比较尖锐)时，则许多小梯度值的和可能会大于少量大梯度值的和，从而使原来预期的峰呈现不出来。为解决这个问题，可以对每种灰度级像素的梯度求平均值来代替求和。对边界像素点来说，这个梯度平均值一定比内部像素点要大。

2. 灰度值和梯度值散射图

以上介绍的直方图变换法都可以靠建立一个 2D 的灰度值和梯度值散射图并计算对灰度值轴的不同权重进行投影而得到。这个散射图有时也称为 2D 直方图，其中一个轴是灰度值轴，另一个轴是梯度值轴，而其统计值是同时具有某一个灰度值和某一个梯度值的像素个数。例如当计算仅具有低梯度值像素的直方图时，实际上是对散射图用了一个阶梯状的权重函数进行投影，其中给低梯度值像素的权重为 1，而给高梯度值像素的权重为 0。

图 4-5a 给出一幅基本满足本部分介绍的图像模型的图像。它是将图 4-4a 所示图像进行反色得到的，以符合一般图像中背景暗而目标亮的习惯(其直方图仍可参见图 4-4b，只是左右对调)。该图的灰度值和梯度值散射图见图 4-5b，其中颜色越浅代表满足条件的点越多。这两个图是比较典型的，可借助图 4-5c 来解释一下。散射图中一般会有两个接近梯度值轴(低梯度值)但沿灰度值轴又互相分开一些的大聚类，它们分别对应目标和背景内部的像素。这两个聚类的形状与这些像素的相关程度有关。如果相关性很强或梯度算子对噪声不太敏感，则这些聚类会很集中且很接近灰度值轴。反之，如果相关性较弱，或梯度算子对噪声很敏感，则这些聚类会远离灰度值轴。散射图中还会有较少的对应目标和背景边界上的像素的点。这些点的位置沿灰度值轴处于前两个聚类中间，但由于它们有较大的梯度值并与灰度值轴有一定的距离，因此这些点的分布与边界的形状以及梯度算子的种类有关。如果边界是斜坡状的，且使用了一阶微分算子，那么边界像素的聚类将与目标和背景的聚类相连。这个聚类将以与边界坡度成正比的距离来远离灰度值轴。

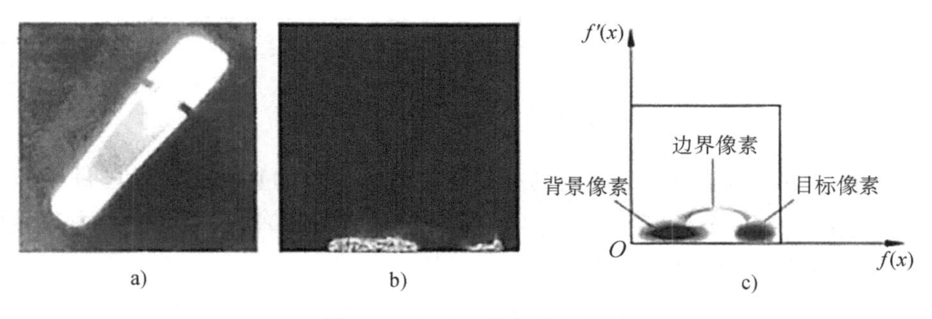

图 4-5 灰度和梯度散射图

根据以上分析，在散射图上同时考虑灰度值和梯度值将聚类分开就可得到分割结果。

当图像中有不同的阴影(例如由于照度影响)或各处的对比度不同时，如果只用一个固定的全局阈值对整幅图进行分割，则由于不能兼顾图像各处的情况而使分割效果受到影响。有一种解决办法是用与坐标相关的一组阈值来对图像进行分割，这种与坐标相关的阈值也叫作动态阈值。它的基本思想是首先将图像分解成一系列子图像，这些子图像可以互相重叠，也可以只是相邻接。如果子图像比较小，则由阴影或对比度的空间变化带来的问题就会比较小，就可对每个子图像计算一个阈值。此时可用任意一种固定阈值法选取阈值。通过对这些子图像所得阈值进行插值就可得到分割图像中每个位置的像素所需的阈值。分割就是将每个像素都和与之对应的阈值进行比较而实现的。这里对应每个像素的阈值组成图像(幅度轴)上的一个曲面，也可叫作阈值曲面。

使用动态阈值的方法进行图像分割时，可采用如下基本步骤。

(1)将整幅图像分成一系列互相之间有 50%重叠的子图像。

(2)统计每个子图像的直方图。

(3)检测每个子图像的直方图是否为双峰，若是则采用最优阈值法确定一个阈值，否则不处理。

(4)对于直方图为双峰的子图像得到的阈值，通过插值得到所有子图像的阈值。

(5)各子图像的阈值通过插值得到所有像素的阈值，然后对图像进行分割。

4.1.2　连通域与边缘提取

对一个像素来说，与它关系最密切的常是其邻近像素/近邻像素，它们组成该像素的邻域。根据对一个坐标为(x,y)的像素 p 的近邻像素的不同定义，可以得到由不同近邻像素所组成的不同邻域。常见的像素邻域主要有如下 3 种。

1. 4-邻域 $N_4(p)$

它由 p 的水平(左、右)和垂直(上、下)4 个近邻像素组成，这些近邻像素的坐标分别是$(x+1,y)$、$(x-1,y)$、$(x,y+1)$、$(x,y-1)$。图 4-6a 给出 4-邻域的一个示例，组成 p 的 4-邻域的 4 个像素均用 r 表示，它们与 p 有公共的边。

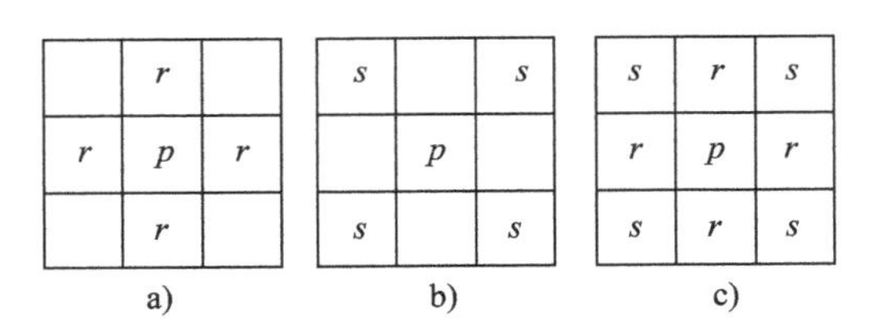

图 4-6　像素的邻域

2. 对角邻域 $N_D(p)$

它由 P 的对角(左上、右上、左下、右下)的 4 个近邻像素组成，这些近邻像素的坐标分别是$(x+1,y+1)$、$(x+1,y-1)$、$(x-1,y+1)$、$(x-1,y-1)$。图 4-6b 给出对角邻域的一个示例，组成 p 的对角邻域的 4 个像素均用 s 表示，它们与 p 有公共的顶角。

3. 8-邻域 $N_8(p)$

它由 p 的 4 个 4-邻域像素加上 4 个对角邻域像素合起来构成。图 4-6c 给出 8-邻域的一个示例，其中组成 p 的 8-邻域的 4 个 4-邻域像素用 r 表示，4 个对角邻域像素用 s 表示。

需要指出，根据上述对邻域的定义可知，如果像素 p 本身处在图像的边缘，则在它的 $N_4(p)$、$N_D(p)$和 $N_8(p)$中若干个像素会落在图像之外。在图 4-6 中，如果将 p 的 8-邻域看作一幅 3×3 的图像，考虑一下 $N_4(r)$、$N_D(s)$、$N_8(r)$和 $N_8(s)$，就很容易理解这种情况。

在上述定义的像素邻域中，一个像素与其邻域中的像素是有接触的，也称为邻接。图像中两个像素是否邻接就看它们是否接触，邻接表示一种像素间的空间接近关系。

根据像素邻域的不同，邻接也对应分成 3 种：4-邻接、对角邻接、8-邻接。

两个像素的邻接仅与它们的空间位置有关，而像素间的连接和连通还要考虑像素的属性值(以下讨论中以灰度值为例)之间的关系。

1. 像素的连接

对两个像素来说，要确定它们是否连接需要考虑两点：1)它们在空间上是否邻接；2)它们的灰度值是否满足某个特定的相似准则(例如它们的灰度值相等，或同在一个灰度值集合中取值)。举例来说，在一幅灰度只有 0 和 1 的二值图中，对于一个像素及其邻域中的像素，只有当它们具有相同的灰度值时，才可以说它们是连接的。

设用 V 表示定义连接的灰度值集合。例如在一幅二值图中，为了考虑两个灰度值为 1 的像素之间的连接，可取 $V=\{1\}$。又如在一幅有 256 个灰度级的灰度图中，考虑灰度值在 128～150 的两个像素间的连接时，取 $V=\{128,129,\cdots,149,150\}$。参见图 4-6，有以下两种常用的连接。

(1)4-连接：两个像素 p 和 r 在 V 中取值，且 r 在 $N_4(p)$中，则它们为 4-连接。

(2)8-连接：两个像素 p 和 r 在 V 中取值，且 r 在 $N_8(p)$中，则它们为 8-连接。

2. 像素的连通

在像素连接的基础上，可进一步讨论和定义像素的连通。实际上，像素连通可以看作像素连接的一种推广。为了讨论连通先来定义两个像素间的通路。从具有坐标(x,y)的像素 p 到具有坐标(s,t)的像素 q 的一条通路由一系列具有坐标(x_0,y_0),(x_1,y_1),…,(x_n,y_n)的独立像素组成。这里$(x_0,y_0)=(x,y)$、$(x_n,y_n)=(s,t)$且(x_i,y_i)与(x_{i-1},y_{i-1})邻接(其中 $1\leqslant i\leqslant n$，n 为通路长度)。根据所采用的邻接定义不同，可定义或得到不同的通路，如 4-通路、8-通路。上述通路建立了两个像素 p 和 q 之间的空间联系。进一步来讲，如果这条通路上的所有像素的灰度值均满足某个特定的相似准则(即两两邻接的像素也是连接的)，则可以说像素 p 和 q 是连通的。同样根据所采用的连接定义的不同，可定义或得到不同的连通，如 4-连通、8-连通。当 $n=1$ 时，连通转化为其特例——连接。

3. 像素集合的邻接、连接和连通

如果将一幅图像看作一个由像素构成的集合，则根据像素间的关系，常可将某些像素组合构成图像的子集合。换句话说，图像中的子集仍是像素的集合，是图像的一部分。对两个图像子集 S 和 T 来说，如果 S 中的一个或一些像素与 T 中的一个或一些像素邻接，则可以说两个图像子集 S 和 T 是邻接的。这里根据所采用的像素邻接的定义，可以定义或得到不同的邻接图像子集。可以说两个图像子集 4-邻接，两个 8-邻接的图像子集等。

类似于像素的连接，对两个图像子集 S 和 T 来说，要确定它们是否连接也需要考虑两点：1)它们是否是邻接图像子集；2)它们中的邻接像素的灰度值是否满足某个特定的相似准则。换句话说，如果 S 中的一个或一些像素与 T 中的一个或一些像素连接，则可以说两个图像子集 S 和 T 是连接的。

设 p 和 q 是图像子集 S 中的两个像素，如果存在一条完全由在 S 中的像素组成的从 p 到 q 的通路，那么就称 p 在 S 中与 q 连通。对 S 中任意一个像素 p，所有与 p 连通且又在 S 中的像素组成的集合(包括 p)称为 S 中的一个连通组元。如果 S 中只有一个连通组元(即 S 中所有像素都互相连通)，则称 S 是一个连通集。如果一幅图像中所有的像素分属于几个连通集，则可以说这几个连通集分别是该幅图像的连通组元。在极端情况下，如果一幅图像中所有的像素都互相连通，则该幅图像本身就是一个连通集。

因为一幅图像中每个连通集构成该图像的一个区域，所以图像可认为是由一系列区域组成的。区域的边界也称为区域的轮廓，一般认为它是该区域的一个子集，它将该区域与其他区域分离开。借助前面对像素邻域的介绍，可以认为组成区域的边界像素本身属于该区域，而在其邻域中有不属于该区域的像素。

在灰度图中，两个不同的相邻区域之间灰度值会有不连续或局部突变，从而导致边缘的出现。如果同时并行地对边缘点进行检测就有可能获得将相邻区域区分开的边界。

在 2D 图像中，一定方向上的边缘可用该方向剖面上的 4 个参数来模型化，见图 4-7。

(1)位置：边缘(等效的)最大灰度变化处(边缘朝向就在该变化方向上)。

(2)斜率：边缘在其朝向上的倾斜程度(由于采样等原因，实际图像中的边缘是倾斜的)。

(3)均值：分属边缘两边(近邻)像素的灰度均值(由于噪声等原因，灰度值有波动)。

(4)幅度：边缘两边灰度均值间的差(反映了不连续或局部突变的程度)。

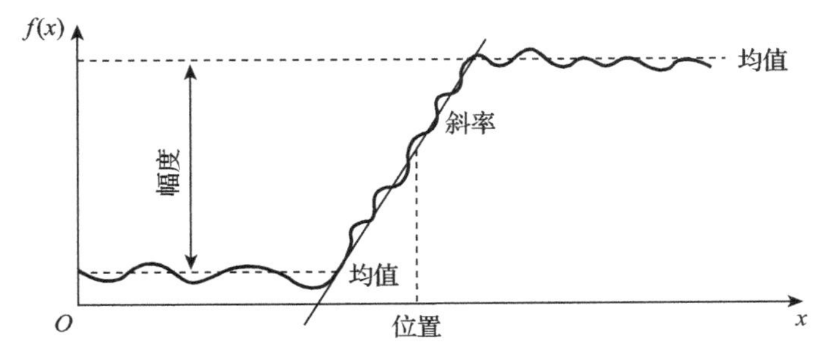

图 4-7　描述边缘的几个参数

在上述 4 个参数中，位置最重要，它给出了相邻两区域的边界点。边缘位置处灰度的明显变化可借助计算灰度的导数/微分来检测。一般常借助一阶和二阶导数来检测边缘。在边缘位置处，一阶导数的幅度值会出现局部极值，而二阶导数的幅度值会出现过零点，所以可通过计算灰度导数并检测局部极值点或过零点来确定边缘位置。

由上面的讨论可知，对边缘的检测可借助空域微分算子通过卷积来完成。实际上，在数字图像中是利用差分近似微分来求导数的。

梯度对应一阶导数，梯度算子是一阶导数算子。一个连续函数 $f(x,y)$ 在位置 (x,y) 处的梯度可表示为一个矢量(两个分量分别是沿 x 和 y 方向的一阶导数)：

$$\nabla f(x,y) = \begin{bmatrix} G_x \\ G_y \end{bmatrix} = \begin{bmatrix} \frac{\partial f}{\partial x} & \frac{\partial f}{\partial y} \end{bmatrix}^{\mathrm{T}} \tag{4-10}$$

这个矢量的幅度(也常直接简称为梯度)和方向角分别为：

$$\mathrm{mag}(\nabla f) = \| \nabla f_{(2)} \| = [G_x^2 + G_y^2]^{1/2} \tag{4-11}$$

$$\phi(x,y) = \arctan(G_y/G_x) \tag{4-12}$$

式(4-10)的幅度计算以 2 为范数，对应欧氏距离。由于涉及平方和开方运算，计算量会比较大。在实际应用中为了计算简便，常采用其他方法组合两个模板的输出。有一种简单的方法是以 1 为范数(对应城区距离)的：

$$\| \nabla f_{(1)} \| = | G_x | + | G_y | \tag{4-13}$$

另一种简单的方法是以 8 为范数(对应棋盘距离)的：

$$\| \nabla f_{(\infty)} \| = \max\{ | G_x |, | G_y | \} \tag{4-14}$$

实际计算中对 G_x 和 G_y 各用一个模板，并把两个模板组合起来构成一个梯度算子。最简单的梯度算子是罗伯特交叉算子，它的两个 2×2 模板见图 4-8a。比较常用的还有蒲瑞维特算子和 Sobel 算子，它们都用两个 3×3 模板，分别见图 4-8b 和图 4-8c。算子运算时采取类似卷积的方式使模板在图像上移动，并在每个位置计算对应中心像素的梯度值，从而得到一幅梯度图。在边缘灰度值过渡比较尖锐且图像中噪声比较小时，梯度算子工作效果较好。

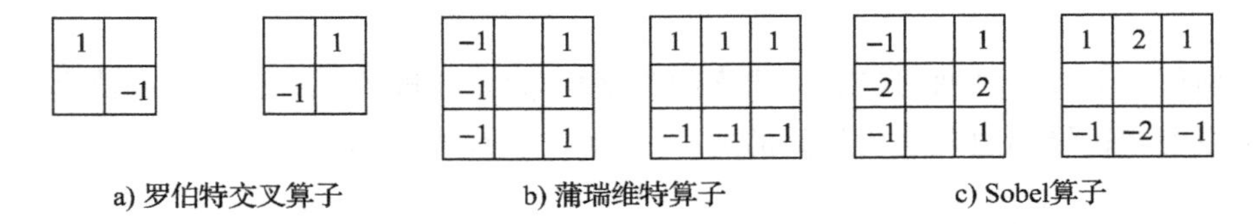

图 4-8 几种常用梯度算子的模板

利用二阶导数的计算方法也可以确定边缘位置。常用的二阶导数算子有下面 3 种。

1. 拉普拉斯算子

对一个连续函数 $f(x,y)$，它在位置 (x,y) 处的拉普拉斯值定义如下：

$$\nabla^2 f = \frac{\partial^2 f}{\partial x^2} + \frac{\partial^2 f}{\partial y^2} \tag{4-15}$$

在图像中，对拉普拉斯值的计算可借助各种模板来实现。这里对模板的基本要求是对应中心像素的系数应是正的，而对应中心像素邻近像素的系数应是负的，且所有系数的和应该是零。图 4-9 给出 3 种典型的拉普拉斯算子的模板，它们均满足上面的条件。

1	−1	0
−1	4	−1
0	−1	0

−1	−1	−1
−1	8	−1
−1	−1	−1

−2	−3	−2
−3	20	−3
−2	−3	−2

图 4-9　拉普拉斯算子的模板

因为拉普拉斯算子是一种二阶导数算子，所以它对图像中的噪声相当敏感。另外它常产生双像素宽的边缘，且不能提供边缘方向的信息。由于以上原因，拉普拉斯算子很少直接用于检测边缘，而是主要用于已知边缘像素后确定该像素是在图像的暗区或明区。

2. 马尔算子

马尔算子是在拉普拉斯算子的基础上实现的，得益于对人的视觉机理的研究，具有一定的生物学和生理学意义。拉普拉斯算子对噪声比较敏感，为了减少噪声影响，可先平滑原始图像后再运用拉普拉斯算子。由于在成像时，一个给定像素点对应的场景位置的周围环境对其光强贡献呈高斯分布，因此执行平滑的函数可采用高斯加权平滑函数。

马尔边缘检测的思路基于对哺乳动物视觉系统的生物学研究成果，它对不同分辨率的图像分别进行处理，在每个分辨率上，都通过二阶导数算子来计算过零点以获得边缘图。这样在每个分辨率上的计算包括：

(1)用一个 2D 的高斯平滑模板与原始图像卷积。

(2)计算卷积后图像的拉普拉斯值。

(3)检测拉普拉斯图像中的过零点并作为边缘点。

3. 坎尼算子

坎尼把边缘检测问题转换为检测单位函数极大值的问题，使用了一个特定的边缘数学模型——被高斯噪声污染的阶跃边缘。他借助图像滤波的概念指出，一个好的边缘检测算子应具有 3 个指标：1)低失误概率，既要很少地将真正的边缘丢失也要很少地将非边缘判为边缘；2)高位置精度，检测出的边缘应在真正的边界上；3)对每个边缘有唯一的响应，得到的边界为单像素宽。

坎尼从最优化上述 3 个指标出发，设计了一个实用的近似算法(常称为坎尼算子)，包括 4 个基本步骤(可参见图 4-10)。

(1)使用高斯滤波器平滑图像以减轻噪声影响。滤波器模板的尺寸(对应高斯函数的方差)可随尺度不同而改变(结果如图 4-10a 所示)。大的模板会较多地模糊图像，不过可检测出数量较少但更为突出的边缘。

(2)检测滤波图像中灰度梯度的大小和方向(可使用类似于 Sobel 的边缘检测算子)。图 4-10b 所示为梯度幅度图。

(3)细化借助梯度检测得到的由边缘像素所构成的边界。常用的方法是考虑梯度幅度图中的小邻域(如使用 3×3 模板)，并通过在其中比较中心像素与其梯度方向上的相邻像素来实现。如果中心像素值不大于沿梯度方向的相邻像素值，就将其置为零。否则，这就是一个局部最大，将其保留下来(结果如图 4-10c 所示)。

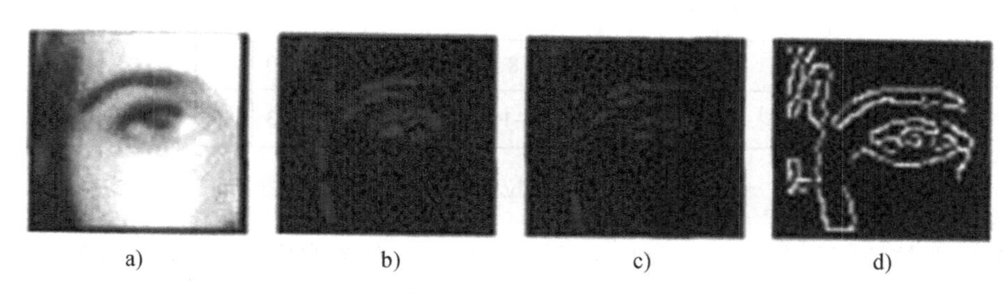

图 4-10　坎尼算子步骤示例：a)高斯滤波器平滑图像；b)梯度的大小和方向检测；c)边缘像素提取；d)边缘点确定

(4)选取两个阈值并借助滞后阈值化方法最后确定边缘点，这里两个阈值分别为高阈值和低阈值。首先标记梯度大于高阈值的边缘像素(认为它们肯定都是边缘像素)，然后再对与这些像素相连的像素使用低阈值(认为梯度大于低阈值、且与大于高阈值像素邻接的像素也是边缘像素)。这样得到的结果如图 4-10d 所示。该方法可减弱噪声在最终边缘图像中的影响，并可避免产生由于阈值过低导致的虚假边缘，或由于阈值过高导致的边缘丢失。该过程可递归或迭代进行。

在有噪声时，用各种算子得到的边缘像素常是孤立的或仅有小段连续。为组成区域的封闭边界以将不同区域分开，需要将边缘像素连接起来。前述的各种边缘检测算子都是并行工作的，如果在此基础上并行地闭合边界，则分割基本上可以并行实现。下面介绍一种利用像素梯度的幅度和方向进行边界闭合的方法。

边缘像素连接的基础是它们之间有一定的相似性。所以，如果像素(s,t)在像素(x,y)的邻域上且它们的梯度幅度和梯度方向分别满足以下两个条件(其中 T 是幅度阈值，A 是角度阈值)：

$$|\nabla f(x,y)-\nabla f(s,t)|\leqslant T \tag{4-16}$$

$$|\phi(x,y)-\phi(s,t)|\leqslant A \tag{4-17}$$

那么就可将位于(s,t)处的像素与位于(x,y)处的像素连接起来。如果对所有边缘像素都进行这样的判断和连接，就有希望得到闭合的边界。

上述方法对边缘点的连接可以并行地进行，即一个像素是否与它邻域中的另一个像素连通并不需要考虑其他像素。在这个意义上，边界连接可对所有像素并行地进行和完成。将这个方法推广，它还可用于连接相距较近的间断边缘段和消除独立的(常由噪声干扰产生)短边缘段。

用并行方法检测边缘点，然后再将它们连接起来只利用了局部信息，在图像受噪声影响较大时这种方法效果较差。为此可采用检测边缘点与串行连接边缘点同时进行来构成闭合边界的方法，或先初始化一个闭合边界再逐步迭代(串行)地调整到边缘的方法。

由于这些方法考虑了图像中边界的全局信息，因此常可获得较鲁棒的结果。

早期的典型串行边界技术包括基于图搜索和动态规划的方法。在图搜索方法中，将边界点和边界段用图结构表示，通过在图中搜索对应最小代价的通道来找到闭合边界。考虑到边界两边像素间灰度的差距，可令图中节点对应两个边界点间的边缘元素，图中的弧对应节点间的通路，该通路的代价与灰度差成比例。一般情况下，为求得最小代价通道，所需的计算量很大。基于动态规划的方法则借助有关具体应用问题的启发性知识来减少搜索的计算量。下面介绍的主动轮廓模型方法也是一种串行边界技术。

采用主动轮廓模型方法通过逐步改变封闭曲线的形状以逼近图像中目标的轮廓。主动轮廓模型也称为变形轮廓或 Snake，因为在对目标轮廓进行逼近的过程中，封闭曲线像蛇爬行一样不断地改变形状。实际应用中，主动轮廓模型常用于在给定图像中目标边界近似(初始轮廓)的情况下去检测精确的轮廓。

一个主动轮廓是图像上一组排序点的集合，可表示为：

$$V = \{v_1, v_2, \cdots, v_L\} \tag{4-18}$$

其中

$$v_i = (x_i, y_i), \quad i = \{1, 2, \cdots, L\} \tag{4-19}$$

处在轮廓上的点可通过解一个最小能量问题来迭代地逼近目标的边界，对每个处于 v_i 邻域中的点 v'_i，计算下面的能量项：

$$E_i(v'_i) = \alpha E_{\text{int}}(v'_i) + \beta E_{\text{ext}}(v'_i) \tag{4-20}$$

式中，$E_{\text{int}}(\cdot)$称为内部能量函数，$E_{\text{ext}}(\cdot)$称为外部能量函数；α 和 β 是加权常数。

可以用图 4-11 来解释初始轮廓上的点逼近目标边界的过程，其中 v_i 是当前主动轮廓上的一个点，v'_i是当前根据能量项所能确定的最小能量位置。在迭代的逼近过程中，每个点 v_i 都会移动到对应 $E_i(\cdot)$最小值的位置 v'_i点。如果能量函数选择得恰当，通过不断调整和逼近，主动轮廓 V 应该最终停在(对应最小能量的)实际目标轮廓上。

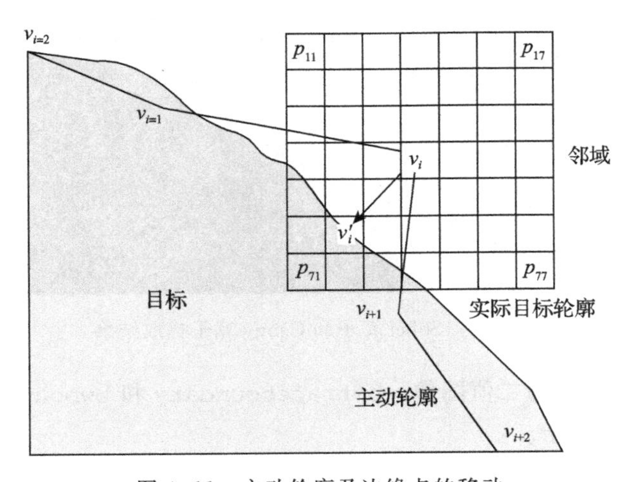

图 4-11　主动轮廓及边缘点的移动

下面是一个基于 Matlab 的 Canny 算子和 Sobel 的案例。

此示例显示如何使用 Canny 边缘检测器和 Sobel 边缘检测器检测图像中的边缘。

读取图像并显示它，图片如图 4-12 所示。

```
I = imread('coins.png');
imshow(I)
```

图 4-12　案例图片

将 Sobel 和 Canny 边缘检测器应用于图像并显示它们以进行比较，如图 4-13 所示。

```
BW1 =  edge(I,'sobel');
BW2 =  edge(I,'canny');
figure;
imshowpair(BW1,BW2,'montage')
title('Sobel Filter Canny Filter');
```

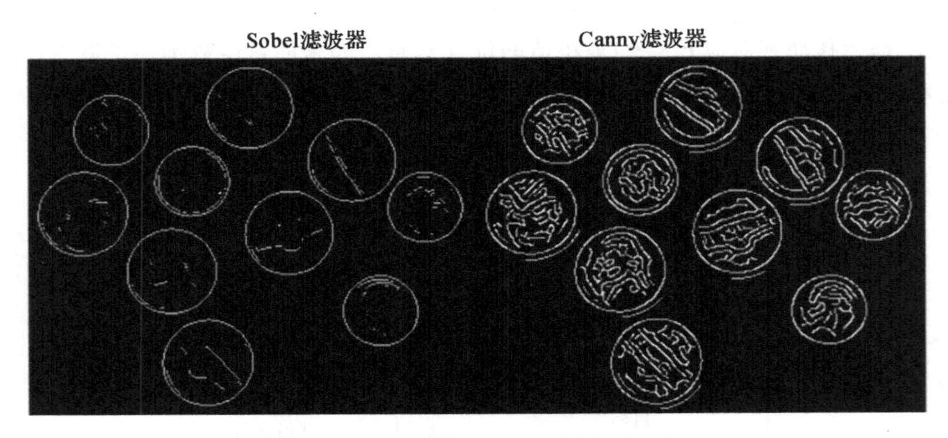

图 4-13　Sobel 算子和 Canny 算子提取结果

其次我们将图像转换为二值图像。bwtraceboundary 和 bwboundaries 仅用于二值图像，结果如图 4-14 所示。

```
BW =  im2bw(I);
imshow(BW)
```

图 4-14　二值分割结果

确定要跟踪的对象边界上一个像素的行和列坐标。bwboundary 函数使用此点作为边界跟踪的起始位置。

```
dim =  size(BW)
col =  round(dim(2)/2)- 90;
row =  min(find(BW(:,col)))
row =  27
```

从指定点调用 bwtraceboundary 函数跟踪边界。作为必需的参数，必须指定二值图像、起始点的行和列坐标以及第一步的方向。示例中指定方向为北('N')。

```
boundary = bwtraceboundary(BW,[row, col],'N');
```

显示原始灰度图像，并使用由 bwtraceboundary 函数返回的坐标在图像上绘制边框。

```
imshow(I)
hold on;
plot(boundary(:,2),boundary(:,1),'g','LineWidth',3);
```

可以使用 bwboundaries 函数跟踪图中所有硬币的边界。bwboundaries 函数默认情况下能够找到图片中所有对象的边界，包括位于对象内部的对象。在本例所用的二值图像中，一些硬币包含黑色区域，bwboundaries 函数将其视为单独的对象。为了确保 bwboundaries 函数只跟踪硬币，使用 imfill 来标记每个硬币内的区域。bwboundaries 函数返回一个单元格数组，其中每个单元格包含图像中对象的行/列坐标。

```
BW_filled = imfill(BW,'holes');
boundaries =  bwboundaries(BW_filled);
```

使用由 bwboundaries 函数返回的坐标在原始灰度图像上绘制所有硬币的边界，分别如图 4-15、图 4-16 所示。

```
for k= 1:10
b =  boundaries{k};
plot(b(:,2),b(:,1),'g','LineWidth',3);
end
```

图 4-15 单个边界提取结果

图 4-16 多个边界提取结果

4.1.3 亚像素精度阈值分割

到目前为止，我们已经讨论的所有阈值分割处理都是像素精度的。在大多数情况下，这种精度是足够的。但一些应用需要的精度要高于像素级别，因此，有时需要返回亚像素精度结果。很显然，亚像素精度阈值分割处理的结果不能是一个区域内的，因为区域都是像素精度的。为此，表示结果的适当数据结构应是亚像素精度轮廓。此轮廓表示图像中两个区域之间的边界，这两个区域中一个区域的灰度值大于灰度阈值 g_{sub}，而另一个区域的灰度值小于 g_{sub}。为获取这个边界，我们必须将图像的离散表示转换成一个连续函数。例如，可以通过双线性插值完成这种转换。一旦获得了表示图像的一个连续函数，从概念上来说，亚像素精度阈值分割处理的结果就可以用常量函数 $g(r, c)=g_{sub}$ 与图像函数 $f(r,c)$ 相交得到。图 4-17 给出了经过双线性内插处理后的图像 $f(r,c)$ 在一个由 4 个邻近像素的中心构成的 2×2 局部，其中 4 个邻近像素的中心分别位于正方形的 4 个角上。图形底部显示的是在此 2×2 区域中用常量灰度值 $g_{sub}=100$ 与图像 $f(r,c)$ 相交得到的曲线。注意此曲线是双曲线上的一部分。但是因为双曲线使用起来不方便，所以我们仅用一条直线来替代它，这条直线是由双曲线进出此 2×2 区域的两个点连接而成的。此线段构成了我们感兴趣的亚像素轮廓的一部分。一般情况下，图像中的每个 2×2 区域包含零个、一个或两个这样的线段。如果在一个 2×2 区域内每条轮廓相交于一点，那么将出现 4 条线段。为获取有意义的轮廓，这些线段要被连接起来。可以通过反复地选择图像中第一个未被处理的线段作为轮廓的第一段，然后跟踪邻近的线段直到使轮廓闭合，从而到达图像边界或到达一个交点。此连线处理的结果通常是在图像内形成一个闭合的轮廓，此轮廓围绕的区域内部的灰度值大于或者小于阈值。注意如果这样的区域内包含孔洞，则要

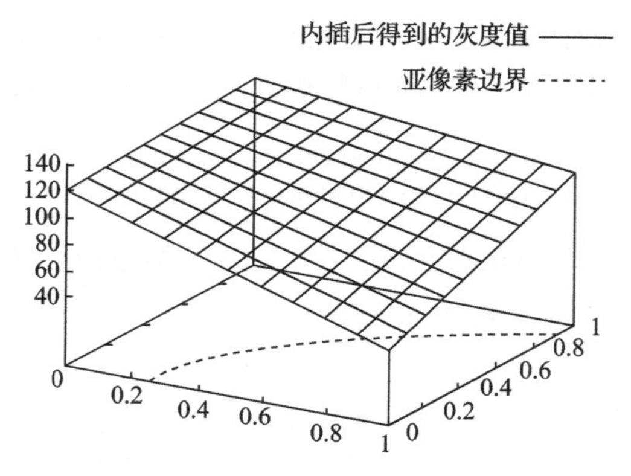

图 4-17 经过双线性内插处理后的图像

为区域的外边界和孔洞的外边界分别建立轮廓。

图 4-18a 显示的图像是一个包含 BGA 焊盘的 PCB。为保证最佳的电气连接，必须保证焊盘的形状和位置正确。这就需要高精度，并且由于在这个应用中，通常的图像分辨率对于焊点和焊盘而言是不够高的，因此必须进行亚像素精度的分割处理。图 4-18b 显示了对图 4-18a 进行亚像素精度阈值分割处理后的结果。为了看到结果中足够多的细节，在图 4-18a 中白色矩形区域内的图像被放大显示出来，焊盘的边界被非常准确地提取出来。图 4-18c 显示了更多的细节部分：图 4-18b 中间一行最左侧的焊盘包含了必须要被检查出的缺陷。可以看到，亚像素精度轮廓正确地捕捉到了焊盘上的缺陷部分。我们也能很容易地看到亚像素精度轮廓上的每条线段以及这些线段是如何被包含在这些 2×2 区域中的。注意，每个 2×2 的区域都位于由 4 个相邻像素的中心组成的正方形内。因此，轮廓所包含的所有线段都截止于像素中心之间的连线。也要注意，在这部分的图像中只有一个 2×2 区域中包含了两条线段：这个区域位于焊盘轮廓有缺陷的部分；其他的所有区域都只包含一条线段或根本不包含线段。

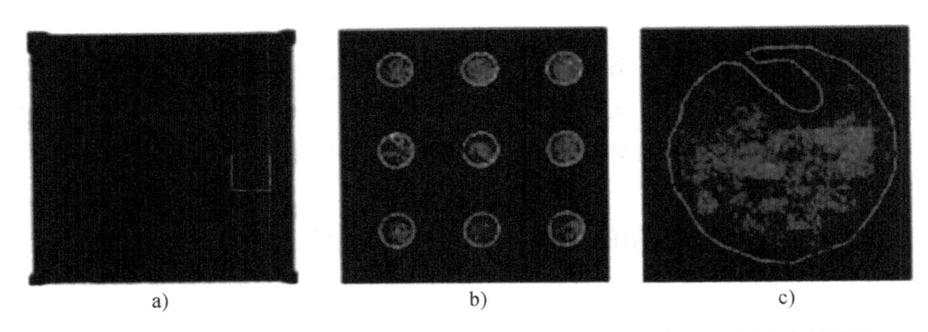

a)　　b)　　c)

图 4-18　a) 焊盘的 PCB；b) 亚像素精度阈值分割处理结果；c) 焊盘边界提取

4.1.4　基于区域的分割

利用区域的边界构造区域以及检测存在的区域边界是很容易的。然而，由基于边界的方法产生分割和由区域增长方法得到分割，通常并不总是相同的，将其结果结合起来很可能是个好方法。区域增长技术在有噪声的图像中一般会更好些，其中的边界非常难以检测。一致性是区域的一个重要性质，在区域增长中用作主要的分割准则，基本思想是将图像划分为最大一致性的分区。一致性准则可以基于灰度、彩色、纹理、形状、模型(使用语义信息)等标准。选择出来的描述区域的性质，对具体的区域增长分割方法的形式、复杂度、先验信息的数量都有影响。在参考文献[21]中有对彩色图像的区域增长分割方法的专门论述。

本节所需的假设是区域必须满足以下条件：

$$R = \bigcup_{i=1}^{S} R_i,\quad R_i \cap R_j = \phi,\quad i = j \tag{4-21}$$

$$H(R_i) = \text{TURE},\quad i = 1,2,\cdots,S \tag{4-22}$$

$$H(R_i \cup R_i) = \text{FALSE}, \quad i \neq j, \quad R_j \text{ 相邻于 } R_i \tag{4-23}$$

式中，S 是图像中区域的总数，$H(R_i)$是评价区域 R_i 的二值性的一致性度量。分割图像所产生的区域必须是一致的和最大的，其中“最大的”是指一致性准则在归并任何相邻区域之后就不再是真的了。

我们首先讨论区域增长的简单版本，即归并(merging)、分裂(splitting)、分裂与归并(split-and-merge)方法。一致性准则是需要特别关注的，它的选择是影响所用方法的最重要因素，还可以将特殊的启发式信息与该标准结合。最简单的一致性准则使用区域的平均灰度、区域的彩色性质、简单的纹理性质，或多光谱图像平均灰度值的 m 维向量。尽管如下讨论的区域增长是针对二维图像的，但对于三维实现一般也是可能的。考虑三维连通性约束，三维图像的一致性区域（体)可以用三维区域增长来确定。三维填充代表了最简单的形式，可以描述为保持三维连通的阈值化的不同形式。

最自然的区域增长方法是在原始图像数据上开始增长，每个像素表示一个区域。这些区域几乎肯定不会满足式(4-23)中的条件，因此只要式(4-23)中的条件仍然满足区域要求就会被归并起来。

(1)定义某种初始化方法将图像分割为满足式(4-22)的很多小区域。

(2)为归并两个邻接区域定义一个标准。

(3)将满足归并标准的所有邻接区域归并起来。如果不再有两个区域归并后保持条件，则停止。

该算法表示了区域归并分割的一般方法。特殊算法的不同之处在于，初始分割的定义和归并标准。在随后的描述中，区域是指可以顺序地归并且满足式(4-22)和式(4-23)的更大区域的那些部分。区域归并的结果一般依赖于区域被归并的次序。这意味着如果分割开始于左上角或右下角，分割的结果可能会不同。这是因为归并的次序可能会造成两个相似的邻接区域 R_1 和 R_2 没有被归并起来，如果使用了 R_1 的较早归并且所产生的新特征不再允许与 R_2 归并，或者归并过程使用了另一种次序，这一归并可能会实现不了。

最简单的方法使用 2×2、4×4 或 8×8 像素的区域开始分割和归并。区域的描述基于它们的灰度统计性质，区域灰度直方图是一个好的统计灰度性质的例子。将区域描述与一个邻接区域描述进行比较，如果它们匹配，则将其归并为更大的区域并计算该新区域的描述。否则，区域被标注为非匹配。邻接区域的归并过程在所有包含新形成的邻接区域间继续进行。如果一个区域不能与其任何邻接区域归并，就将其标注为“最终”；当所有的图像区域都被这样标注时，归并过程就停止。

状态空间搜索在人工智能(AI)中是问题求解的基本原理之一，它在图像分割中的应用最早见于参考文献[25]。根据这个方法，将原始图像的像素作为初始状态，每个像素作为一个分离的区域。状态的改变来自两个区域的归并或一个区域分裂成子区域。问题可以描述为当产生最优的图像分割时寻找允许的状态变化。该状态空间方法有两个优点，第一，可以使用包括启发式知识在内的众所周知的状态空间搜索方法；第二，可以使用高层数据结构，以便直接在区域及其边界上开展工作，而不再需要依据区域的标注给每个图像元素进行标注。初始区域由相同灰度的像素形成，在实际的图像中这些初始区域是小的。最初的状态变化是基于裂缝边缘计算的，其中区域间的局部边界由沿着它们共同边界的裂缝边缘的强度来评价。这种方法中使用的数据结构(所谓的超栅格)带有所有的必要信息(见图 4-19)；这使得当裂缝边缘值存在于“。”元素中时容易进行 4-邻接区域归并。区域归并使用了下面的两条启发式知识：

(1)如果两个邻接区域间的共同边界有显著的部分由弱边缘组成(显著性可以基于具有较短周长的区域，也可以使用弱共同边界的数目与区域周长的总长度的比值来表示)，则将它们归并起来。

(2)如果两个邻接区域间的共同边界有显著的部分由弱边缘组成，也将它们归并起来，但是这种情况下没有考虑区域边界的总长度。

在上述两条启发式知识中，第一个比较一般，而第二个不能单独使用，这是因为它没有考虑不同区域大小的影响。

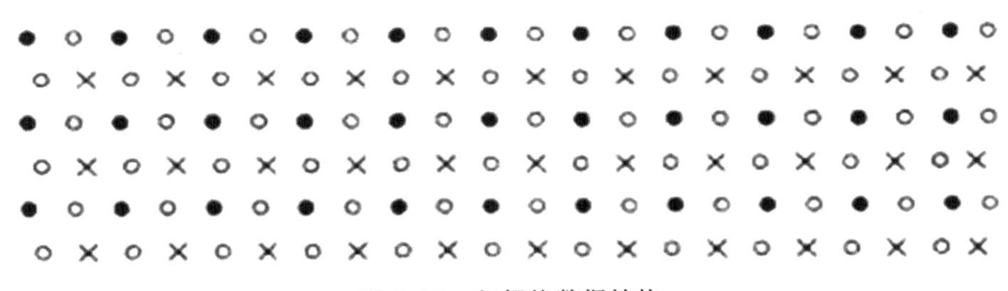

图 4-19　超栅格数据结构

边缘的显著性可以根据下式评价：

$$v_{ij}=0 \quad \text{如果} \quad s_{ij}<T_1$$
$$v_{ij}=1 \quad \text{其他} \tag{4-24}$$

式中，$v_{ij}=1$ 表示显著边缘，$v_{ij}=0$ 代表弱边缘，T_1 是预先设定的阈值，s_{ij} 是裂缝边缘 $[s_{ij}=|f(x_i)-f(x_j)|]$。

定义一个将图像划分为具有不变灰度区域的初始分割，创建一个超栅格，存储裂缝边缘信息。在边缘数据结构中，可以删除所有的弱裂缝边缘(使用式(4-24)和阈值 T_1)。如果满足下式，迭代地删除邻接区域 R_i 和 R_j 的共同边界：

$$\frac{W}{\min(l_i,l_j)}\geqslant T_2$$

式中，W 是共同边界上的弱边缘数目，l_i、l_j 是区域 R_i 和 R_j 的周长，T_2 是另一个预先设定的阈值。如果满足下式，迭代地删除邻接区域 R_i 和 R_j 的共同边界：

$$\frac{W}{l}\geqslant T_3 \tag{4-25}$$

或者，使用一个更弱的标准：

$$W\geqslant T_3 \tag{4-26}$$

式中，l 是共同边界的长度，T_3 是第三个阈值。

请注意，尽管我们已经描述了区域增长方法，但归并准则是基于边界特性的，因此归并并不能保证保持式(4-22)中的条件为真。超栅格数据结构可以精确地处理边缘和边界，但是这种数据结构的一大缺点是它不适合表达区域，而将每个区域作为图像的一部分表示出来是很有必要的，特别是在将有关区域和邻接区域的语义信息包含在内时更是如此。这一问题可以通过创建并更新一个数据结构来解决，该数据结构描述区域的邻接性和它们的边界。为了这一目的，可用的一个好的数据结构是平面区域(planar-region)邻接图和一个对偶区域(dual-region)边界图。

图 4-20 给出了区域归并方法的比较。图 4-20a、b 给出了原始图像及其伪彩色表示(为了看到小的灰度变化)。原始图像不能用阈值来分割，因为其中的所有区域具有显著且连续的灰度梯度。图 4-20c 给出了简单归并准则。只要像素与种子像素(seed pixel)的差值小于某个预先设定的阈值，就将其按行优先方式(row-first fashion)合并的迭代区域归并方法的结果显示出来，请注意产生的长条区域对应于图像灰度的纵向变化。如果使用通过边界溶解的区域归并，则分割结果会有引人注目的改善，见图 4-20d。

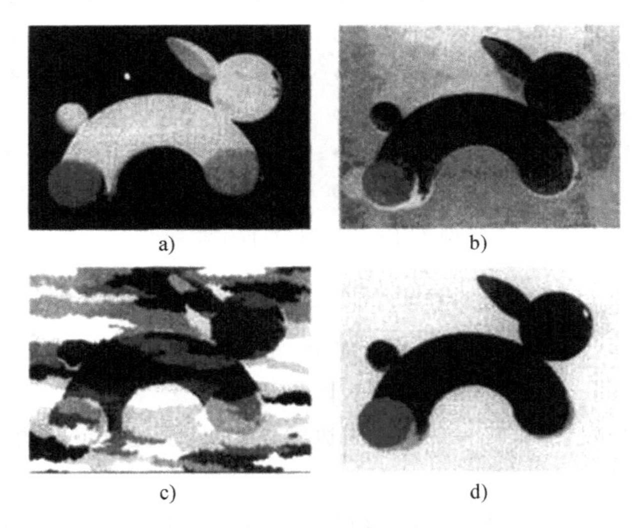

图 4-20　区域归并分割

区域分裂与区域归并相反，从将整幅图像表示为单个区域开始，该区域一般不能满足式(4-22)。因此，存在的图像区域顺序地被分裂开以便满足式(4-21)、式(4-22)和式(4-23)。尽管这种方法好像是归并的对偶，但即便是使用相同的一致性准则，区域分裂也不会产生与后者相同的分割结果。有些区域在分裂过程中可能是一致的，因此就不会再分裂了；若将其考虑为区域归并过程中创建的一致性区域，则由于在这一过程的较早阶段存在着不能归并小子区域的可能性，因此有些可能不会被创建出来。一个例子是精致的黑白棋盘：设以被评估区域的四分象限中的平均灰度变化为基础建立一致性标准，该评估区域会在下一个较低金字塔层上。如果分割过程是基于区域分裂的，那么图像就不会被分裂为子区域，这是因为它的 4 个象限与由整个图像构成的开始区域具有相同的度量值。而在另一方面，区域归并方法开始于将单个像素区域归并为更大的区域，当区域与棋盘块匹配时这一过程就会停止。这样，如果使用分裂，则整个图像将会作为一个区域；而如果使用归并，则棋盘将会被分割为图 4-21 所示的块。在这个特殊的例子中，将整个区域中的灰度变化作为区域一致性的度量，而不只是考虑象限的变化也可以解决这个问题。然而，区域归并和区域分裂不是对偶的。

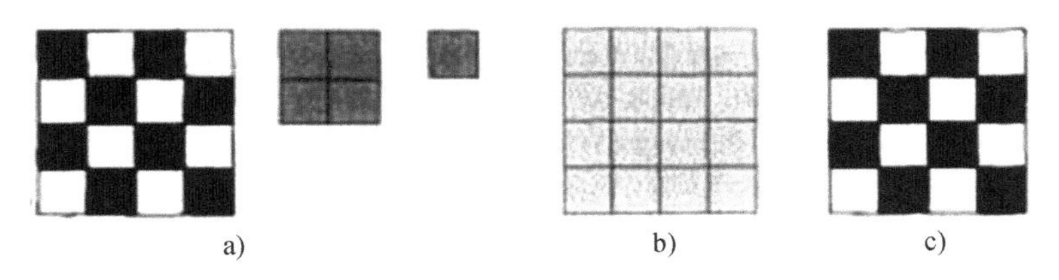

图 4-21　区域分裂和区域归并方法可能会产生不同的分割

区域分裂方法一般使用与区域归并方法相似的准则，区别仅在于应用的方向上。

分裂和归并的结合可以产生兼有两种方法优点的一种新方法。分裂与归并方法在金字塔图像表示上执行，区域是方形的并与合适的金字塔层元素相对应。如果在任意一个金字塔层中任意区域不是一致的(排除最底层)，就将其分裂为 4 个子区域，它们是下一层中有较高分辨率的元素。如果在金字塔的任意一层中有 4 个区域具有相近的一致性度量数值，就将它们归并为金字塔上一层中的单个区域(参见图 4-22)。分割过程可以理解为分割四叉树的创建，其中的每个叶子节点代表一个一致性区域，即某个金字塔层的元素。分裂与归并对应于分割四叉树的删除与建立部分，在分割过程结束之后，树的叶子节点数对应于分割后的区域数。如果使用分割树来存储有关邻接区域的信息，则有时称这些方法为分裂与链接(split-and-link)方法。分裂与归并方法一般用区域邻接图(或类似的数据结构)存储邻接信息。使用分割树不要求其中的区域是邻近的，在实现和计算上都更容易些。分割四叉树的令人讨厌的缺点是假设的方形区域形状(见图 4-23)，因此增加一些处理步骤，使得属于分割树不同分支的区域得以归并起来。起始的图像区域既可以任意选择，也可以根据先验知识来确定。因为分裂和归并的选择都存在，起始分割不必满足式(4-22)、式(4-23)中的任意条件。

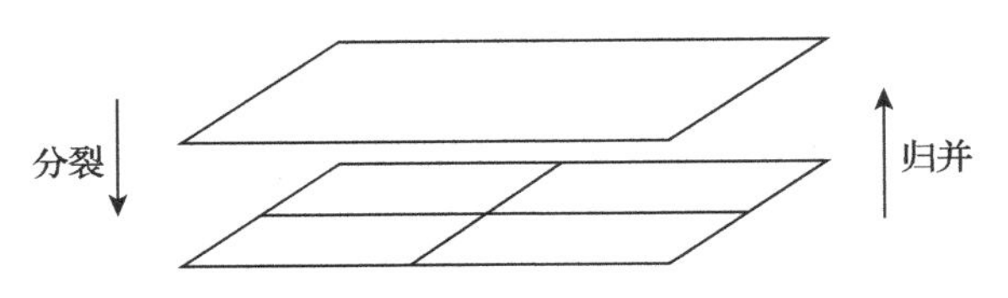

图 4-22　在分层数据结构中的分裂与归并

在分裂与归并算法中，一致性标准起主要作用，正如它在所有其他区域增长方法中一样。有关自适应分裂与归并算法以及有关区域一致性分析的综述，参见参考文献[27]。如果要处理的图像相当简单，则分裂与归并方法可以基于局部图像性质。如果图像十分复杂，即使考虑了语义信息精心制订的标准也未必能产生可接受的结果。

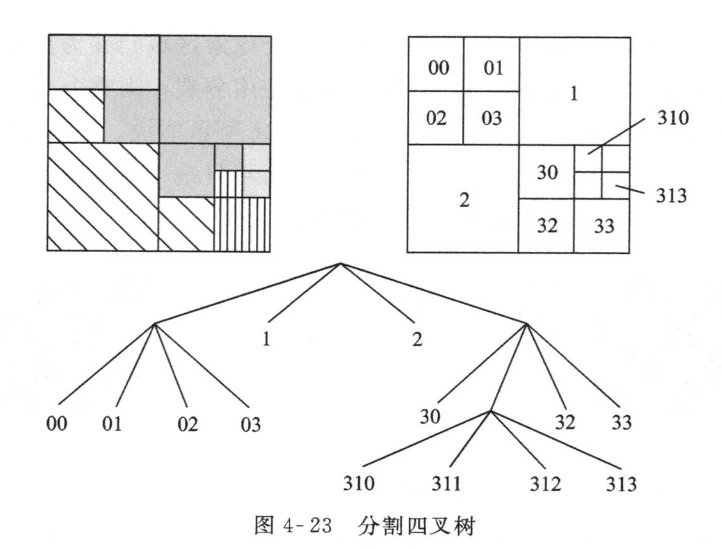

图 4-23　分割四叉树

(1)定义一个划分为区域的初始分割、一致性准则、金字塔数据结构。

(2)如果在金字塔数据结构中任意一个区域不是一致的(即$[H(R)=\text{FALSE}]$)，就将其分裂为 4 个子区域；如果具有相同父节点的任意 4 个区域可以归并为单个一致性区域，则归并它们。如果没有区域可以分裂或归并，则转至第 3 步。

(3)如果任意两个邻接区域 R_i 和 R_j 可以归并为一个一致性区域(即使它们在金字塔的不同层或没有相同的父节点)，则归并它们。

(4)如果必须删除小尺寸区域，则将小尺寸区域与其最相似的邻接区域归并。

在这种方法中一个值得注意的改进是使用了具有重叠区域的金字塔数据结构。在这种数据结构中，每个区域在金字塔的上一层有 4 个潜在的父元素，在金字塔的下一层有 16 个子元素。分割树从金字塔最底层开始生成。每个区域的性质与其每个潜在的父节点性质进行比较，将其分割分支链接到它们中最相似的一个上。在完成树的创建过程后，仅根据子区域的性质，重新计算金字塔数据结构中所有元素的一致性数值。还是从最底层开始，用重新计算后的金字塔数据结构产生一个新的分割树。重复金字塔的更新过程和新分割树的建立过程，直至步骤之间没有显著的分割变化为止。假设分割后的图像最多有 2^n(非邻接的)个区域。这些区域中的任何一个至少必须与最高允许的金字塔层中的一个元素链接，设该金字塔层有 2^n 个元素。最高金字塔层中的每个元素对应于分割树的一个分支，这个分支的所有叶子节点构成分割后图像的一个区域。分割树的最高层必须对应于图像区域的期望数目，金字塔的高度定义了分割分支的最大数目。如果图像中的区域数小于 2^n，那么有些区域在最高金字塔层中可能被不止一个元素所表示。如果发生了这种情况，某种特殊处理步骤可以允许在最高金字塔层中归并一些元素，或者可能禁止有些元素作为分割分支的根。如果图像区域数大于 2^n，则最相似的区域将被归并为单个树分支，该方法不能给出可以接受的结果。

(1)定义一个具有重叠区域的金字塔数据结构。评估起始的区域描述。

(2)从叶子节点开始建立分割树。将树的每个节点链接到 4 个父节点中与其具有最相似区域性质的那个上面，建立起整个分割树。如果一个元素在较高层没有链接，则给它赋值为 0。

(3)更新金字塔数据结构，每个元素赋值为它所有存在的孩子数的平均值。

(4)重复步骤(2)和(3)直至迭代间没有显著的分割变化出现为止(通常少数几次迭代就足够了)。

对存储的需求在单程(single-pass)分裂与归并分割中明显地降低了。在每个 2×2 像素的图像块中检测局部“分裂模式”，在有相同大小的重叠块中归并区域。与以前的方法进行对比，这里单程就足够了，尽管为了辨识区域可能执行第二次处理是很有必要的。这种方法的计算效率更高且数据结构实现起来也非常简单。对于 2×2 的块，从一致的块开始到由 4 个不同像素组成的块为止，12 个可能的分裂模式在一个表中列出(见图 4-24)。在整个图像范围内，可以自适应地根据块的灰度均值和变化评估像素的相似性。

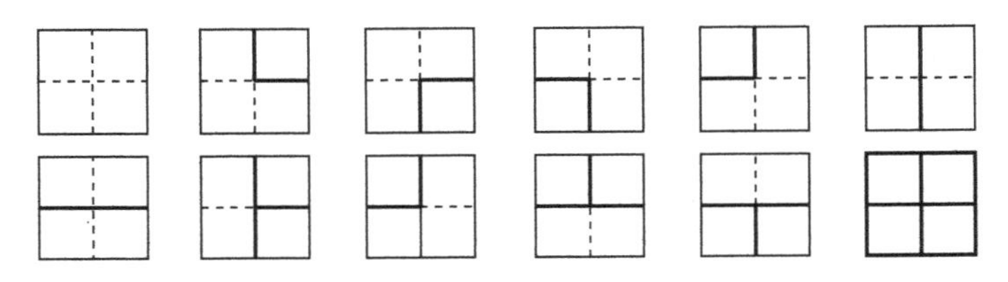

图 4-24 2×2 图像块的分裂(所有的 12 种情况)

(1)一行一行地搜索整幅图像，除了最后一列和最后一行外。对每个像素执行以下步骤。

(2)为一个 2×2 像素块找到一个分裂模式。

(3)如果在重叠块中发现赋值的标签与分裂模式不匹配，尝试改变这些块的标签以便排除不匹配(下面会讨论)。

(4)给未标注的像素打标签，使其与块的分裂模式相匹配。

(5)如果有必要删除小尺寸区域。

在图像搜索期间，图像块有重叠。除图像边界处的位置以外，4 个像素中的 3 个已经在前面的搜索位置中被赋予了标签，但是这些标签未必与从所处理块中得到的分裂模式相匹配。如果在算法的第 3 步中检测到误匹配，就有必要考虑将已经被当作分离的区域归并起来，或给两个以前标注不同的区域赋予相同的标签。如果满足下列条件，两个区域 R_1 和 R_2 被归并为一个区域 R_3。

$$H(R_1 \cup R_2) = \text{TRUE} \tag{4-27}$$

$$|m_1 - m_2| < T \tag{4-28}$$

式中，m_1 和 m_2 是区域 R_1 和 R_2 的平均灰度值，T 是某个适当的阈值。如果不允许区域归并，区域就保持以前的标签。为了得到最终的分割，有关区域归并的信息必须保存且在每次执行归并操作之后都要更新归并后区域的特征。给在所处理块中未标记过的像素赋予标签，要根据块的分裂模式和邻近区域的标签来执行(见步骤 4)。如果在第 3 步发现分裂模式与所赋予的标签匹配，则不难给剩余像素赋予标签以便保持所赋标签与分裂模式相匹配。相反地，如果在第 3 步没有发现匹配，则会出现一个未标记过的像素，或者被一个邻接区域归并(赋予相同的标签)，或者开始一个新区域。如果使用更大的块，则在一致性标准中就可以包含更复杂的图像性质(即使这些大块被分解为 2×2 的子块来决定分裂模式)。

存在许多其他的修正形式，多数试图克服分割的敏感性，降到所处理图像的一部分量级上。理想的解决方法是每次迭代仅归并一对最相似的邻接区域，这样会产生非常慢的处理过程。在参考文献[30]中介绍了一种在局部子图像(可能有重叠)的每个集合中进行最好归并的方法。在参考文献[31]中，提出了对扫描次序不敏感的另一种方法。

在参考文献[32]中，介绍了分层的归并，其中在分割过程的不同阶段使用了不同的标准。在后来的分割阶段的归并标准中结合了越来越多的信息。在参考文献[33]中，介绍了一种区域分裂与归并的修正算法，其中分裂是相对于边缘信息进行的，而归并是基于归并后区域的灰度统计进行的。由于分裂没有遵循分割四叉树模式，因此分割边界比应用标准的分裂与归并技术得到的边界要更自然。

并行实现变得越来越可以接受了，并行的区域增长算法在参考文献[34]中可以找到。

分水岭(watershed)和集水盆地(catchment basin)的概念在地形学中是人所共知的。分水岭线分开了每个集水盆地。北美大陆的划分是以大西洋和太平洋构成集水盆地的分水岭线的例子。图像数据可以解释为地形表面，其中梯度图像的灰度表示高程。因此，区域边缘对应于高的分水岭线，而低梯度的区域内部对应集水盆地。根据式(4-22)，区域增长分割的目的是创建一致性区域。在分水岭分割中，地形表面的集水盆地在如下含义中是一致的：同一集水盆地的所有像素都与该盆地的最小高程(灰度)区域有一条简单的路径(simple path)相连，沿着该路径的高程(灰度)是单调递减的。这样的集水盆地表示了分割后图像的区域(见图 4-25)。尽管分水岭和集水盆地的概念是很直截了当的，但设计分水岭分割算法是一个复杂的任务，很多早期的方法不是太慢就是不太精确。

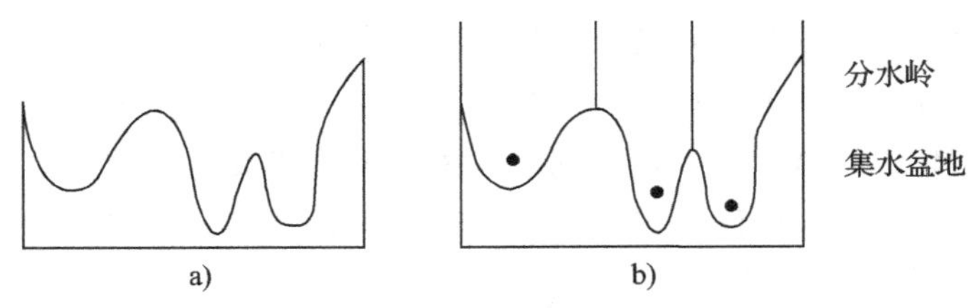

图 4-25　分水岭分割的一维例子

分水岭分割的最初算法是针对地形数字高地模型设计的。多数现有的算法从使用局部的 3×3 操作抽取潜在的分水岭线开始，然后在后续的步骤中将它们连接成地形网络。由于第一步的局部性，这些方法常常是不精确的。

有两种分水岭图像分割的基本方法。一种方法开始于寻找从图像的每个像素到图像表面高程的局部极小的下游(downstream)路径。定义集水盆地为满足以下条件的所有像素的集合：这些像素的下游路径终止于同一个高程极小点。尽管对于连续的高程表面来说，通过计算局部梯度不难确定下游路径，但是对于数字表面，没有确定的规则可以唯一定义下游路径。

所给出的方法由于计算量过大且不精确，因而效率不高，但在一篇研讨会论文(见参考文献[37])中介绍的第二种分水岭分割方法使得该思想实际可行。该方法基本上是第一个方法的对偶，代替确定下游路径是从底开始填充集水盆地。正如前面所解释的那样，每个极小值代表了一个集水盆地，策略是从这个高程极小值开始。设想在每个局部极小值处有一个孔，将地形表面沉浸在水中。结果是，水开始填充所有的集水盆地，即那些极小值位于水平面下的集水盆地处。在进一步沉浸时，如果两个集水盆地将要交汇，就在要交汇处建起高达最高表面高程的坝，坝表示了分水岭线。在参考文献[37]中介绍了这样一种分水岭分割的高效算法。该算法在按照灰度值增加次序对像素排序的基础上，增加一个由快速宽度优先像素扫描构成的填充步骤，扫描是针对所有像素按照灰度次序进行的。

在排序期间，计算了亮度直方图。同时创建了一张指向具有灰度值 h 的像素指针表，将每个直方图灰度与之关联起来，便于直接存取任意灰度的所有像素。在填充步骤中广泛地使用了有关图像像素的排序信息。假设填充过程已经达到了 k 层(灰度，高程)。此时，每个比 k 小或等于 k 的像素都已经被分配了唯一的集水盆地标号 l。下一步必须处理灰度为 $k+1$ 的像素，所有这些像素可以在排序步骤中已准备好的表中找到，因此，这些像素都是可以直接存取的。如果在灰度 $k+1$ 的一个像素邻域内至少有一个已经具有标号 l，则它有可能属于标号为 l 的集水盆地。将属于潜在集水盆地的像素放在先进先出队列中，等待进一步处理。计算出迄今为止确定出来的集水盆地的测地学影响区域(geodesic influence zone)。集水盆地的测地学影响区域 l_i 是与集水盆地 l_i 邻近的，是灰度为 $k+l$ 的未标注图像像素的所在地(在灰度为 $k+1$ 的像素区域内连续)。它们与 l_i 的距离比与其他集水盆地 l_i 的距离更近(见图 4-26)。所有属于 l 标号的集水盆地影响区域中具有灰度 $k+l$ 的像素也被标以 l，这样会引起集水盆地增长。队列中的像素按顺序来处理，队列中没能分配给已有标号的所有像素代表了新发现的集水盆地，用新的唯一标号标注它们。

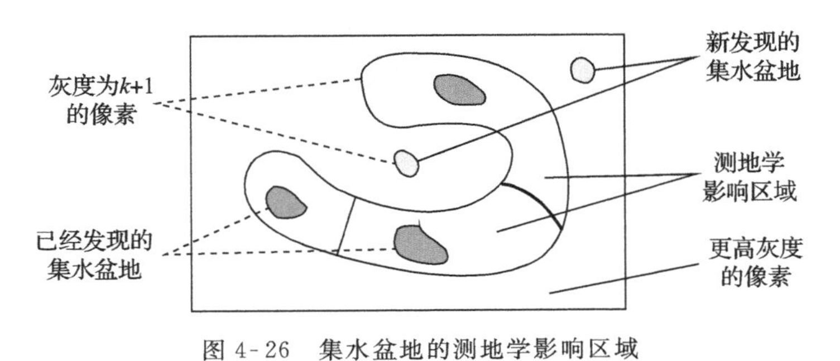

图 4-26　集水盆地的测地学影响区域

图 4-27 给出了一个分水岭分割的例子。请注意原始的分水岭分割产生非常严重的过分割图像，有成千上万的集水盆地(见图 4-27c)。为了克服这个问题以产生好的分割(见图 4-27d)，提出了区域标注器(region marker)等其他方法。

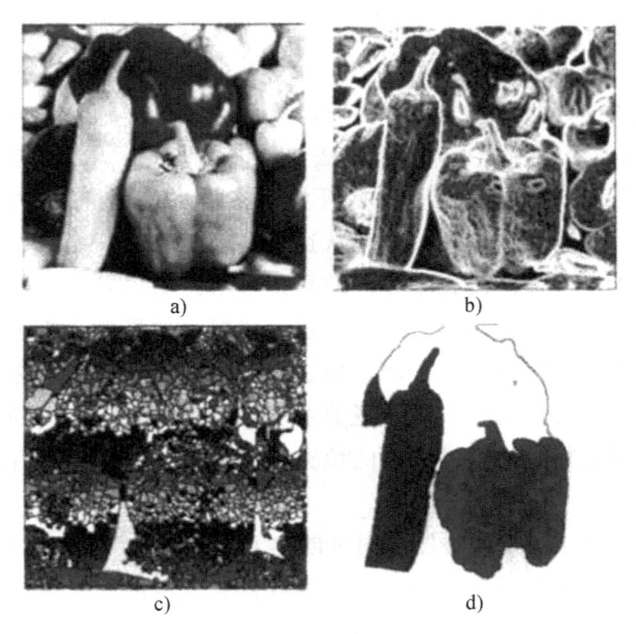

图 4-27　分水岭分割：a)原图；b)分割效果；c)“集水盆地”效果；d)区域标注器

尽管这个方法在连续空间中很有效，可以得到精确划分邻近集水盆地的分水岭线，在有着大高地(plateaus)的图像中分水岭线在离散空间中可能会很粗。图 4-28 解释了这样一种情形，它由与两个集水盆地在 4-邻接意义下的等距离像素组成。为了避免这种行为，设计出了使用依次排序距离的详细规则，这些距离是在宽度搜索过程中存储下来的，它可以得出精确的分水岭线。一个快速分水岭算法的详细内容和伪代码在参考文献[37]中可以找到。在使用普通的串行计算时，该方法比几个经典算法快几百倍，也容易扩展到更高维的图像上，且适用于方形或六边形的栅格。在参考文献[41]中给出了基于沉浸模拟的改进了的分水岭分割方法。

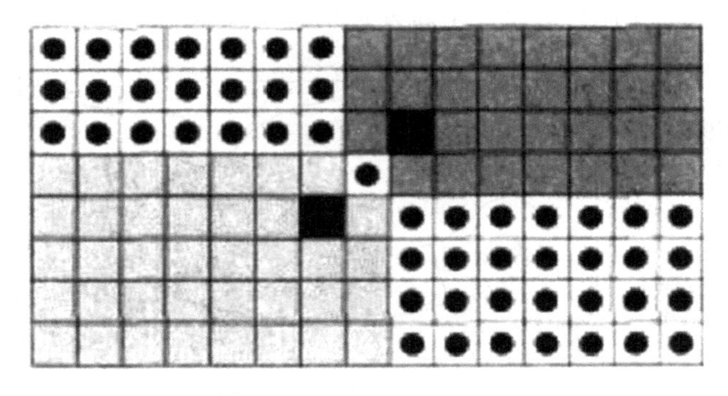

图 4-28　灰度高地可能会产生粗的分水岭线

使用区域增长方法分割后的图像，时常由于参数设置的非最优性造成的结果，使其不是含有太多的区域(欠增长)就是含有过少的区域(过增长)。为了改进分类结果，人们提出了各种后处理方法。有些方法将从区域增长中得到的分割信息与基于边缘的分割结合起来。在参考文献[41]中介绍了一种方法，解决了几个与四叉树相关的区域增长问题，集成了两个后处理步骤。第一，边界消除。根据邻接区域的对比度性质和沿边界方向的改变情况，删除了它们之间的一些边界，在删除时要考虑其结果的拓扑性质。第二，修改从上一步来的轮廓，使其精确地位于合适的图像边缘上。在参考文献[42]中，描述了一种将独立的区域增长与根据边缘得到的边界结合起来的方法。将区域增长与边缘检测结合起来的其他方法可见参考文献[43]、[44]、[45]。

简单的后处理基于具有一般性的启发式知识，在分割后的图像中减少小区域的数目，这些小区域根据原来使用的一致性准则是不能与任何邻接的区域归并的。这些小区域在进一步的处理中通常并不重要，可以看作分割噪声。可以根据如下的算法将它们删除：

(1)搜索最小的图像区域 R_{min}。

(2)根据使用的一致性准则，寻找与 R_{min} 最相似的邻接区域 R，将 R 与 R_{min} 归并起来。

(3)重复步骤 1 和 2，直至所有的比预先选择的尺寸小的区域都被删除为止。

对尺寸进行排序，直接将所有比预先选择的尺寸小的区域与其邻接区域归并，该算法执行起来就会快很多。

下面我们举了一个基于 Matlab 的分割案例。

此示例显示如何根据纹理识别区域使用纹理分割。目标是将狗从浴室地板上分割出来。由于浴室地板上的规则周期性图案与狗皮毛的规则(光滑质地)之间的纹理不同，因此分割在视觉上是显而易见的。

从实验来看，众所周知，Gabor 滤波器是哺乳动物视觉系统中简单细胞的合理模型。因此，Gabor 滤波器被认为是人类如何区分纹理的良好模型，因此在设计识别纹理的算法时是一种有用的模型。

如图 4-29 所示，读取并显示输入图像。此示例缩小图像以便更快地运行。

```
A = imread('kobi.png');
A = imresize(A,0.25);
Agray =  rgb2gray(A);
figure
imshow(A)
```

设计一系列 Gabor 滤波器，它们可以调谐到不同的频率和频率方向。该组频率和方向被设计成在输入图像中定位频率和方向信息是不同的，是大致正交的子集。定期取样[0，150°]之间的值，步长为 30°。从 4 / sqrt (2)开始直到输入图像的斜边长度增加到 2 的幂的采样波长。

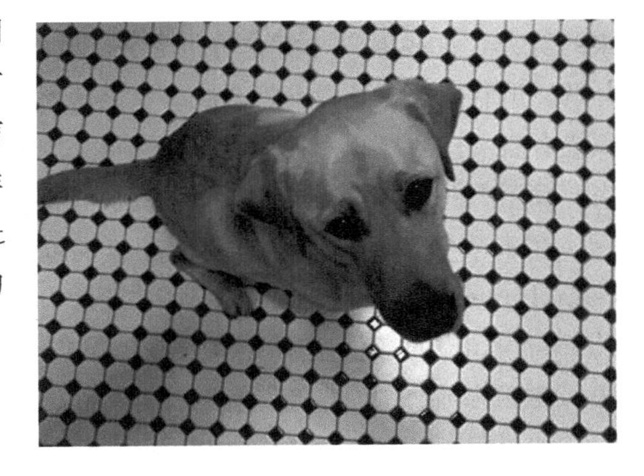
图 4-29　原输入图片

```
imageSize =  size(A);
numRows =  imageSize(1);
numCols =  imageSize(2);
wavelengthMin =  4/sqrt(2);
```

```
wavelengthMax = hypot(numRows,numCols);
n = floor(log2(wavelengthMax/wavelengthMin));
wavelength = 2.^(0:(n-2)) * wavelengthMin;
deltaTheta = 45;
orientation = 0:deltaTheta:(180-deltaTheta);
g = gabor(wavelength,orientation);
```

从源图像中提取Gabor幅度特征。使用Gabor滤波器时，通常使用每个滤波器的幅度响应。Gabor幅度响应有时也称为“Gabor能量”。每个MxN Gabor幅度输出gabormag(:,:, ind)中的图像，是相应的Gabor滤波器g(ind)的输出。

```
gabormag = imgaborfilt(Agray,g);
```

4.1.5 基于3D图的图像分割

基于图的方法在图像分割中扮演着重要的角色，这些方法的一般形式是由节点集V与弧集E组成的带权图$G=(V,E)$。图节点又被称作节点(vertice)，而弧又被称为边(edge)。节点$v\in V$对应于图像像素(或者体素)，而弧$\langle v_i,v_j\rangle\in E$根据某种邻域系统连接节点$v_iv_j$。每一个节点$v$和弧$\langle v_i,v_j\rangle\in E$都拥有一个费用，用以度量其对应像素隶属于兴趣物体的倾向。

一个构造好的图根据特定的应用与其使用的图算法可以分为有向图与无向图。在有向图中，弧$\langle v_i,v_j\rangle$与$\langle v_j,v_i\rangle(i\neq j)$被认为是不同的，而且它们可能具有不同的费用。如果存在有向弧$\langle v_i,v_j\rangle$，则节点v_j被称作v_i的一个后继。一条连续的有向弧序列$\langle v_0,v_1\rangle$，$\langle v_1,v_2\rangle$，…，$\langle v_{k-1},v_k\rangle$形成一条由$v_0$到$v_k$的有向路径。

为图像分割而设计的典型的图算法包括最小生成树、最短路径和图割(graph-cut)。图割相对较新，而且有可能是所有为图像分割而设计的基于图的算法中最强有力的。它们具有显著的计算效率，提供了一种清晰而灵活的全局优化工具。在参考文献[62]中，提出了一种利用图变换与图割来进行单表面和多表面分割的方法。

直到最近才有了针对图像分析的图割的介绍。经典的基于边界的优化算法(例如，动态规划、A^*图搜索等)被用于2D图。虽然非常需要将它们进行3D图的推广，但经过10多年来的努力，这些推广并不成功。基于区域的方法，例如区域增长或者分水岭变换，被用作部分解。但它们都深受固有的“泄露”之困扰。高级的区域增长方法吸收了各种各样的基于知识或者启发式的提升(例如，模糊连接性)。作为这些方法基础的最短路径的形式化也被揭示出来，并用Falcao等提出的图像森林变换(Image Foresting Transform，IFT)进行了推广。

在本节中，我们将介绍两种高级的基于图的边界检测方法。第一个是同时边界检测(simultaneous border detection)方法，通过在3D图中搜索路径的方式，使边界对(border pair)的最优鉴别变得容易。第二个是最优表面检测(optimal surface detection)方法，使用多维图搜索来确定在三维或更高维的图像数据中的最优表面。

如果目标是确定细长物体的边界，则同时搜索左右边界对(pair of left and right border)会更有利。如果形成边界对的边界是相关的，则这种方法有助于提高鲁棒性，使得有关一个边界的信息可以帮助确定第二个边界。这种例子包括如下的情形：一个边界的局部受噪声破坏、不明确，或不确定，这时单独确定边界可能会失败。在卫星图像中跟踪道路或河流的边界是一个例子。如图 4-30a 所示，单独地考虑左右边界似乎是合理的。但是，在一个边界位置中所包含的信息对于确定另一个边界的位置可能是有用的，如果考虑了这样的信息，就可以检测出更多的可能边界(见图 4-30b)。

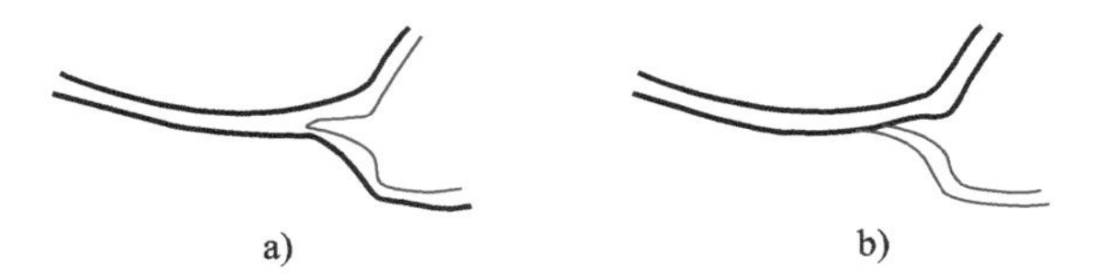

图 4-30　单独的和同时的边界检测：a)单独考虑左右边界；b)更多可能的边界检测

为了搜索最优的边界对，必须是三维图。图 4-31 所示为两个邻近的但相互独立的 2D 图，其中的节点对应于拉直的边缘图像中的像素。分开左右图的节点列对应于近似区域中心线上的像素。左图中的一行节点，对应于沿一条垂直于区域中心线并在其左侧的直线上重采样得到的像素。如果我们按照图 4-31a 所示的形式连接左图中的节点，则产生的路径对应于细长区域的左边界的一个可能位置。类似地，将右图中的节点连接起来就产生了右区域边界的一个可能位置。如果使用早前介绍过的常规的边界检测方法，则二维图就会被独立地搜索来确定最优的左右区域边界。

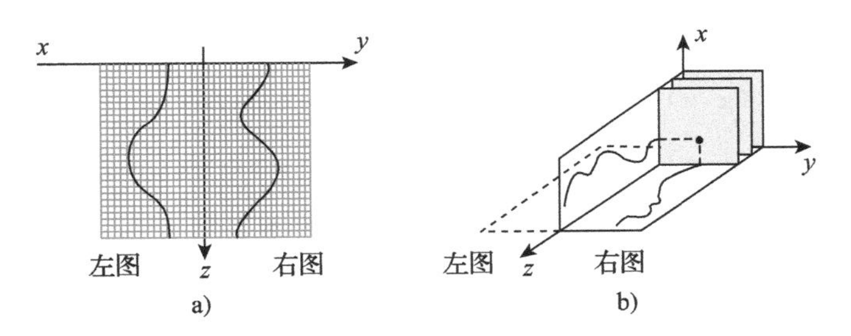

图 4-31　3D 图的构建：a)相互独立的 2D 图；b)向上旋转 2D 图形式

构建 3D 图的过程可以显示为向上旋转 2D 图形式，该 2D 图近似对应于区域中心线左侧的像素(见图 4-31b)。其结果是一个三维的节点数组，对于沿着细长区域方向的一个给定点来说，每个节点对应于左右区域边界的可能位置，而通过图的一条路径对应于可能的左右区域的边界对。对于 3D 图中的节点，以它们的坐标(x,y,z)来表示。对于由坐标 z 定义的沿着区域中心线的一点来说，一个坐标为(x_1,y_1,z)的节点对应于离中心线左侧 x_1 像素的一个左边界和离中心线右侧 y_1 像素的一个右边界。

正如在 2D 图中的情况那样，必须指定节点的后继规则，即链接节点形成完整路径的规则。由于左边界必须是连续的，因此在对应于左边界的 2D 图中，每个父节点像前面讨论过的那样有 3 个后继，作为沿中心线位置的函数相对于与中心线的距离来说，它们分别对应于以下 3 种情况：减少(后继的坐标是$(x-1,z+1)$)、增加（后继的坐标是$(x+1,z+1)$)、停留在相同的位置上(后继的坐标是$(x,z+1)$)。在 3D 图情况下，每个父节点有 9 个后继，对应左右边界相对于中心线位置变化的可能组合，因此构成一个 3×3 的后继窗口。按照这种后继规则，通过 3D 图的所有路径在该 3D 图的每个剖面(profile plane)上有且仅有一个节点，即每条路径含有一个来自每个左右剖面线的单独节点。这种链接定义确保区域边界在拉直的图像空间中是连续的。

为了精确地确定区域边界，关键点是：为候选边界对分配费用，在 3D 图中确定区域边界的最优对，即最低费用路径。在 3D 图中，节点的费用函数是按如下方式获得的：把关联在左右剖面的对应像素上的边缘费用结合起来，使得左边界的位置可以影响右边界的位置，反之亦然。这种策略类似于人类观察者在遇到边界位置不明确时所采取的对策。在设计费用函数时，目标在于区分出不可能对应真正区域边界的那些边界对，确定出匹配实际边界的具有最大整体概率的那些边界对。在定义了费用函数之后，最优边界的检测既可以用启发式图搜索方法，也可以用动态规划方法。

与 2D 图情况类似，在 3D 图中路径的费用定义为构成路径的节点的费用之和。如下的定义适合描述相互关联的边界对的边界性质。考虑费用最小化机制，按如下函数给节点分配费用：

$$C_{\text{total}}(x,y,z)=(C_{\text{s}}(x,y,z)+C_{\text{pp}}(x,yz,))w(x,y,z)-[P_{\text{L}}(z)+P_{\text{R}}(z)] \tag{4-29}$$

费用函数的每个分量依赖于图像像素所关联的边缘费用。在剖面 z 上 x 和 y 的左右边缘候选的边缘费用，与有效的边缘强度或其他合适的局部边缘性质描述子 $E_{\text{L}}(x,z)$、$E_{\text{R}}(y,z)$有反比关系。由下式给出：

$$\begin{aligned}C_{\text{L}}(x,z)&=\max_{x\in X,z\in Z}\{E_{\text{L}}(x,z)\}-\max_{x\in X}\{E_{\text{L}}(x,z)\}\\C_{\text{R}}(y,z)&=\max_{x\in X,z\in Z}\{E_{\text{R}}(y,z)\}-\max_{x\in X}\{E_{\text{R}}(y,z)\}\end{aligned} \tag{4-30}$$

式中，X 和 Y 是范围在 1 到左右半个区域剖面长度的整数集合，Z 是范围在 1 到区域中心线长度的整数集合。为了避免检测与感兴趣区域邻近的区域，可以将有关实际边界的可能方向的知识结合到局部边缘性质描述子 $E_{\text{L}}(x,z)$、$E_{\text{R}}(y,z)$中。

考虑费用函数(见式(4-29))中各个单独的项，C_{s} 项是左右边缘候选的费用之和，使得沿着具有低费用数值的图像位置检测边界。由下式给出：

$$C_{\text{s}}(x,y,z)=C_{\text{L}}(x,z)+C_{\text{R}}(y,z) \tag{4-31}$$

C_{pp}项在下述情况下有用：其中一个边界比其对应的边界具有高的对比度(或其他强的边界迹象)，使得低对比度边界的位置受高对比度边界的位置影响。由下式给出：

$$C_{\text{pp}}(x,y,z)=[C_{\text{L}}(x,z)-P_{\text{L}}(z)][C_{\text{R}}(y,z)-P_{\text{R}}(z)] \tag{4-32}$$

其中

$$\begin{aligned}P_{\text{L}}(z)&=\max_{x\in X,z\in Z}\{E_{\text{L}}(x,z)\}-\max_{x\in X}\{E_{\text{L}}(x,z)\}\\P_{\text{R}}(z)&=\max_{x\in X,z\in Z}\{E_{\text{R}}(y,z)\}-\max_{x\in X}\{E_{\text{R}}(y,z)\}\end{aligned} \tag{4-33}$$

将式(4-30)、式(4-32)和式(4-33)结合起来，C_{pp}项也可以表示为：

$$C_{\text{pp}}(x,y,z)=(\max_{x\in X}\{E_{\text{L}}(x,z)\}-E_{\text{L}}(x,z))(\max_{x\in Y}\{E_{\text{R}}(y,z)\}-E_{\text{R}}(y,z)) \tag{4-34}$$

费用函数的 $w(x,y,z)$ 分量结合了区域边界的模型，使得左右边界的位置沿着相对于模型的某个优先选择的方向发展。如果作为边界对来考虑，则该分量起到区分哪些边界不可能对应实际区域边界的作用。这是通过引入一个加权因子来实现的，该因子依赖于一个节点前趋的方向，如图 4-32 所示。例如，如果知道区域近似地对称且其近似中心线已知，则可以按如下方式定义加权：

$$w(x,y,z)=1,\quad 当(x,y)\in\{(\hat{x}-1,\hat{y}-1),(\hat{x},\hat{y}),(\hat{x}+1,\hat{y}+1)\}$$
$$w(x,y,z)=\alpha,\quad 当(x,y)\in\{(\hat{x}-1,\hat{y}),(\hat{x}+1,\hat{y}),(\hat{x},\hat{y}-1),(\hat{x},\hat{y}+1)\}$$
$$w(x,y,z)=\beta,\quad 当(x,y)\in\{(\hat{x}-1,\hat{y}+1),(\hat{x}+1,\hat{y}-1)\}\tag{4-35}$$

式中，在 (x,y,z) 坐标处的节点是在 $(\hat{x},\hat{y},z-1)$ 处节点的后继。在这种情况下，区域模型的影响由 α 和 β 的数值决定，一般取 $\alpha>\beta$。在冠状动脉(coronary)边界检测应用中，α 的数值范围是 1.2～1.8，β 是 1.4～2.2。α 和 β 越大，模型对检测到的边界影响就越大。

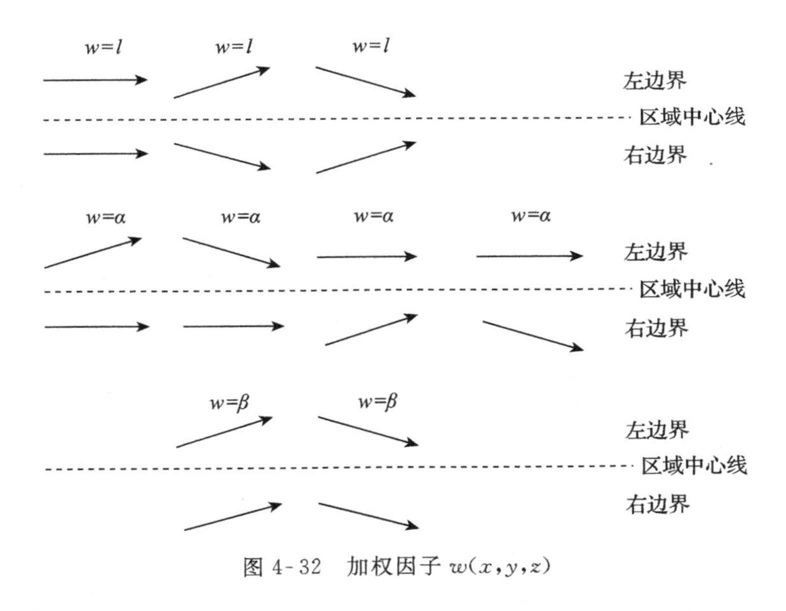

图 4-32　加权因子 $w(x,y,z)$

由于在 3D 图中可能路径的数量非常大，因此确定最优路径在计算上非常耗时。例如，对于有 xyz 个节点的 3D 图来说，其中 z 是区域中心线以像素为单位的长度，可能路径的数量近似为 9^z。

改进图搜索的性能是非常重要的，费用函数中的项 $P_L(z)+P_L(z)$ 构成了底限，对检测到的边界没有影响，但是如果使用启发式图搜索方法，它会明显地改进搜索的效率。

第二种提高搜索效率的方法是使用多分辨率方法。首先，在低分辨率图像中确定区域边界的近似位置，这些近似边界用于引导全分辨率搜索，具体的方式是在寻找精确的区域边界位置时将搜索限制在部分全分辨率 3D 图上。

为了增加边界检测的精度，也可以包含一个多阶段的边界确定过程。第一阶段的目标是可靠地确定感兴趣区域段的近似边界，同时避免检测其他结构。有了确定的近似边界位置后，第二阶段使用它精确地定位实际的区域边界。在第一阶段，3D同时边界检测算法用来确定在半分辨率图像中的近似区域边界。由于第一阶段的部分设计目标就是避免检测不是感兴趣区域的结构，因此需要使用对比较强的区域模型。在低分辨率图像中确定的区域边界，在第二阶段中用于引导在全分辨率费用图像中搜索最优边界，这与在以前的段落中描述的一样。在第二阶段可以使用有点弱的区域模型，以便允许受到更多的来自图像数据的影响。有关设计费用函数的进一步细节可以参考文献[70]。

如果有三维的体数据，任务就可能是确定在三维空间中表示物体边界的三维表面。这个任务在测定体积的(volumetric)医疗图像数据集合的分割中是很常见的，这些体数据包括来自核磁共振、X光、超声波，或其他断层X光摄影装置所产生的由2D图像切片堆叠起来的3D体。通常，2D图像或多或少地是独立地分析的，2D的结果堆叠起来形成最后的3D分割。如果要考虑整个3D体，且只通过在一个个切片中检测2D边界的方法来得到，则在直观上可能远不是最优的。对整个3D体同时进行分析以确定全局最优的表面，可以给出更好的结果。

考虑一个来自人脑的核磁共振(MR)数据集合的脑皮层显示的例子(见图4-33)。请注意内部脑皮层并不是直接可见的，除非脑被分割成左右两个半球。如果要考虑3D情况，目标就是最优地确定划分脑部的3D表面(见图4-34)。

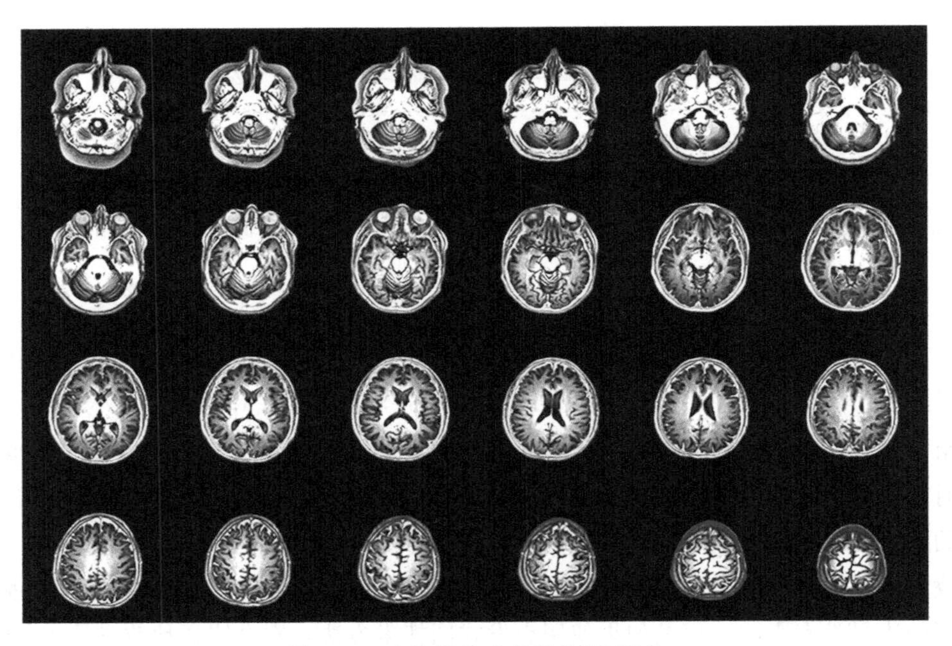

图4-33 人脑的核磁共振(MR)图像

我们有必要为表面定义一个最优标准。由于表面在3D空间中必须是连续的，因此它将由3D连接的体素啮合(a mesh of 3D connected voxel)组成。考虑一个在大小上与3D图像数据体对应的3D图，图节点对应于图像体素。如果每个图节点关联一个费用，最优表面可以定义为：在3D体上定义的所有合法(legal)表面中，具有最小总体费用的那个。

表面的合法性是根据 3D 表面依赖于具体应用的连接需求而定义的，表面的整个费用可以用构成表面的所有节点的费用之和来计算。不幸的是，标准的图搜索方法并不能从路径的搜索直接扩展到表面的搜索。一般来说，克服这个问题有两种不同的方法。可以设计一个直接搜索表面的新的图搜索算法，或者将表面检测任务表示成一种能够使用常规图搜索算法的形式。

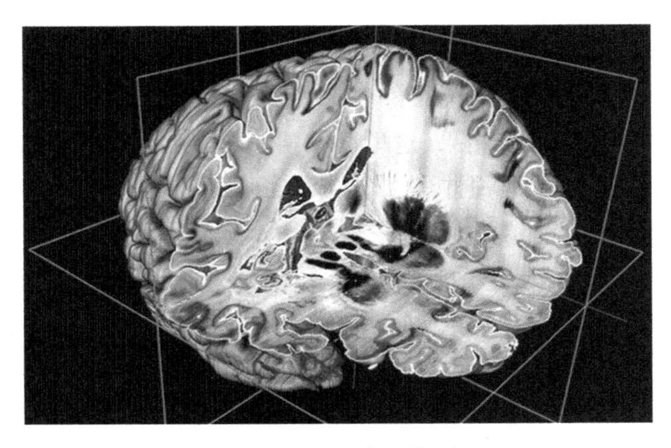

图 4-34　3D 表面检测

与在图中搜索最优路径相比，搜索最优表面会产生任务复杂度的组合爆炸，缺乏有效的搜索算法形成了对 3D 表面检测的一个限制因素。在参考文献[63]中提出了一种基于图中费用最小化的最优表面检测方法。该方法使用标准的图搜索原理，应用于一个变换后的图，其中寻找路径的标准图搜索用来定义表面。尽管该方法确保了表面的最优性，但是由于其巨大的计算量使它不切实际。同一作者提出了一种表面检测的启发式方法，这在计算上是可行的。

使用了来自参考文献[64]的一些思想，在参考文献[68]中提出了一种直接检测表面的次优(sub-optimal)方法。该方法是基于动态规划的，通过引进所有合法表面必须满足的局部条件，避免了组合爆炸的问题。该范例被称为表面生长(surface growing)，图的尺寸直接对应于图像的尺寸，由于表面生长的局部特性，图的构建是直截了当的且有序的。整个方法简单、完美、计算效率高、速度快。此外，它可以推广到如时变三维表面的更高维空间搜索中。尽管结果表面一般是好的，但并不保证表面的最优性。

次优的 3D 图搜索方法用来分割图 4-33 和图 4-34 所示的脑皮层。在脑室(ventricle)被三维填充为不代表大的低费用区域之后，费用函数基于图像体的灰度值的逆。

4.2　特征匹配

4.2.1　区域特征

有一些区域描述符很容易根据区域的所有像素(如面积、重心、灰度等)直接获得。

1. 区域面积

区域面积 A 是区域的一个基本特性，描述区域的大小。对区域 R 来说，设正方形像素的边长为单位长度，则有：

$$A = \sum_{(x,y)\in R} 1 \tag{4-36}$$

可见这里计算区域面积就是对属于该区域的像素进行计数。虽然也可考虑用其他方法来计算区域面积，但可以证明，利用像素计数的方法来求区域面积不仅最简单，而且也是对原始模拟区域面积的无偏和一致的最好估计(Young 1993)。图 4-35 给出对同一区域用不同的面积计算方法得到的几个结果(这里设像素边长为 1)。其中图 4-35a 所示方法对应式(4-36)，图 4-35b 和 c 所示两种方法直观上看也可以，但实际上都有较大的误差。

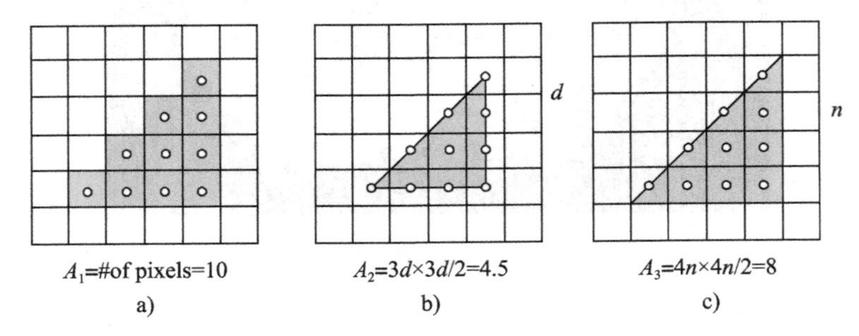

图 4-35　几种面积计算方法：a)式(4-36)的计算方法；b)保守计数；c)非保守计数

给定一个顶点为离散点的多边形 Q(因为离散点是处在采样网格上的点，所以这种多边形也称网格多边形)，令 R 为 Q 中包含点的集合。如果 N_B 是正好处在 Q 轮廓上点的个数，N_I 是 Q 内部点的个数，那么有 $|R| = N_B + N_I$，即 R 中点的个数是 N_B 和 N_I 之和。这样一来，Q 的面积 $A(Q)$ 就是包含在 Q 中单元的个数(Marchand 2000)(也称网格定理)，即：

$$A(Q) = N_I + \frac{N_B}{2} - 1 \tag{4-37}$$

考虑图 4-36a 所给出的多边形 Q，Q 的轮廓用连续的粗线表示。属于 Q 的点用小圆(包括 • 和 ◦)表示。黑色小圆代表 Q 的轮廓点(即角点和正好在轮廓线上的点)，白色小圆代表 Q 的内部点。因为 $N_I = 71$、$N_B = 10$，所以由上式得到 $A(Q) = 75$。

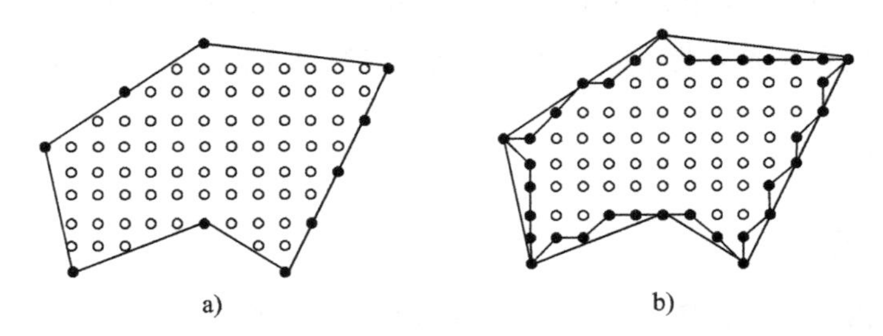

图 4-36　多边形面积的计算：a)多边形 Q 的轮廓；b)使用 8-连通性的轮廓

需要区分由多边形 Q 所定义的面积和由轮廓 P(点集)所定义的面积，后者是由边界像素集合 B 构成的。图 4-36b 给出对 P 使用 8-连通性而对 P^C 使用 4-连通性所得到的轮廓集合(细实线)。轮廓 P(点集)所包围的面积是 63。这个值与由多边形 Q 所得到的面积值 75 的差就是图 4-36b 中阴影的面积(介于轮廓 P 和多边形 Q 之间的边)。

2. 区域重心

区域重心是一种全局描述符，区域重心的坐标是根据所有属于区域的点计算出来的：

$$\bar{x} = \frac{1}{A}\sum_{(x,y)\in R} x \tag{4-38}$$

$$\bar{y} = \frac{1}{A}\sum_{(x,y)\in R} y \tag{4-39}$$

尽管区域各点的坐标总是整数，但区域重心的坐标常不为整数。当区域本身的尺寸与各区域间的距离相比很小时，可将区域用位于其重心坐标处的质点来近似代表。

顺便指出，对于非规则物体，其重心坐标和几何中心坐标常不相同。图 4-37 给出一个示例，其中目标的重心用方形点表示，对密度加权得到的目标重心用五角形点表示，而由目标外接圆确定的几何中心用圆形点表示。

图 4-37　非规则物体的重心和中心

3. 区域密度特征

描述分割区域的目的常是为了描述原目标的密度特性，体现在图像上就是灰度、颜色等。目标的密度特性与几何特性不同，它需要结合原始图和分割图来得到。常用的区域密度特征包括目标灰度(或各种颜色分量)的最大值、最小值、中值、平均值、方差以及高阶矩等统计量，它们多可借助图像的直方图得到。

以灰度图为例，图像的密度特征对应图像的灰度，而图像成像时有一些影响图像灰度的因素需要考虑。

(1)对于有反射的目标表面，需考虑反射性。反射性实际上是测量的目的，当目标通过透射光进行观察时，目标的厚度和目标对光的吸收都对反射值有影响。

(2)光源的亮度，从光源到目标的光通路(如显微镜成像系统中的会聚透镜、滤光器、光圈等)。

(3)在光通路的成像部分，光子除被吸收外，也会被通路上不同的表面所反射，这些反射的光子有可能到达非期望的地方。另一方面，目标的某个部分也可能由于目标其他部分的反射而被加强。

(4)光子入射到采集器(如 CCD)的光敏感表面时，它们的能量会转化为电能，这个转化可能是线性的也可能是非线性的。

(5)从采集器的输出得到放大的电信号，这里也有非线性问题。

(6)放大后的电信号需要数字化，此时可通过变换表(look-up table)进行转换，事先确定的转换函数对最终灰度也有影响。

上述多种影响因素的存在说明在解释密度特征时要非常小心，由图像得到的灰度是景物成像中各个因素影响的综合结果。

下面给出几种典型的区域密度特征描述符。

(1)透射率：透射率(T)是穿透目标的光与入射光的比值，即：

$$T = \text{穿透目标的光} / \text{入射的光} \tag{4-40}$$

(2)光密度：光密度(OD)定义为入射光与穿透目标的光的比值(透射率的倒数)的以10为底的对数：

$$\text{OD} = \lg(1/T) = -\lg T \tag{4-41}$$

光密度的数值范围从0(100%透射)到无穷(完全无透射)。

(3)积分光密度：积分光密度(IOD)是所测图像区域中各个像素光密度的和。对一幅$M \times N$的图像$f(x,y)$，其IOD为：

$$\text{IOD} = \sum_{x=0}^{M-1}\sum_{y=0}^{N-1} f(x,y) \tag{4-42}$$

如果设图像的直方图为$H(\cdot)$，图像灰度级数为G，则根据直方图的定义有：

$$\text{IOD} = \sum_{k=0}^{G-1} kH(k) \tag{4-43}$$

即积分光密度是直方图中各灰度的加权和。

上述各密度特征描述符的统计值(如平均值、中值、最大值、最小值、方差等)也可作为密度特征描述符。

拓扑学研究图形不受畸变变形(不包括撕裂或粘贴)影响的性质。区域的拓扑性质对区域的全局描述很有用，这些性质既不依赖距离，也不依赖基于距离测量的其他特性。

1. 欧拉数

对于一个给定平面区域来说，区域内的孔数H和区域内的连通组元个数C都是常用的拓扑性质，它们可进一步用来定义欧拉数(E)：

$$E = C - H \tag{4-44}$$

欧拉数是一个全局特征参数，描述的是区域的连通性。图4-38给出4个字母区域，它们的欧拉数依次为−1、2、1和0。

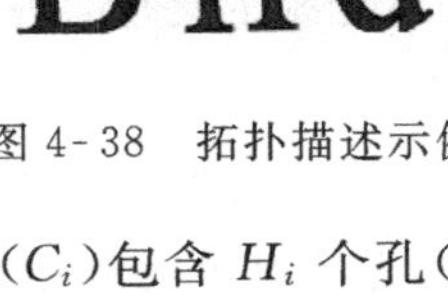

Bird

图4-38　拓扑描述示例

如果一幅图像包含N个不同的连通组元，假设每个连通组元(C_i)包含H_i个孔(即能使背景中多出H_i个连通组元)，那么该图像的欧拉数可进行如下计算：

$$E = \sum_{i=1}^{N}(1 - H_i) = N - \sum_{i=1}^{N} H_i \tag{4-45}$$

对于一幅二值图像A，可以定义两个欧拉数，分别记为4-连通欧拉数$E_4(A)$和8-连

通欧拉数 $E_8(A)$。它们的区别就是所用的连通性。$E_4(A)$定义为 4-连通的目标数 $C_4(A)$减去 8-连通的孔数 $H_8(A)$：

$$E_4(A) = C_4(A) - H_8(A) \tag{4-46}$$

$E_8(A)$定义为 8-连通的目标数 $C_8(A)$减去 4-连通的孔数 $H_4(A)$：

$$E_8(A) = C_8(A) - H_4(A) \tag{4-47}$$

全部由直线段构成的区域集合可利用欧拉数简便地描述，这些区域也叫作多边形网。图 4-39 给出一个多边形网的例子。对于一个多边形网，假如用 V 表示顶点数、B 表示边线数、F 表示面数，则下述的欧拉公式成立：

$$V - B + F = E = C - H \tag{4-48}$$

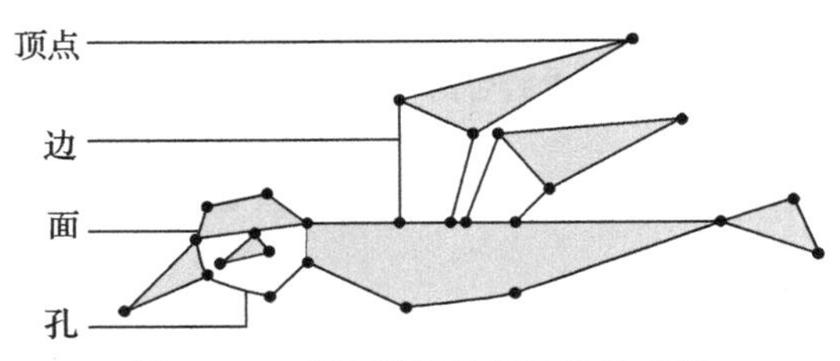

图 4-39　多边形网的拓扑描述示例

在图 4-39 中，$V=26$、$B=35$、$F=7$、$C=1$、$H=3$、$E=-2$。注意，有的时候两个封闭面交在边缘处，这样的边缘要计两次，即对应各自所属的面各计一次。

2. 3D 目标欧拉数

对以平面为表面构成的多面体来说，有与平面多边形相对应的多面体欧拉公式：

$$V - B + F = 2 \tag{4-49}$$

进一步考虑一般连接体的情况，令 N 代表体的个数，则式(4-49)成为：

$$V - B + F = 2(N - H) \tag{4-50}$$

对于 3D 目标，可以借助腔、柄、类这几个量来计算其欧拉数。腔是完全被背景包围的组元。柄常与通道(即在物体表面有两个出口的洞)相关，一般常将柄的数目也称为通道的数目或类的数目。这里类指“不能分离的切割”的最大数目，其中不能分离的切割是指对目标进行完全的通过但不产生新连通组元的切割。图 4-40 分别给出“不能分离的切割”和“能分离的切割”的例子，从中可看出对于图中的目标，两种切割都可以有多种不同的方式。不过要注意，一旦进行了一次不能分离的切割，就不可能再进行不能分离的切割了，因为任何新的切割都会将目标分成两块。这样看来，该目标的类数是 1。对于一个包含两个相交圆环的目标，其类数是 2，因为对该目标可进行两次不能分离的切割(每个组元一次)。

在 3D 目标中，欧拉数是连通组元数 C 加腔的数 A 再减类的数 G，即：

$$E = C + A - G \tag{4-51}$$

离散目标的类可借助包围目标的曲面和它的腔来计算。对于一个离散目标，包围它的目标由一组多面体组成。这样的曲面称为网状曲面，它由一组顶点(V)、边线(B)和体素面(F)组成。网状曲面的类可由下式算得：

$$2 - 2G = V - B + F \tag{4-52}$$

图 4-41 所示为只有一个通道的由网状曲面包围的目标，其中 $V=32$、$B=64$、$F=32$。所以根据式(4-52)有 $2-2G=32-64+32=0$，即类为 1。进行对照，可知计算正确。

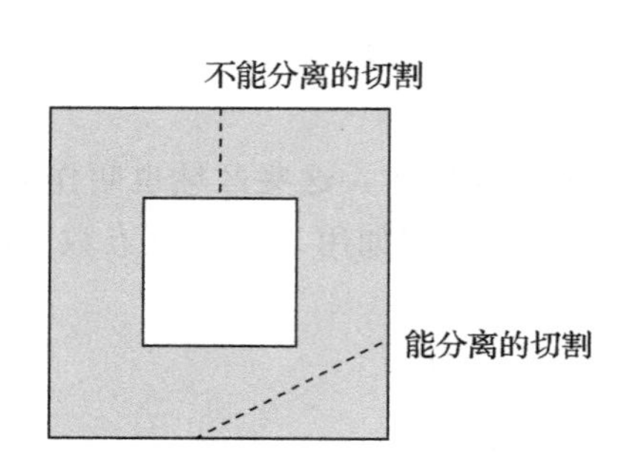

图 4-40　不能分离的切割和能分离的切割

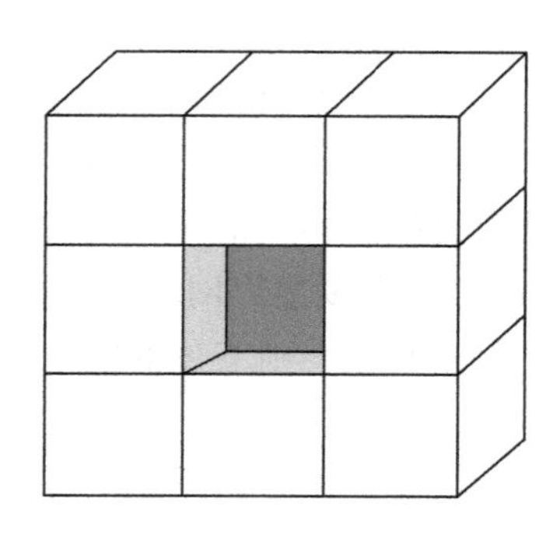

图 4-41　只有一个通道的 3D 目标

有时两个封闭的网状曲面交在边缘处，这样的边缘要计两次，即对应各自所属的曲面各计一次。

如果在各个网状曲面 S_i 中，相连的腔与连通组元缠绕(wrapped up)在一起，则此时网状曲面的数目是 $A+C$。因为每个封闭的曲面包围一个连通组元或一个腔，所以有 $E_i=1-G_i$，且有：

$$2-2G_i=2-2(1-E_i)=2E_i \tag{4-53}$$

$$2E=\sum_{i=1}^{A+C}2E_i=\sum_{i=1}^{A+C}(2-2G_i)=\sum_{i=1}^{A+C}(V_i-B_i+F_i) \tag{4-54}$$

最后，如果用 S 代表图像目标，用 S' 代表图像背景，用 E_k、$k=6$、26 代表 k 连通的目标的欧拉数，那么有如下两个对偶的公式：

$$E_6(S)=E_{26}(S'),\qquad E_{26}(S)=E_6(S') \tag{4-55}$$

现在来考虑区域矩。对于图像函数 $f(x,y)$，如果它分段连续且只在 xy 平面上有有限个点不为零，则可证明它的各阶矩存在。区域矩是用所有属于区域的点计算出来的，因而不太受噪声等的影响。$f(x,y)$ 的 $p+q$ 阶矩定义为：

$$m_{pq}=\sum_x\sum_y x^p y^q f(x,y) \tag{4-56}$$

可以证明，m_{pq} 唯一地被 $f(x,y)$ 所确定，也唯一地确定了 $f(x,y)$。$f(x,y)$ 的 $p+q$ 阶中心矩定义为：

$$M_{pq}=\sum_x\sum_y(x-\bar{x})^p(y-\bar{y})^q f(x,y) \tag{4-57}$$

式中，$\bar{x}=m_{10}/m_{00}$、$\bar{y}=m_{01}/m_{00}$ 为 $f(x,y)$ 的重心坐标(式(4-38)和式(4-39))，计算的是二值图的重心坐标，这里 $\bar{x}$ 和 $\bar{y}$ 的定义也可用于灰度图像。最后，$f(x,y)$ 的归一化中心矩可表示为：

$$N_{pq}=\frac{M_{pq}}{M_{00}^{\gamma}}\quad 其中\quad \gamma=\frac{p+q}{2}+1,\quad p+q=2,3,\cdots\cdots \tag{4-58}$$

以下 7 个不随平移、旋转和尺度变换而变化的区域不变矩是由归一化的二阶和三阶中心矩组合而成的。

$$T_1 = N_{20} + N_{02} \tag{4-59}$$

$$T_2 = (N_{20} - N_{02})^2 + 4N_{11}^2 \tag{4-60}$$

$$T_3 = (N_{30} - 3N_{12})^2 + (3N_{21} - N_{03})^2 \tag{4-61}$$

$$T_4 = (N_{30} + N_{12})^2 + (N_{21} + N_{03})^2 \tag{4-62}$$

$$\begin{aligned} T_5 = &(N_{30} - 3N_{12})(N_{30} + N_{12})[(N_{30} + N_{12})^2 - 3(N_{21} + N_{03})^2] \\ &+ (3N_{12} - N_{03})(N_{21} + N_{03})[3(N_{30} + N_{12})^2 - 3(N_{21} + N_{03})^2] \end{aligned} \tag{4-63}$$

$$\begin{aligned} T_6 = &(N_{20} - N_{02})[(N_{30} + N_{12})^2 - (N_{21} + N_{03})^2] \\ &+ 4N_{11}(N_{30} + N_{12})(N_{21} + N_{03}) \end{aligned} \tag{4-64}$$

$$\begin{aligned} T_7 = &(3N_{21} - N_{03})(N_{30} + N_{12})[(N_{30} + N_{12})^2 - 3(N_{21} + N_{03})^2] \\ &+ (3N_{12} - N_{30})(N_{21} + N_{03})[3(N_{30} + N_{12})^2 - (N_{21} + N_{03})^2] \end{aligned} \tag{4-65}$$

顺便指出，如果要计算边界(曲线)的不变矩，需对上述区域不变矩的计算公式进行修正。对于一个图像区域 $f(x,y)$来说，若对它进行尺度变换($x'=kx$、$y'=ky$)，它的矩就要乘以 $k^p k^q k^2$，其中因子 k^2 是由于尺度变化而带来的目标面积变化所引起的。由此可知，变换后区域 $f(x',y')$的中心矩成为 $M'_{pq}=M_{pq}\times k^{p+q+2}$。而当对边界曲线进行尺度变换时，尺度的变化导致目标周长的变化，相应的变化因子是 k，而不是 k^2。此时尺度变换后的中心矩成为 $M'_{pq}=M_{pq}\times k^{p+q+1}$。

进一步考虑计算归一化矩的式(4-58)，要满足尺度不变性，应有 $N'_{pq}=N_{pq}$，对于区域 $f(x,\ y)$，由此可推出：

$$\gamma = (p+q+2)/2 \tag{4-66}$$

而对于曲线来说，从 $N'_{pq}=N_{pq}$可推出：

$$\gamma = p+q+1 \tag{4-67}$$

所以，在计算边界不变矩时，需采用式(4-67)代替式(4-58)。

上述 7 个区域不变矩仅对平移、旋转和放缩不变。一般的仿射变换都不变化的一组 4 个不变矩(基于二阶和三阶矩)为：

$$I_1 = \{M_{20}M_{02} - M_{11}^2\}/M_{00}^4 \tag{4-68}$$

$$\begin{aligned} I_2 = &\{M_{30}^2M_{03}^2 - 6M_{30}M_{21}M_{12}M_{03} + 4M_{30}M_{12}^2 \\ &+ 4M_{21}^2M_{03} - 3M_{21}^2M_{12}^2\}/M_{10}^{00} \end{aligned} \tag{4-69}$$

$$\begin{aligned} I_3 = &\{M_{20}(M_{21}M_{03} - M_{12}^2) - M_{11}(M_{30}M_{03} - M_{21}M_{12}) \\ &+ M_{02}(M_{30}M_{12} - M_{21}^2)\}/M_{00}^7 \end{aligned} \tag{4-70}$$

$$\begin{aligned} I_4 = &\{M_{20}^3M_{03}^2 - 6M_{20}^2M_{11}M_{12}M_{03} - 6M_{20}^2M_{02}M_{21}M_{03} + 9M_{20}^2M_{02}M_{12}^2 \\ &+ 12M_{20}M_{11}^2M_{21}M_{00} + 6M_{20}M_{11}M_{02}M_{30}M_{03} - 18M_{20}M_{11}M_{02}M_{21}M_{12} \\ &- 8M_{11}^3M_{30}M_{03} - 6M_{20}M_{02}^2M_{30}M_{12} + 9M_{20}M_{02}^2M_{21}^2 \\ &+ 12M_{11}^2M_{02}M_{30}M_{12} - 6M_{11}M_{02}^2M_{30}M_{21} + M_{02}^3M_{30}^2\}/M_{00}^{11} \end{aligned} \tag{4-71}$$

4.2.2　几何元素的提取

在某些情况下，可以通过物体的形状将它们从其他物体中区分出来，也可以 通过物体的形状获得物体的相关位置信息。因此，视觉图像的形状特征分析在模 式识别和视觉检测中也具有重要的作用。在这一节，将讨论一些常用的形状特征参数。

1. 矩形度

对于一个物体，反映其图像矩形度的一个重要参数是矩形拟合因子

$$R = A_0/A_R \tag{4-72}$$

式中，A_0 是该图像的面积，A_R 是其最小外接矩形(MER)的面积。矩形拟合因子反映了一个图像对其最小外接矩形的充满程度。对于矩形图像，R 取得最大值 1；对于圆形图像，R 取值为 $\pi/4$；对于纤细的、弯曲的图像，R 取值较小。矩形拟合因子的值限定在 0～1 之间。

另一个与形状有关的特征参数是体态比，它定义为区域的最小外接矩形的长与宽之比。正方形和圆的体态比等于 1，细长形图像的体态比大于 1。利用这个特征可以把较纤细的图像与方形或圆形图像区分开。

2. 球状性

球状性是一种描述二维图像的参数，它定义为：

$$S = r_i/r_c \tag{4-73}$$

式中，r_i代表区域内切圆的半径，r_c 代表区域外接圆的半径，两个圆的圆心都在区域的重心上，如图 4-42 所示。

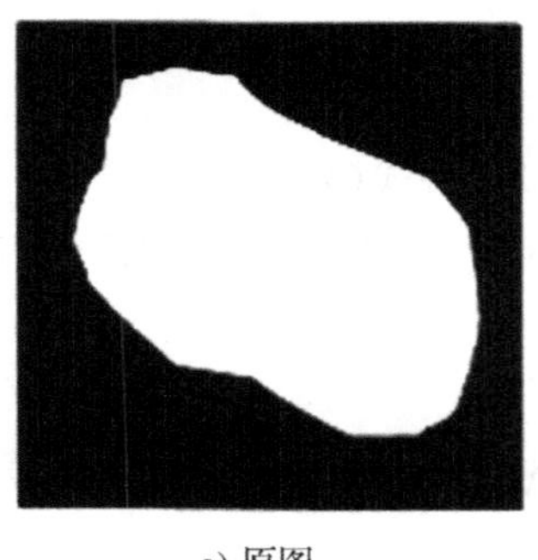

a) 原图

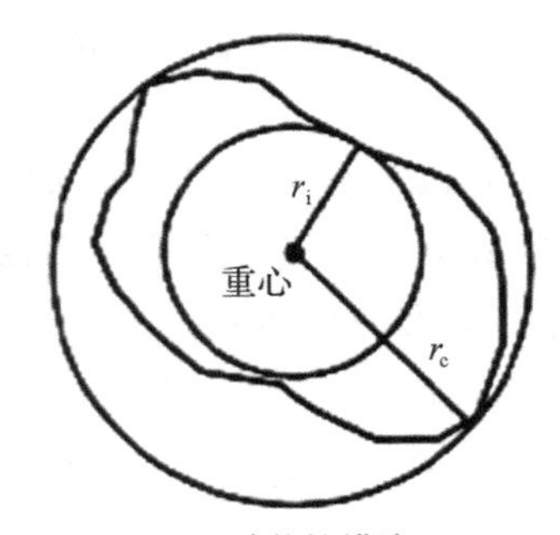

b) 球状性描述

图 4-42　球状性定义示意图

3. 圆形性

与前两个参数不同，圆形性是一个用区域 R 的所有轮廓点定义的特征量：

$$C = \frac{\mu_R}{\sigma_R} \tag{4-74}$$

式中，μ_R 为从区域重心到轮廓点的平均距离，σ_R 为从区域重心到轮廓点的距离的均方差。

$$\mu_R = \frac{1}{K}\sum_{k=0}^{K-1} \| (x_k, y_k) - (\bar{x}, \bar{y}) \| \tag{4-75}$$

$$\sigma_R = \frac{1}{K}\sum_{k=0}^{K-1} [\| (x_k, y_k) - (\bar{x}, \bar{y}) \| - \mu_R]^2 \tag{4-76}$$

当区域 R 趋向圆形时，特征量 C 是单增趋向无穷的，它不受区域平移、旋转和尺度变化的影响。

4. 中心矩

函数的矩(moment)在概率理论中经常使用。几个从矩中导出的期望值同样适用于形状特征分析。

首先定义具有两个变元的有界函数 $f(x,y)$ 的矩集为：

$$M_{jk} = \int_{-\infty}^{+\infty}\int_{-\infty}^{+\infty} x^j y^k f(x,y) \mathrm{d}x\mathrm{d}y \tag{4-77}$$

式中，j 和 k 可取所有的非负整数值。由于 j 和 k 可取所有的非负整数值，因此它们产生一个矩的无限集，而且，这个集合完全可以确定函数 $f(x,y)$ 本身。换句话说，集合 $\{M_{jk}\}$ 对于函数 $f(x,y)$ 是唯一的，也只有 $f(x,y)$ 才具有该特定的矩集。

为了描述形状，假设 $f(x,y)$ 在图像内取值为 1，而在其他地方均为 0。这种剪影函数只反映了图像的形状而忽略了其内部的灰度级细节。每个特定的形状具有一个特定的轮廓和一个特定的矩集。

参数 $j+k$ 称为矩的阶。零阶矩只有一个：

$$M_{00} = \int_{-\infty}^{+\infty}\int_{-\infty}^{+\infty} x^j y^k f(x,y) \mathrm{d}x\mathrm{d}y \tag{4-78}$$

显然，它是该图像的面积。一阶矩有两个，高阶矩则更多。用 M_{00} 除所有的一阶矩和高阶矩可以使它们和图像的大小无关。

一个图像的重心坐标是：

$$\bar{x} = \frac{M_{10}}{M_{00}}, \qquad \bar{y} = \frac{M_{01}}{M_{00}} \tag{4-79}$$

所谓的中心矩是以重心作为原点进行计算的。

$$M_{jk} = \int_{-\infty}^{+\infty}\int_{-\infty}^{+\infty} (x-\bar{x})^j (y-\bar{y})^k f(x,y) \mathrm{d}x\mathrm{d}y \tag{4-80}$$

因此，中心矩具有位置无关性。

5. 长轴

通常在二维平面上，与物体最小惯量轴同方向的最小二阶中心矩轴被定义为物体长轴，它描述了物体的方向。设函数图像为 $f[i,j]$，最小二阶中心矩轴这一直线可通过建立如下目标函数求得：

$$\min m[i,j] = \sum_{i=0}^{N-1}\sum_{j=0}^{M-1} d_{ij}^2 f[i,j] \tag{4-81}$$

式中，d_{ij} 是目标上的点 $[i,j]$ 到直线的距离。为了避免直线处于近似垂直时所出现的数值病态问题，将直线表示为极坐标形式：

$$\sigma = x\cos\theta + y\sin\theta$$

如图 4-43 所示，θ 是直线的法线与 x 轴的夹角，ρ 是直线到原点的距离。把点坐标(i,j)代入直线的极坐标方程得出距离 d。

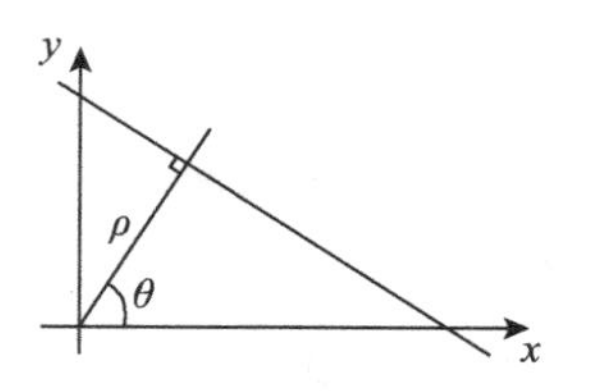

图 4-43　直线的极坐标表示

$$d^2 = (x\cos\theta + y\sin\theta - \rho)^2 \tag{4-82}$$

将式(4-82)代入式(4-81)并极小化目标函数，得到：

$$\tan 2\theta = \frac{2M_{11}}{M_{20} - M_{02}} \tag{4-83}$$

其中

$$M_{20} = \sum_{i=0}^{N-1}\sum_{j=0}^{M-1}(x_{ij} - \overline{x})^2 f[i,j]$$

$$M_{11} = \sum_{i=0}^{N-1}\sum_{j=0}^{M-1}(x_{ij} - \overline{x})(y_{ij} - \overline{y}) f[i,j]$$

$$M_{02} = \sum_{i=0}^{N-1}\sum_{j=0}^{M-1}(y_{ij} - \overline{y})^2 f[i,j]$$

是二阶中心矩，$\overline{x}$ 和 $\overline{y}$ 是目标图像的重心坐标。所以，长轴方向由 θ 角给出。如果 $M_{11}=0$、$M_{20}=M_{02}$，那么物体就不会只有唯一的长轴。

4.2.3　轮廓特征

下面先介绍几种简单的边界描述符，1)边界长度；2)边界直径；3)曲率。它们均可直接利用边界点算得。

1. 边界长度

边界长度定义为包围区域的轮廓的周长，是一种全局描述符。对区域 R，其边界 B 上的像素称为边界像素，其他像素则称为区域的内部像素。边界像素按 4-方向或 8-方向连接起来组成区域的轮廓。区域 R 的每一个边界像素 P 都应满足两个条件：1)P 本身属于R；2)P 的邻域中有像素不属于R。仅满足第一个条件而不满足第二个条件的是区域的内部像素，而仅满足第二个条件而不满足第一个条件的是区域的外部像素。

这里需注意，如果 R 的内部像素用 8-方向连通性来判定，则得到 4-方向连通的轮廓。而如果 R 的内部像素用 4-方向连通性来判定，则得到 8-方向连通的轮廓。

分别定义 4-方向连通边界 B_4 和 8-方向连通边界 B_8，如下：

$$B_4 = \{(x,y) \in R \mid N_8(x,y) - R \neq 0\} \tag{4-84}$$

$$B_8 = \{(x,y) \in R \mid N_4(x,y) - R \neq 0\} \tag{4-85}$$

在上面两式中，右边第一个条件表明边界像素本身属于区域 R，第二个条件表明边界像素的邻域中有不属于区域 R 的点。如果边界已用单位链码来表示，则其长度可用水平和垂直码的个数相加并乘以对角码的个数来计算。将边界的所有像素从 0 排到 $K-1$(设边

界点共有 K 个)，这两种边界的长度可统一成：

$$\| B \| = \#\{k \mid (x_{k+1}, y_{k+1}) \in N_4(x_k, y_k)\} + \sqrt{2}\#\{k \mid (x_{k+1}, y_{k+1}) \in N_D(x_k, y_k)\} \tag{4-86}$$

式中，# 表示数量，$k+1$ 按模为 K 计算。上式右边第一项对应两个共边像素间的线段，第二项对应两个对角像素间的线段。

2. 边界直径

边界直径是边界上相隔最远的两点之间的距离，即连接这两点的直线长度。有时这条直线也称为边界的主轴或长轴(与此垂直且与边界的两个交点间最长的线段也称为边界的短轴)。它的长度和取向对描述边界都很有用。边界 B 的直径 $\mathrm{Dia_d}(B)$ 可由下式计算：

$$\mathrm{Dia_d}(B) = \max_{i,j} \lfloor D_\mathrm{d}(b_i, b_j) \rfloor, \quad b_i \in B, \quad b_j \in B \tag{4-87}$$

其中，$D_\mathrm{d}(\cdot)$可以是任意一种距离度量。常用的距离度量主要有 3 种，即 $D_E(\cdot)$、$D_4(\cdot)$和 $D_8(\cdot)$距离。如果 $D_\mathrm{d}(\cdot)$用不同距离度量，得到的 $\mathrm{Dia_d}(B)$会不同。

图 4-44 给出用 3 种不同的距离度量方式得到的同一个目标边界的 3 个直径值。由这个示例可见不同距离度量对距离值的影响。

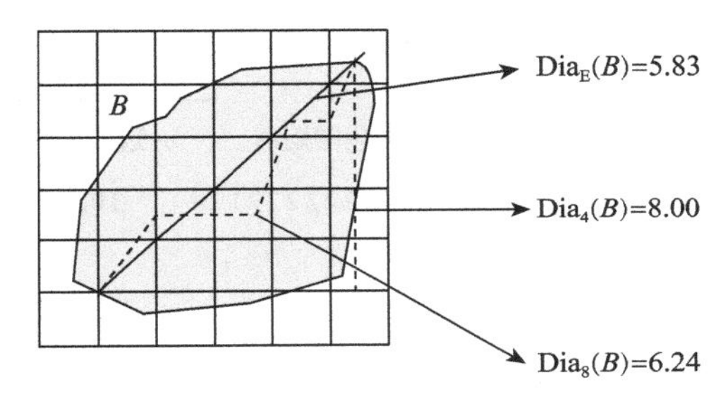

图 4-44 边界直径和测量

3. 曲率

曲率是斜率的改变率，描述了边界上各点沿轮廓变化的情况。边界点的曲率符号描述了边界在该点的凹凸性。如果曲率大于零，则曲线凹向朝着该点法线的正向；如果曲率小于零，则曲线凹向朝着该点法线的负方向。如果沿顺时针方向跟踪边界，且曲率在某一个点大于零，则表明该点属于凸段的一部分，否则为凹段的一部分。

形状数是一个数串或序列，其计算基于链码表达。根据链码的起点位置不同，一个用链码表达的边界可以有多个一阶差分。边界的形状数是这些差分中值最小的一个序列。换句话说，形状数是值最小的(链码的)差分码。

每个形状数都有一个对应的阶(order)，这里阶定义为形状数序列的长度(即码的个数或数串的长度)。对于 4-方向闭合曲线，阶总是偶数。对于凸形区域，阶也对应边界外包矩形(凸包)的周长。图 4-45 给出阶分别为 4、6 和 8 的所有可能的边界形状及它们的形状数。随着阶的增加，所对应的可能边界形状及它们的形状数都会增加很快。

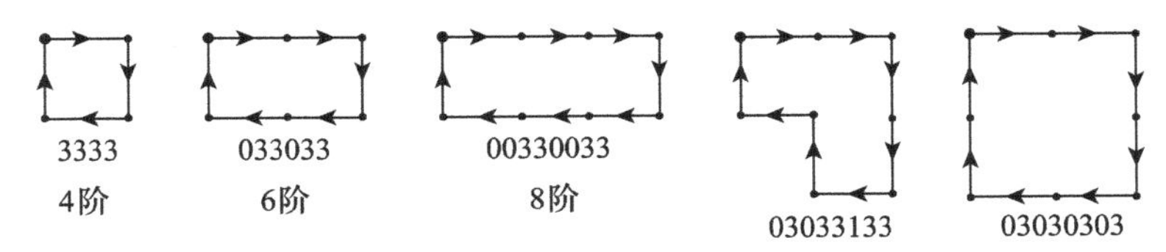

图 4-45 阶分别为 4、6 和 8 的所有形状

在实际中从所给边界出发由给定阶计算其形状数有以下几个步骤，如图 4-46 所示。

(1)从所有满足给定阶要求的矩形中选取出其长短轴比值最接近图 4-46a 所示已给边界的包围矩形，如图 4-46b 所示。

(2)根据给定阶将选出的矩形划分为图 4-46c 所示的多个等边正方形。

(3)保留 50%以上面积包在边界内的正方形，得到与边界最吻合的多边形，如图 4-46d 所示。

(4)根据上面选出的多边形，以图 4-46d 中黑点(可任取)为起点计算其链码得到图 4-46e 所示图形。

(5)求出上述链码的差分码，见图 4-46f。

(6)循环差分码使其值最小，就会得到所给边界的形状数，见图 4-46g。

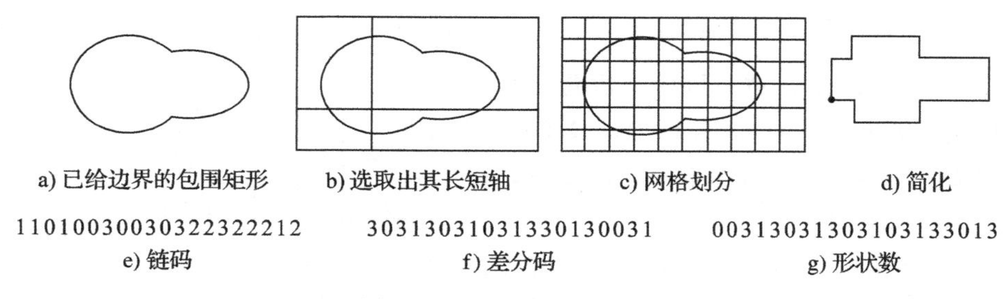

图 4-46　形状数求取示意

根据上述计算形状数的步骤可见，如果改变阶数，则可以得到对应不同尺度的边界逼近多边形，也可以得到对应不同尺度的形状数。换句话说，利用形状数可对区域边界进行不同尺度的描述。形状数不随边界的旋转和尺度的变化而改变。给定一个区域边界，与它对应的每个阶的形状数是唯一的。这为比较区域边界提供了一种有用的度量方法。

目标的边界可看作由一系列曲线段组成，对任意一个给定的曲线段都可把它表示成一个 1D 函数 $f(r)$，这里 r 是个任意变量，取遍曲线段上所有点。进一步可把 $f(r)$的线下面积归一化成单位面积，并把它看成一个直方图，则 r 变成一个随机变量，$f(r)$是 r 的出现概率。例如可将图 4-47a 所示的包含 L 个点的边界段表达成图 4-47b 所示的一个 1D 函数 $f(r)$。接着可用矩来定量描述曲线段，从而进一步描述整个边界。这种描述方法对边界的旋转不敏感。

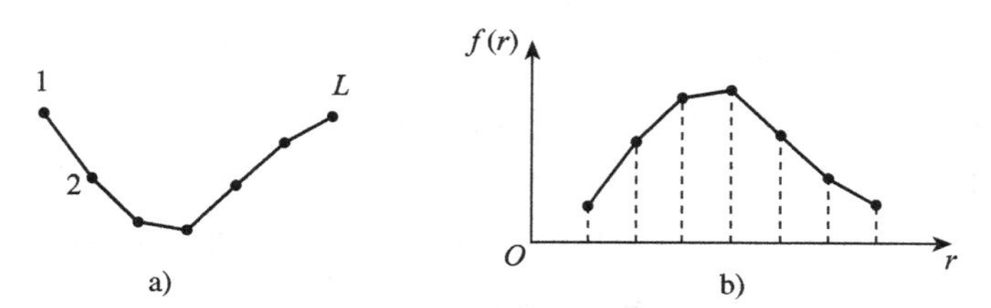

图 4-47　a)含 L 个点的曲线段；b)曲线段的 1D 函数表示

如用 m 表示 $f(r)$的均值：

$$m=\sum_{i=1}^{L} r_i f(r_i) \tag{4-88}$$

则 $f(r)$ 对均值的 n 阶矩为：

$$\mu_n(r) = \sum_{i=1}^{L}(r_i - m)^n f(r_i) \tag{4-89}$$

这里 μ_n 与 $f(r)$ 的形状有直接联系，如 μ_2 描述了曲线相对于均值的分布情况，而 μ_3 则描述了曲线相对于均值的对称性。这些边界矩描述了曲线的特性，并与曲线在空间的绝对位置无关。

利用矩可把对曲线的描述工作转化成对 1D 函数的描述。这种方法的优点是容易实现并且有物理意义。除了边界段，标志也可用这种方法描述。

4.2.4　特征检测子

我们怎样才能找到能够在其他图像中稳定匹配的图像位置，也就是说什么是适合跟踪的特征？再看一下图 4-48 给出的图像对和 3 个样例图像块，看看它们能够多好地被匹配和跟踪。或许你已经注意到，无明显纹理结构的图像块几乎不可能被定位，而拥有较大对比度变化（梯度）的图像块则比较容易被定位，尽管单一方向的直线段存在着“孔径问题”（aperture problem）。也就是说，仅可能与沿边缘方向的法线方向进行对齐（见图 4-49b）。拥有至少两个（明显）不同方向梯度的图像块最容易被定位，如图 4-49a 所示。

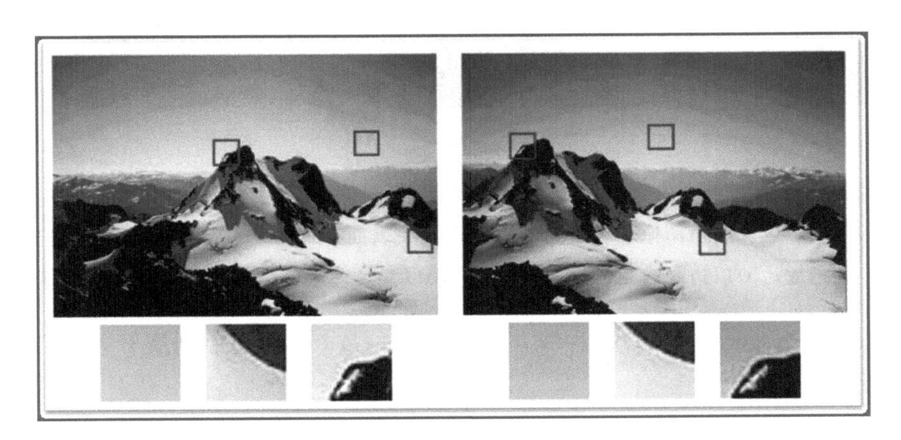

图 4-48　图像对（上）和提取的块（下）

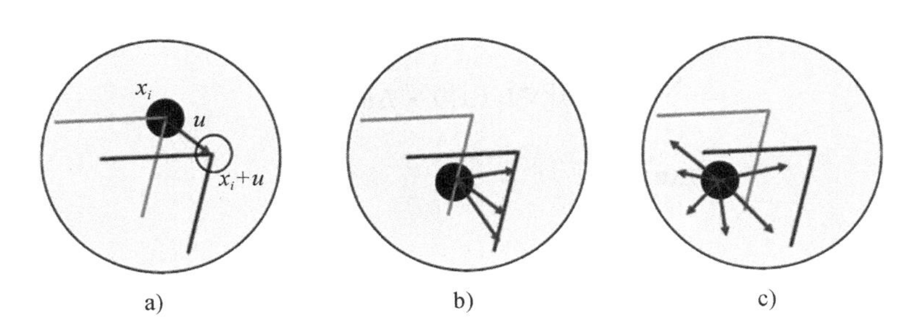

图 4-49　不同图像块的孔径问题

这些直觉可以这样来形式化：用最简单的可能的匹配策略来比较两个图像块，也就是利用它们的(加权)差的平方和。

$$E_{\mathrm{WSSD}}(u)=\sum_i w(x_i)[I_1(x_i+u)-I_0(x_i)]^2 \tag{4-90}$$

其中，I_0 和 I_1 是两幅需要比较的图像；$\boldsymbol{u}=(u,v)$是平移向量；$w(x)$是在空间上变化的权重(或窗口)函数；求和变量 i 作用于块中的全体图像像素。

在进行特征检测时，我们不知道该特征被匹配时会终止于哪些相对其他图像位置的匹配。因此，我们只能在一个小的位置变化区域内，通过与原图像块进行比较来计算这个匹配结果的稳定度，这就是通常所说的“自相关函数”(autocorrelation function)或自相关表面(图 4-50a、b、c)。

图 4-50a 右下象限中的十字存在一个很强的最小值，这表明它很容易定位。对应于房顶边缘的自相关表面，在一个方向上存在很大的歧义性，而对应于云朵区域的自相关表面，则没有稳定的最小值。

$$E_{\mathrm{AC}}(\Delta u)=\sum_i w(x_i)[I_0(x_i+\Delta u)-I_0(x_i)]^2 \tag{4-91}$$

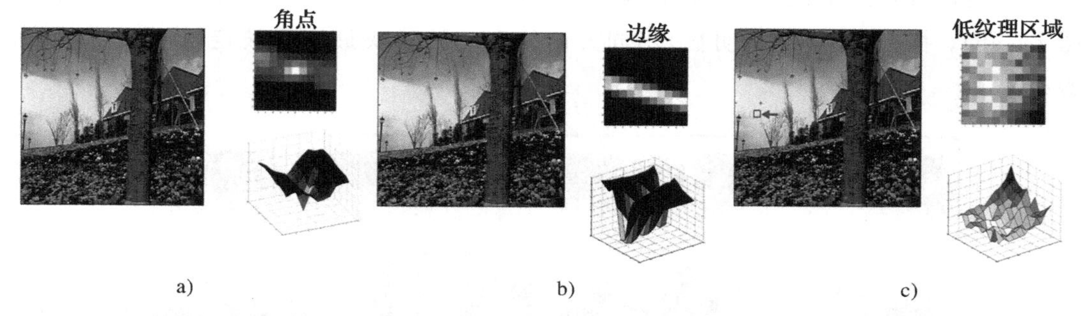

a)　　b)　　c)

图 4-50　显示成灰度值图像和表面图的 3 个自相关表面 $E_{\mathrm{AC}}(\Delta u)$：a)以角点为主的自相关函数；b)以边缘为主的自相关函数；c)以低纹理区域为主的自相关函数

使用图像函数 $I_0(x_0+\Delta u)\approx I_0(x_i)+\nabla I_0(x_i)\cdot\Delta u$ 的泰勒序列展开，我们可以将自相关表面近似为：

$$E_{\mathrm{AC}}(\Delta u)=\sum_i w(x_i)[I_0(x_i+\Delta u)-I_0(x_i)]^2 \tag{4-92}$$

$$\approx\sum_i w(x_i)[I_0(x_i)+\nabla I_0(x_i)\cdot\Delta u-I_0(x_i)]^2 \tag{4-93}$$

$$=\sum_i w(x_i)[\nabla I_0(x_i)\cdot\Delta u]^2 \tag{4-94}$$

$$=\Delta\boldsymbol{u}^{\mathrm{T}}\boldsymbol{A}\Delta\boldsymbol{u} \tag{4-95}$$

其中，

$$\boldsymbol{\nabla} I_0(x_i)=\left(\frac{\partial I_0}{\partial x}\cdot\frac{\partial I_0}{\partial y}\right)(x_i) \tag{4-96}$$

是 x_i 处的“图像梯度”(image gradient)。梯度的计算可以采用多种方法，经典的 Harris

检测器使用了滤波器(−2 −1 0 1 2)，而现在更为普遍的演变版本则是采用水平方向和垂直方向上的高斯函数的导数对图像进行卷积(通常情况下使用 $\sigma=1$)。

自相关矩阵 **A** 可以写作

$$\boldsymbol{A}=w*\begin{bmatrix}I_x^2 & I_xI_y\\ I_xI_y & I_y^2\end{bmatrix} \tag{4-97}$$

其中，我们使用加权核 w 进行离散卷积来替换其中的加权求和。这个矩阵可以被解释为一个张量(多频带)图像，其中将梯度∇I 的外积和一个加权函数 w 进行卷积来获取自相关函数的局部(二次)形状在每个像素上的估计。

矩阵 **A** 的逆矩阵给出了匹配块所在位置不确定度的一个下界，因此对于哪一个图像块可以稳定匹配，它是一个非常有用的指示器。为了可视化和分析这个不确定度，最简单的方式就是对自相关矩阵 **A** 进行特征值分析，这就产生了两个特征值(λ_0，λ_1)和两个特征向量的方向(见图 4-51)。因为较大的不确定度取决于较小特征值，也就是 $a_0^{-1/2}$，所以通过寻找较小特征值的最大值可以寻找好的特征，以便进行跟踪，这也就讲得通了。

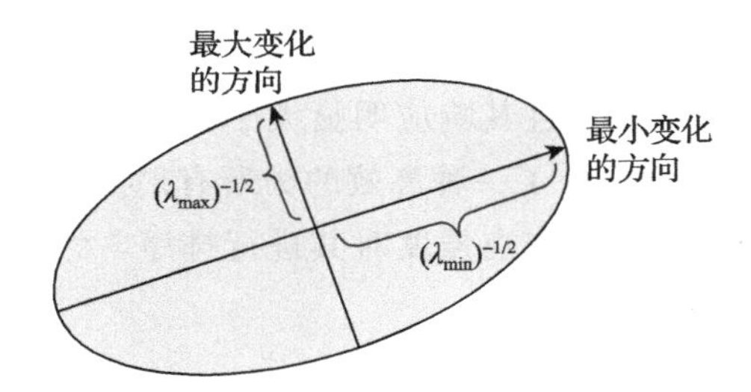

图 4-51 对应于自相关矩阵 **A** 的特征值分析的不确定性椭圆

特征值的最小值 λ_0 不是唯一可以用来寻找关键点的量，另一个更简单的量是：

$$\det(\boldsymbol{A})-\alpha\operatorname{trace}(\boldsymbol{A})^2=\lambda_0\lambda_1-\alpha(\lambda_0+\lambda_1)^2 \tag{4-98}$$

其中 $\alpha=0.05$。与特征值分析不同，这个量不要求使用平方根并且仍然保持旋转不变，同时也降低了那些 $\lambda_0\gg\lambda_1$ 的边界类特征的权重。建议使用这个量

$$\lambda_0-\alpha\lambda_1 \tag{4-99}$$

(比如，使用 $\alpha=0.05$)。它也能够减小一维的边缘响应，但图像失真错误有时会使较小的特征值变大。该量也指出了如何将基本的 2×2Hessian 矩阵扩展到参数化运动中，以检测那些能够在尺度和旋转变化下可准确定位的点。另一方面，可使用调和均值，

$$\frac{\det\boldsymbol{A}}{\operatorname{tr}\boldsymbol{A}}=\frac{\lambda_0\lambda_1}{\lambda_0+\lambda_1} \tag{4-100}$$

在 $\lambda_0\approx\lambda_1$ 的区域，它是一个更平滑的函数。

以下算法总结了一个基本的基于自相关矩阵关键点检测器的步骤。图 4-52 给出了使用经典的 Harris 检测器和高斯差分(DoG)检测器对应的检测响应结果。

(1)通过用高斯函数的导数对原始图像进行卷积来计算图像在水平方向和垂直方向上

的导数 I_x 和 I_y。

(2)计算对应这些梯度外积的 3 个图像。(矩阵 **A** 是对称的，因此只需要计算 3 个量。)

(3)使用一个较大的高斯函数来对这些图像中的每一个进行卷积。

(4)使用前面公式中的任何一个来计算一个标量兴趣量。

(5)寻找一定阈值之上的局部最大值，并将它们作为检测到的特征点。

a)　　b)　　c)

图 4-52　兴趣算子响应：a)样本图像；b)Harris 响应；c)DoG

因为大多数特征点检测器只寻找兴趣函数的局部最大值，所以这通常会导致图像上特征点的非均匀分布，比如，在对比度较大的区域，特征点就会比较密集。为了缓解这个问题，只检测那些是局部最大值且其响应明显大于(10%)周围半径为 r 的区域内的响应特征(见图 4-52c、d)。为此设计了一种高效的为所有局部最大值关联一个抑制半径的方法，这种方法首先根据特征点的响应强度对其进行排序，然后通过不断减小抑制半径来建立第二个排序列表(见图 4-53)。

a) Strongest 250　　b) Strongest 500

c) ANMS 250.r=24　　d) ANMS 500.r=16

图 4-53　自适应非最大抑制

计算机视觉领域中开发有各种各样的特征检测器，我们如何决定使用哪一个呢？Schmid、Mohr、Bauckhage 提出了衡量特征检测器的可重复性思想，他们将这个可重复性定义为在一幅图像中检测到的关键点在另一幅变换后的图像中对应位置的 ε(比如 $\varepsilon=1.5$)个像素范围内找到的频率。他们在论文中对平面图像进行各种变换，包括旋转、尺度变化，光照变化、视角变化以及增加噪声。他们同时也衡量了检测到的每一个特征点的“可用信息量”(information content)，这个信息量被定义为一个旋转不变的局部灰度描述子集合的熵。在他们所考查的特征点检测方法中，发现选用 $\sigma_d=1$(高斯导数函数的尺度)和 $\sigma_i=2$(积分高斯函数的尺度)的改进(高斯导数)版本的 Harris 算子效果最好。

在很多情况下，在最精细的稳定尺度上检测特征点可能不是很合适。比如，在匹配那些缺乏高频细节的图像(比如，云朵)时，精细尺度的特征可能不存在。这个问题的一种解决方法是在不同的尺度上提取特征点，比如，在图像金字塔的多个分辨率上都进行这样的操作，然后在同一个水平上进行特征匹配。这种方法对于待匹配图像无较大尺度变化时比较适合，比如，在匹配从飞机上拍摄到的鸟瞰图序列时，或者在进行由固定焦距摄像机拍摄的全景图拼接时。图 4-54 给出了这种方法的一个输出结果，其中使用了多尺度、带方向的图像块检测器，结果给出了 5 个不同尺度的响应。

图 4-54　在 5 个金字塔级别上提取的多尺度带方向的图像(左上角为原图；其余为不同尺度的提取结果)

然而，对于大多数物体识别应用，图像中的物体尺度是不知道的。相比在多个同尺度上提取特征后再全部匹配，如图 4-54 所示。提取所有位置和尺度都稳定的特征更高效。

早期针对尺度选择问题的研究是由 Lindeberg 进行的，他首次提出使用高斯的拉普拉斯(LoG)函数的极值点作为兴趣点位置。在此基础上，Lowe 提出了在一个子八度集合上计算高斯差分滤波器(见图 4-55)，寻找所得高斯图像差结构的三维(空间＋尺度)最大值，然后使用一种二次拟合方法计算亚像素级别的空间＋尺度的位置。经过仔细的实验考查，子八度级别的数量被确定为三，对应一个四分八度的金字塔，这与 Triggs 使用的金字塔是一样的。

和 Harris 算子一样，它排除了指示函数(这里是指 DoG)局部曲率非常不对称的像素。在实现上，需要首先计算差分图像 D 的局部 Hessian 矩阵，

$$\boldsymbol{H}=\begin{bmatrix} D_{xx} & D_{xy} \\ D_{xy} & D_{yy} \end{bmatrix} \tag{4-101}$$

然后除去满足下面条件的关键点：

$$\frac{\mathrm{Tr}(\boldsymbol{H})^2}{\mathrm{Det}(\boldsymbol{H})}>10 \tag{4-102}$$

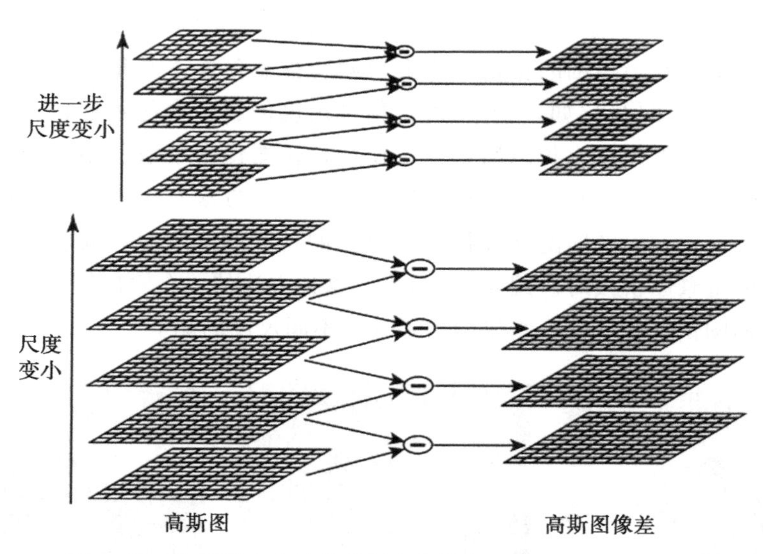

图 4-55　使用子八度差分高斯金字塔在尺度空间上检测特征

虽然 Lowe 的尺度不变特征变换(SIFT)在实践中效果很好，但它的理论基础并不是基于最大化空间稳定性的，这与基于自相关性的检测器不同。(事实上，它的检测位置经常与使用那些方法所产生的检测位置互补，因此可以和那些方法一起使用。)为了给 Harris 角点检测提供一个尺度选择机制，Mikolajczyk 和 Schmid 在每个检测到的 Harris 位置上评估高斯拉普拉斯函数(在一个多尺度金字塔上)，然后只保留那些拉普拉斯函数取极值(比它高一级和低一级尺度的值都大或者都小)的点。他们还提出和评估了一种对尺度和位置进行求精且可选择的迭代方法。

除了处理尺度变化，大多数图像匹配和物体识别算法需要处理(至少)平面内的图像旋转。处理这个问题的一种途径是设计出旋转不变的描述子，但是这些描述子区分性比较弱。也就是说，对于同一个描述子，它们会映射出不同的查找块。

一个较好的方法是在检测到的每一个关键点估计一个“主导方向”(dominant orientation)。一旦估计出一个关键点的局部方向和尺度，就可以在检测出的关键点附近提取出一个特定尺度和方向的图像块(见图 4-56)。

关键点周围区域内的平均梯度是最简单的可选方向估计。如果使用高斯加权函数，这个平均梯度就等同于一个一阶导向滤波器，也就是说，可以通过使用水平和竖直方向上的高斯函数导数滤波器的图像卷积来求它。为了使这个估计更稳定，通常更倾向于选择一个比检测窗口大的聚合窗口(高斯核大小)。图 4-56 所示正方形框的方向就是使用这个方法计算得到的。

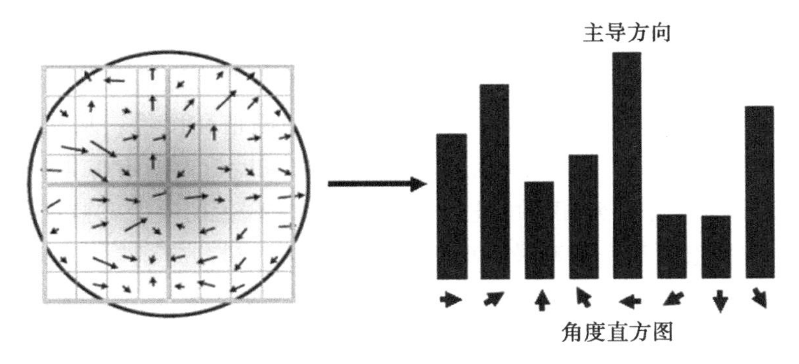

图 4-56　“主导方向”的提取

然而有时区域内的平均(带符号的)梯度可能很小，因而指示方向不稳定。一个更为稳定的方法是计算关键点周围的梯度方向直方图。Lowe 计算一个 36 维的梯度直方图，该直方图同时由梯度大小和距离中心的高斯函数距离进行加权，寻找全局最大值 80% 以内的所有峰值，然后使用一个三分抛物线拟合计算出一个更准确的方向估计(见图 4-57)。

除了尺度和旋转不变非常有意义外，在很多应用中，对于“宽基线立体视觉匹配”或者位置识别，全仿射不变同样很有意义。仿射不变检测器不仅在尺度和旋转变换后产生一致的检测位置，而且在仿射变换(如局部)透视收缩效应中，仍产生一致的位置(见图 4-57)。事实上，对于一个足够小的图像块，任何一个连续的图像变形都可以用仿射变换很好地近似。

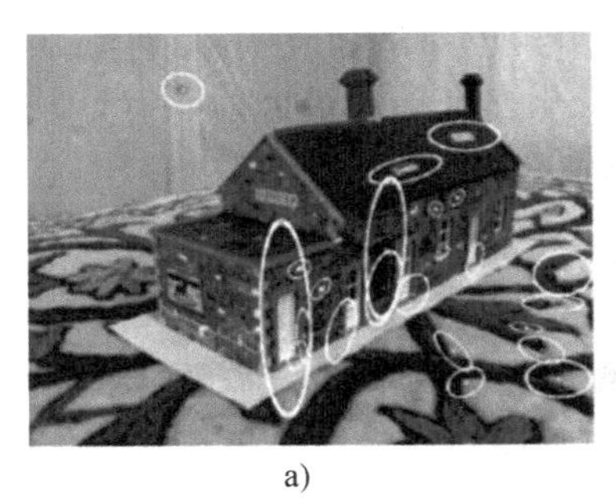
a)

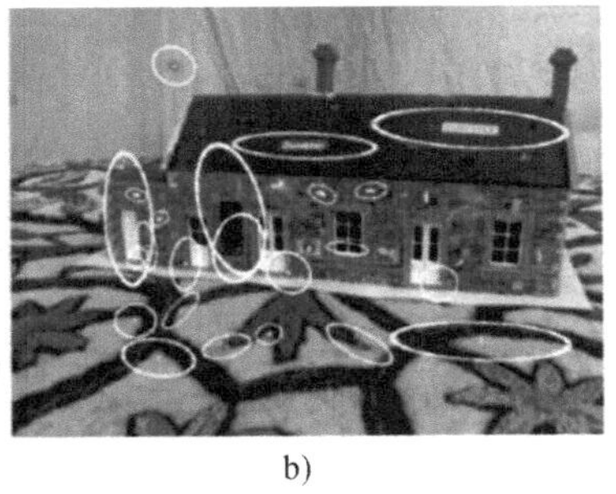
b)

图 4-57　用于匹配拍摄视角相差很大的两幅图像的仿射区域检测：a)侧面匹配；b)正面匹配

为了引入仿射不变性，一些学者提出先用一个椭圆拟合自相关矩阵或者 Hessian 矩阵(使用特征值分析)，然后使用这个拟合的主要坐标轴和比例作为仿射坐标系。图 4-58 表明了如何使用矩阵的平方根来将一个局部块变换到另一个相差一个旋转意义下的相似框架。

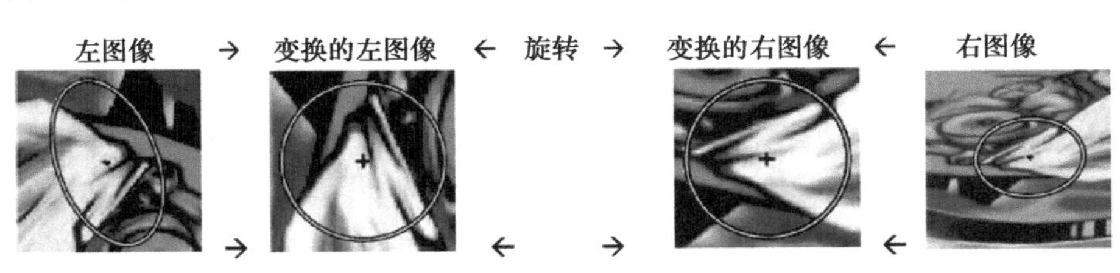

图 4-58　使用二阶矩矩阵进行仿射归一化

另一个重要的仿射不变区域检测器是由 Matas、Chum、Urban 提出的“最稳定极值区域”(Maximally Stable Extremal Region，MSER)检测器。为了检测 MSER，要在所有可能的灰度级别上(因此这个方法只适用于灰度图像)阈值化图像，从而得到二值区域。这个操作可以按照下面的方式高效地完成。首先根据灰度值对所有像素排序，然后随着阈值的改变逐渐将像素添加到相应的连通分量中。随着阈值的改变，监控每一个分量(区域)的面积；那些阈值面积变化率最小的区域被定义为“最稳定的”(maximally stable)。因此这样的区域在仿射几何变换和光度(线性偏差-增益或光滑单调的)变换下不变(见图 4-59)。如果需要，则可以使用每一个区域的矩阵为其拟合出一个仿射坐标系。

图 4-59　从几幅图像中提取和匹配的最稳定极值区域

当然，关键点不是唯一可以用来进行图像配准的特征。Zoghlami、Faugeras、Deriche 使用直线片段和点状特征来估计图像对之间的同态映射，而 Bartoli、Coquerelle、Sturm 使用沿着边缘局部对应的直线片段来提取 3D 结构和运动。Tuytelaars、Van Gool 使用仿射不变区域来检测宽基线立体视觉匹配中的对应，而 Kadir、Zisserman、Brady 则检测显著性区域，即图像块的熵和随尺度的变化率是局部最大的。Corso 和 Hager 使用一个相关的方法给同态的区域拟合 2D 有向高斯核函数。

4.2.5　特征描述子

检测到特征(关键点)之后，我们必须匹配它们，也就是说，必须确定哪些特征来自不同图像的对应位置。在一些情况下，对于视频序列或者已经矫正过的立体对，每个特征局部附近的运动可能主要是平移。在这种情况下，简单的误差度量可以用来直接比较特征点周围小图像块的亮度值。因为可能没有精确地定位特征点，可以通过使用增量运动求精方法来计算更精确的匹配值，但是这种方法非常耗时，而且有时甚至会降低性能。

然而在很多情况下，特征点的局部表观可能会在方向和尺度上变化，有时甚至存在仿射变形。因此，应先提取出局部尺度、方向或仿射的框架估计，然后在形成特征描述子之前使用它来对图像块重新采样，这样的做法通常更可取(见图 4-60)。

即便对这些变化进行补偿之后，在不同图像之间，图像块的局部表现常常仍然会因图像的不同而变化。我们怎样才能使图像描述子对这些变化具有更好的不变性，但同时保持不同(非对应的)图像块之间的区分性？Mikolajczyk 和 Schmid 回顾了最近提出的一些视角不变的局部图像描述子，并且做实验比较了它们的性能。下面，我们详细描述几个这样的描述子。

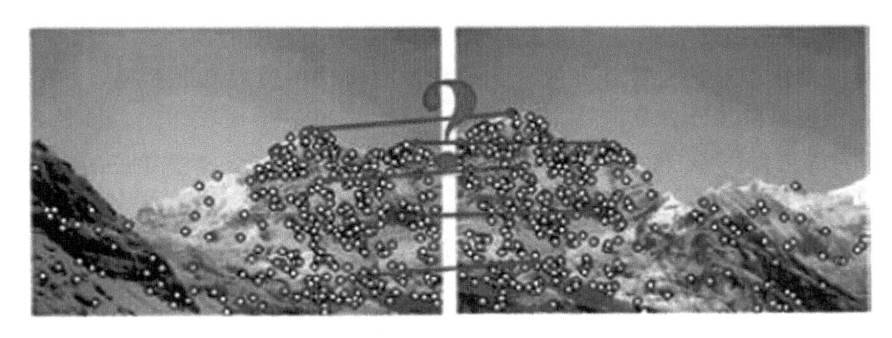

图 4-60　特征匹配

对于那些未呈现出大量透视收缩的任务(比如图像拼接)，仅仅规范化亮度图像块就可以得到相当好的结果且很容易实现(见图 4-60)。为了弥补特征点检测中的小错误(位置、方向和尺度)，这些多尺度带方向的图像块(MOPS)是在相对于检测尺度的 5 个像素间隔下进行采样的，使用图像金字塔的较粗层次来避免失真。为了弥补仿射照度不同(线性曝光变化或者偏差和增益)，图像块的亮度被重新缩放以使其均值为 0、方差是 1。

SIFT(Scale Invariant Feature Transform)通过计算在检测到的关键点周围 16×16 窗口内每一个像素的梯度而得到，计算时使用检测到的关键点所在的高斯金字塔级别。因为远离中心的权重更容易受到位置不正确的影响，为了减小这些影响，梯度值通过一个高斯下降函数降低权重(如图 4-61 所示)。

图 4-61　SIFT 特征计算

在每个 4×4 的四分之一象限上，通过(在概念上)将加权梯度值加到直方图 8 个方向区间中的一个，计算出一个梯度方向直方图。为了减少位置和主方向估计偏差的影响，使用三线性插值将最初的 256 个加权梯度值平滑地添加到 2×2×2 直方图中。在需要计算直方图的应用中，将数值平滑地分布于直方图相邻的区间通常是一个不错的想法。举个例子，如 Hough 变换或者局部直方图均衡化。

得到的 128 维的非负值形成了一个原始版本的 SIFT 描述子向量。为了减少对比度和增益的影响(加性变化已经通过梯度去掉了)，将这个 128 维的向量归一化到单位长度。为了进一步使描述子对其他各种光度变化鲁棒，再将这些值以 0.2 截尾，然后将得到的向量再归一化到单位长度。

受 SIFT 的启发，Ke 和 Sukthankar 提出了一种更简单的计算描述子的方法。这种方法首先在一个 39×39 的图像块上计算 x 和 y 方向(梯度)导数，然后使用主成分析(PCA)将得到的 3042 维向量降维到 36 维。另外一个常见的 SIFT 变体是 SURF，它使用框式滤波器来近似 SIFT 中使用的导数和积分。

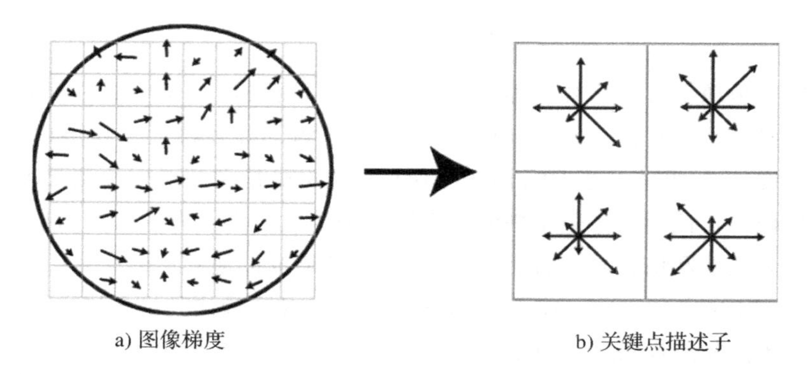

图 4-62　Lowe(2004)的尺度不变特征变换(SIFT)的图解表示

Mikolajczyk 和 Schmid 提出了一种 SIFT 变体的描述子，它使用对数极坐标分级结构来替代 Lowe 使用的四象限(见图 4-62)，空间上的区间半径分别为 6、11 和 15，角度上分 8 个区间(除了中间区域外)，然后使用在很大数据集上训练得到的 PCA 模型将这个 272 维直方图映射到一个 128 维的描述子。在他们的评测中，GLOH (Gradient Iocation-orientation Histogram)比 SIFT 在性能上有小幅提高，整体上取得了最好的性能，如图 4-63 所示。

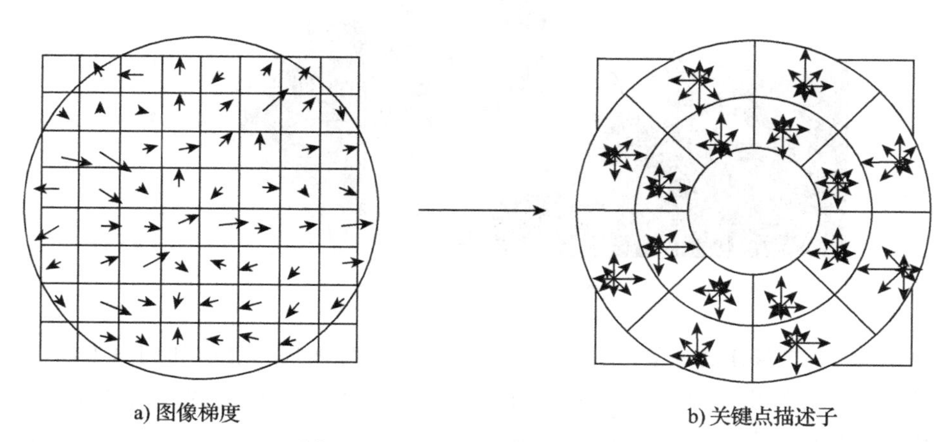

图 4-63　GLOH 算子的图解表示

导向滤波器(steerable filter)是高斯导数滤波器的组合，这些滤波器能够很快地在所有可能的方向上计算奇和偶(对称和非对称)的边缘类特征和角点类特征。因为它们使用了相当宽的高斯函数，所以在一定程度上它们对位置和方向错误不敏感。

在 Mikolajczyk 和 Schmid 比较的局部描述子中，他们发现 GLOH 性能最好，SIFT 紧随其后。他们还提供了很多本书没有提到的其他描述子的结果。

特征描述子这个领域目前仍在快速发展，最新的一些方法考虑到了局部的颜色信息，Winder 和 Brown 提出了一种多阶段的描述子计算框架，它还涵盖了 SIFT 和 GLOH，而且允许学习最优的参数以得到更新的描述子，这些新描述子比之前手工调整参数得到描述子性能更好。Hua、Brown 和 Winder 扩展了这一工作，这是通过学习高维描述子的最具区分性的低维映射得到的。这些论文都使用了一个数据集，该数据集是由在如下位置处采样得到的真实世界的图像块(见图 4-63b)组成的：对于互联网上的图像库，应用一种鲁棒的由运动到结构的算法，在这些位置上能够得到稳定的匹配。在同时期的工作中，Tola、Lepetit 和 Fua 提出了一种 DAISY 描述子来进行稠密立体视觉匹配，并基于标定好的立体数据来优化参数。

4.2.6　匹配优化算法

尺度不变特征变换(SIFT)可看作一种检测图像中显著特征的方法。它不仅能在图像中确定具有显著特征的点位置，还能给出该点的一个描述矢量(也称为 SIFT 算子或描述符)，是一种局部描述符，其中包含 3 类信息：位置、尺度、方向。

SIFT 的基本思路和步骤如下。先获得图像的多尺度表达，这可采用高斯卷积核(唯一线性核)与图像进行卷积来得到。高斯卷积核是尺度可变的高斯函数：

$$G(x,y,\sigma)=\frac{1}{2\pi\sigma^2}\exp\left[\frac{-(x^2+y^2)}{2\sigma^2}\right] \tag{4-103}$$

式中，σ 是尺度因子。高斯卷积核与图像卷积后的图像多尺度表示为：

$$L(x,y,\sigma)=G(x,y,\sigma)\otimes f(x,y) \tag{4-104}$$

高斯函数是低通函数，与图像卷积后会使图像平滑。尺度因子的大小与平滑程度相关，大 σ 对应大尺度，卷积后主要给出图像的概貌；小 σ 对应小尺度，卷积后保留图像的细节。为充分利用不同尺度的图像信息，用一系列尺度因子不同的高斯卷积核与图像卷积来构建高斯金字塔。一般设高斯金字塔相邻两层间的尺度因子系数为 k，如果第一层的尺度因子是 σ，则第二层的尺度因子是 $k\sigma$，第三层的尺度因子是 $k^2\sigma$，以此类推。

SIFT 接着在对图像的多尺度表达中搜索显著特征点，为此利用高斯差(DoG)算子。DoG 是用两个不同尺度的高斯核进行卷积的结果差，近似于拉普拉斯-高斯(LoG)算子。如果用 h 和 k 代表不同的尺度因子系数，则 DoG 金字塔可表示为：

$$D(x,y,\sigma)=[G(x,y,k\sigma)-G(x,y,h\sigma)]\otimes f(x,y)=L(x,y,k\sigma)-L(x,y,h\sigma) \tag{4-105}$$

图像的 DoG 金字塔多尺度表达空间是一个 3D 空间(图像平面及尺度轴)。为在这样一个 3D 空间中搜索极值，需将空间一点的值与 26 个邻域体素的值进行比较。这样，搜索的结果确定了显著特征点的位置和所在尺度。

接下来还要利用显著特征点邻域里像素的梯度分布确定每个点的方向参数。在图像中(x,y)处梯度的模(幅度)和方向分别为(L所用尺度为各显著特征点所在尺度):

$$m(x,y)=\sqrt{[L(x+1,y)-L(x-1,y)]^2+[L(x,y+1)-L(x,y-1)]^2} \tag{4-106}$$

$$\theta(x,y)=\arctan\{[L(x,y+1)-L(x,y-1)]/[L(x+1,y)-L(x-1,y)]\} \tag{4-107}$$

获得每个点的方向后，可将邻域里像素的方向结合起来以得到显著特征点的方向。具体可参见图4-64，在确定了显著特征点的位置和所在尺度的基础上，先取以显著特征点为中心的16×16窗口，如图4-64a所示。将窗口分成16个4×4的组，如图4-64b所示。在各组内对每个像素计算梯度，得到组内像素的梯度，如图4-64c所示(箭头方向指示梯度方向，箭头长短与梯度大小成正比)。用8方向(间隔45°)直方图统计各组内像素的梯度方向，取峰值方向为该组的梯度方向，如图4-64d所示。这样会有16个组，每个组可得到一个8D的方向矢量，拼接起来得到一个16×8=128D的矢量。最后将这个矢量归一化，作为每个显著特征点的描述矢量，即SIFT描述符。实际中，SIFT描述符(也称为显著片)的覆盖区域可方可圆。

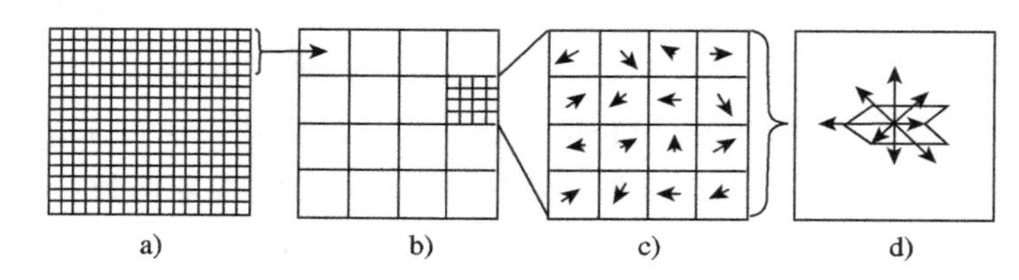

图4-64　SIFT描述矢量计算步骤：a)16×16窗口；b)计算梯度；c)计算组内像素梯度；d)拼接矢量

SIFT描述符对图像的尺度缩放、旋转和光照变化具有不变性，对仿射变换、视角变化、光照变化、局部形状失真、噪声干扰等也有一定的稳定性。这是因为在对SIFT描述符的获取过程中借助梯度方向的计算和调整消除了旋转的影响，借助矢量归一化消除了光照变化的影响，利用邻域中像素方向信息的组合增强了鲁棒性。另外，SIFT描述符自身的信息量丰富，有较好的独特性(相对于仅含有位置和极值信息的边缘点或角点，SIFT描述符有128D的描述矢量)。也是由于其独特性或特殊性，在一幅图像中往往能确定出大量的显著片段以供不同应用来选择。当然，由于其描述矢量维数高，SIFT描述符的计算量也常比较大。对SIFT的改进也很多，包括用PCA代替梯度直方图(有效降维)，限制直方图各方向的幅度(有些非线性光照变化主要对幅值有影响)等。

加速鲁棒性特征(SURF)也可看作一种检测图像中显著特征点的方法，基本思路是对SIFT加速，除具有SIFT方法稳定的特点外，还减少了计算复杂度，具有很好的检测和匹配实时性。

1. 基于Hessian矩阵确定感兴趣点

SURF算法通过计算图像的二阶Hessian矩阵的行列式来确定感兴趣点的位置和尺

度信息。图像 f(x,y)在位置(x,y)和尺度 σ 下的 Hessian 矩阵定义如下：

$$\boldsymbol{H}[x,y,\sigma]=\begin{bmatrix} h_{xx}(x,y,\sigma) & h_{xy}(x,y,\sigma) \\ h_{xy}(x,y,\sigma) & h_{yy}(x,y,\sigma) \end{bmatrix} \tag{4-108}$$

式中，$h_{xx}(x,y,\sigma)$、$h_{xy}(x,y,\sigma)$ 和 $h_{yy}(x,y,\sigma)$ 分别是高斯二阶微分$[\partial^2 G(\alpha)]/\partial x^2$、$[\partial^2 G(\sigma)]/\partial x\,\partial y$和$[\partial^2 G(\sigma)]/\partial y^2$ 在(x,y)处与图像 $f(x,y)$卷积的结果。

Hessian 矩阵的行列式为：

$$\det(\boldsymbol{H})=\frac{\partial^2 f}{\partial x^2}\frac{\partial^2 f}{\partial y^2}-\frac{\partial^2 f}{\partial xy}\frac{\partial^2 f}{\partial xy} \tag{4-109}$$

其在尺度空间和图像空间上的最大值点被称为感兴趣点。Hessian 矩阵行列式的值是 Hessian 矩阵的特征值，可以根据行列式在图像点上取值的正负来判断该点是否为极值点。

高斯滤波器在尺度空间的分析中是最优的，但在实际离散化和量化后它会在图像发生旋转时(角度为 45°的奇数倍)丢失重复性(因为模板是方形的，所以各向异性)。例如图 4-65a 和 b 分别为沿 x 方向与沿 x 和 y 方向离散化且量化后的高斯二阶偏微分响应。

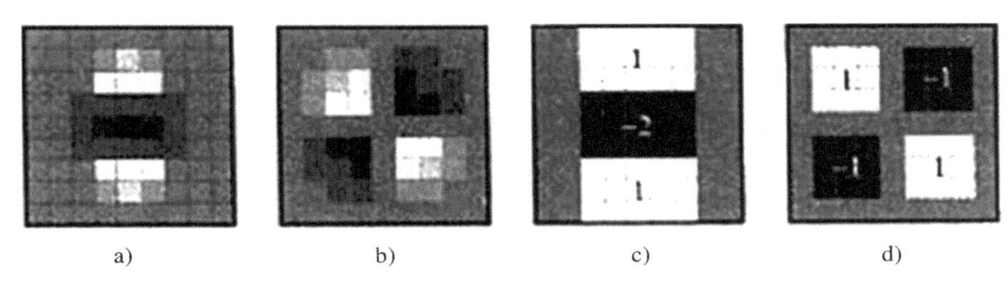

图 4-65　高斯二阶偏微分响应及其近似：a)沿 x 方向的高斯二阶偏微分响应；b)沿 x 和 y 方向的高斯二阶偏微分响应；c)对应图 a 的近似；d)对应图 b 的近似

实际应用中，可用盒式滤波器来近似 Hessian 矩阵，从而借助积分图像取得更快的计算速度(且与滤波器尺寸无关)。例如，图 4-65c、d 分别是对图 4-65a、b 的高斯二阶偏微分响应的近似，其中 9×9 盒式滤波器是对尺度为 1.2 的高斯滤波器的近似，也代表了计算响应的最低尺度(即最高空间分辨率)。将对应 $h_{xx}(x,y,\sigma)$、$h_{xy}(x,y,\sigma)$和 $h_{yy}(x,y,\sigma)$的近似分别记为 A_{xx}、A_{xy}和 A_{yy}，则近似 Hessian 矩阵的行列式为

$$\det(\boldsymbol{H}_A)=A_{xx}A_{yy}-(wA_{xy})^2 \tag{4-110}$$

其中 w 是平衡滤波器响应的相对权重(即对未采用高斯卷积核而使用了其近似的补偿)，用来保持高斯核与近似高斯核之间的能量，计算如下：

$$w=\frac{|h_{xy}(1.2)|_F\,|A_{yy}(1.2)|_F}{|h_{yy}(1.2)|_F\,|A_{xy}(1.2)|_F}=0.912\approx 0.9 \tag{4-111}$$

其中$|\cdot|_F$ 代表 Frobenius 范数。从理论上说，权重是依赖于尺度的，但实际应用中可使它为常数，因为它的变化对结果影响不大。进一步，滤波器响应要对尺寸归一化，这样可保证对于任何滤波器尺寸都有常数的 Frobenius 范数。实验表明，近似计算的性能与离散化和量化后高斯滤波器的性能相当。

2. 尺度空间表达

对感兴趣点的检测需要在不同的尺度上进行。尺度空间一般用金字塔结构表示。但由于使用了盒式滤波器和积分图像，并不需要将相同的滤波器用于金字塔各层而是将不同尺寸的盒式滤波器直接用于原始图像（计算速度相同）。因此可对滤波器（高斯核）进行上采样并且不用迭代地减少图像尺寸。将前面的 9×9 盒式滤波器的输出作为初始尺度层，接下来的层可通过对图像用越来越大的模板滤波来获得。因为不对图像进行下采样，保留了高频信息，所以不会产生混叠效应。

尺度空间被分成若干个组，每个组代表一系列滤波响应图，这是通过将同一幅输入图像与尺寸增加的滤波器进行卷积而得到的。

每个组都分成常数个尺度层。由于积分图像的离散本质，两个相邻尺度间的最小尺度差依赖于在二阶偏微分的对应方向上正或负的波瓣长度（这个长度是滤波器尺寸的1/3）。对于 9×9 的滤波器，$l_0=3$。对于两个相邻的层，其任意一个方向的尺寸至少要增加两个像素以保证最后尺寸为奇数（这样的滤波器有一个中心像素），这导致模板（边）尺寸的总增加量为 6 个像素。对尺度空间的构建从使用 9×9 的盒式滤波器开始，接着使用尺寸为 15×15、21×215、27×27 的滤波器。图 4-66a、b 分别给出两个相邻尺度层（9×9 和 15×15）之间的滤波器 A_{yy} 和 A_{xy}，黑色波瓣的长度只可增加偶数个像素。注意对于 l_0 不同的方向（如对于垂直滤波器的中心带的宽度），放缩模板会引入舍入误差。不过，因为这些误差远小于 l_0，所以这种近似是可以接受的。

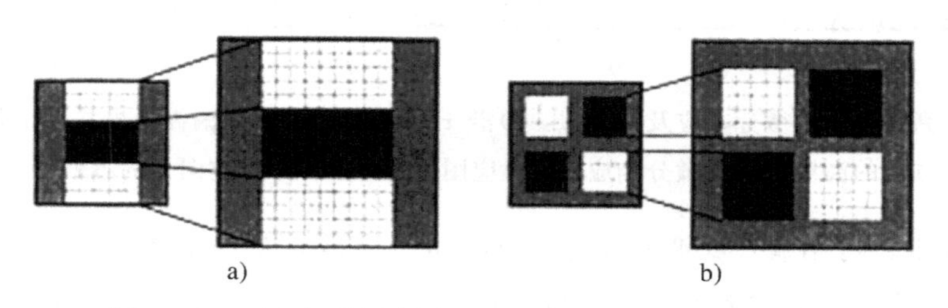

图 4-66　两个相邻尺度层（9×9 和 15×15）之间的滤波器

对于其他组有相同的考虑。对于每个新组，滤波器尺寸的增加是成倍的。同时，用于提取感兴趣点的采样间隔对于每个新组都是成倍的，这可以减少计算时间。而在准确度方面的损失，与传统方法对图像亚采样是可比的。用于第 2 组的滤波器尺寸为 15、27、39、51。用于第 3 组的滤波器尺寸为 27、51、75、99。如果原始图像的尺寸仍然比对应的滤波器尺寸大，还可进行第 4 组的计算，使用尺寸为 51、99、147、195 的滤波器。图 4-67 给出所用滤波器的全貌，各组互相重叠以保证平滑地覆盖所有可能的尺度。在典型的尺度空间分析中，每组所能检测到的感兴趣点的数量减少得非常快。

尺度的大幅度变化，尤其是这些组中第 1 个滤波器之间的变化（从 9 到 15 的变化率是 1.7），使得对尺度的采样相当粗糙。为此也可使用具有较细采样尺度的尺度空间。这时先将图像进行 2 倍放大，再用尺寸为 15 的滤波器开始执行第 1 组运算。接下来的滤波器尺寸为 21、27、33、39。然后开始第 2 组，其尺寸以 12 个像素为步长进行增加。后面的组以此类推。如此前两个滤波器之间的尺度变化只有 1.4(21/15)。通过二次插值可以检测到的最小尺度此时为 $\sigma=(1.2\times18/9)/2=1.2$。

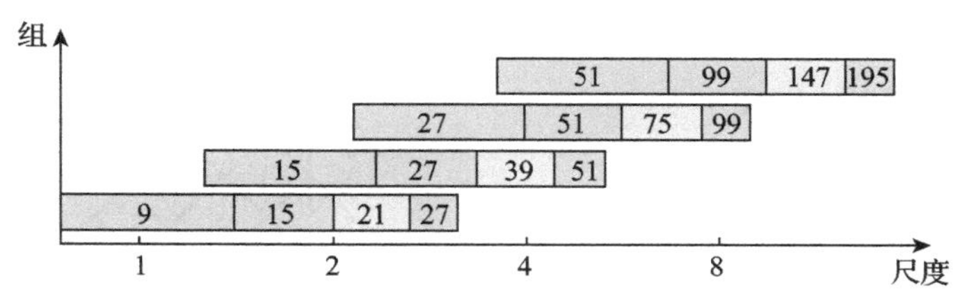

图 4-67　不同组中滤波器边长的图示(对数水平轴)

由于 Frobenius 范数对任何尺寸的滤波器都保持为常数，因此可认为它已经在尺度上归一化了，也不再需要对滤波器的响应进行加权。

3. 感兴趣点的描述和匹配

SURF 描述符描述在感兴趣点邻域中亮度的分布，类似于用 SIFT 提取出来的梯度信息。区别是 SURF 基于一阶哈尔小波在 x 和 y 方向的响应而不是梯度，这样可以充分利用积分图像以提高计算速度，且描述符长度只有 64，这可在减少特征计算和匹配时间的同时提高鲁棒性。

借助 SURF 描述符进行匹配包括 3 个步骤：1)确定围绕感兴趣点的朝向；2)构建一个与所选朝向对齐的方形区域并从中提取 SURF 描述；3)匹配两个区域间的描述特征。

1. 确定朝向

为了取得图像旋转的不变性，对感兴趣点要确定一个朝向。首先在围绕感兴趣点半径为 6σ 的圆形邻域中计算沿 x 和 y 方向的哈尔小波的响应，这里 σ 为感兴趣点被检测到的尺度。采样步长依赖于尺度并设定为与其他部分保持一致，取小波的尺寸也依赖于尺度并定为 4σ 的边长。这样可再次利用积分图像以快速滤波。根据哈尔小波模板的特点，对于任何尺度都只需要 6 次操作来计算在 x 和 y 方向的响应。

一旦计算了小波响应并用中心在感兴趣点处的高斯分布进行加权，就可将响应表示成空间中的点，其水平坐标对应横向的响应强度而垂直坐标对应竖向的响应强度。朝向可通过计算一个弧度尺寸为 $\pi/3$ 的扇形滑动窗口中的响应和来得到(步长为 $\pi/18$)，如图 4-68 所示。将在窗口中的水平和垂直响应分别求和，这两个和可构成一个局部的朝向矢量。所有窗口中的最长矢量定义了感兴趣点的朝向。滑动窗口的尺寸是需要仔细选择的参数，小的尺寸主要体现单个优势的梯度，而大的尺寸趋向于在矢量中产生不明显的最大值。

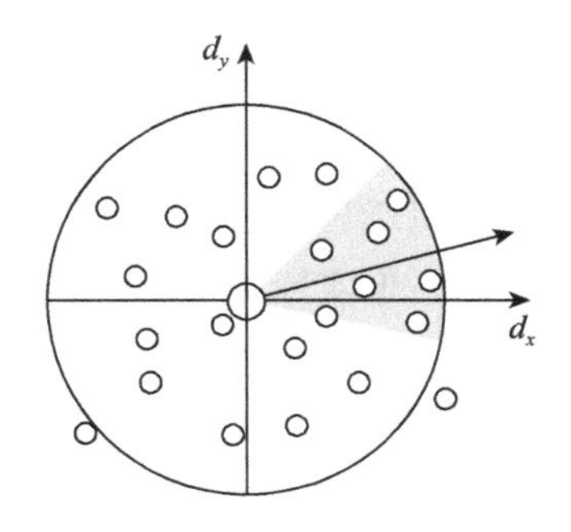

图 4-68　确定朝向示意分配

2. 基于哈尔小波响应和的描述符

为提取描述符，首先是构建围绕感兴趣点的方形区域使其具有如上确定出的朝向(以保证旋转不变性)。窗的尺寸是 20σ 的方形区域被规则地分裂成更小的 $4\times4=16$ 个子区域，这样可以保留重要的空间信息。对每个子区域，在规则的 5×5 网格内计算哈尔小波响应。为了简便，用 d_x 代表沿水平方向的哈尔小波响应，用 d_y 代表沿垂直方向的哈尔小波响应。这里“水平”和“垂直”是相对于所选的感兴趣点来说的，如图 4-69 所示。

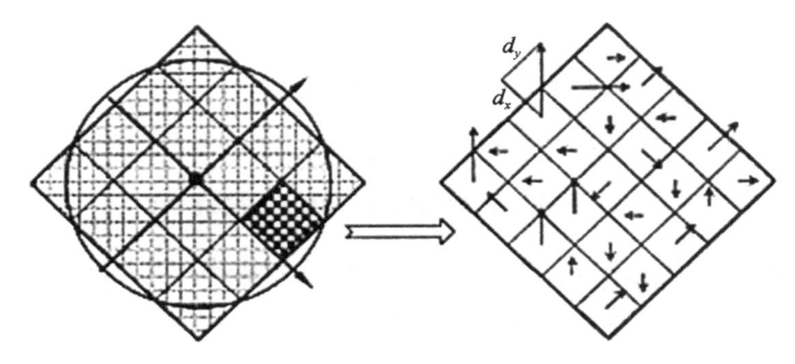

图 4-69 围绕感兴趣点的方形区域

接下来将小波响应 d_x 和 d_y 分别求和，为了利用有关亮度变化的极化信息，将小波响应 d_x 和 d_y 的绝对值 $|d_x|$ 和 $|d_y|$ 也分别求和。这样，从每个子区域可得到一个 4D 的描述矢量 $\boldsymbol{V}$，$\boldsymbol{V}=(\sum d_x, \sum d_y, \sum|d_x|, \sum|d_y|)$。对于所有的 16 个子区域，把描述矢量连起来，就得到一个 64D 的描述矢量。这样得到的小波响应对照明的变化不敏感，而对反差(标量)的不变性是靠将描述符转化为单位矢量来得到的。

图 4-70 所示的 3 个不同的亮度模式，以及从对应子区域中所获得的描述符。左边为均匀模式，描述符的各个分量都很小；中间为沿 x 方向的交替模式，仅 $\sum|d_x|$ 大，其余都小；右边为亮度沿水平方向逐渐增加的模式，$\sum d_x$ 和 $\sum|d_x|$ 的值都大。可以想象，如果将这 3 个局部亮度模式结合起来，则可得到一个特定的描述符。

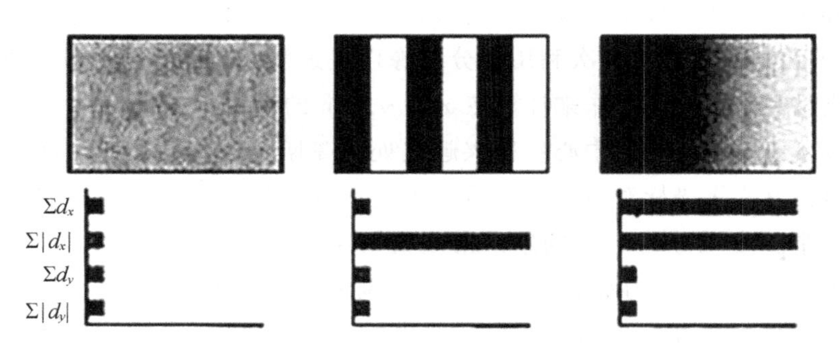

图 4-70 不同的亮度模式及它们的描述符

SURF 的原理在某种程度上与 SIFT 的原理有类似之处，它们都基于梯度信息的空间分布。但实际中 SURF 常比 SIFT 的性能好。原因是 SURF 集合了子区域中的所有梯度信息，而 SIFT 则仅依赖于各个独立梯度的朝向。这个差别使得 SURF 更抗噪声，一个例子如图 4-71 所示。在无噪声时，SIFT 只有一个梯度指向；而在有噪声时(边缘不再光滑)，SIFT 除主要梯度朝向不变外，在其他方向也有一定的梯度分量。但 SURF 的响应在两种情况下均基本一致(噪声被平滑了)。

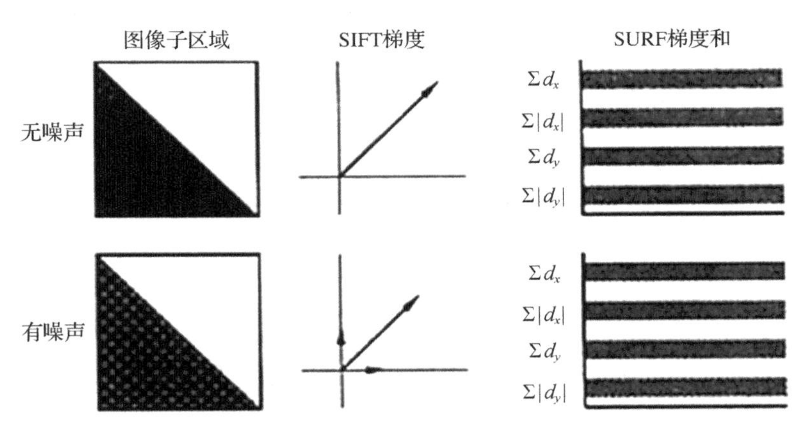

图 4-71 SIFT 与 SURF 的对比

对采样点数和子区域数的评价实验表明，按 4×4 划分的方形子区域给出了最好的结果。进一步的细分将会导致鲁棒性变差并增加了匹配时间。另一方面，使用 3×3 的子区域获得的短描述符(SURF-36，即 3×3=9 个子区域，每个子区域 4 个响应)的性能略有降低(与其他描述符相比还可接受)，但计算要快得多。

另外，SURF 描述符还有一种变形，即 SURF-128。它也使用前面的求和，但将这些值分得更细。对 d_x 与 $|d_x|$ 的求和按照 $d_y<0$ 和 $d_y\geqslant 0$ 分开。类似地，对 d_y 与 $|d_y|$ 的求和也按照 $d_x<0$ 和 $d_x\geqslant 0$ 分开。这样特征的数量翻了倍，描述符的鲁棒性和可靠性都有提高。不过，虽然描述符本身计算起来较快，但在匹配时仍会因为维数高而使计算量增加较多。

3. 快速索引以匹配

为了在匹配时能快速索引，可以考虑感兴趣点的拉普拉斯值(即 Hessian 矩阵的秩)的符号。一般情况下，感兴趣点是在斑块类结构中检测并处理的。拉普拉斯值的符号可将暗背景中的亮斑块与亮背景中的暗斑块区分出来。这里并不需要额外的计算，因为拉普拉斯值的符号已在检测步骤计算出来了。在匹配步骤，只需要比较拉普拉斯值的符号就可以了。借助这点信息可在不降低描述符性能的前提下加快匹配的速度。

SURF 算法的优点是不受图像旋转和尺度变化的影响，抗模糊；而缺点是受视点变化和照明变化的影响较大。

特征点的选取方法与对它们所采用的匹配方法常有密切的联系。对特征点的匹配需建立特征点间的对应关系，为此可利用顺序性约束条件，采用动态规划的方法来进行。

以图 4-72a 为例，考虑被观察物体可见表面上的 3 个特征点，将它们顺序命名为 A、B、C。它们在两幅成像图像上投影的顺序(沿极线)正好相反，c、b、a 和 c'、b'、a' 这两个顺序相反的规律称为顺序性约束。顺序性约束是一种理想情况，在实际场景中并不能保证总成立。例如在图 4-72b 所示的情况下，一个小的物体横在大的物体前面，遮挡了大物体的一部分，使得原来的 c 点和 c' 点在图像上看不到，图像上投影的顺序也不满足顺序性约束。

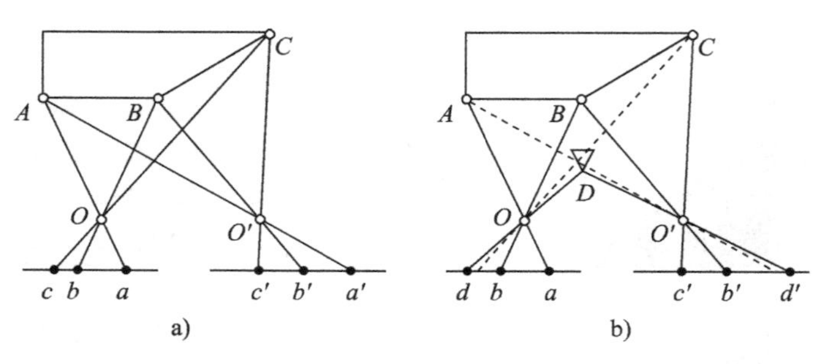

图 4-72 顺序性约束：a)无额外物体；b)小物体横在大物体前

不过在多数实际情况下，顺序性约束还是一个合理的约束，所以可用来设计基于动态规划的立体匹配算法。下面以已在两条极线上确定了多个特征点(见图 4-72)并要建立它们之间的对应关系为例来讨论。这里匹配各特征点对的问题可以转化成匹配同一极线上相邻特征点之间间隔的问题。参见图 4-73a 中的示例，其中给出了两个特征点序列，将它们排列在两个灰度剖面上。尽管由于遮挡等原因，有些特征点间的间隔退化成一个点，但由顺序性约束确定的特征点顺序仍保留了下来。

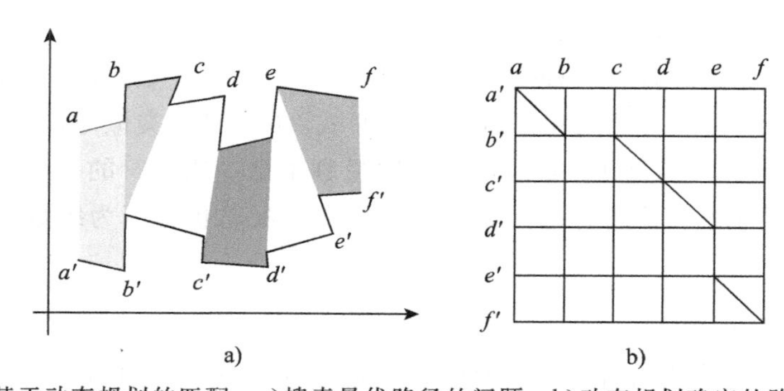

图 4-73 基于动态规划的匹配：a)搜索最优路径的问题；b)动态规划确定的路径搜索问题

根据图 4-73a，可将匹配各特征点对的问题描述为在由特征点对应节点的图上搜索最优路径的问题，图中的弧就给出了间隔间的匹配路径。在图 4-73a 中，上下两个轮廓线分别对应两个极线，两轮廓间的四边形对应特征点间的间隔(零长度间隔导致四边形退化为三角形)。由动态规划确定的匹配关系也在图 4-73b 中给出，那里每段斜线对应一个四边形间隔，而垂直或水平线对应退化后的三角形。

该算法的复杂度正比于两条极线上特征点个数的乘积。

4.2.7 模板匹配

当给定左图像中的一个点而需要在右图像中搜索与其对应的点时，可提取以左图像中的点为中心的邻域作为模板，将其在右图像上平移并计算与各个位置的相关性，根据相关值确定是否匹配。如果匹配，则认为右图像中匹配位置的中心点与左图像中的那个点构成对应点对。这里可取相关值最大处为匹配处，也可先给定一个阈值，将满足相关值大于阈值的点先提取出来，再根据一些其他因素从中选择。

这里采用的匹配方法一般称为模板匹配，其本质是用一个较小的图像(模板)与一幅较大图像中的一部分(子图像)进行匹配。匹配的结果是确定在大图像中是否存在小图像，若存在，则进一步确定小图像在大图像中的位置。在模板匹配中模板常是正方形的，但也可以是矩形的或其他形状的。现在考虑要找一个尺寸为 $J\times K$ 的模板图像 $w(x,y)$ 与一个 $M\times N$ 的大图像 $f(x,y)$ 的匹配位置，设 $J\leqslant M$ 和 $K\leqslant N$。在最简单的情况下，$f(x,y)$ 和 $w(x,y)$ 之间的相关函数可写为：

$$c(s,t)=\sum_{x}\sum_{y}f(x,y)w(x-s,y-t) \tag{4-112}$$

式中，$s=0,1,2,\cdots,M-1,t=0,1,2,\cdots,N-1$。式(4-112)中的求和是对 $f(x,y)$ 和 $w(x,y)$ 重叠的图像区域进行的。图 4-74 给出相关计算的示意图，其中假设 $f(x,y)$ 的原点在左上角，$w(x,y)$ 的原点在其中心。对于任何在 $f(x,y)$ 中给定的位置 (s,t)，根据式(4-112)可以算得 $c(s,t)$ 的一个特定值。当 s 和 t 变化时，在图像区域中移动并给出函数 $c(s,t)$ 的所有值。$c(s,t)$ 的最大值指示最佳匹配的位置。注意，对于接近 $f(x,y)$ 边缘的 s 和 t 值，匹配精确度受图像边界的影响，其误差正比于 $w(x,y)$ 的尺寸。

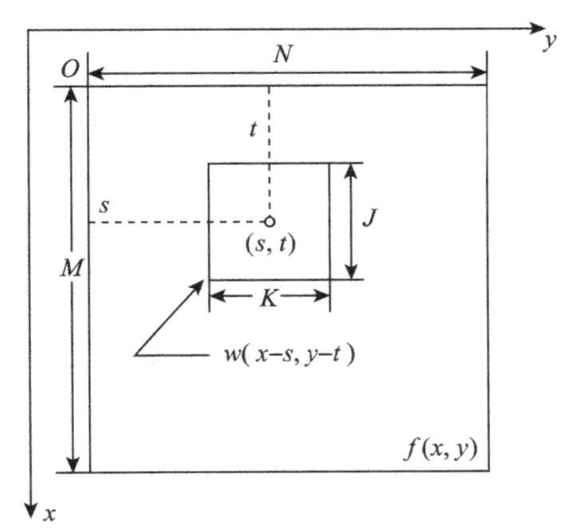

图 4-74　模板匹配示意图

除了根据最大相关准则来确定匹配位置，还可以使用最小均方误差函数：

$$M_{\mathrm{me}}(s,t)=\frac{1}{MN}\sum_{x}\sum_{y}[f(x,y)w(x-s,y-t)]^2 \tag{4-113}$$

在 VLSI 硬件中，平方运算较难实现，所以可用绝对值代替平方值，得到最小平均差值函数：

$$M_{\mathrm{ad}}(s,t)=\frac{1}{MN}\sum_{x}\sum_{y}|f(x,y)w(x-s,y-t)|^2 \tag{4-114}$$

式(4-114)所定义的相关函数有一个缺点，即它对 $f(x,y)$ 和 $w(x,y)$ 幅度值的变化比较敏感，例如当 $f(x,y)$ 的值加倍时，$c(s,t)$ 的值也会加倍。为了克服这个问题，可定义如下的相关系数：

$$C(s,t)=\frac{\sum_{x}\sum_{y}[f(x,y)-\overline{f}(x,y)][w(x-s,y-t)-\overline{w}]}{\{\sum_{x}\sum_{y}[f(x,y)-\overline{f}(x,y)]^2\sum_{x}\sum_{y}[w(x-s,y-t)-\overline{w}]^2\}^{1/2}} \tag{4-115}$$

其中 $s=0,1,2,\cdots,M-1$；$t=0,1,2,\cdots,N-1$；$\overline{w}$ 是 w 的均值(只需算一次)；$\overline{f}(x,y)$ 是 $f(x,y)$ 中与 w 当前位置相对应区域的均值。式(4-115)中的求和是对 $f(x,y)$ 和 $w(x,y)$ 的共同坐标进行的。因为相关系数已将尺度变换到区间$[-1,1]$，所以其值的变化与 $f(x,y)$ 和 $w(x,y)$ 的幅度变化无关。

还有一种方法是计算模板和子图像间的灰度差，建立满足最小平方误差(MSD)的两组像素间的对应关系。这类方法的优点是匹配结果不易受模板灰度检测精度和密度的影响，因而可以得到很高的定位精度和密集的视差表面。这类方法的缺点是，它依赖于图像灰度的统计特性，所以对景物表面结构以及光照反射等较为敏感，因此在空间景物表面缺乏足够的纹理细节、成像失真较大(如基线长度过大)的场合存在一定困难。实际匹配中也可采用灰度的导出量，但有实验表明在用灰度、灰度微分、灰度拉普拉斯值以及灰度曲率作为匹配参数进行匹配比较时，利用灰度参数取得的效果还是最好的。

模板匹配作为一种基本的匹配技术在许多方面得到了应用，尤其是在图像仅有平移的情况下。上面利用对相关系数的计算，可将相关函数归一化以克服幅度变化带来的问题。但要对图像尺寸和旋转进行归一化是比较困难的。对尺寸归一化需要进行空间尺度变换，而这个过程需要大量的计算。对旋转进行归一化更困难。如果 $f(x,y)$ 的旋转角度可知，则只要将 $w(x,y)$ 也旋转相同角度使之与 $f(x,y)$ 对齐就可以了。但在不知道 $f(x,y)$ 旋转角度的情况下，要寻找最佳匹配需要将 $w(x,y)$ 以所有可能的角度旋转。实际中这种方法是行不通的，因而在任意旋转或对旋转没有约束的情况下很少直接使用区域相关的方法。

为减少模板匹配的计算量，一方面可利用一些先验知识来减少需匹配的位置；另一方面可利用在相邻匹配位置上模板覆盖范围有很大一部分重合的特点来减少重新计算相关值的次数。顺便指出，相关也可通过 FFT 在频域中计算，所以可基于频域变换进行匹配。如果 f 和 w 的尺寸相同，则在频域中计算会比直接在空域中计算效率更高。实际上，w 一般远小于 f。有人曾估计过，如果 w 中的非零项少于 132(约为一个 13×13 的子图像)，则可直接使用式(4-112)在空域中进行计算，这比用 FFT 在频域中计算的效率要高。当然这个数字与所用计算机和编程算法都有关系。此外，式(4-115)中相关系数的计算在频域中很难实现，所以一般都直接在空域中进行。

在 Matlab 中，图像处理工具箱提供了 3 种图像配准的方法：交互式配准估算 App、基于图像灰度的自动配准和控制点配准。计算机视觉系统工具箱也提供了特征自动识别匹配。

(1)配准估算。配准估算 App 可用于配准 2D 图像。如图 4-75 所示，用户可以比较不同配准技术，调整设置并可视化配准图像。该应用程序可定量测量质量，并返回配准的图像和变换矩阵。该程序还能根据用户选择的配准技术和设置生成相应程序，用于重复处理多幅图片。配准估算 App 提供 6 种基于特征的方法、3 种基于图像灰度的方法以及 1 种非刚性配准方法。

(2)基于图像灰度的自动配准，即将每幅图片中的像素按照相对灰度模式进行映射。可用于配准单峰、多峰图像对，也可用于配准 2D 和 3D 图像。这种方法用于配准大量图像和自动配准。

要使用基于图像灰度的方法，请调用 `imregister` 函数并指定应用于运动图像的几何变化类型。`imregister` 函数通过迭代方法调整两幅图像至最佳相似程度。或者，也可以通过调用 `imregdemons` 进行局部位移和对运动图像进行非刚性变换。

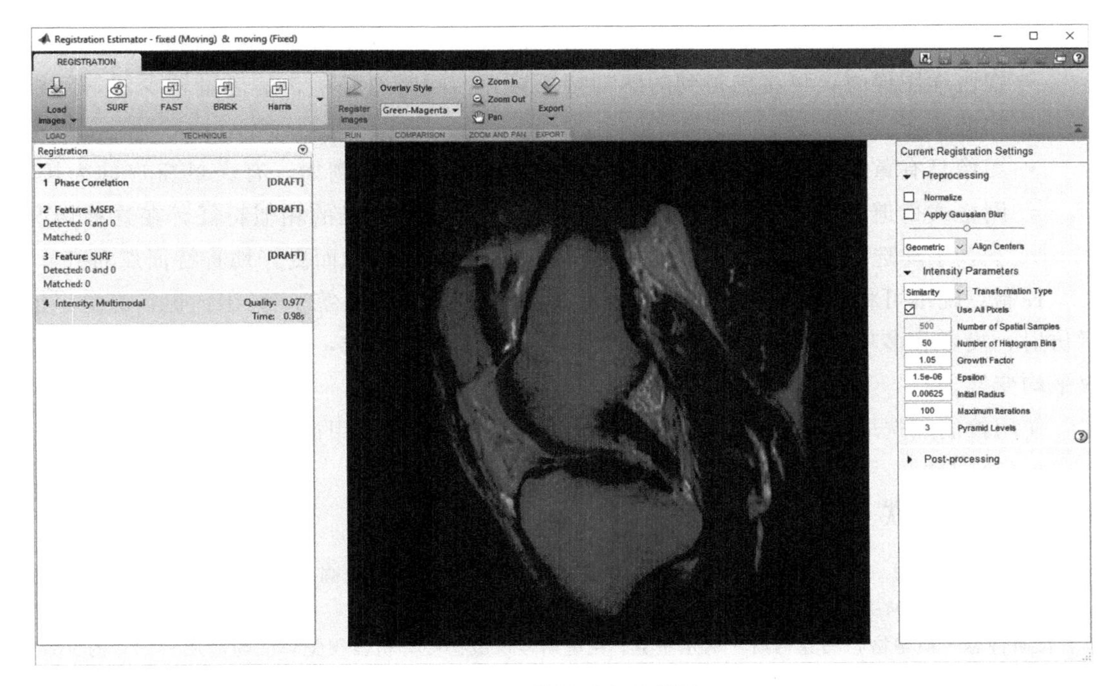

图 4-75　模板匹配示意图

(3)控制点配准，可用于选择每幅图片的共同特征，如图 4-76 所示。控制点配准用于：

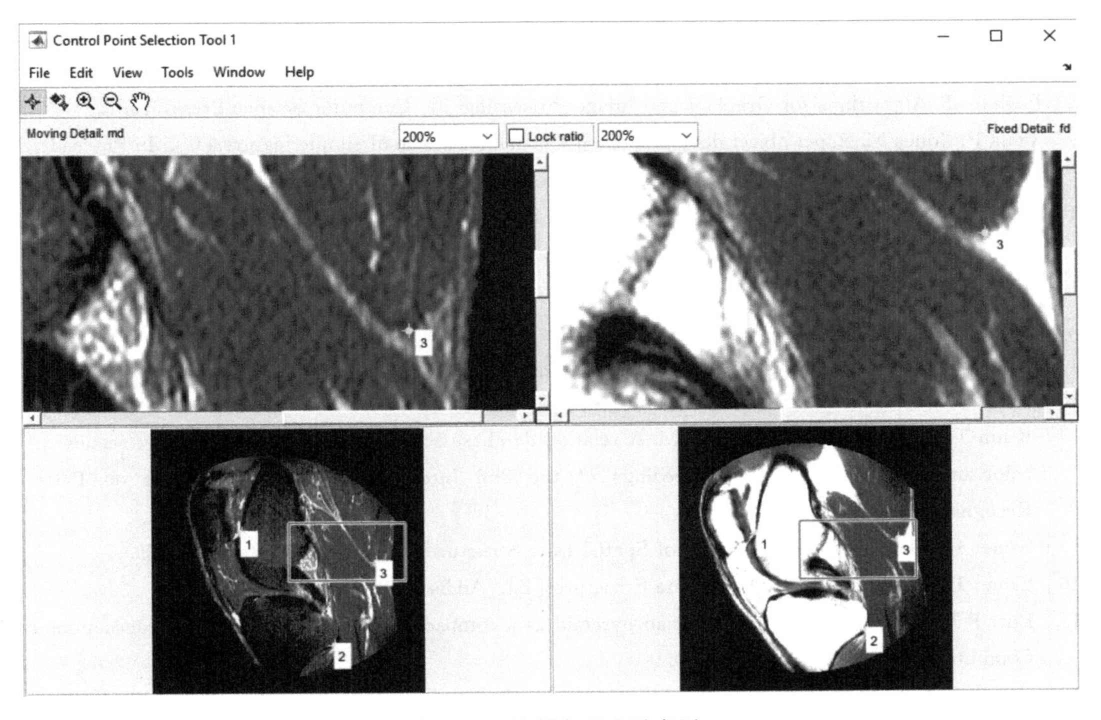

图 4-76　控制点配准示意图

- 优先对齐某些特征，而不是通过自动特征检测对齐整个特征集。例如，当配准两幅医学图像时，可将想得到的解剖特征对齐，同时忽略所含信息量较少的解剖结构的特征。
- 图像具有重复模式，这会使自动化特征配对不清晰。例如，有大量窗户的大楼、网格式街道的航拍图，都有许多对于自动映射十分困难的相似特征。在这种情况下，手动选择控制点对可以提供更清晰的特征映射，从而更好地将特征点对齐。

控制点配准可将许多变换类型应用于运动图像。全局变换统一作用于整个图像，包括仿射、投影和多项式几何变换。非刚性变换作用于部分区域，包括分段线性和局部加权平均变换。

使用控制点选取工具选择控制点，调用 cpselect 从而使用该工具。

4.3 参考文献

[1] 大卫·A 福赛思．计算机视觉：一种现代化方法(第二版)[M]．高永强，等译．北京：电子工业出版社，2004：204-211.

[2] 长斯特恩·斯蒂格，马克乌斯·乌尔里克，克里斯琴·威德曼．机器视觉算法与应用[M]．杨少荣，吴迪靖，段德山．北京：清华大学出版社，2008：159-162.

[3] 里查德·塞利斯基．计算机视觉——算法与应用[M]．艾海舟，兴军亮，等译．北京：清华大学出版社，2012：86-94，160-178.

[4] 张广军．机器视觉[M]．北京：科学出版社，2005：89-92.

[5] 章毓晋．图像工程：下册[M]．北京：清华大学出版社，2012：42-46，63，115-123.

[6] 章毓晋．图像工程：中册[M]．北京：清华大学出版社，2012：41-47，155-166.

[7] 章毓晋．图像工程：上册[M]．北京：清华大学出版社，2012：39-42，53-54.

[8] Pavlidis T. Algorithms for Graphics and Image Processing[J]. Computer Science Press，1982.

[9] Viola P，Jones M. Rapid object detection using a boosted cascade of simple features[C]. In Proceedings IEEE Conf，on Computer Vision and Pattern Recognition，2001，511-518.

[10] Shaw A C. A formal picture description schema as a basis for picture processing systems[J]. Information and Control，1969，14：9-52.

[11] Freeman H. On the encoding of arbitrary geometric configuration[C]. IRE Transactions on Electronic Computers，1961，10(2)：260-268.

[12] Pavlidis T. Structural Pattern Recognition[J]. Springer Verlag，1977.

[13] Even S. Graph Algorithms[J]. Computer Science Press，1979.

[14] Kunii T L，Weyl S，Tenenbaum I M. A relation database schema for describing complex scenes with color and texture [C]. In Proceedings of the 2nd International Joint Conference on Pattern Recognition，1974，310-316.

[15] Samet H. The Design and Analysis of Spatial Data Structures[Z]. Addison-Wesley，1989.

[16] Samet H. Applications of Spatial Data Structures[Z]. Addison-Wesley，1990.

[17] Burt P J，Adelson E H. The Laplacian pyramid as a compact image code[C]. IEEE Transactions on Computers，1983，31(4)：532-540.

[18] Kropatsch W G. Building irregular pyramids by dual graph contraction [C]. IEEE Proceedings：Vision，Image and Signal Processing，1995，142(6)：366-374.

[19] Meer P. Stochastic image pyramids[J]. Computer Vision, Graphics, and Image Processing, 1989, 45 (3): 269-294.

[20] Bister M, Cornelius J, Rosenfeld A. A critical view of pyramid segmentation algorithms[C]. Pattern Recognition Letters, 1990, 11(9): 605-617.

[21] Gauch J, Hsia C W. A comparison of three color image segmentation algorithms in four color spaces [C]. Proceedings of the SPIE Bellingham, 1992, 1818: 1168-1181.

[22] Priese L, Rehrmann V. On hierarchical color segmentation and applications[C]. In Computer Vision and Pattern Recognition (Proceedings), 1993, 633-634.

[23] Schettini R. A segmentation algorithm for color images[C]. Pattern Recognition Letters, 1993, 14: 499-506.

[24] Vlachos T, Constantinides A G. Graph-theoretical approach to colour picture segmentation and contour classification[C]. IEEE Proceedings Communication Speech and Vision, 1993, 140: 36-45.

[25] Brice C R, Fennema C L. Scene analysis using regions[J]. Artificial Intelligence, 1970, 1: 205-226.

[26] Ballard D H, Brown C M. Computer Vision[Z]. Prentice-Hall, 1982.

[27] Chen S Y, Lin W C, Chen C T. Split-and-merge image segmentation based on localized feature analysis and statistical tests[C]. CVGIP - Graphical Models and Image Processing, 1991, 53 (5): 457-475.

[28] Pietikainen M, Rosenfeld A, Walter I. Split-and-link algorithms for image segmentation[C]. Pattern Recognition, 1982, 15(4): 287-298.

[29] Suk M, Chung S M. A new image segmentation technique based on partition mode test[C]. Pattern Recognition, 1983, 16(5): 469—480.

[30] Tilton J C. Image segmentation by iterative parallel region growing and splitting[C]. In Proceedings of IGARSS'89 and Canadian Symposium on Remote Sensing, 1989, 2420-2423.

[31] Pramotepipop Y, Cheevasuvit F. Modification of split-and-merge algorithm for image segmentation [C]. In Asian Conference on Remote Sensing, 9th, 1988, 26: 1-6.

[32] Goldberg M, Zhang J. Hierarchical segmentation using a composite criterion for remotely sensed imagery[Z]. Photogrammetria, 1987, 42: 87-96.

[33] Deklerck R, Cornells J, Bister M. Segmentation of medical images[J]. Image and Vision Computing, 1993, 11: 486-503.

[34] Chang Y L, Li X. Fast image region growing[J]. Image and Vision Computing, 1995, 13: 559-571.

[35] Willebeek-Lemair M, Reeves A. Solving nonuniform problems on SIMD computers—case study on region growing[J]. Journal of Parallel and Distributed Computing, 1990, 8: 135-149.

[36] Soille P, Ansoult M. Automated basin delineation from DEMs using mathematical morphology[J]. Signal Processing, 1990, 20: 171-182.

[37] Collins S H. Terrain parameters directly from a digital terrain model[R]. Canadian Surveyor, 1975, 29 (5): 507-518.

[38] Vincent L, Soille P. Watersheds in digital spaces: An efficient algorithm based on immersion simulations[C]. IEEE Transactions on Pattern Analysis and Machine Intelligence, 1991, 13(6): 583-598.

[39] Higgins W E, Ojard E J. 3D images and use of markers and other topological information to reduce over segmentations[J]. Computers in Medical Imaging and Graphics, 1993, 17: 387-395.

[40] Meyer F, Beucher S. Morphological segmentation[J]. Journal of Visual Communication and Image Representation, 1990, 1: 21-46.

[41] Dobrin B P, Viero T, Gabbouj M. Fast watershed algorithms: Analysis and extensions [C].

Proceedings of the SPIE, 1994, 2180: 209-220.

[42] Pavlidis T, Liow Y. Integrating region growing and edge detection[C]. IEEE Transactions on Pattern Analysis and Machine Intelligence, 1990, 12(3): 225-233.

[43] Koivunen V, Pietikainen M. Combined edge and region-based method for range image segmentation [C]. In Proceedings of SPIE—The International Society for Optical Engineering, 1990, 1381: 501-512.

[44] Gambotto J P. A new approach to combining region growing and edge detection[J]. Pattern Recognition Letters, 1993, 14: 869-875.

[45] Manos G, Cairns A Y, Ricketts I W, Sinclair D. Automatic segmentation of hand-wrist radiographs [J]. Image and Vision Computing, 1993, 11: 100-111.

[46] Wu X. Adaptive split-and-merge segmentation based on piecewise least-squareapproximation[C]. IEEE Transactions on Pattern Analysis and Machine Intelligence, 1993, 15: 808-815.

[47] Zahn C. Graph-theoretic methods for detecing and describing Gestalt clusters[C]. IEEE Transactions on Computing, 1971, 20: 68-86.

[48] Xu Y, Olman V, Uberbacher E. A segmentation algorithm for noisy images. In Proc[C]. IEEE International Joint Symposia on Intelligence and Systems, 1996, 220-226.

[49] Felzenszwalb P F, Huttenlocher D P. Efficient graph-based image segmentation[J]. Inti. Journal of Computer Vision, 2004, 59: 167-181.

[50] Falcao A X, Stolfi J, Alencar d, Lotufo R. The image foresting transform: Theory, algorithms, and applications[C]. IEEE Transactions on Pattern Analysis and Machine Intelligence, 2004, 26: 19-29.

[51] Falcao A X, Udupa J K. A 3D generalization of user-steered live-wire segmentation[J]. Medical Image Analysis, 2000, 4: 389-402.

[52] Falcao A X, Udupa J K, Miyazawa F K. An ultra-fast user-steered image segmentation paradigm: Live wire on the fly[C]. IEEE Trans. Med. Imag. , 2000, 19: 55-62.

[53] Udupa J K, Samarasekera S. Fuzzy connectedness and object definition: Theory, algorithms, and applications in image segmentation[J]. Graphical Models and Image Processing, 1996, 58: 246-261.

[54] Boykov Y, Jolly M-P. Interactive organ segmentation using graph cuts[C]. In Proc. Medical Image Computing and Computer-Assisted Intervention (MICCAI), 2000, 276-286.

[55] Boykov Y, Jolly M-P. Interactive graph cuts for optimal boundary & region segmentation of objects in N-D images[C]. In Proc. International Conference on Computer Vision (ICCV), 2001, 1935(1): 105-112.

[56] Boykov Y, Kolmogorov V. An experimental comparison of min-cut /max-flow algorithms for energy minimization in vision[C]. IEEE Transactions on Pattern Analysis and Machine Intelligence, 2004, 26(9): 1124-1137.

[57] Jermyn I, Ishikawa H. Globally optimal regions and boundaries as minimum ratio cycles[C]. IEEE Transactions on Pattern Analysis and Machine Intelligence, 2001, 23(10): 1075-1088.

[58] Li Y, Sun J, Tang C-K, Shum H-Y. Lazy snapping ACM Trans[C]. Graphics (TOG), Special Issue: Proc. 2004 SIGGRAPH Conference, 2004, 23: 303-308.

[59] Shi J, Malik J. Normalized cuts and image segmentation[C]. IEEE Transactions on Pattern Analysis and Machine Intelligence, 2000, 22: 888-905.

[60] Wang S, Siskind J. Image segmentation with ratio cut[C]. IEEE Transactions on Pattern Analysis and Machine Intelligence, 2003, 25: 675-690.

[61] Wu Z, Leahy R. An optimal graph theoretic approach to data clustering: Theory and its application to

image segmentation[C]. IEEE Transactions on Pattern Analysis and Machine Intelligence, 1993, 15: 1101-1113.

[62] Wu X, Chen D Z. Optimal net surface problems with applications[C]. Proc, of the 29th International Colloquium on Automata, Languages and Programming (ICALP), 2002, 1029-1042.

[63] Kim J, Zabih R. A segmentation algorithm for contrast-enhanced images[C]. Proc. IEEE Inti. Conf, on Computer Vision, 2003, 502-509.

[64] Li K, Wu X, Chen D Z, Sonka M. Efficient optimal surface detection: Theory, implementation and experimental validation [C]. Proc. SPIE International Symposium on Medical Imaging: Image Processing, 2004, 5370: 620-627.

[65] Thedens D R, Skorton D J, Fleagle S R. A three-dimensional graph searching technique for cardiac border detection in sequential images and its application to magnetic resonance image data[C]. IEEE Computers in Cardiology, 1990, 57-60.

[66] Thedens D R, Skorton D J, Fleagle S R. Methods of graph searching for border detection in image sequences with application to cardiac magnetic resonance imaging[C]. IEEE Transactions on Medical Imaging, 1995, 14: 42-55.

[67] Frank R J. Optimal surface detection using multi-dimensional graph search: Applications to Intravascular Ultrasound[D]. University of Iowa, 1996.

[68] Saha P K, Udupa J K. Relative fuzzy connectedness among multiple objects: Theory, algorithms, and applications in image segmentation[J]. Computer Vision and Image Understanding, 2000, 82: 42-56.

[69] Sonka M, Wilbricht C J, Fleagle S R, Tadikonda S K, Winniford M D, Collins S M. Simultaneous detection of both coronary borders[C]. IEEE Transactions on Medical Imaging, 1993, 12(3): 588-599.

[70] Sonka M, Winniford M D, Collins S M. Robust simultaneous detection of coronary borders in complex images[C]. IEEE Transactions on Medical Imaging, 1995, 14(1): 151-161.

CHAPTER5

第5章

立体视觉与三维重建

5.1 立体视觉概述

立体视觉是用双眼观察景物并能分辨物体远近和形态的感觉。立体视觉是计算机视觉领域的一个重要课题，它的目的在于重构场景的三维几何信息。人类之所以能够看到大千世界，正是得益于我们的视觉系统。那么，要想让机器人跟人一样可以分辨物体，同样需要给机器人装上双眼。我们肯定都有这样的体验，当看到一个物体的时候，其实是可以估计出这个物体是离我们比较近还是比较远的，因此我们给机器人的系统不仅仅是能够识别物体，而且这种系统同样要能够判断出与障碍物的距离有多远。立体视觉系统就能够很好地满足要求。立体视觉分为3类。

(1)双目视差(binocular parallax)。由于人的两只眼睛存在间距(平均值为6.5cm)，因此对于同一景物，左右眼的相对位置(relative position)是不同的，这就产生了双目视差，即左右眼看到的是有差异的图像。

(2)运动视差(motion parallax)。运动视差是由于观察者(viewer)和景物(object)发生相对运动(relative movement)所产生的，这种运动使景物的尺寸和位置在视网膜上投射时发生变化，产生深度感。

(3)眼睛的适应性调节(accommodation)。人眼的适应性调节主要是指眼睛的主动调焦行为(focusing action)。眼睛的焦距是可以通过内部构造中的晶状体(crystal body)进行精细调节的。焦距的变化使我们可以看清楚远近不同的景物和同一景物的不同部位。一般来说，人眼的最小焦距为1.7cm，没有上限。而晶状体的调节又是通过附属肌肉的收缩和舒张来实现的，肌肉的运动信息反馈给大脑有助于立体感的建立。

双目立体视觉的研究工作是从20世纪50年代中期开创的。美国麻省理工学院的Roberts把二维图像分析推广到三维景物分析，这标志着计算机立体视觉技术的诞生，并在随后的20年中迅速发展成一门新的学科。特别是在20世纪70年代末，Marr等创立的视觉计算理论对立体视觉的发展产生了巨大的影响，现在形成了从图像获取到最终的景物可视表面重建的比较完整的体系。双目立体视觉的相关理论主要有视差理论与频差理论。双目视差是指，人的双眼从稍有不同的两个角度去观察客观的三维世界中的景物，由于几何光学的投影，离观察者不同距离的像点在左右两眼视网膜上不在相同的位置上。这种两眼视网膜上的位置差就称为双目视差，如图5-1所示。

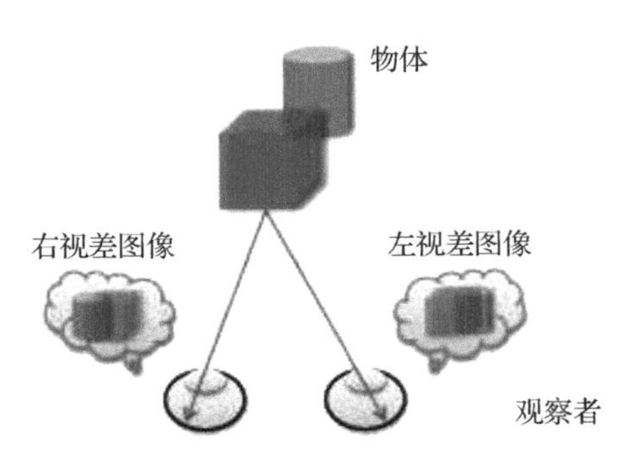

图5-1 双目视差示意图

利用双摄像机从不同角度同时获取周围景物的两幅数字图像，或由单摄像机在不同时刻从不同角度获取周围景物的两幅数字图像，基于视差原理即可恢复出物体的三维几何信息，并重建周围景物的三维形状与位置。利用两摄像机光心与两成像平面上对应投影点连线的交点可确定空间点的三维位置。三维重建的前提：

(1)获得两摄像机间的相对位置关系。

(2)正确建立两幅图像的对应关系。

图5-2所示为简单的平视双目立体成像原理图，两摄像机的投影中心连线的距离(即基线距离)为B。两摄像机在同一时刻观看时空物体的同一特征点P，分别在“左眼”和“右眼”上获取了点P的图像，它们的坐标分别为$P_{\text{left}}=(X_{\text{left}},Y_{\text{left}})$，$P_{\text{right}}=(X_{\text{right}},Y_{\text{right}})$。设定两摄像机的图像在同一平面上，则特征点$P$的图像$y$坐标一定是相同的，即$Y_{\text{left}}=Y_{\text{right}}$。由三角几何关系可以得到如下关系式：

$$\begin{cases} X_{\text{left}} = f\dfrac{x_c}{z_c} \\ X_{\text{right}} = f\dfrac{x_c - B}{z_c} \\ Y = f\dfrac{y_c}{z_c} \end{cases} \tag{5-1}$$

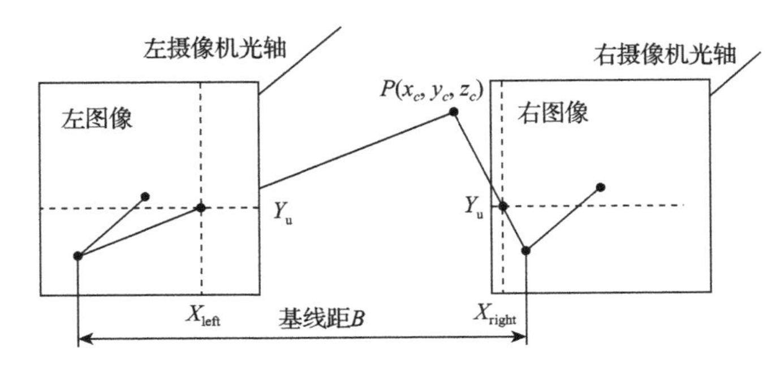

图5-2 双目立体视觉三维测量原理

则视差为$\text{Disparity}=X_{\text{left}}-X_{\text{right}}$，由此可以计算出特征点$P$在摄像机坐标系下的三维坐标：

$$\begin{cases} x_c = \dfrac{BX_{\text{left}}}{\text{Disparity}} \\ y_c = \dfrac{BY}{\text{Disparity}} \\ z_c = \dfrac{Bf}{\text{Disparity}} \end{cases} \tag{5-2}$$

因此，左摄像机像面上的任意一点只要能在右摄像机像面上找到对应的匹配点，就可以完全确定该点的三维坐标。这种方法是点对点的运算，像平面上所有点只要存在相应的匹配点，就可以参与上述运算，从而获取对应的三维坐标。

5.2 立体视觉的基本原理

三维重建是指对三维物体建立适合计算机表示和处理的数学模型，是在计算机环境下对其进行处理、操作和分析性质的基础，也是在计算机中建立表达客观世界的虚拟现实的关键技术。

在分析了最简单的平视双目立体视觉的三维测量原理基础上，现在我们就可考虑一般情况了。如图 5-3 所示，设左摄像机 $O\text{-}xyz$ 位于世界坐标系原点，且没有发生旋转，图像坐标系为 $O_1\text{-}X_1Y_1$，有效焦距为 f_1；右摄像机坐标系为 $O_r\text{-}xyz$，图像坐标系为 $O_r\text{-}X_rY_r$，有效焦距为 f_r。那么根据摄像机的投射模型我们就能得到如下关系式：

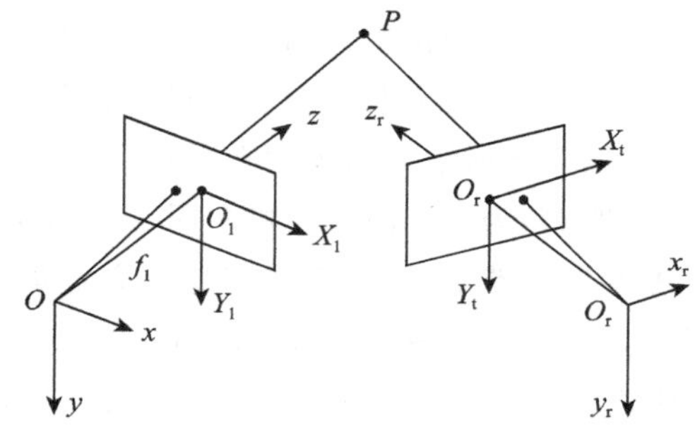

图 5-3　双目立体视觉

$$s_1\begin{bmatrix} X_1 \\ X_1 \\ 1 \end{bmatrix} = \begin{bmatrix} f_1 & 0 & 0 \\ 0 & f_1 & 0 \\ 0 & 0 & 1 \end{bmatrix}\begin{bmatrix} x \\ y \\ z \end{bmatrix} \tag{5-3}$$

$$s_r\begin{bmatrix} X_r \\ X_r \\ 1 \end{bmatrix} = \begin{bmatrix} f_r & 0 & 0 \\ 0 & f_r & 0 \\ 0 & 0 & 1 \end{bmatrix}\begin{bmatrix} x_r \\ x_r \\ z_r \end{bmatrix} \tag{5-4}$$

$O\text{-}xyz$ 坐标系与 $O_r\text{-}x_ry_rz_r$ 坐标系之间的位置关系可通过空间转换矩阵 $\boldsymbol{M}_{lr}$ 表示为：

$$\begin{bmatrix} x_r \\ x_r \\ z_r \end{bmatrix} = \boldsymbol{M}_{lr}\begin{bmatrix} x \\ y \\ z \\ 1 \end{bmatrix} = \begin{bmatrix} r_1 & r_2 & r_3 & t_x \\ r_4 & r_5 & r_6 & t_y \\ r_7 & r_8 & r_9 & t_z \end{bmatrix}\begin{bmatrix} x \\ y \\ z \\ 1 \end{bmatrix}, \quad \boldsymbol{M}_{lr} = [\boldsymbol{R}|\boldsymbol{T}] \tag{5-5}$$

同理，对于 $O\text{-}xyz$ 坐标系中的空间点，两个摄像机面点之间的对应关系可以表示为：

$$\rho_r\begin{bmatrix} X_r \\ Y_r \\ 1 \end{bmatrix} = \begin{bmatrix} f_rr_1 & f_rr_2 & f_rr_3 & f_r\,t_x \\ f_rr_4 & f_rr_5 & f_rr_6 & f_r\,t_y \\ r_7 & r_8 & r_9 & t_z \end{bmatrix}\begin{bmatrix} xX_1/f_1 \\ yX_1/f_1 \\ z \\ 1 \end{bmatrix} \tag{5-6}$$

于是，空间点的三维坐标可以表示为：

$$
\begin{cases}
x = zX_1/f_1 \\
y = zX_1/f_1 \\
z = \dfrac{f_1(f_r t_x - X_r t_z)}{X_r(r_7X_1 + r_8Y_1 + f_1r_9) - f_r(r_1X_1 + r_2Y_1 + f_1r_3)} \\
\quad = \dfrac{f_1(f_r t_y - Y_r t_z)}{Y_r(r_7X_1 + r_8Y_1 + f_1r_9) - f_r(r_4X_1 + r_5Y_1 + f_1r_6)}
\end{cases}
\tag{5-7}
$$

因此，只要我们通过计算机标定技术获得左右计算机的内部参数/焦距 f_r、f_1和空间点在左右摄像机中的图像坐标，就能够重构出被测点的三维空间坐标。基于立体视觉的三维重建流程如图 5-4 所示。

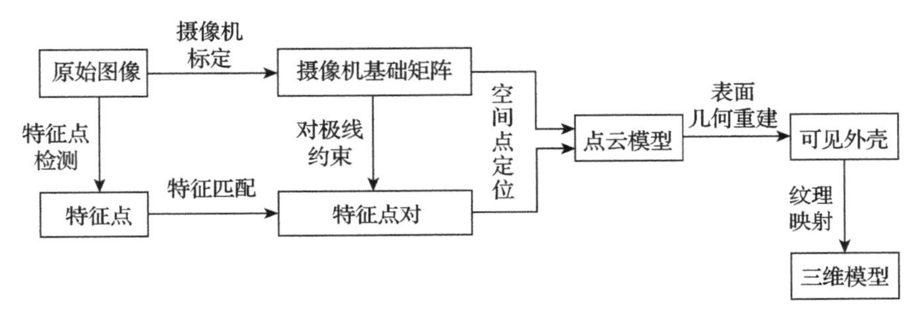

图 5-4　基于立体视觉的三维重建流程

Roberts 首次提出了基于摄像机等被动视觉传感器计算场景的三维结构信息的理论。之后许多学者在此基础上进行了研究，提出了不同的三维重建系统。但早期的三维重建系统恢复出的三维结构完整度非常低，通常只能重建出单个视角的场景三维结构，模型质量也并不高。

Pollefeys 等人提出了一种针对城市场景的实时三维重建系统。这种方法与之前的三维重建系统不同，使用图像数据和同步采集的 GPS 数据定位摄像机在场景中的位置，定位算法应用卡尔曼滤波器处理视觉里程计的定位结果和 GPS 的测量数据，如图 5-5 所示。针对城市场景中平面三维结构较多的特点，利用平面先验信息恢复场景的三维结构。同时为保证实时性，系统基于并行处理单元(GPU)设计加速三维重建过程。这种方法对平面先验依赖较强，在平面结构较多的场景中效果很好，但不适用于曲面较多或形状复杂的场景。

Vogiatzis 等人从概率角度对实时三维重建问题进行了建模，引入了 SLAM (Simultaneous Localization And Mapping)的思路解决实时三维重建问题，如图 5-6 所示。和 SLAM 相同，这种方法将空间三维结构表示为离散的点云，首先给出场景初始的点云分布。在摄像机运动的过程中基于贝叶斯推断出更新的三维点云。与基于特征点的 SLAM 算法不同，这种方法每次更新三维点云时遍历整幅图像并更新所有可视的三维点云，计算量远高于 SLAM 算法。为解决这一问题，基于高性能的并行处理单元设计了并行更新算法。这种方法对于场景的纹理要求非常高，在纹理相对较弱的场景中重建完整度不高。此外该算法运行前需已知点云先验位置，这限制了这种方法的实用性。

图 5-5 Photo Tourism 重建效果

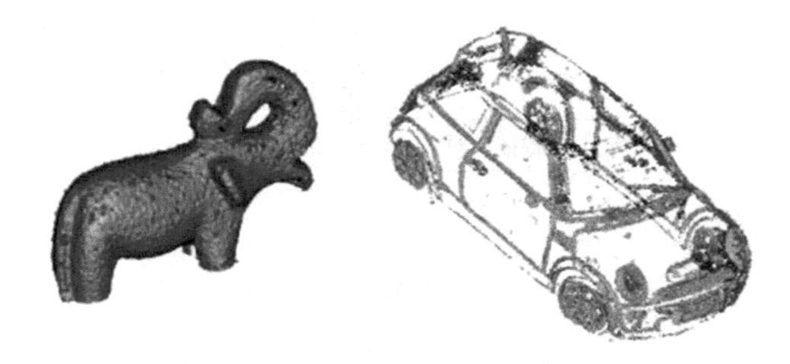

图 5-6 基于概率的实时三维重建效果

Furukawa 等人提出了一种基于多视角约束的三维重建方法。这种方法考虑由在不同视角下拍摄的多幅图像之间相对位置关系产生的几何约束，重建出的场景三维模型完整度很高，许多研究者在此基础上对这种方法进行了改进。上述方法计算量非常大，只能以离线方式运行，但其理论对实时三维重建研究有重要参考价值。

随着计算机性能的提升，并行处理单元的运算能力呈指数级增长，为更复杂的算法提供了硬件支持。Newcombe 等人提出了一种基于多视角约束的实时三维重建系统(Dense Tracking and Mapping，DTAM)。针对实时三维重建问题中的三维结构恢复过程，提出了一种基于代价积(cost volume)的三维结构恢复方法。将摄像机视场空间分割成体素网格(voxel)，通过多视角摄像机间的几何约束关系确定共视区域内场景三维结构的体素表示，基于 Primal-Dual 算法构造能量方程并优化三维结构的体素表示以提高三维重建精度。这种方法在桌面场景取得了较好的效果，但复杂的计算使这种方法对计算机硬件提出了很高要求。一些 SLAM 研究者进行了改进，在牺牲重建完整度的前提下降低了算法对于计算机硬件的要求，但也使改进算法不再适用于三维重建，如图 5-7 所示。

Pradeep 等人提出了一种以网络摄像头作为传感器硬件的实时三维重建系统，降低了实时三维重建系统对摄像机的要求。但这种方法仍然对计算机硬件有较高要求，重建系

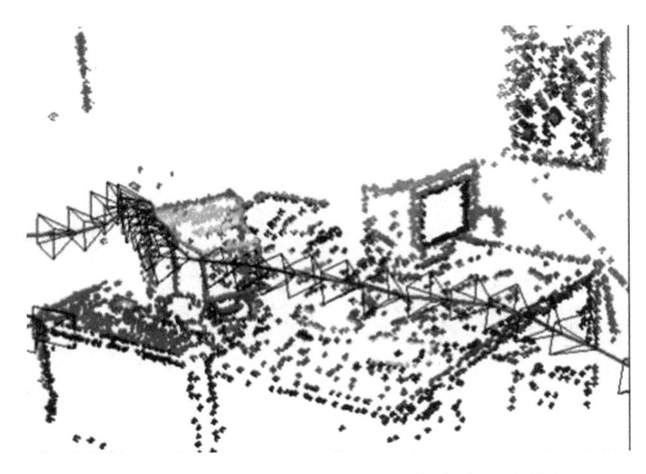

图 5-7 改进 DTAM 的 SLAM 算法的重建结果

统依赖于配备高性能 GPU 的计算机。为降低实时三维重建系统对于计算机硬件的要求和对高性能 GPU 的依赖，一些研究者使用超像素分割的方法对图像进行预处理，提取出的超像素作为基本单元用于场景三维结构的计算。这种方法假设超像素与三维场景中的三维平面相对应，通过平面拟合的方法计算场景的三维结构。基于超像素的平面拟合方案有效降低了实时三维重建系统的计算量，但也使算法不再适用于 GPU 并行化计算。因此这种方法为保证实时性，一般基于多核中央处理器(CPU)指令集进行优化。这增加了系统 CPU 的负担，对计算机的 CPU 硬件提出了更高要求，同时基于平面假设使得上述系统只能在平面较多的室内场景中才能取得较好的效果。

Yang 等人在 Jetson TX2 上开发了一套适用于无人机的实时三维重建系统。Jetson TX2 是英伟达公司开发的嵌入式计算机，其上搭载的 GPU 与主流笔记本上的 GPU 运算能力相当。这种方法利用惯性导航单元和摄像机两种传感器定位无人机位置，基于 GPU 加速的半全局算法重建无人机拍摄场景中的三维结构信息，如图 5-8 所示。考虑到嵌入式计算机搭载的 GPU 性能，这种方法使用半全局算法恢复场景的三维结构，重建的场景三维结构可以满足无人机避障与导航的需求。但对三维重建算法而言，效果并不理想。Schöps 等人在 Jetson TX1 嵌入式计算机上开发了一套实时三维重建系统，这种方法同样使用惯性导航单元和摄像机这两种传感器定位摄像机在场景中的位置，但应用了一种基于多分辨率的深度估计方法，考虑在两个不同视角下原始图像和降采样后图像像素间的约束关系以恢复场景的三维结构。基于多分辨率的方案对于恢复低纹理区域的三维结构有一定帮助，但增加了计算量，因此这种方案同样对 GPU 性能有一定要求。

随着深度学习技术的流行，许多研究者尝试将深度学习技术应用到三维视觉领域。基于深度学习技术从单幅图像中恢复深度是一个热点问题，许多研究者使用由 RGB-D 传感器采集的与彩色图像对应的深度图作为训练数据，取得了一些成果。在此基础上，部分研究者将深度学习技术应用到实时三维重建系统开发中，如图 5-9 所示。基于深度学习的实时三维重建系统对低纹理和无纹理区域中的三维结构的恢复效果优于基于几何的三维重建系统。但基于深度学习的实时三维重建系统的效果受限于训练数据，仅在部分场景中取得了较好的重建效果。同时，在神经网络的训练和运行过程中需要顶级 GPU 硬件的支持，这对计算机硬件提出了更高的要求。

图 5-8 适用于无人机的三维重建系统的重建结果

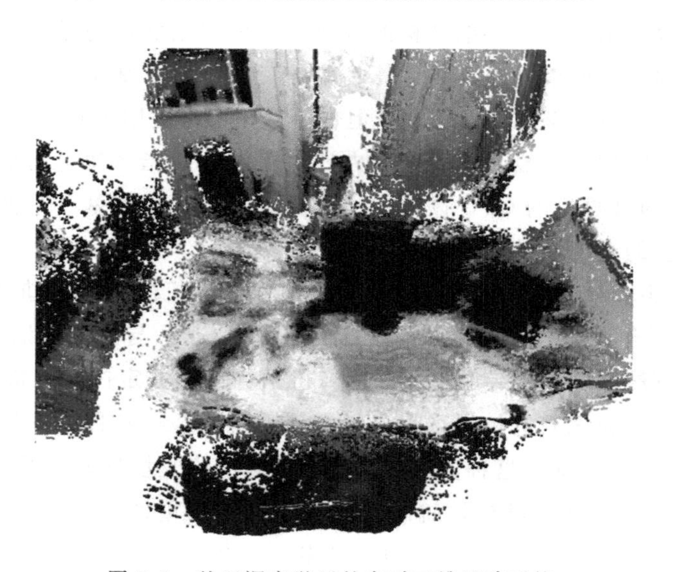

图 5-9 基于深度学习的实时三维重建系统

5.3 三维重建

5.3.1 摄像机标定

成像模型建立的表达式根据给定的现实世界点 $W(X,Y,Z)$ 计算它的像平面坐标(x',y')或计算机图像坐标(M,N)。为利用这些表达式从图像中获取客观场景的信息，需要先确定式(5-3)和式(5-4)中的各个参数(称摄像机参数)。尽管这些参数可以通过直接测量得到，但用摄像机作为测量装置来确定它们通常更为方便。为此需要先知道一组基准点

(它们在对应坐标系中的坐标都已知)，借助这些已知点获取摄像机参数的计算过程常称为摄像机标定(也称为摄像机定标、校准或校正)。

$$M = \lambda \frac{r_1 X + r_2 Y + r_3 Z + T_x}{r_7 X + r_8 Y + r_9 Z + T_z} \frac{\mu M_x}{(1 + kr^2) S_x L_x} + O_m \tag{5-8}$$

$$N = \lambda \frac{r_4 X + r_5 Y + r_6 Z + T_y}{r_7 X + r_8 Y + r_9 Z + T_z} \frac{1}{(1 + kr^2) S_x} + O_n \tag{5-9}$$

摄像机标定要根据一定的程序对不同参数依次进行。

1. 标定原理和程序

先考虑一般的摄像机模型，参考式(5-5)，令 $A=\mathrm{PRT}$，则有 $c_h = AW_h$，

$$c_h = \mathrm{PRT}W_h \tag{5-10}$$

其中 A 中的元素包括了摄像机平移、旋转和投影的参数。如果在齐次表达中令 $k=1$，则可得到

$$\begin{bmatrix} c_{h1} \\ c_{h2} \\ c_{h3} \\ c_{h4} \end{bmatrix} = \begin{bmatrix} a_{11} & a_{12} & a_{13} & a_{14} \\ a_{21} & a_{22} & a_{23} & a_{24} \\ a_{31} & a_{32} & a_{33} & a_{34} \\ a_{41} & a_{42} & a_{43} & a_{44} \end{bmatrix} \begin{bmatrix} X \\ Y \\ Z \\ 1 \end{bmatrix} \tag{5-11}$$

基于前面的讨论，笛卡儿形式的摄像机坐标(仅考虑像平面坐标)为：

$$x = c_{h1}/c_{h4} \tag{5-12}$$

$$y = c_{h2}/c_{h4} \tag{5-13}$$

将上两式代入式(5-11)并展开矩阵积得到：

$$\left.\begin{aligned} xc_{h4} &= a_{11}X + a_{12}Y + a_{13}Z + a_{14} \\ yc_{h4} &= a_{21}X + a_{22}Y + a_{23}Z + a_{24} \\ c_{h4} &= a_{41}X + a_{42}Y + a_{43}Z + a_{44} \end{aligned}\right\} \tag{5-14}$$

其中 c_{h3} 的展开式因其与 z 相关而略去。

将 c_{h4} 代入式(5-14)中的前两个方程，可得到共有12个未知系数的两个方程：

$$(a_{11} - a_{41}x)X + (a_{12} - a_{42}x)Y + (a_{13} - a_{43}x)Z + (a_{14} - a_{44}x) = 0 \tag{5-15}$$

$$(a_{21} - a_{41}x)X + (a_{22} - a_{42}x)Y + (a_{23} - a_{43}x)Z + (a_{24} - a_{44}x) = 0 \tag{5-16}$$

这样标定程序就应包括：1)获得 $M \geqslant 6$ 个具有已知世界坐标 $(X_i, Y_i, Z_i)(i=1,2,\cdots,M)$ 的空间点(实际应用中常取25个以上的点，再借助最小二乘法拟合来减小误差)；2)用摄像机在给定位置拍摄这些点以得到它们对应的像平面坐标 $(x_i, y_i)(i=1,2,\cdots,M)$；3)把这些坐标代入式(5-15)和式(5-16)以解出未知系数。

为实现上述的标定程序，需要获得具有对应关系的空间点和图像点。为精确地确定这些点，常需要利用标定靶，其上有固定的标记点(参考点)图案。最常用的标定靶上有一系列规则排列的正方形图案(类似于国际象棋棋盘)，这些正方形的顶点可作为标定的参考点。如果采用共平面参考点标定的算法，则标定靶是一个平面；如果采用非共平面参考点标定的算法，则标定靶一般是两个正交的平面。

2. 标定参数和步骤

如果考虑通用的成像模型，从客观场景到数字图像的成像变换共分为 4 步，如图 5-10 所示。在这一系列步骤中，每步都有不同的需标定参数。

第 1 步：需标定的参数是旋转矩阵 $\boldsymbol{R}$ 和平移矢量 $\boldsymbol{T}$。

第 2 步：需标定的参数是焦距 λ。

第 3 步：需标定的参数是镜头径向失真系数 k。

第 4 步：需标定的参数是不确定性图像尺度因子 μ。

在图 5-10 中，需标定的摄像机参数可分为摄像机自身参数（如焦距、镜头径向失真系数、不确定性图像尺度因子）和摄像机姿态参数（如摄像机位置和方向或平移、扫视角和倾斜角）。一般称后者为外部参数（在摄像机外部）而前者为内部参数（在摄像机内部）。区分外部参数和内部参数的主要意义是：当用一个摄像机在不同位置和方向获取多幅图像时，摄像机的外部参数对各幅图像可能是不同的，但内部参数不变，所以移动摄像机后只需重新标定外部参数而不必再标定内部参数。

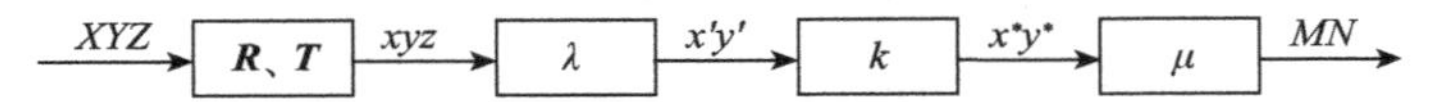

图 5-10　从 3D 世界坐标到计算机图像坐标的 4 步变换和需标定的参数

（1）外部参数。图 5-10 中的第 1 步是从 3D 世界坐标系变换到其中心在摄像机光学中心的 3D 坐标系，需标定 $\boldsymbol{R}$ 和 $\boldsymbol{T}$。矩阵 $\boldsymbol{R}$ 一共有 9 个元素，但实际上只有 3 个自由度，可借助刚体转动的 3 个欧拉角来表示。如图 5-11 所示（这里视线逆 X 轴），其中 XY 平面和平面 xy 的交线 AB 称为节线，AB 和 x 轴间的夹角 θ 是一个欧拉角，称为自转角（也称偏转角），这是绕 z 轴旋转的角。AB 和 X 轴间的夹角 ψ 是另一个欧拉角，称为进动角（也称倾斜角），这是绕 Z 轴旋转的角。Z 和 z 轴间的夹角 ϕ 是第三个欧拉角，称为章动角（也称俯仰角），这是绕节线旋转的角。

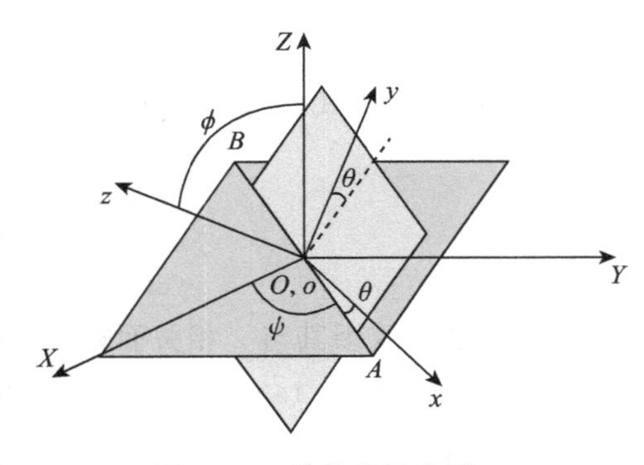

图 5-11　欧拉角示意图

利用欧拉角可将旋转矩阵表示成 θ、ϕ 和 ψ 的函数，如下：

$$\boldsymbol{R}=\begin{bmatrix}\cos\psi\cos\theta & \sin\psi\cos\theta & -\sin\theta \\ -\sin\psi\cos\psi+\cos\psi\sin\theta\sin\phi & \cos\psi\cos\phi+\sin\psi\sin\theta\sin\phi & \cos\theta\sin\phi \\ \sin\psi\sin\phi & -\cos\psi\sin\phi+\sin\psi\sin\theta\cos\phi & \cos\theta\cos\phi\end{bmatrix} \quad (5\text{-}17)$$

这样，共有 6 个独立的外部参数，即 R 中的 3 个欧拉角（θ、ϕ、ψ）和 T 中的 3 个元素 T_x、T_y、T_z。

（2）内部参数。图 5-10 中的后三步是从摄像机坐标系中的 3D 坐标变换到计算机图像坐标系中的 2D 坐标。这里一共有 5 个内部参数需标定：焦距 λ、镜头径向失真系数 k、不确定性图像尺度因子 μ、图像平面原点的计算机图像坐标 O_m 和 O_n。

根据前面的讨论已知，可采用两级(先外部参数，后内部参数)方法对摄像机进行标定(Tsai 1987)。该方法已广泛应用于工业视觉系统，对 3D 测量的精度最好可达 1/4000。标定可分两种情况。如果 μ 已知，标定时只需用到一幅含有一组共面基准点的图像。此时第 1 步计算 $\boldsymbol{R}$ 和 T_x 与 T_y，第 2 步计算 λ、k、T_z。这里因为 k 是镜头的径向失真系数，所以对 $\boldsymbol{R}$ 的计算可不考虑 k。同样，对 T_x 和 T_y 的计算也可不考虑 k，但对 T_z 的计算需考虑 k(T_z 变化带来的图像影响与 k 的影响类似)，所以放在第 2 步。另外如果 μ 未知，标定时需用一幅含有一组不共面基准点的图像。此时第 1 步计算 $\boldsymbol{R}$、T_x 与 T_y，以及 μ，第 2 步仍是计算 λ、k、T_z。

下面讨论具体的标定方法。先计算一组参数 $s_i(i=1,2,3,4,5)$，或 $\boldsymbol{s}=[s_1,s_2,s_3,s_4,s_5]^{\mathrm{T}}$，借助这组参数可进一步算出摄像机的外部参数。设给定 M 个($M \geqslant 5$)已知其世界坐标(X_i，Y_i，Z_i)和对应像平面坐标(x_i，y_i)的点，($i=1,2,\cdots,M$)，可构建一个矩阵 $\mathbf{A}$，其中的行 a_i 可表示为：

$$\boldsymbol{a}_i = [y_iX_i, y_iY_i, -x_iX_i, -x_iY_i, y_i]^{\mathrm{T}} \tag{5-18}$$

再设 s_i 与旋转参数 r_1、r_2、r_4、r_5 和平移参数 T_x、T_y 有如下联系：

$$\boldsymbol{s} = \lfloor r_1/T_y, r_2/T_y, r_4/T_y, r_5/T_y, T_x/T_y \rfloor \tag{5-19}$$

设矢量 $\boldsymbol{u}=[x_1,x_2,\cdots,x_M]$，则由线性方程组

$$\mathbf{A}\boldsymbol{s} = \boldsymbol{u} \tag{5-20}$$

可解出 $\boldsymbol{s}$。然后可根据下列步骤计算各个旋转和平移参数。

(1)设 $S=s_1^2+s_2^2+s_3^2+s_4^2$，计算

$$T_y^2 = \begin{cases} \dfrac{S-[S^2-4(s_1s_4-s_2s_3)^2]^{1/2}}{2(s_1s_4-s_2s_3)^2}, (s_1s_4-s_2s_3) \neq 0 \\ \dfrac{1}{s_1^2+s_2^2}, s_1^2+s_2^2 \neq 0 \\ \dfrac{1}{s_3^2+s_4^2}, s_3^2+s_4^2 \neq 0 \end{cases} \tag{5-21}$$

(2)设 $T_y=(T_y^2)^{1/2}$，即取正的平方根，计算

$$r_1 = s_1T_y, r_2 = s_2T_y, r_4 = s_3T_y, r_5 = s_4T_y, T_x = s_5T_y \tag{5-22}$$

(3)选一个世界坐标为(X,Y,Z)的点，要求其像平面坐标(x,y)与图像中心较远，计算

$$P_X = r_1X + r_2Y + T_x \tag{5-23}$$

$$P_Y = r_4X + r_5Y + T_y \tag{5-24}$$

这相当于将算得的旋转参数应用于点(X,Y,Z)中的 X 和 Y。如果 P_X 和 x 的符号一致，且 P_Y 和 y 的符号一致，则说明 T_y 已有正确的符号，否则对 T_y 取负。

(4)现在可计算其他旋转参数。

$$r_3 = (1-r_1^2-r_2^2)^{1/2}, r_6 = (1-r_4^2-r_5^2)^{1/2}, r_7 = \frac{1-r_1^2-r_2r_4}{r_3}$$

$$r_8 = \frac{1 - r_5^2 - r_2 r_4}{r_6}, r_7 = (1 - r_3 r_7 - r_6 r_8)^{1/2} \tag{5-25}$$

注意：如果 $r_1 r_4 + r_2 r_5$ 的符号为正，则 r_6 要取负，而 r_7 和 r_8 的符号要在计算出焦距 λ 后调整。

(5)建立另一组线性方程来计算焦距 λ 和 z 方向的平移参数 T_z。可先构建一个矩阵 $\boldsymbol{B}$，其中的行 $\boldsymbol{b}_i$ 可表示为：

$$\boldsymbol{b}_i = \lfloor r_4 X_i + r_5 Y_i + T_y, y_i \rfloor^{\mathrm{T}} \tag{5-26}$$

式中，$\lfloor \cdot \rfloor$ 表示向下取整。

设矢量 $\boldsymbol{v}$ 的行 v_i 可表示为：

$$v_i = (r_7 X_i + r_8 Y_i) y_i \tag{5-27}$$

则由线性方程组

$$\boldsymbol{Bt} = \boldsymbol{v} \tag{5-28}$$

可解出 $\boldsymbol{t} = [\lambda, T_z]$。注意这里得到的仅是对 $\boldsymbol{t}$ 的估计。

(6)如果 $\lambda < 0$，要使用右手坐标系统，需将 r_3、r_6、r_7、r_8、λ 和 T_z 取负。

(7)利用对 $\boldsymbol{t}$ 的估计来计算镜头径向失真系数 k，并改进对 λ 和 T_z 的取值。这里使用由式(5-29)到式(5-33)表示的失真模型。

$$x^* = x' - R_x \tag{5-29}$$

$$y^* = y' - R_y \tag{5-30}$$

$$R_x = x^* (k_1 r^2 + k_2 r^4 + \cdots) \approx x^* k r^2 \tag{5-31}$$

$$R_y = y^* (k_1 r^2 + k_2 r^4 + \cdots) \approx y^* k r^2 \tag{5-32}$$

$$r = \sqrt{x^{*2} + y^{*2}} \tag{5-33}$$

利用包含失真的透视投影方程，可得到如下非线性方程：

$$\left\{ y_i (1 + k r^2) = \lambda \frac{r_4 X_i + r_5 Y_i + r_6 Z_i + T_y}{r_7 X_i + r_8 Y_i + r_9 Z_i + T_z} \right\}, i = 1, 2, \cdots, M \tag{5-34}$$

用非线性回归方法解上述方程即可得到 k、λ 和 T_z 的值。

5.3.2　机器人手眼标定

在将机器视觉应用于机器人技术中时，经常将摄像机固定在机器人手臂的末端执行器上，其目的是当机器人的末端执行器(即机器人的手爪)在执行某个任务(如抓取工件)时，由摄像机测定末端执行器与工件的相对位置。这种配置相当于将“眼”放在“手”上，这与人和动物不相同。其原因是人与动物的眼睛有一个很好的转动机制，当人去抓取物体时，眼睛可以注视人手的位置并判断手与物体的相对位置。而机器人要做到这一点则需给摄像机配置一个灵活的转动平台以跟踪机器人手爪的位置，做到这一点比较复杂。为此，如果把摄像机安装在机器人的手爪上，则手爪移动到哪儿，摄像机就能跟着移动到哪儿，并测定手爪与目标物的相对位置。由于机器人控制器可以将手爪平台控制到任意方位，以使手爪处于能抓取物体的姿态与位置。当手爪还没有达到这个方位时，机器人必须知道物体相对于平台坐标系的位置，这个相对位置应由摄像机测量出来。将物体坐标系看作世界坐标系，物体相对于摄像机坐标系的位置就是摄像机的外部参数，可用摄像机定标方法求得。假如还知道摄像机坐标系相对于平台坐标系的方位，摄像机所测量的物体相对于摄像机坐标系的方位就可以转换成相对于平台的方位，即为机器人所需要的数据。下面定量地描述上述问题。如果 C_{obj} 为空间某物体的坐标系，C_c 为摄像机坐标系，C_e 为机器人手爪平台坐标系，则可以用摄像机定标的方法测量 C_c 与 C_e 的相对位置。为了知道 C_e 与 C_{obj} 的相对位置，就必须知道 C_e 与 C_c 之间的相对位置，这里用 $\boldsymbol{R}$ 与 $\boldsymbol{t}$ 表示该相对位置。由于摄像机是固定在手爪平台上的，因此，一旦固定，$\boldsymbol{R}$ 与 $\boldsymbol{t}$ 就是常量。但由于无法用人眼看到摄像机坐标系，因此 $\boldsymbol{R}$ 与 $\boldsymbol{t}$ 必须由定标的方法来计算。这种定标称为机器人手眼标定。

机器人手眼标定的基本思路是控制机器人手爪在不同的位置，观察空间中一个已知的标定参考物，从而推导 $\boldsymbol{R}$ 和 $\boldsymbol{t}$ 与多次观察结果的关系。

在以下的叙述中，用 $\boldsymbol{A}$、$\boldsymbol{B}$、$\boldsymbol{C}$、$\boldsymbol{D}$、$\boldsymbol{X}$ 表示 4×4 矩阵，分别描述某两个坐标系之间的相对方位。如果这两个坐标系之间的相对方位由旋转矩阵 $\boldsymbol{R}_a$ 与平移向量 $\boldsymbol{t}_a$ 描述，则

$$\boldsymbol{A}=\begin{bmatrix}\boldsymbol{R}_a & \boldsymbol{t}_a\\ 0^{\mathrm{T}} & 1\end{bmatrix} \tag{5-35}$$

其中，$\boldsymbol{R}_a$ 与 $\boldsymbol{t}_a$ 的下标表示矩阵的名称。在图 5-13 中，C_{obj} 表示定标参照物的坐标系，C_{c1} 与 C_{e1} 表示平台运动前的摄像机坐标系与平台坐标系，C_{c2} 与 C_{e2} 表示运动后的这两个坐标系。在 C_{c1} 与 C_{c2} 两个位置上分别用定标块对摄像机定标，从而求出其内外部参数，其中外部参数(即摄像机在 C_{c1} 与 C_{c2} 两个位置上与 C_{obj} 的相对方位)，用 $\boldsymbol{A}$ 与 $\boldsymbol{B}$ 表示。由此，如果 $\boldsymbol{C}$ 表示 C_{c1} 与 C_{c2} 之间的相对方位(即摄像机由 C_{c1} 运动到 C_{c2} 时的旋转与平移)，则 $\boldsymbol{C}=\boldsymbol{A}\boldsymbol{B}^{-1}$。可见在 C_{c1} 与 C_{c2} 两个位置上分别用定标块对摄像机定标，求出 $\boldsymbol{A}$ 与 $\boldsymbol{B}$ 后，$\boldsymbol{C}$ 即为已知矩阵。

再看 C_{e1} 与 C_{e2} 间的相对方位。由于平台的运动是由机器人控制的，因此其运动参数可由机器人的控制器读出，是已知参数(用矩阵 $\boldsymbol{D}$ 表示)。由于摄像机在运动前后都固定在平台上，可见如 C_{c1} 与 C_{e1} 之间的相对方位为 X(X 即手眼定标参数)，则 C_{c2} 与 C_{e2} 之间的相对方位也是 X。设空间某点 P 在以上 4 个坐标系 C_{c1}、C_{c2}、C_{e1}、C_{e2} 下的坐标分别为 P_{c1}、P_{c2}、P_{e1}、P_{e2}，则有如下关系：

$$\boldsymbol{P}_{c1}=\boldsymbol{C}\boldsymbol{P}_{c2} \tag{5-36}$$

$$\boldsymbol{P}_{c1}=\boldsymbol{X}\boldsymbol{P}_{e1} \tag{5-37}$$

$$\boldsymbol{P}_{e1}=\boldsymbol{D}\boldsymbol{P}_{e2} \tag{5-38}$$

$$\boldsymbol{P}_{c2}=\boldsymbol{X}\boldsymbol{P}_{e2} \tag{5-39}$$

由式(5-36)与式(5-39)得：

$$\boldsymbol{P}_{c1}=\boldsymbol{C}\boldsymbol{X}\boldsymbol{P}_{e2} \tag{5-40}$$

由式(5-37)与式(5-38)得：

$$\boldsymbol{P}_{c1} = \boldsymbol{XDP}_{e2} \tag{5-41}$$

比较式(5-40)与式(5-41)得到：

$$\boldsymbol{CX} = \boldsymbol{XD} \tag{5-42}$$

式(5-42)为手眼标定的基本方程，其物理依据就是平台移动前后平台与摄像机的相对位置 X 不变。在式(5-42)中，X 是待求参数，$\boldsymbol{C}$ 由两次摄像机定标的外部参数得到，$\boldsymbol{D}$ 由机器人控制器给出。如果将式(5-42)中的 4×4 矩阵分别用相应的旋转矩阵与平移向量写出，则式(5-42)可写成：

$$\begin{bmatrix} \boldsymbol{R}_c & \boldsymbol{t}_c \\ 0^T & 1 \end{bmatrix}\begin{bmatrix} \boldsymbol{R} & \boldsymbol{t} \\ 0^T & 1 \end{bmatrix} = \begin{bmatrix} \boldsymbol{R} & \boldsymbol{t} \\ 0^T & 1 \end{bmatrix}\begin{bmatrix} \boldsymbol{R}_d & \boldsymbol{t}_d \\ 0^T & 1 \end{bmatrix} \tag{5-43}$$

展开式(5-43)得：

$$\boldsymbol{R}_c\boldsymbol{R} = \boldsymbol{RR}_d \tag{5-44}$$

$$\boldsymbol{R}_c\boldsymbol{t} + \boldsymbol{t}_c = \boldsymbol{Rt}_d + \boldsymbol{t} \tag{5-45}$$

在式(5-45)中已知的是 $\boldsymbol{R}_c$、$\boldsymbol{R}_d$、$\boldsymbol{t}_c$、$\boldsymbol{t}_d$，且 $\boldsymbol{R}$、$\boldsymbol{R}_c$、$\boldsymbol{R}_d$ 均为正交单位矩阵，需要求解的是 $\boldsymbol{R}$ 与 $\boldsymbol{t}$。

若在定标过程中，控制机器人末端执行器运动两次，则可以得到下面 4 个关系式：

$$\boldsymbol{R}_{c1}\boldsymbol{R} = \boldsymbol{RR}_{d1} \tag{5-46}$$

$$\boldsymbol{R}_{c1}\boldsymbol{t} + \boldsymbol{t}_{c1} = \boldsymbol{Rt}_{d1} + \boldsymbol{t} \tag{5-47}$$

$$\boldsymbol{R}_{c2}\boldsymbol{R} = \boldsymbol{RR}_{d2} \tag{5-48}$$

$$\boldsymbol{R}_{c2}\boldsymbol{t} + \boldsymbol{t}_{c2} = \boldsymbol{Rt}_{d2} + \boldsymbol{t} \tag{5-49}$$

其中，$\boldsymbol{R}_{c1}$、$\boldsymbol{t}_{c1}$、$\boldsymbol{R}_{c2}$、$\boldsymbol{t}_{c2}$分别为两次运动的参数，由三次摄像机定标得到的外部参数给出；$\boldsymbol{R}_{d1}$、$\boldsymbol{t}_{d1}$、$\boldsymbol{R}_{d2}$、$\boldsymbol{t}_{d2}$由两次运动时机器人控制器给出。这样，由式(5-46)与式(5-48)联合求出 $\boldsymbol{R}$，再将 $\boldsymbol{R}$ 代入式(5-47)与式(5-49)解出 $\boldsymbol{t}$。

综上所述，机器人手眼定标的过程如下。

(1)控制摄像机平台(即机器人末端执行器)从 A 运动到 B，运动前后均对摄像机进行定标，求出其外部参数。从而得到 $\boldsymbol{R}_{c1}$、$\boldsymbol{t}_{c1}$。由控制器读出平台运动参数 $\boldsymbol{R}_{d1}$、$\boldsymbol{t}_{d1}$。由此，得到 $\boldsymbol{R}$ 与 $\boldsymbol{t}$ 的第一组约束(见式(5-46)、式(5-47))。

(2)控制摄像机平台从 B 运动到 C，重复上述过程。得到 $\boldsymbol{R}_{c2}$、$\boldsymbol{t}_{c2}$、$\boldsymbol{R}_{d2}$、$\boldsymbol{t}_{d2}$，并由此得到 $\boldsymbol{R}$ 与 $\boldsymbol{t}$ 的第二组约束(见式(5-48)、式(5-49))。

(3)由式(5-46)与式(5-48)联合求出 $\boldsymbol{R}$。

(4)将 $\boldsymbol{R}$ 代入式(5-47)与式(5-49)解出 $\boldsymbol{t}$。

当执行上述两次运动后 $\boldsymbol{R}_{d1}$ 与 $\boldsymbol{R}_{d2}$ 的旋转轴不互相平行时，解 $\boldsymbol{R}$ 是唯一的；当 $\boldsymbol{R}_{c1}$ 与 $\boldsymbol{R}_{c2}$ 为非单位对角矩阵时(即运动不是纯平移时)，$\boldsymbol{t}$ 也是唯一确定的。

5.3.3　射影几何

我们从简要地介绍基本的记号和射影空间的定义开始。考虑除原点外的$(d+1)$维空间 $R^{d+1}-\{(0,\cdots,0)\}$，定义如下的等价关系：

$$[x_1, \cdots, x_{d+1}]^{\mathrm{T}} \approx [x'_1, \cdots, x'_{d+1}]^{\mathrm{T}}$$
$$\text{iff} \, \exists \alpha \neq 0: [x_1, \cdots, x_{d+1}]^{\mathrm{T}} \equiv \alpha [x'_1, \cdots, x'_{d+1}]^{\mathrm{T}} \tag{5-50}$$

这意味着对于 R^{d+1} 中的两个向量来说，如果存在一个非零尺度使得它们是一样的，那么它们等价。射影空间 P^d 是该等价关系的商空间。可以将它们想象为 R^{d+1} 中经过原点的直线集合。

P^d 中的一个点对应于 R^{d+1} 中无限个平行向量的集合，并由任意一个 R^{d+1} 中的这种向量唯一确定。这种向量称为 P^d 中点的齐次(homogeneous，也称为射影)表示。由于这样的向量只是非零尺度的不同，因此齐次向量代表的是同一个点。这样的尺度通常选取为使向量的最右位置为 1，比如 $[x_1', \cdots, x_d', 1]^{\mathrm{T}}$。我们把齐次向量表示为粗体的向量，比如 $\boldsymbol{x}$。

我们更习惯于一般的点的笛卡儿坐标系表示方法，常称为非齐次坐标系。这些 d 维欧氏空间 R^d 中点的坐标位于 R^{d+1} 中满足 $x_{d+1}=1$ 的平面内。从非齐次向量 R^d 到 P^d 的映射由下式给出：

$$[x_1, \cdots, x_d]^{\mathrm{T}} \rightarrow [x'_1, \cdots, x'_d, 1]^{\mathrm{T}} \tag{5-51}$$

只有点 $[x_1, \cdots, x_d, 0]^{\mathrm{T}}$ 没有对应的欧氏点，但是它们代表了某个特别方向上的无穷远点。将 $[x_1, \cdots, x_d, 0]^{\mathrm{T}}$ 作为 $[x_1, \cdots, x_d, \alpha]^{\mathrm{T}}$ 的一个极限情况来考虑，即对于其射影等价的点 $[x_1/\alpha, \cdots, x_d/\alpha, 1]^{\mathrm{T}}$ 而言，假定为 $\alpha \rightarrow 0$ 时的情况。这对应于欧氏空间 R^d 中在辐射向量 $[x_1/\alpha, \cdots, x_d/\alpha]^{\mathrm{T}} \in R^d$ 方向上的无穷远点。

我们同时介绍一下 P^d 中的超平面齐次坐标。P^d 的一个超平面代表了 $d+1$ 维的向量 $\boldsymbol{a}=[a_1, \cdots, a_{d+1}]^{\mathrm{T}}$，这个超平面上所有的点 $\boldsymbol{x}$ 满足 $\boldsymbol{a}^{\mathrm{T}}\boldsymbol{x}=0$($\boldsymbol{a}^{\mathrm{T}}\boldsymbol{x}$ 代表的是点积)。考虑形如 $\boldsymbol{x}=[x_1, \cdots, x_d, 1]^{\mathrm{T}}$ 的点，有熟悉的公式：$a_1x_1+\cdots+a_dx_d+a_{d+1}=0$。

这是因为该超平面是由上面 d 个不同的点定义的，这些点用向量 $\boldsymbol{x}_1, \cdots, \boldsymbol{x}_d$ 表示。上面的公式代表了向量 $\boldsymbol{a}$ 与向量 $\boldsymbol{x}_1, \cdots, \boldsymbol{x}_d$ 是正交的。向量 $\boldsymbol{a}$ 是可以计算出来的，比如用 SVD。对称地，d 个不同的超平面向量 $\boldsymbol{a}_1, \cdots, \boldsymbol{a}_d$ 的交点是与它们正交的向量 $\boldsymbol{x}$。在计算机视觉中，有两个有趣的特殊例子，如下所示。

(1)投影平面 P^2。我们将把 P^2 中的点记为 $\boldsymbol{u}=[u, v, w]^{\mathrm{T}}$，把 P^2 中的线(超平面)记为 l。

我们用叉积表示在 P^2 中的并和交的公式：通过两个点 x 和 y 的线用 $l=x \times y$ 表示，通过两条直线 l 和 m 的交点用 $x=l \times m$ 表示。

(2)投影三维空间 P^3。我们把 P^3 中的点记为 $\boldsymbol{X}=[X, Y, Z, W]^{\mathrm{T}}$。

在 P^3 中，超平面变为平面，并且多了一种在投影平面中不存在的情况：3D 的线。P^3 中的点和平面可以用优美的四维向量的齐次表达式给出，但线是不存在这种形式的。3D 的线既可以用它上面的两个点表示(但是这样的表达不唯一)，也可以用(Grassmann-)Plücker 矩阵表示。

图 5-12 用图体现了如何将投影空间 P^2 想象为 R^3 中的线。平面 π 满足等式 $x_3=1$。R^3 中的一条线代表 P^2 中的一个点。R^3 里通过原点 O 的平面对应于 P^2 中的一条线。

在投影空间中，点和超平面之间显然的对称性用对偶(duality)的概念进行形式化：在 P^d 中有关点和超平面成立的定理，当"点""超平面""位于"和"通过"分别被"超平面""点""通过"和"位于"替换后，仍然成立。

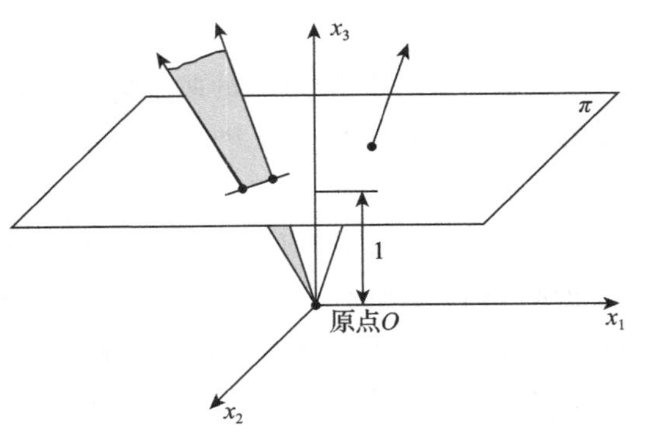

图 5-12　P^2 投影空间的图示

单应性(homography)，也认为是共线(co-lineation)或投影变换(projective transformation)，是 $P^d \to P^d$ 的映射，在嵌入空间 R^{d+1} 中是线性的。也就是说，单应性在相差一个尺度意义下给定，写为：

$$\boldsymbol{u}' = \boldsymbol{H}\boldsymbol{u} \tag{5-52}$$

其中 $\boldsymbol{H}$ 是 $(d+1)\times(d+1)$ 的矩阵。这个变换将任何共线的三元组映射到共线的三元组上(因此，它的一个名字为共线)。如果 $\boldsymbol{H}$ 是非奇异的，那么不同的点映射到不同的点上。图像的 2D 齐次映射的一个例子见图 5-13。

a)

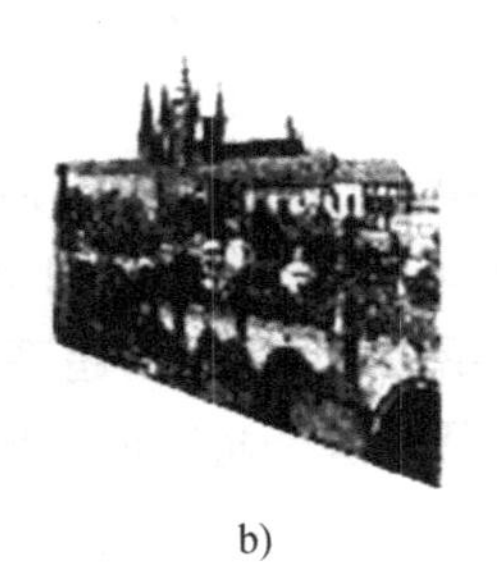

b)

图 5-13　图像 b 是图像 a 的投影变换

超平面的投影变换形式与点不同。它可以用以下事实推导出来：如果原来的点 $\boldsymbol{u}$ 和超平面 $\boldsymbol{a}$ 是关联的，$\boldsymbol{a}^{\mathrm{T}}\boldsymbol{u}=0$，那么在变换后它们仍然是关联的 $\boldsymbol{a}'^{\mathrm{T}}\boldsymbol{u}'=0$。利用等式(5-52)，我们得到 $\boldsymbol{a}' \approx \boldsymbol{H}^{-\mathrm{T}}\boldsymbol{a}$，其中 $\boldsymbol{H}^{-\mathrm{T}}$ 代表 $\boldsymbol{H}$ 的转置逆矩阵。

在计算机视觉中，单应性在两个简单的例子中出现。1)针孔摄像机里平面场景的投影由 2D 单应性关联。这可以用于将平面场景图像(如建筑物的正面)矫正为前向平行视角。2)由共用一个投影中心的两个针孔摄像机给出的 3D 场景(平面或者非平面)中的两幅图像，是 2D 单应性的。这可以用于将多个图像拼接为全景图。

为了熟悉齐次的记号，用式(5-52)和 $\boldsymbol{H}$ 详细地介绍如何将非齐次 2D 点 $[u,v]^{\mathrm{T}}$(图像中的一个点)逐步地映射为非齐次图像点 $[u',v']^{\mathrm{T}}$ 是有指导意义的。明确地给出各个部分以及尺度，有：

$$\alpha\begin{bmatrix}u'\\v'\\1\end{bmatrix}=\begin{bmatrix}h_{11} & h_{12} & h_{13}\\h_{21} & h_{22} & h_{23}\\h_{31} & h_{32} & h_{33}\end{bmatrix}\begin{bmatrix}u\\v\\1\end{bmatrix} \tag{5-53}$$

我们默认 u'不是无穷远的点，将 u'的第三个坐标写为 1，也就是为了计算$[u',v']^{\mathrm{T}}$，我们需要去掉尺度因子 α，得到如下为人熟知的、不需要齐次坐标的表达式：

$$u'=\frac{h_{11}u+h_{12}v+h_{13}}{h_{31}u+h_{32}v+h_{33}},v'=\frac{h_{21}u+h_{22}v+h_{23}}{h_{31}u+h_{32}v+h_{33}}$$

注意，与这个表达式相比较，表达式(5-52)更简单，并且是线性的，也可以处理 u'是无穷远点的情况。这些都是齐次坐标实际上有优势的地方。

除了共线性和密切相关的相切性外，投影变换的另一个众所周知的不变量是线上的交比。投影变换可以分为一些重要的子类，仿射变换、相似变换和度量变换(又叫欧氏变换)。还有其他的子类，但这几个是计算机视觉中常见的。这些子类通常是对 $\boldsymbol{H}$ 施加约束获得的。除了交比，它们都有额外的不变量。任何单应性可以唯一地分解为 $\boldsymbol{H}=\boldsymbol{H}_{\mathrm{P}}\boldsymbol{H}_{\mathrm{A}}\boldsymbol{H}_{\mathrm{S}}$，其中：

$$\boldsymbol{H}_{\mathrm{P}}=\begin{bmatrix}\boldsymbol{I} & 0\\ a^{\mathrm{T}} & b\end{bmatrix},\quad \boldsymbol{H}_{\mathrm{A}}=\begin{bmatrix}\boldsymbol{K} & 0\\ 0^{\mathrm{T}} & 1\end{bmatrix},\quad \boldsymbol{H}_{\mathrm{S}}=\begin{bmatrix}\boldsymbol{R} & -\boldsymbol{R}\boldsymbol{t}\\ 0^{\mathrm{T}} & 1\end{bmatrix} \tag{5-54}$$

矩阵 $\boldsymbol{K}$ 是上三角矩阵。形如 $\boldsymbol{H}_{\mathrm{S}}$ 的矩阵代表的是欧氏变换。$\boldsymbol{H}_{\mathrm{A}}\boldsymbol{H}_{\mathrm{S}}$ 矩阵代表了仿射变换，如此 $\boldsymbol{H}_{\mathrm{A}}$ 矩阵代表仿射变换中的“纯仿射”子类。也就是说，除此之外，仿射变换剩下来的(更精确的说法是通过因式分解剩下来的)是欧氏(度量)变换。$\boldsymbol{H}_{\mathrm{P}}\boldsymbol{H}_{\mathrm{A}}\boldsymbol{H}_{\mathrm{S}}$矩阵代表了投影变换的整个子类，于是 $\boldsymbol{H}_{\mathrm{P}}$矩阵代表了投影变换的“纯投影”子类。

在分解中，唯一重要的步骤是将一般矩阵 $\boldsymbol{A}$ 分解为一个上三角矩阵 $\boldsymbol{K}$ 和一个旋转矩阵 $\boldsymbol{R}$ 的乘积。对于旋转矩阵(rotation matrix)，意味着该矩阵是正交的($\boldsymbol{R}^{\mathrm{T}}\boldsymbol{R}=\boldsymbol{I}$)并且是无反射(non-reflecting)的($\det(\boldsymbol{R})=1$)。这个可以用 $\boldsymbol{RQ}$ 分解(类似于 $\boldsymbol{QR}$ 分解)得到。

3D 计算机视觉的一个常见任务是利用(点)对应计算单应性。对应(correspondence)的意思是有序的点对集合$\{(u_i,u'_i)\}_{i=1}^{m}$，每一个点对在变换中是对应的。我们不论述如何获得这些对应，它们有可能通过手动输入，也许是通过某个算法计算得到的。

为了计算 $\boldsymbol{H}$，我们必须为 $\boldsymbol{H}$ 和尺度因子 α 解齐次线性方程组：

$$\alpha_i\boldsymbol{u}'_i=\boldsymbol{H}\boldsymbol{u}_i,i=1,\cdots,m \tag{5-55}$$

这个方程组有 $m(d+1)$个等式和 $m+(d+1)^2-1$ 个未知量，有 m 个 α_i，$\boldsymbol{H}$ 有$(d+1)^2$个分量，而-1 确保在相差一个整体尺度因子的情况下可以确定 $\boldsymbol{H}$。因此，可以看出，我们需要 $m=d+2$ 个对应来唯一确定 $\boldsymbol{H}$(在相差一个尺度因子意义下)。

有时，对应形成了退化构造(degenerate configuration)，这意味着即使当 $m\geqslant d+2$ 时，$\boldsymbol{H}$ 也不能唯一确定。如果没有 d 个点 $\boldsymbol{u}_i$ 在一个超平面上，同时也没有 d 个 $\boldsymbol{u}'_i$在一个超平面上，该构造就是一种非退化的。

当有 $d+2$ 个对应时，通常由于测量对应时的噪声，方程组(5-55)没有解，因此，求解线性方程组的简单任务变成一个更难的任务：参数模型的最优参数估计。这里，我们不再求解式(5-55)，而是从概率角度出发，最小化合适的准则。

这里描述的估计方法不局限于单应性。它们是一般的实用方法，不需要改变概念就能直接用到 3D 计算机视觉的一些其他任务中，包括摄像机校准、三角测量、基本矩阵的估计或者三视张量。

概率上最优的方法是最大似然（Maximum Likelihood，ML）概率估计。考虑 $d=2$（即从两幅图像中估计单应）的情况，我们假设非齐次图像点是正态分布的，并且各个分量是独立的，均值分别是$[\hat{u}_i,\hat{v}_i]$和$[\hat{u}'_i,\hat{v}'_i]$，而且是等方差的。在实际中，这个假设通常会得到好的结果。可以证明，ML 估计在最小二乘意义上可最小化重投影误差。也就是说，我们需要解下面这个有 $9+2m$ 个变量的带限制的最小化任务：

$$\min_{\boldsymbol{H},u_i,v_i}\sum_{i=1}^{m}\left[(u_i-\hat{u}_i)^2+(v_i-\hat{v}_i)^2+\left(\frac{[u_i,v_i,1]\boldsymbol{h}_1}{[u_i,v_i,1]\boldsymbol{h}_3}-\hat{u}'_i\right)^2+\left(\frac{[u_i,v_i,1]\boldsymbol{h}_2}{[u_i,v_i,1]\boldsymbol{h}_3}-\hat{v}'_i\right)^2\right] \tag{5-56}$$

这里 $\boldsymbol{h}_i$ 代表的是矩阵 $\boldsymbol{H}$ 的第 i 列，也就是说 $\boldsymbol{h}_1^{\mathrm{T}}\boldsymbol{u}/\boldsymbol{h}_3^{\mathrm{T}}\boldsymbol{u}$ 和 $\boldsymbol{h}_2^{\mathrm{T}}\boldsymbol{u}/\boldsymbol{h}_3^{\mathrm{T}}\boldsymbol{u}$ 是式(5-53)给出的将点 $\boldsymbol{u}$ 用 $\boldsymbol{H}$ 映射得到的非齐次坐标。最小化目标函数就是重投影误差。

这个任务是非线性的、非凸的，一般都有多个局部最小值。一个好的（通常不是全局的）局部最小值可以通过两步计算得到。首先，通过求解虽然在概率上非最优但却更简单的最小化问题，得到初始估计。然后，用局部最小算法计算得到最优 ML 问题的最近局部最小值。这个问题的标准解法是非线性最小二乘 Levenberg-Marquardt 算法。

为了找到一个好的初始估计，但并不是概率上最优的估计，我们将用线性代数中解超定线性方程组的方法解式(5-55)。这就是所谓的最小化代数距离（minimizing the algebraic distance）方法，又称为直接线性变换（direct linear transformation）或者线性估计（linear estimation）。即使接下来不用非线性方法，这种方法也经常能得到令人满意的结果。

齐次坐标点表示为 $\boldsymbol{u}=[u,v,w]^{\mathrm{T}}$。通过人为安排各个分量，可以将式(5-55)重新组织为更适于求解的形式。然而，我们用下面两个技巧，使公式仍然是矩阵形式。

第一个技巧，为了从 $\boldsymbol{\alpha}_i\boldsymbol{u}'_i=\boldsymbol{H}\boldsymbol{u}_i$ 中去掉 $\boldsymbol{\alpha}$，用所有行正交于 $\boldsymbol{u}'$ 的矩阵 $G(\boldsymbol{u}')$ 左乘该等式。使得该等式左边为 0，由于 $G(\boldsymbol{u}')\boldsymbol{u}'=0$，我们得到 $G(\boldsymbol{u}')\boldsymbol{H}\boldsymbol{u}=0$。如果图像中的点形如 $w'=1$（也就是$[u',v',1]^{\mathrm{T}}$），该矩阵可以选择为：

$$G(\boldsymbol{u})=G([u,v,1]^{\mathrm{T}})=\begin{bmatrix}1&0&-u\\0&1&-v\end{bmatrix}=[\boldsymbol{I}\mid-\boldsymbol{u}]$$

这个选择对于 $w'=0$ 是不合适的，因为当 $u'=v'$ 时，$G(\boldsymbol{u}')$是奇异的。因为图像中的点不是直接测量的，而是间接计算的（比如消失点），所以它们中的一些可能在无穷远处，这时这种情况就可能发生。一般情况下能正常工作的选择是 $G(\boldsymbol{u})=S(\boldsymbol{u})$，其中：

$$S(\boldsymbol{u})=S([u,v,w]^{\mathrm{T}})=\begin{bmatrix}0&-w&v\\w&0&-u\\-v&u&0\end{bmatrix} \tag{5-57}$$

叉积矩阵（cross-product matrix）具有如下性质，对于任何 $\boldsymbol{u}$ 和 $\boldsymbol{u}'$，有 $S(\boldsymbol{u})\boldsymbol{u}'=\boldsymbol{u}\times\boldsymbol{u}'$。

第二个技巧，为了重新整理等式 $G(\boldsymbol{u}')\boldsymbol{H}\boldsymbol{u}=0$，使未知量在乘积的最右边，我们用恒等式 $\boldsymbol{A}\boldsymbol{B}\boldsymbol{c}=(\boldsymbol{c}^{\mathrm{T}}\otimes\boldsymbol{A})\boldsymbol{b}$，其中 $\boldsymbol{b}$ 是从矩阵 $\boldsymbol{B}$ 的项中按列优先顺序排列的构建向量，$\otimes$是矩阵的 Kronecker 乘积。应用这个恒等式有：

$$G(\boldsymbol{u}')\boldsymbol{H}\boldsymbol{u} = \lfloor \boldsymbol{u}^{\mathrm{T}} \otimes G(\boldsymbol{u}') \rfloor \boldsymbol{h} = 0$$

其中 $\boldsymbol{h}$ 代表了输入 $\boldsymbol{H}$ 的九维向量$[h_{11}, h_{21}, \cdots, h_{23}, h_{33}]^{\mathrm{T}}$。对 $G(\boldsymbol{u}')=S(\boldsymbol{u}')$，分量形式是：

$$\begin{bmatrix} 0 & -uw & uv' & 0 & -vw' & vv' & 0 & -ww' & wv' \\ uw' & 0 & -uu' & vw' & 0 & -vu' & ww' & 0 & -wu' \\ -uv' & uu' & 0 & -vv' & vu' & 0 & -wv' & wu' & 0 \end{bmatrix} \boldsymbol{h} = \begin{bmatrix} 0 \\ 0 \\ 0 \end{bmatrix}$$

考虑 m 个对应，有：

$$\begin{bmatrix} \boldsymbol{u}_1^{\mathrm{T}} \otimes G(\boldsymbol{u}_1^1) \\ \boldsymbol{u}_1^{\mathrm{T}} \otimes G(\boldsymbol{u}_1^1) \\ \cdots \\ \boldsymbol{u}_1^{\mathrm{T}} \otimes G(\boldsymbol{u}_1^1) \end{bmatrix} \boldsymbol{h} = 0 \tag{5-58}$$

将左手方向的 $3m\times 9$ 矩阵记为 $\boldsymbol{W}$，有 $\boldsymbol{W}\boldsymbol{h}=0$。这个系统是超定的，通常没有解。奇异值分解(Singular Value Decomposition，SVD)能够计算 $\boldsymbol{h}$，满足 $\|\boldsymbol{h}\|=1$ 时最小化 $\|\boldsymbol{W}\boldsymbol{h}\|=1$。

从细节上来说，$\boldsymbol{h}$ 是在奇异值分解 $\boldsymbol{W}=\boldsymbol{U}\boldsymbol{D}\boldsymbol{V}^{\mathrm{T}}$ 中最小奇异值所关联的矩阵 $\boldsymbol{V}$ 中的列。或者，我们可以把 $\boldsymbol{h}$ 当作 $\boldsymbol{W}^{\mathrm{T}}\boldsymbol{W}$ 的最小本征值所关联的本征向量来计算。有报告称这种方法在数值上的精度比 SVD 稍差，但是优点是 $\boldsymbol{W}^{\mathrm{T}}\boldsymbol{W}$ 是 9×9 矩阵，而 $\boldsymbol{W}$ 是 $3m\times 9$ 矩阵。在实际中，这两种方法都有好的结果。

为了得到有意义的结果，向量 $\boldsymbol{u}_i$ 和 $\boldsymbol{u}'_i$ 的分量幅值不能差别太大。比如 $\boldsymbol{u}_i=[500, 500, 1]^{\mathrm{T}}$，这种情况就不合适了。这不是数值精度问题，而是相似的幅值确保了最小化代数距离得到的最小值比较接近式(5-56)的解。计算数学中的一种预处理(preconditioning)可以确保相似的幅值，在计算机视觉中常称为规范化（normalization)。我们解方程组$\overline{\boldsymbol{u}}'_i \simeq \boldsymbol{H}\overline{\boldsymbol{u}}_i$，而不是式(5-55)，其中替换 $\overline{\boldsymbol{u}}_i=\boldsymbol{H}_{\mathrm{pre}}\boldsymbol{u}_i$ 和 $\overline{\boldsymbol{u}}'_i=\boldsymbol{H}'_{\mathrm{pre}}\boldsymbol{u}'_i$。单应性 $\boldsymbol{H}$ 可以用 $\boldsymbol{H}=\boldsymbol{H}'^{-1}_{\mathrm{pre}}\overline{\boldsymbol{H}}\boldsymbol{H}_{\mathrm{pre}}$ 恢复。选择预处理单应性 $\boldsymbol{H}_{\mathrm{pre}}$ 和 $\boldsymbol{H}'_{\mathrm{pre}}$ 使得 $\overline{\boldsymbol{u}}_i$ 和 $\overline{\boldsymbol{u}}'_i$ 有相似的幅值。假定原来的点形如$[u, v, 1]^{\mathrm{T}}$，一个合适的选择是各向异性的尺度伸缩和平移。

$$\overline{\boldsymbol{H}} = \begin{bmatrix} a & 0 & c \\ 0 & b & d \\ 0 & 0 & 1 \end{bmatrix}$$

其中 a、b、c、d 使得预处理点$\overline{\boldsymbol{u}}=[\overline{u}, \overline{v}, 1]^{\mathrm{T}}$ 的均值为 0，方差为 1。

注意从最大似然概率引出的最优化问题(见式(5-56))和线性问题(见式(5-58))的规模的不同。前一个有 $9+2m$ 个变量，后一个只有 9 个变量：对于较大的 m，计算量不同。然而式(5-56)提供的最优化方法可用在实际中。有一些近似方法减少了计算量，但是仍然接近于最优解，比如 Sampson 距离。

通常，我们假定测量的对应被加性高斯噪声所干扰。如果它们包含严重的错误，比如不匹配(mismatch)(见图 5-14)，这种统计模型不再正确，很多方法就可能给出完全没有意义的结果。一个简单的例子是平面中的直线拟合。如果点被加性高斯

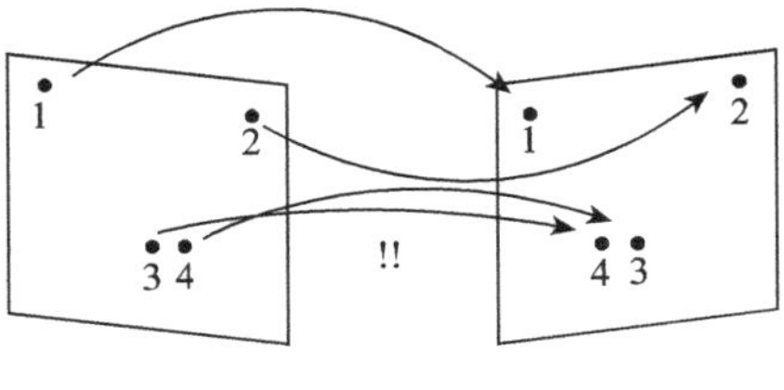

图 5-14　对应中的不匹配

噪声干扰，最小化所有点到线的平方距离和可以得到好的结果，如图 5-15a 所示。但是，如果一个或者更多的点完全错了，使用同样的最小化准则得到的结果会很差，如图 5-15b 所示，这是因为比较远的点对于直线的位置可能有任意大的影响。因为最小二乘估计假设噪声是服从高斯分布的，所以有这样糟糕的结果并不令人惊讶。我们的数据违反了噪声模型。直观上说，最好的方法是忽略较远的点，用剩下的点拟合直线。

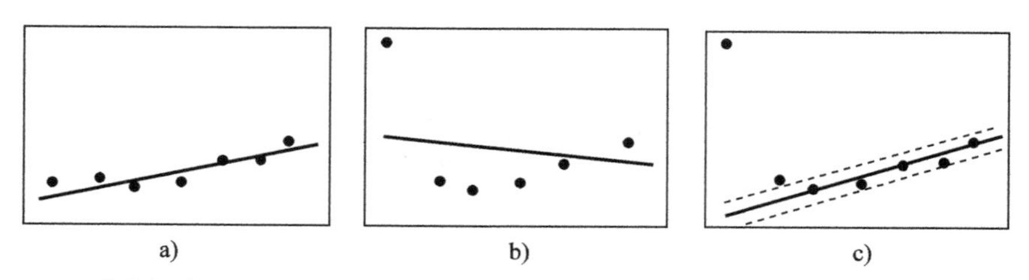

图 5-15　直线拟合时，外点对最小二乘的影响：a)最小二乘拟合；b)有外点的最小二乘拟合；c)忽略最远点的最小二乘拟合

属于一个假定的噪声模型中的点被称为内点(inlier)，否则称为外点(outlier)。设计一个估计器使其对外点不敏感是鲁棒统计(robust statistics)的一部分。

众所周知的鲁棒估计是中值估计和 M-估计。然而，在计算机视觉中，为了鲁棒地拟合参数模型，RANSAC 已经成为标准。

5.3.4　多视图重建场景

我们将考虑如何从多个摄像机投影中计算三维场景点。如果给出了图像点和摄像机矩阵，这个问题就很容易求解，只需要计算三维场景点。如果不知道摄像机矩阵，任务就成了寻找三维点和摄像机矩阵，这样的话问题就相当复杂，这也是多视角几何的主要任务。

假设摄像机矩阵 $\boldsymbol{M}$ 和图像点 $\boldsymbol{u}$ 已知，我们要计算出场景点 $\boldsymbol{X}$。用上标 j 代表不同的图像。假设总共有 n 个视图，因此我们需要求解齐次线性方程组。

$$\boldsymbol{a}^j\boldsymbol{u}^j = \boldsymbol{M}^j\boldsymbol{X}, j = 1,\cdots,n \tag{5-59}$$

这就是熟知的三角测量(triangulation)；这个名字来自射影测量学，它的过程最初是用相似三角形来解释的。

由于式(5-59)是未知量的线性形式，这使得这个问题变得相对容易。它与单应性矩阵估计和利用已知场景标定一个摄像机问题非常类似。

从几何学上看，三角测量是由寻找摄像机图像点的反向投影的 n 条光线的公共交叉点的过程构成的。如果观测量 $\boldsymbol{u}^j$ 和确定量 $\boldsymbol{M}^j$ 没有噪声，那么这些光线就会交于一点，方程组就只有一个解。实际中，这些光线可能并不相交(歪斜)，(超定的)方程组也就无解。

我们可以计算与所有歪斜的光线最近的场景点。对于 $n=2$ 个摄像机，这将简化为在两个光线之间寻找最短线段的中点。然而，这在统计学上只是次优的。正确的方法是使用最大似然估计，从而最小化重投影误差。用$[\hat{u}^j, \hat{v}^j]^{\mathrm{T}}$ 表示非奇次坐标中的图像点，我们求解如下的最优化问题。

$$\min_{\boldsymbol{X}} \sum_{j=1}^{m} \left[\left(\frac{\boldsymbol{m}_1^{j\mathrm{T}} \boldsymbol{X}}{\boldsymbol{m}_3^{j\mathrm{T}} \boldsymbol{X}} - \hat{u}^j \right)^2 + \left(\frac{\boldsymbol{m}_2^{j\mathrm{T}} \boldsymbol{X}}{\boldsymbol{m}_3^{j\mathrm{T}} \boldsymbol{X}} - \hat{v}^j \right)^2 \right] \tag{5-60}$$

其中，$\boldsymbol{M}_i^j$ 表示摄像机 $\boldsymbol{M}^j$ 矩阵的第 i 行。这种形式化假设只有图像点受到噪声的影响，而摄像机矩阵没有。

我们知道，对于这个非凸优化问题会有多个局部最小点，尽管对于 $m=2$ 时存在一个闭合的解，但通常来说是很难求解的。我们首先用线性方法寻找一个初始解，然后通过非线性最小二乘法来求解它。

为了表示线性方法，给公式 $\boldsymbol{u}\approx\boldsymbol{MX}$ 左边乘上 $S(\boldsymbol{u})$，得到 $0\approx S(\boldsymbol{u})\boldsymbol{MX}$，对所有的 n 个摄像头，我们得到方程组：

$$\begin{bmatrix} S(\boldsymbol{u}^1)\boldsymbol{M}^1 \\ \cdots \\ S(\boldsymbol{u}^1)\boldsymbol{M}^1 \end{bmatrix} \boldsymbol{X} = \boldsymbol{WX} = 0 \tag{5-61}$$

通过使用 SVD 最小化代数距离来求解它。

确保 $\boldsymbol{u}^j$ 和 $\boldsymbol{M}^j$ 的分量幅值相差不是很大，这个前提条件是必须的。有时，将 $\boldsymbol{u}\approx\boldsymbol{MX}$ 替换成 $\bar{\boldsymbol{u}}\approx\overline{\boldsymbol{M}}\boldsymbol{X}$ 就已经足够，其中 $\bar{\boldsymbol{u}}=\boldsymbol{H}_{\mathrm{pre}}\boldsymbol{X}$、$\overline{\boldsymbol{M}}=\boldsymbol{H}_{\mathrm{pre}}\boldsymbol{M}$。然而，有些时候它并没有从 $\boldsymbol{M}$ 中移去一些大的差异。这时，我们就需要替换为 $\overline{\boldsymbol{M}}=\boldsymbol{H}_{\mathrm{pre}}\boldsymbol{M}\boldsymbol{T}_{\mathrm{pre}}$，其中 $\boldsymbol{T}_{\mathrm{pre}}$ 是一个合适的 4×4 矩阵，代表一个三维单应性。在这些情况下，现有的确定 $\boldsymbol{H}_{\mathrm{pre}}$ 和 $\boldsymbol{T}_{\mathrm{pre}}$ 的方法没有一种能够适应所有的情况，预处理仍然是一门艺术。

三维直线重建注意事项

有时候，我们需要重建整个几何体而不是一些点。为了从摄像机 $\boldsymbol{M}^j$ 的投影 $\boldsymbol{l}^j$ 中重建出一条三维直线，$\boldsymbol{a}=\boldsymbol{M}^{\mathrm{T}}\boldsymbol{l}$ 中直线 l 的反投影是一个齐次坐标为 $\boldsymbol{a}=\boldsymbol{M}^{\mathrm{T}}\boldsymbol{l}$ 的三维平面。对于没有噪声的观测，这些平面应该相交于一条公共直线。我们用这条直线上的两个点 $\boldsymbol{X}$ 和 $\boldsymbol{Y}$ 来表示它，因此满足 $\boldsymbol{a}^{\mathrm{T}}[\boldsymbol{X}|\boldsymbol{Y}]=[0,0]$。为了确保这两点不重合，我们要求 $\boldsymbol{X}^{\mathrm{T}}\boldsymbol{Y}=0$。相交线通过求解下面的方程获得：

$$\boldsymbol{W}[\boldsymbol{X}|\boldsymbol{Y}] = \begin{bmatrix} (\boldsymbol{l}^1)^{\mathrm{T}}\boldsymbol{M}^1 \\ (\boldsymbol{l}^n)^{\mathrm{T}}\boldsymbol{M}^n \end{bmatrix} [\boldsymbol{X}|\boldsymbol{Y}] = 0, [\boldsymbol{X}|\boldsymbol{Y}] = [0,0]$$

设 $\boldsymbol{W}=\boldsymbol{UDV}^{\mathrm{T}}$ 为 $\boldsymbol{W}$ 的 SVD 解，由 $\boldsymbol{V}$ 对应的两个最小奇异值的列可以获得点 $\boldsymbol{X}$ 和 $\boldsymbol{Y}$。

在线性方法之后可以使用最大似然估计。为了正确地反映进入过程中的噪声，一个好的策略是从观测图像线段的终点(end point)最小化图像重投影错误。

预处理很有必要，因为它确保 $\boldsymbol{l}^j$ 和 $\boldsymbol{M}^j$ 的分量有着相似的幅值。

假设总共有 m 个场景点 $\boldsymbol{X}_i(i=1,\cdots,m)$(通过下标来区分)，有 n 个摄像机 $\boldsymbol{M}^j(j=1,\cdots,n)$(通过上标来区分)。场景点投射到摄像机图像的方程如下。

$$a_i^j \boldsymbol{u}_i^j = \boldsymbol{M}^j \boldsymbol{X}_i, i=1,\cdots,m, j=1,\cdots,n \tag{5-62}$$

其中，第 i 个图像点在第 j 个图像上表示为 $\boldsymbol{u}_i^j$，同时通过上标和下标来区分。

考虑这种情况，当场景点 $\boldsymbol{X}_i$ 和摄像机矩阵 $\boldsymbol{M}^j$ 都不知道时，需要从已知的图像点 $\boldsymbol{u}_i^j$

中把它们计算出来。与三角测量不同，式(5-62)关于未知量是非线性的，没有一种明显的算法可以求解它。

为了能够抵御噪声的影响，一种常见的方法是，通过一组冗余的图像点集来求解它。这样，式(5-62)变为一个超定方程，这使得求解问题变得更加困难。

这个问题通过下面两个步骤来解决。

(1)枚举一个初始的从图像点 $\boldsymbol{u}_i^j$ 中计算摄像机矩阵 $\boldsymbol{M}^j$ 的不太精确的估计。这个过程首先求解一个线性方程组来估计匹配约束(matching constraint)中的系数，然后根据这些系数求解出摄像机矩阵。这就将一个非线性问题转换为一个线性问题，其中不可避免地忽略了 $\boldsymbol{M}^j$ 中各分量之间的一些非线性关系。

(2)这个过程的一个副产品是也可以得到场景点 $\boldsymbol{X}_i$ 的一个初始估计。然后使用最大似然估计(光束平差法)来精确计算 $\boldsymbol{M}^j$ 和 $\boldsymbol{X}_i$。

投影歧义性

不用求解问题(5-62)，就可以很容易地得出关于它的解具有唯一性的一些结论。令 $\boldsymbol{M}^j$ 和 $\boldsymbol{X}_i$ 是(5-62)的一个解，$\boldsymbol{T}$ 是任意一个 3×4 非奇异矩阵。则摄像机 $\boldsymbol{M}'^j=\boldsymbol{M}^j\boldsymbol{T}^{-1}$ 和场景点 $\boldsymbol{X}'_i=\boldsymbol{T}\boldsymbol{X}_i$ 也是一个解，因为：

$$\boldsymbol{M}'^j\boldsymbol{X}'_i=\boldsymbol{M}^j\boldsymbol{T}^{-1}\boldsymbol{T}\boldsymbol{X}_i=\boldsymbol{M}^j\boldsymbol{X}_i \tag{5-63}$$

乘上 $\boldsymbol{T}$ 意味着进行了一个三维投影变换，这个结果可以解释为我们恢复的真实摄像机和三维点无法比相差一个整体上的三维投影变换更精确。任何一个满足式(5-62)的特定解$\{\boldsymbol{M}'^j,\boldsymbol{X}'_i\}$(或者，一个计算过程)都叫作(3D)投影重建(projective reconstruction)。

为了使“相差一个变换 $\boldsymbol{G}$ 的歧义性”意义明确，假设存在一个未知的真实重建(true reconstruction)$\{\boldsymbol{M}'^j,\boldsymbol{X}'_i\}$，我们给出的重建$\{\boldsymbol{M}'^j,\boldsymbol{X}'_i\}$与之相差是属于某确定的变换群 $\boldsymbol{G}$ 中的一个未知变换。这意味着我们知道关于真实场景和真实摄像机的一些知识，但并不是全部。对于投影歧义性这种情况，我们知道如果 $\boldsymbol{X}'_i$ 中的一些点满足一些条件(比如共线)，则 $\boldsymbol{X}_i$ 中对应的点也就是共线的。然而，从投影重建中计算出来的角度、距离或者体积一般来说与真实值是不一样的，这是因为它们对于投影变换不是不变量。

总可以选择一个 $\boldsymbol{T}$ 使得第一个摄像机矩阵有如下简单的形式。

$$\boldsymbol{M}^1=[\boldsymbol{I}|0]=\begin{bmatrix}1&0&0&0\\0&1&0&0\\0&0&1&0\end{bmatrix}$$

这种简单形式通常会使推导过程很容易。为了更明确一些，我们声明：对于任意一个摄像机矩阵 $\boldsymbol{M}$，存在一个单应性矩阵 $\boldsymbol{T}$，使得 $\boldsymbol{M}\boldsymbol{T}^{-1}=[\boldsymbol{I}|0]$，$\boldsymbol{T}$ 可以通过如下方式选取。

$$\boldsymbol{T}=\begin{bmatrix}\boldsymbol{M}\\\boldsymbol{a}^{\mathrm{T}}\end{bmatrix}$$

其中 $\boldsymbol{a}$ 是一个四维向量并使得 $\boldsymbol{T}$ 满秩。我们可以非常方便地选取 $\boldsymbol{a}$ 使得 $\boldsymbol{M}\boldsymbol{a}=0$，即 $\boldsymbol{a}$ 表示投影中心，则 $\boldsymbol{M}=[\boldsymbol{I}|0]\boldsymbol{T}$。这验证了上面的声明。

匹配约束是 n 个视图中一组对应图像点之间满足的关系。它们有以下这些属性：齐次图像坐标的多线性(multilinear)函数一定会消失；这些函数的系数会形成一个多视张量(multiview tensor)。多线性张量的实例是本质矩阵和将要描述的三视张量(trifocal tensor)。(如果函数 $f(x_1,\cdots,x_n)$关于每一个变量 x_i 在其他变量不变的情况下是线性的，那么这个函数就是多线性的。)

令 $\boldsymbol{u}^j$ 是摄像机 $\boldsymbol{M}^j(j=1, \cdots, n)$抓取的图像点。匹配约束要求一个单独的场景点 $\boldsymbol{X}$ 投影到 $\boldsymbol{u}^j$，也就是说，对于所有的 j，$\boldsymbol{u}^j \sim \boldsymbol{M}^j\boldsymbol{X}$。我们知道它可以通过齐次变换矩阵方程(5-61)来表达。

$$\left[\left(\frac{x}{a_1}\right)^{(2/\varepsilon_{\text{vert}})}+\left(\frac{y}{a_2}\right)^{(2/\varepsilon_{\text{vert}})}\right]^{(\varepsilon_{\text{hori}}/\varepsilon_{\text{vert}})}+\left(\frac{z}{a_3}\right)^{(2/\varepsilon_{\text{vert}})}=1 \tag{5-64}$$

注意 $S(\boldsymbol{u})$的行表示了 3 条通过 $\boldsymbol{u}$ 的图像直线，前两条是有限的，最后一条是无限的。通过式(5-64)，矩阵 $S(\boldsymbol{u})\boldsymbol{M}$ 的行表示了 3 个场景平面相交于一条直线上，这条直线就是由 $\boldsymbol{u}$ 通过摄像机 $\boldsymbol{M}$ 反向投影得到的光线。因此，式(5-61)中矩阵 $\boldsymbol{W}$ 的行表示拥有公共点 $\boldsymbol{X}$ 的场景平面。

仅当 $\boldsymbol{W}$ 亏秩情况下，式(5-51)才有一个解，也就是说，它的所有 4×4 子行列式均消失。这也意味着由 $\boldsymbol{W}$ 表示的 $3n\times 4$ 个场景平面中的任意 4 个都有一个公共点。我们把这 4 个平面表示为 a、b、c、d。选择不同的四元组 a、b、c、d 会产生不同的匹配约束。结果表明它们都是多线性的，尽管其中一些需要除以一个公共因子。

两个视图。任何一个四元组 a、b、c、d 包含至少从两个不同视图反向投影过来的平面。不失一般性，令这两个视图为 $j(j=1,2)$。对于 a、b、c 来自视图 1，d 来自视图 2 的情况没有多大意义，因为这 4 个平面始终有一个公共点。因此，令 a、b 来自视图 1，c、d 来自视图 2，如图 5-16 的首行显示的那样(忽略直线的无限部分)。因此，对于这种情况共有 $3^2=9$ 种四元组组合方式。9 个相应行列式中的每一个都可以被一个双线性多项式分开。在分开之后，所有的行列式是相同的，产生一个单独的双线性约束(bilinear constraint)。这就是众所周知的极线约束(epipolar constraint)。

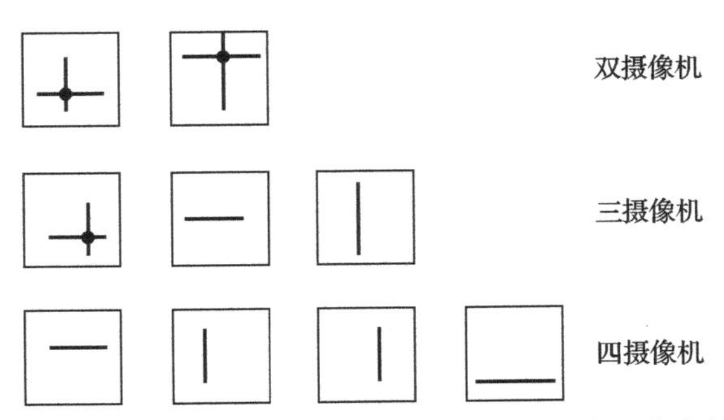

图 5-16　4 个场景平面情况下的双线性、三线性、四线性约束的几何解释

三个视图。令 a、b 来自视图 1，c 来自视图 2，d 来自视图 3，正如图 5-16 中间一行所示的那样。这里总共有 $3^3=27$ 种这样的选择。27 种相应行列式中的每一个都能够被一个双线性多项式分开。分开之后，我们获得 9 个不同的行列式。这些行列式提供了 9 个三线性约束(trilinear constraint)。

我们同样可以选择 $\boldsymbol{c}=(\boldsymbol{M}^2)^{\mathrm{T}}\boldsymbol{l}^2$ 和 $\boldsymbol{d}=(\boldsymbol{M}^3)^{\mathrm{T}}\boldsymbol{l}^3$，其中 $\boldsymbol{l}^2$ 和 $\boldsymbol{l}^3$ 是视图 2 和 3 上的任意直线，且不经过图像点 $\boldsymbol{u}^2$ 和 $\boldsymbol{u}^3$。这可以产生一个单独的三线性点-线-线约束。事实上，这是三线性约束的几何本质。

四个视图。令 a、b、c、d 分别来自视图 1、2、3、4。总共有 $3^4=81$ 种选择，可产生 81 个四线性约束(quadrilinear constraint)。

同样，我们可以不考虑图像点 $\boldsymbol{u}^1$，…，$\boldsymbol{u}^4$，而考虑 4 个一般的图像直线，产生 4 条直线上一个单独的四线性约束。这是四线性约束的几何本质。注意这里的约束并没有要求场景中有一条直线投影到这些图像直线上，只要求有一个场景点投影到这些图像直线上。我们不再深入讨论四视图约束。

5 个或更多个视图。5 个或更多个视图上的匹配约束仅仅是少于 5 个视图约束的并集。

匹配约束的用处主要是它们的系数可以从图像对应中估计出来。对应的图像点(或者直线)确实给这些系数提供了线性约束。

当从图像对应中计算投影重建时，也就是求解关于 $\boldsymbol{X}_i$ 和 $\boldsymbol{M}^j$ 的方程组(见式(5-62))。通常情况下会有远多于最小数目的对应点可用，那么，式(5-62)一般意义下就没有解。与单应性估计类似，我们需要最小化二次投影误差。

$$\min_{\boldsymbol{X}_i,\boldsymbol{M}^j}\sum_{i=1}^{m}\sum_{j=1}^{n}\left[\left(\frac{\boldsymbol{m}_1^j\boldsymbol{X}_i}{\boldsymbol{m}_3^j\boldsymbol{X}_i}-\hat{u}_i^j\right)^2+\left(\frac{\boldsymbol{m}_2^j\boldsymbol{X}_i}{\boldsymbol{m}_3^j\boldsymbol{X}_i}-\hat{v}_i^j\right)^2\right],i=1,2,\cdots,m;j=1,2,\cdots,n \tag{5-65}$$

为了求解这个问题，我们先通过线性方法找一个初始估计，然后使用非线性最小二乘(Levenberg-Marquardt)算法求解。针对这个问题的特殊非线性最小二乘法是来自摄影测量学中的光束平差法(bundle adjustment)。这个不太正式的术语也被用于解决多视角几何中的其他非线性最小二乘问题，比如，单应性估计和三角测量。

对于点数和摄像机数目很多的情况，非线性最小二乘的计算量似乎会很大。然而，在现代的一些精巧实现中使用了稀疏矩阵，这极大地提高了效率。现在，成百上千个点和摄像机的全局光束平差法在一台个人计算机上用几分钟就可以计算出来。

从多个图像对应中计算投影重建还没有一个单独的最好方法，选用的方法非常依赖具体数据。对于视频摄像头获取的图像序列(相邻帧间的位移很小)的投影重建问题所使用的方法，应该和一些我们事先对摄像机位置丝毫不知、从没有规律的图像中计算投影重建的方法不同。

适用于视频序列的一种方法如下。先从两幅图像中估计出本质矩阵并进行投影重建，然后分解出摄像机矩阵，接着通过三角测量计算三维点并进行光束平差法。然后根据已经重建的三维点和第三幅图像中的对应点利用校准法计算第三个摄像机矩阵，接着再次进行光束平差法。最后对于所有后续帧重复执行这个过程。

式(5-63)给出的整体投影歧义性是固有的，在没有附加信息可用的情况下，我们无法去除它。然而，在获得关于真实场景/真实摄像机一些合适的附加信息的基础上，可以提供一些约束来减少求解出的重建和真实重建之间的未知变换类别的范围。

有几种附加信息可以使投影歧义性精确为仿射变换、相似变换或者欧氏变换。使用附加信息来计算相似重建而不是纯粹的投影重建也被称为自校准(self-calibration)，因为这实际上等价于寻找摄像机的内部参数。自校准方法可以分成两类：在摄像机上施加约束和在场景上施加约束。这两类通常都会产生一些非线性问题，每一个都需要使用不同的算法。除了对它们进行分类外，我们不再对其进行详细讨论。在摄像机上施加约束的例子如下所示。

(1)在摄像机校准矩阵 $\boldsymbol{K}$ 中的内部参数上施加约束。

- 若每个摄像机的校准矩阵 $\boldsymbol{K}$ 都已知，则在相差一个整体尺度和一个四重歧义的意义下重建场景。
- 每个摄像机的校准矩阵 $\boldsymbol{K}$ 都未知且都不一样，但是具备下面这个零偏斜(矩形像素)约束形式：

$$\boldsymbol{K}=\begin{bmatrix} f & 0 & -u_0 \\ 0 & g & -v_0 \\ 0 & 0 & 1 \end{bmatrix} \tag{5-66}$$

  当有 3 个或者更多个视图时，我们知道这个问题可以简化为一个纯粹的相似变换。如果进一步用 $f=g$(正方形像素)和 $u_0=v_0=0$(投影中心在图像中心)约束 $\boldsymbol{K}$，算法会变得更简单。对于实际的摄像机，这些约束至少是近似成立的。这种方法在实际中可以很好地工作。
- 每个摄像机的校准矩阵 $\boldsymbol{K}$ 都未知但都相同。理论上，通过 Kruppa 方程可以将歧义性限制为一个相似变换。然而，得到的多项式方程组不稳定且很难求解，以至于这个方法在实际中并不使用。

(2)在摄像机外部参数 $\boldsymbol{R}$ 和 $\boldsymbol{t}$ 上施加约束(也就是摄像机之间的相对运动)。

- 旋转变换 $\boldsymbol{R}$ 和平移变换 $\boldsymbol{t}$ 均已知。
- 仅旋转变换 $\boldsymbol{R}$ 已知。
- 仅平移变换 $\boldsymbol{t}$ 已知。

场景约束可以被理解成在场景中指定足够数量的合适的不变量，从而允许对应的变换群的重建。场景上施加约束的例子如下所示。

(1)最简单的情况，至少指定图像中可以识别的 5 个场景点的三维坐标(没有 4 个点共面)。将这 5 个点表示为 $\boldsymbol{X}_i$，对应的重建点为 $\boldsymbol{X}_i(i=1,\cdots,5)$。求解方程 $\boldsymbol{X}'_i=\boldsymbol{T}\boldsymbol{X}_i$。

(2)仿射不变量可能足以将歧义性由投影变换限制为仿射变换。这等同于在 p^3 上计算一个特殊场景平面，无穷远平面(plane at infinity)上的平行线和平面都相交。因此，我们可以指定直线上特定的长度或者场景中特定的平行直线。

(3)相似或者度量不变量可能足以将歧义性由投影变换或仿射变换限制为相似变换或度量变换。这等同于在无穷远平面上计算一个特殊的(复杂的)圆锥曲线，这称为绝对圆锥曲线(absolute conic)。指定一个合适的角度或者距离集合就可以满足这种情况。

在人造环境中，可以使用消失点(vanishing point)。这些点处于无穷远处，指定了场景中互相正交的方向(通常有三个，一个在垂直方向上，两个在水平方向上)。

5.3.5　双目摄像机与多目摄像机

立体视觉从两个或多个视点去观察同一场景，采集不同视角下的一组图像，然后通过三角测量原理获得不同图像中对应像素间的视差(即从同一个 3D 点投影到两幅 2D 图像上时，两个对应点在图像上位置的差)，从中获得深度信息，进而计算场景中目标的形状和它们之间的空间位置等。立体视觉的工作过程与人类视觉系统的感知过程有许多类似之处，事实上，人类视觉系统就是一个天然的立体视觉系统。利用电子设备，计算机的人工立体视觉可借助双目图像或三目图像及多目图像来实现。

通过比较可能的匹配点周围的灰度情况，相关(correlation)方法可以找到像素级的图像对应。具体来说，让我们考虑一个校正过的图像对以及第一幅图像中的一个点(u,v)。设以(u,v)为中心，大小为 $p=(2m+1)\times(2n+1)$的窗口对应这样一个向量 $\boldsymbol{w}(u,v)\in R^p$，该向量是通过扫描窗口的每一行数值而获得(实际上扫描顺序不重要只要这个顺序是固定的)的。已知在第二幅图像中存在一个匹配点$(u+d,v)$，那么可以建立第二个向量 $\boldsymbol{w}'(u+d,v)$并定义相应的归一化相关函数(normalized correlation function)。

$$C(d)=\frac{1}{|\boldsymbol{w}-\overline{\boldsymbol{w}}|}\frac{1}{|\boldsymbol{w}'-\overline{\boldsymbol{w}}'|}[(\boldsymbol{w}-\overline{\boldsymbol{w}})(\boldsymbol{w}'-\overline{\boldsymbol{w}}')]$$

为了简便起见，其中索引 u、v 和 d 被省略，$\bar{a}$代表 a 的均值(如图 5-17 所示)。

很明显，归一化相关函数 C 的范围为$-1\sim+1$。当两个窗口亮度值之间的关系形成仿射变换时(即 $I'=\lambda I+\mu$，其中 λ 和 μ 为常数且$\lambda>0$)，归一化相关函数达到最大值。换句话说，当两个图像块相差一个偏移常量和一个比例因子时，该函数达到最大值。立体匹配可以通过在一定视差范围内寻找 C 函数的最大值来获得。

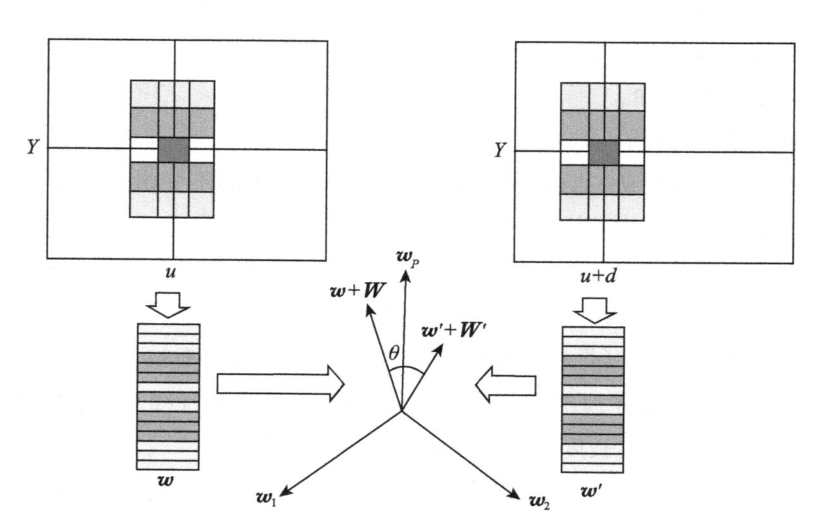

图 5-17　沿着相应的外极线，两个 3×5 大小窗口的相关过程

这里让我们讨论一下基于相关的方法。首先，我们可以容易获知最大化归一化相关函数等价于将下式最小化：

$$\left|\frac{1}{|w-\overline{w}|}(w-\overline{w})-\frac{1}{|w'-\overline{w}'|}(w'-\overline{w}')\right|^2$$

或等价于将经过归一化的两个窗口像素值的平方差最小化。其次，尽管在一定视差范围内计算每个像素的归一化相关函数值的计算量非常大，但是通过迭代技术可以有效地实现。最后，用于建立立体对应的基于相关的方法的最主要问题是，它隐含地假设了被观测表面(局部的)平行于两个图像平面(见图 5-18)。

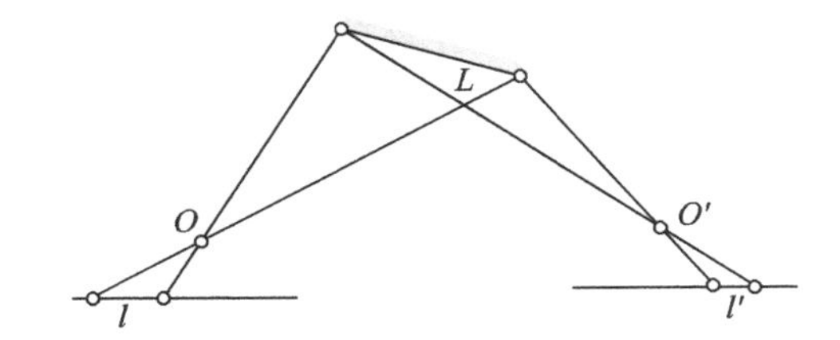

图 5-18　一个(倾斜)表面的透视缩略图由摄像机的位置决定($l/L\neq l'/L$)

这里我们推荐一个两步算法，首先用初始估计的视差扭转相关窗口以补偿两幅图像中由于透视效果造成的不均衡。图 5-19 给出了一个例子，其中对于图 5-19a 中的每一个矩形，利用矩形中心的视差及变化率，在图 5-19b、c 中定义了扭转窗口。利用最优化方法找到合适的视差值及变化率，使得图 5-19a 所示矩形和图 5-19b、c 窗口之间的相关函数达到最大值，图 5-19b、c 中的值通过插值法获得。

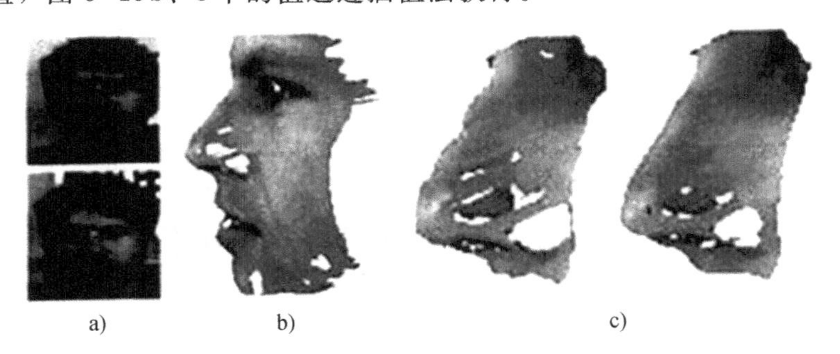

图 5-19　基于相关的立体匹配

倾斜的表面给基于相关的方法带来了问题。这些争论指出，应在多个尺度上寻求图像中的对应关系，(很可能存在的)明显的图像特征(如边缘上的匹配)，要比在未经加工的像素灰度上的匹配更可靠，如下列算法所示。

多尺度双目融合算法。

(1)用$\nabla^2 G_\sigma$和(校正过的)两幅图像进行卷积，卷积核的标准方差递增，即 $\sigma_1<\sigma_2<\sigma_3<\sigma_4$。

(2)沿着卷积图像的水平扫描线找到 Laplacian 过零点。

(3)对于每个滤波器的尺度 σ，在$[-w_\sigma, +w_\sigma]$的视差范围内，匹配梯度大小相当、方向相近的过零点，其中 $w_\sigma=2\sqrt{2}\sigma$。

(4)在匹配点的周围使用在较大尺度上找到的视差来平移图像，使得在更小尺度上不匹配的区域可以对应起来。

在$[-w_\sigma, +w_\sigma]$视差范围内，这个算法寻找每个尺度上的匹配点，其中$w_\sigma=2\sqrt{2}\sigma$是$\nabla^2 G_\sigma$滤波器中心为负的那部分。这是出于心理学和统计学上的考虑。特别地，假设卷积图像是高斯白噪声过程，Grimson证明了当匹配特征相互之间的方向在30°以内时，在$[-w_\sigma, +w_\sigma]$视差范围内过零点错误匹配发生的概率仅为0.2。在匹配范围内还可能存在多个匹配，一个简单的方法可以用来消除多个可能匹配。当然，将搜索限制在$[-w_\sigma, +w_\sigma]$的范围内，使得算法无法找到视差不在该范围内的正确的过零点匹配。由于w_σ正比于尺度σ，因此应在若干个这样的尺度上搜索匹配。在大尺度上搜索到的视差（或者等价的图像偏移）可以控制眼球的运动，这个运动将有大尺度视差的过零点对转移到较小尺度上可以匹配的范围内。这个过程发生在Marr-Poggio多尺度双目融合算法的第4步中，图5-20对这一点进行了说明。一旦找到了匹配，相应的视差可以存放在一个缓冲区中，这个缓冲区被Marr和Nishihara称为两维半草图（dimensional sketch）。Grimson给出了这个算法的实现，并且广泛地应用于测试随机点立体图和自然图像。另一个例子在图5-20（下）中给出。

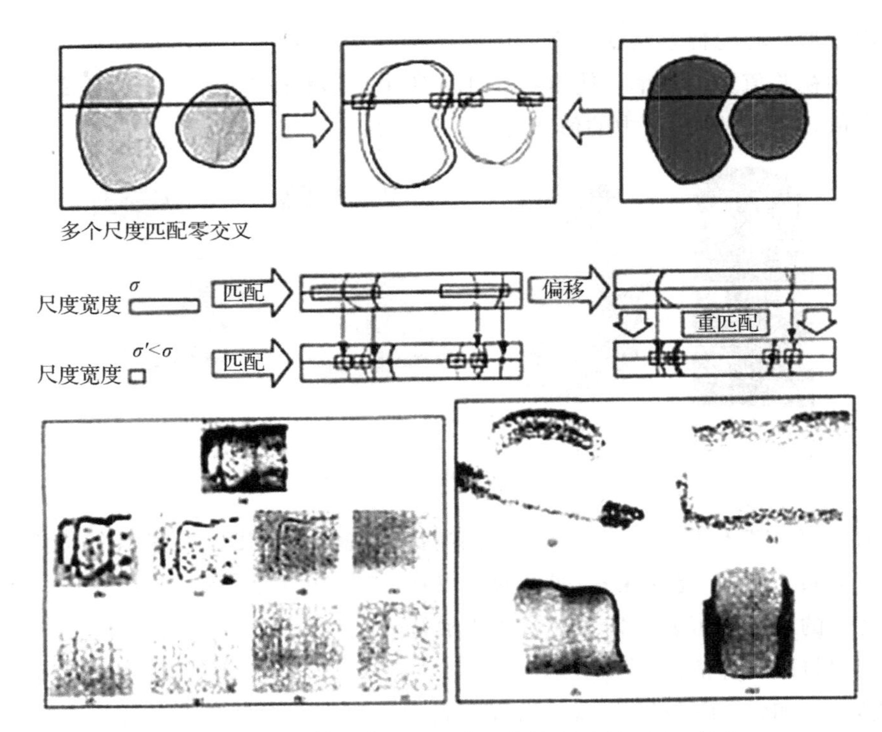

图5-20　上：单尺度匹配；中：多尺度匹配；下：结果

增加第三个摄像机可以消除（大部分）由双目图像点匹配造成的不确定性。本质上，第三幅图像可以用来检查前两幅图像中假定的匹配（如图5-21所示）。和前两幅图像中的匹配点对应的三维空间点首先被重建，然后再投影到第三幅图像。如果在第三幅图像的再投影点周围没有相容的点，那么这个匹配一定是错误的。实际上，重建/再投影过程可以避免，如果我们已知3个弱标定(已经足够了)摄像机和空间某点这两个图像点，则总可以通过将相应的外极线取交来预测该点在第三幅图像中的位置。

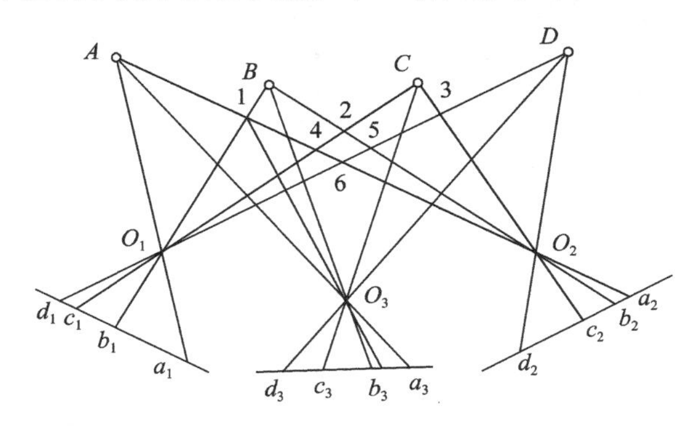

图 5-21　在中间增加一个摄像头消除了匹配的不确定性

在大多数三目立体算法中，首先利用两幅图像假定可能的对应，然后用第三幅图像来接受或拒绝这些对应。与此不同的是，Okutami 和 Kanade 提出了一个多摄像机的算法，其中同时利用所有图像来搜索匹配。基本想法简单而精巧：假设所有图像都是被校正过的，将搜索正确的视差操作转换为搜索正确的深度或者深度的倒数。当然，对于每个摄像头来说，深度的倒数和视差成正比，然而视差由于摄像机的不同而变化，因此深度的倒数可用来作为一个通用的搜索索引。选择第一幅图像作为参考，Okutami 和 Kanade 将所有与其他摄像机相关的平方差加到一个全局评价函数 E 中。

评价函数 E 是深度倒数的函数，图 5-22 画出了对于不同数量的摄像头该函数的值。我们应该注意到，相应的图像包含了一个重复的图案，只用两个或三个摄像机并不能产生一个单一的明确的最小值。然而，增加更多的摄像机能提供一个清楚的最小值并对应于正确的匹配。

图 5-23 显示了10幅校正过的图像序列，并且根据上述算法给出了表面重建图。

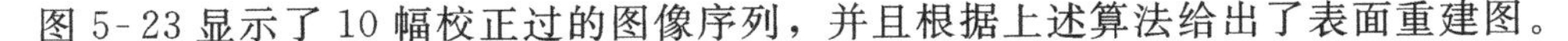

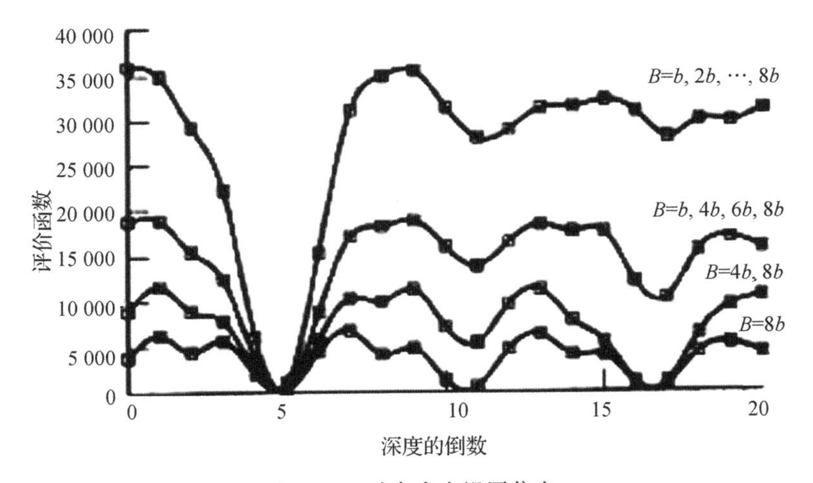

图 5-22　融合多个视图信息

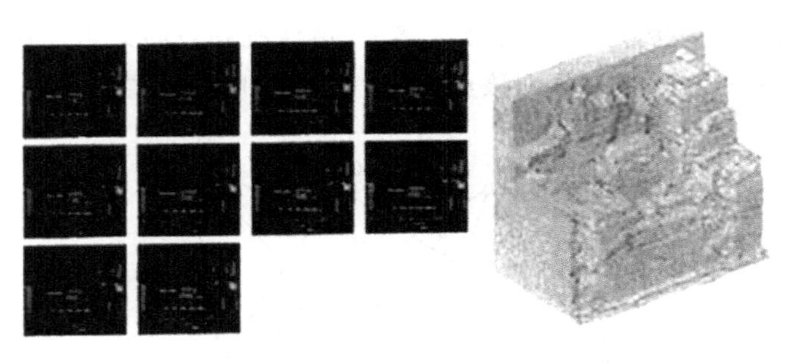

图 5-23　10 幅图像序列和相应的重建图像

5.3.6　深度图

一般成像过程获得的是 2D 图像，其中与摄像机光轴垂直的平面上的信息被保留在图像中，但沿摄像机光轴方向的深度信息丢失了。而理解图像常需要获得客观世界中的 3D 信息或更高维的全面信息。

可将 $f(x,y)$看作将 3D 场景向 2D 平面进行投影而采集到的图像。在这个过程中，丢失了深度(或距离)信息(有信息损失)。如果能结合对同一个场景在不同视点采集到的多个图像(采用双目或多目的方法)，就可获得该场景的完整信息(包括深度信息)。图像性质为深度的图像称为深度图/图像 $z=f(x,y)$。由深度图像可进一步获得 3D 图像。

考虑图 5-24 所示物体上的一个剖面，对由该剖面采集得到的深度和灰度图像进行对比有如下两个特点。

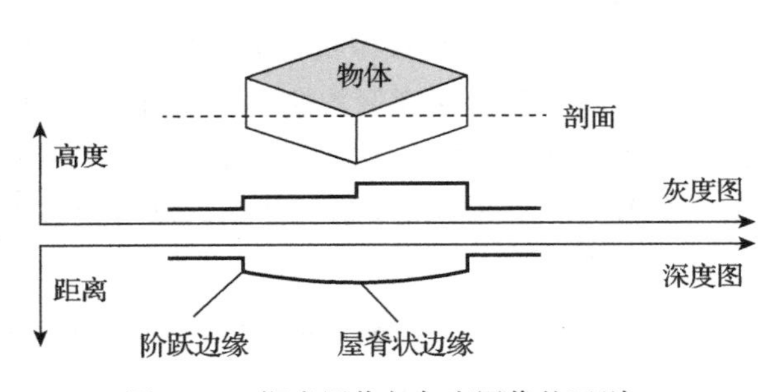

图 5-24　深度图像与灰度图像的区别

(1)在深度图像的对应物体上，同一外平面的像素值按一定的变化率变化(该平面相对于图像平面倾斜)，这个值随物体形状和朝向变化，但与外部光照条件无关。灰度图像中对应的像素值既取决于表面的照度(既与物体形状和朝向有关，还与外部光照条件有关)，也取决于表面的反射系数。

(2)深度图像中的边界线有两种：一种是物体和背景间的(距离)阶跃边缘；另一种是物体内部各区域相交处的屋脊状边缘(对应极值，深度还是连续的)。灰度图像中这两处均为阶跃边缘。

许多图像理解问题可借助深度图像来解决。深度成像的方式很多，主要由光源、采集器和景物三者的相互位置和运动情况所决定。最基本的成像方式是单目成像，即用一个采集器在一个固定位置对场景取一幅图像。虽然此时有关景物的深度信息没有直接反映在图像中，但这些信息却隐含在所成像的几何畸变、明暗度(阴影)、纹理、表面轮廓等因素之中。如果用两个采集器各在一个位置对同一场景取像(也可用一个采集器在两个位置先后对同一场景取像或用一个采集器并借助光学成像系统获得两幅图)，这就是双目成像。此时两幅像间所产生的视差(类似于人眼)可用来帮助求取采集器与景物的距离。如果用多于两个采集器在不同位置对同一场景取像(也可用一个采集器在多个位置先后对同一场景取像)，这就是多目成像。单目、双目或多目方法除可以获得静止图像外，也可以通过连续拍摄获得序列图像。单目成像与双目成像相比，采集过程简单，但从中获取深度信息要复杂。反之，双目成像提高了采集复杂度，但可降低获取深度信息的复杂性。

在以上讨论中，都认为几种成像方式里的光源都是固定的。如果将采集器相对景物固定而将光源绕景物移动，这就是光移成像(也称立体光度成像)。因为同一景物表面在不同光照情况下亮度不同，所以由光移成像可求得物体表面的朝向(但并不能得到绝对的深度信息)。如果保持光源固定而让采集器运动来跟踪场景或让采集器和景物同时运动，这就构成了主动视觉成像(参照人类视觉的主动性，即人会根据观察的需要移动身体或头部以改变视角并有选择地对部分景物特别关注)，其中后一种又称为主动视觉自运动成像。另外，如果用可控的光源照射景物，通过采集到的投影模式来解释景物的表面形状，就是结构光成像方式。在这种方式中可以将光源和采集器固定而将景物转动，也可以将景物固定而将光源和采集器一起绕景物转动。

利用深度图像可方便地得到景物的几何形状和空间关系。借助一些特殊的设备可直接采集深度图像，常用的方法有飞行时间法(飞点测距法)、结构光法、莫尔(Moire)条纹法、全息干涉测量法、几何光学聚焦法、激光雷达法(包括扫描成像和非扫描成像Fresnel衍射技术等)。

5.4 参考文献

[1] Roberts L G. Machine perception of three dimensional solids[D]. Massachusetts Institute of Technology, 1963.

[2] Snavely N, Seitz S M, Szeliski R. Photo Tourism: Exploring Photo Collections In 3D[J]. ACM transactions on graphics, 2006, 25(3): 835-846.

[3] Pollefeys M, Gool L V, Vergauwen M, et al. Visual Modeling with a Hand-Held Camera[J]. International Journal of Computer Vision, 2004, 59(3): 207-232.

[4] Pollefeys M, Nistér D, Frahm J M, et al. Detailed Real-Time Urban 3D Reconstruction from Video[J]. International Journal of Computer Vision, 2008, 78(2-3): 143-167.

[5] Nistér D, Naroditsky O, Bergen J. Visual odometry for ground vehicle applications[J]. Journal of Field Robotics, 2010, 23(1): 3-20.

[6] George Vogiatzis, Carlos Hernández. Video-based, real-time multi-view stereo[J]. Image & Vision Computing, 2011, 29(7): 434-441.

[7] 周彦，李雅芳，王冬丽，等．视觉同时定位与地图创建综述[J]. 智能系统学报，2018，13(1): 97-106.

[8] Mur-Artal R, Montiel J M M, Tardós J D. ORB-SLAM: A Versatile and Accurate Monocular SLAM System[J]. IEEE Transactions on Robotics, 2017, 31(5): 1147-1163.

[9] Furukawa Y, Ponce J. Accurate, dense, and robust multiview stereopsis[J]. IEEE Transactions on Pattern Analysis & Machine Intelligence, 2010, 32(8): 1362-1376.

[10] Furukawa Y, Curless B, Seitz S M, et al. Towards Internet-scale multi-view stereo[C]. Computer

Vision and Pattern Recognition. IEEE, 2010: 1434-1441.

[11] Frahm J M, Fite-Georgel P, Gallup D, et al. Building Rome on a cloudless day[C]. European Conference on Computer Vision, 2010: 368-381.

[12] Goesele M, Snavely N, Curless B, et al. Multi-View Stereo for Community Photo Collections[J]. Proc. int. conf. on Computer Vision, 2007: 1-8.

[13] Vu H H, Labatut P, Pons J P, et al. High Accuracy and Visibility-Consistent Dense Multiview Stereo [J]. IEEE Transactions on Pattern Analysis & Machine Intelligence, 2012, 34(5): 889-901.

[14] Jancosek M, Pajdla T. Multi-view reconstruction preserving weakly-supported surfaces[C]. IEEE Conference on Computer Vision and Pattern Recognition. IEEE Computer Society, 2011: 3121-3128.

[15] Newcombe R A, Lovegrove S J, Davison A J. DTAM: Dense tracking and mapping in real-time[C]. IEEE International Conference on Computer Vision. IEEE, 2011: 2320-2327.

[16] Engel J, Sturm J, Cremers D. Semi-dense Visual Odometry for a Monocular Camera[C]. IEEE International Conference on Computer Vision. IEEE Computer Society, 2013: 1449-1456.

[17] Engel J, Schöps T, Cremers D. LSD-SLAM: Large-Scale Direct Monocular SLAM[J]. Proceedings of Computer Vision-ECCV 2014, 2014, 8690: 834-849.

[18] Engel J, Koltun V, Cremers D. Direct Sparse Odometry[J]. IEEE Transactions on Pattern Analysis & Machine Intelligence, 2016, PP(99): 1-1.

[19] Stumberg L V, Usenko V, Cremers D. Direct Sparse Visual-Inertial Odometry using Dynamic Marginalization[C]. IEEE International Conference on Robotics and Automation. IEEE, 2018: 15-22.

[20] Pradeep V, Rhemann C, Izadi S, et al. MonoFusion: Real-time 3D reconstruction of small scenes with a single web camera[C]. IEEE International Symposium on Mixed and Augmented Reality, IEEE Computer Society, 2013: 83-88.

[21] Concha A, Civera J. DPPTAM: Dense piecewise planar tracking and mapping from a monocular sequence[C]. IEEE/RSJ International Conference on Intelligent Robots and Systems. IEEE, 2015.

[22] Luo H, Xue T, Yang X. Real-Time Dense Monocular SLAM for Augmented Reality[C]. ACM on Multimedia Conference. ACM, 2017: 1237-1238.

[23] Yang Z, Gao F, Shen S. Real-time monocular dense mapping on aerial robots using visual-inertial fusion[C]. IEEE International Conference on Robotics and Automation. IEEE, 2017: 4552-4559.

[24] Schps T, Sattler T, Hne C, et al. Large-scale outdoor 3D reconstruction on a mobile device[J]. Computer Vision & Image Understanding, 2016, 157(C): 151-166.

[25] Liu F, Shen C, Lin G. Deep convolutional neural fields for depth estimation from a single image[C]. IEEE Conference on Computer Vision and Pattern Recognition (CVPR), 2015: 729-9152.

[26] Garg R, Vijay K B G, Carneiro G, et al. Unsupervised CNN for Single View Depth Estimation: Geometry to the Rescue[C]. European Conference on Computer Vision, 2016: 740-756.

[27] Godard C, Aodha O M, Brostow G J. Unsupervised Monocular Depth Estimation with Left-Right Consistency[C]. Computer Vision and Pattern Recognition. IEEE, 2017: 6602-6611.

[28] Tateno K, Tombari F, Laina I, et al. CNN-SLAM: Real-Time Dense Monocular SLAM with Learned Depth Prediction[C]. IEEE Conference on Computer Vision and Pattern Recognition (CVPR), 2017: 6565-6574.

[29] Weerasekera C S, Latif Y, Garg R, et al. Dense monocular reconstruction using surface normals[C]. IEEE International Conference on Robotics and Automation. IEEE, 2017: 2524-2531.

CHAPTER6

第6章

模式识别算法

6.1 支持向量机

20世纪90年代中期，由Vapnik等人发明了支持向量机(Support Vector Machine，SVM)算法，它很快就在若干个方面体现出了比神经网络方便的优势：无须调参、高效、全局最优解。基于以上种种理由，SVM迅速打败了神经网络算法而成为主流。神经网络的研究再次陷入了冰河期。当时，只要你的论文中包含神经网络的相关字眼，非常容易被会议和期刊拒收，研究界那时对神经网络的不待见可想而知。

在分类与回归分析中，支持向量机分析数据的监督式学习模型与相关的学习算法。给定一组训练实例，每个训练实例被标记为属于两个类别中的一个或另一个，SVM训练算法创建一个将新的实例分配给两个类别之一的模型，使其成为非概率二元线性分类器。SVM模型将实例表示为空间中的点，这样的映射就使得单独类别的实例被尽可能宽的明显的间隔分开。然后，将新的实例映射到同一空间，并基于它们落在间隔的哪一侧来预测所属类别。

分类是机器学习中的一个常见任务。假设某些给定的数据点属于两个类之一，而目标是确定新数据点将在哪个类中。对于支持向量机来说，数据点被视为p维向量，而我们想知道是否可以用$(p-1)$维超平面来分开这些点。这就是所谓的线性分类器。可能有许多超平面可以进行数据分类，最佳超平面的合理选择是以最大间隔把两个类分开。因此，我们要选择能够使到每边最近数据点的距离最大化的超平面。如果存在这样的超平面，则称为最大间隔超平面，而其定义的线性分类器被称为最大间隔分类器，或者叫作最佳稳定性感知器。近年以来，SVM随着时间而演化，并在分类之外得到了应用，例如回归、离散值分析、排序。

支持向量机的优势在于以下几个方面。

(1)在高维空间中非常高效。

(2)即使在数据维度比样本数量大的情况下仍然有效。

(3)由于在决策函数(称为支持向量)中使用训练集的子集，因此它也是高效利用内存的。

(4)通用性：不同的核函数与特定的决策函数一一对应，常见的内核已经提供，也可以指定定制的内核。

而支持向量机的缺点包括以下几个方面。

(1)如果特征数量比样本数量大得多，在选择核函数时要避免过拟合，而且正则化项是非常重要的。

(2)支持向量机不直接提供概率估计，这些都是使用昂贵的五次交叉验算计算得到的。

在高维度或无穷维度空间中，支持向量机构建一个超平面或者一系列超平面，可以用于分类、回归或者别的任务。直观地看，如图 6-1 所示，借助超平面可以实现一个好的分割，能在任意类别中使最为接近的训练数据点具有最大的间隔距离(即所谓的函数余量)，这样做是因为通常更大的余量能有更低的分类器泛化误差。

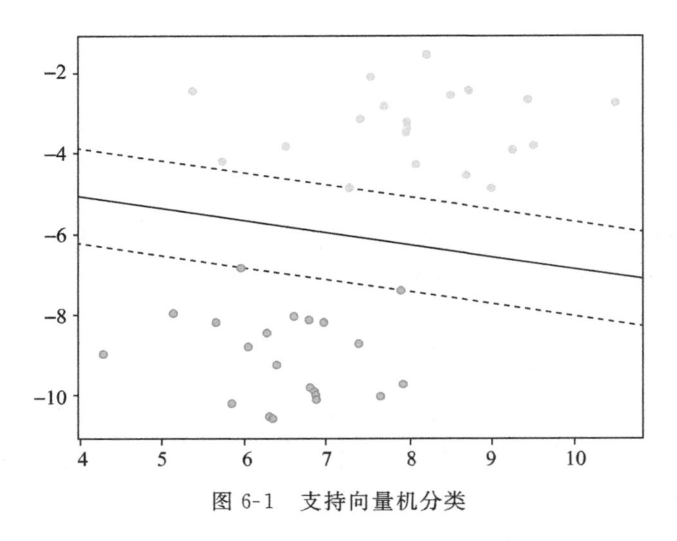

图 6-1　支持向量机分类

在两类中，给定训练向量$\boldsymbol{x}_i \in \mathbb{R}^p (i=1,\cdots,n)$和一个向量 $\boldsymbol{y} \in \{1,-1\}^n$，SVM 能解决如下主要问题：

$$\min_{\boldsymbol{\omega},b,\zeta} \frac{1}{2} \boldsymbol{\omega}^{\mathrm{T}} \boldsymbol{\omega} + C \sum_{i=1}^{n} \zeta_i \tag{6-1}$$

$$\text{条件是} \quad y_i(\boldsymbol{\omega}^{\mathrm{T}} \phi(\boldsymbol{x}_i) + b) \geqslant 1 - \zeta_i \tag{6-2}$$

$$\zeta_i \geqslant 0, \quad i = 1,\cdots,n$$

它的对偶是：

$$\min_{\boldsymbol{\alpha}} \frac{1}{2} \boldsymbol{\alpha}^{\mathrm{T}} \boldsymbol{Q} \boldsymbol{\alpha} - \boldsymbol{e}^{\mathrm{T}} \boldsymbol{\alpha} \tag{6-3}$$

$$\text{条件是} \quad \boldsymbol{y}^{\mathrm{T}} \boldsymbol{\alpha} = 0 \tag{6-4}$$

$$0 \leqslant \alpha_i \leqslant C, \quad i = 1,\cdots,n \tag{6-5}$$

其中 $\boldsymbol{e}$ 是所有的向量；$C>0$ 是上界；$\boldsymbol{Q}$ 是一个半正定矩阵，而$Q_{ij} \equiv y_i y_j K(\boldsymbol{x}_i, \boldsymbol{x}_j)$，其中 $K(\boldsymbol{x}_i, \boldsymbol{x}_j) = \phi(\boldsymbol{x}_i)^{\mathrm{T}} \phi(\boldsymbol{x}_j)$是内核。所以训练向量是通过函数 ϕ 间接反映到一个更高维度的

(无穷的)空间中的。其中决策函数是：

$$\operatorname{sgn}\left(\sum_{i=1}^{n} \boldsymbol{y}_i \alpha_i K(\boldsymbol{x}_i,\boldsymbol{x})+\rho\right) \tag{6-6}$$

而针对 SVM 用于回归的问题，给定训练量$\boldsymbol{x}_i\in\mathbb{R}^p(i=1,\cdots,n)$向量 $\boldsymbol{y}\in\mathbb{R}^n$ 能解决以下的主要问题：

$$\min_{\omega,b,\zeta,\zeta^*}\ \frac{1}{2}\boldsymbol{\omega}^{\mathrm{T}}\boldsymbol{\omega}+\boldsymbol{C}\sum_{i=1}^{n}(\zeta_i+\zeta_i^*) \tag{6-7}$$

$$\text{条件是}\quad y_i-\boldsymbol{\omega}^{\mathrm{T}}\phi(\boldsymbol{x}_i)-b\leqslant\varepsilon+\zeta_i \tag{6-8}$$

$$\boldsymbol{\omega}^{\mathrm{T}}\phi(\boldsymbol{x}_i)+b-y_i\leqslant\varepsilon+\zeta_i^* \tag{6-9}$$

$$\zeta_i^*,\zeta_i\geqslant 0,\quad i=1,\cdots,n \tag{6-10}$$

它的对偶是：

$$\min_{\boldsymbol{\alpha},\boldsymbol{\alpha}^*}\ \frac{1}{2}(\boldsymbol{\alpha}-\boldsymbol{\alpha}^*)^{\mathrm{T}}\boldsymbol{Q}(\boldsymbol{\alpha}-\boldsymbol{\alpha}^*)+\varepsilon\,\boldsymbol{e}^{\mathrm{T}}(\boldsymbol{\alpha}+\boldsymbol{\alpha}^*)-\boldsymbol{y}^{\mathrm{T}}(\boldsymbol{\alpha}-\boldsymbol{\alpha}^*) \tag{6-11}$$

$$\text{条件是}\quad \boldsymbol{e}^{\mathrm{T}}(\boldsymbol{\alpha}-\boldsymbol{\alpha}^*)=0 \tag{6-12}$$

$$0\leqslant\alpha_i,\alpha_i^*\leqslant C,\quad i=1,\cdots,n \tag{6-13}$$

其中 $\boldsymbol{e}$ 是所有的向量；$C>0$ 是上界；$\boldsymbol{Q}$ 是一个半正定矩阵，而$\boldsymbol{Q}_{ij}\equiv K(\boldsymbol{x}_i,\boldsymbol{x}_j)=\phi(\boldsymbol{x}_i)^{\mathrm{T}}\phi(\boldsymbol{x}_j)$是内核。所以训练向量是通过函数 $\boldsymbol{\phi}$ 间接反映到一个更高维度的无穷空间中的。而其决策函数是：

$$\sum_{i=1}^{n}(\alpha_i-\alpha_i^*)K(\boldsymbol{x}_i,\boldsymbol{x})+\rho \tag{6-14}$$

而在代码方面，可以使用 libsvm 或 sklearn 来实现。

6.2　贝叶斯分类器

贝叶斯分类器是一类分类算法的总称，贝叶斯定理是这类算法的核心，因此统称为贝叶斯分类。贝叶斯决策论在相关概率已知的情况下利用误判损失来选择最优的类别分类。

“风险”(误判损失)＝ 原本为c_j的样本误分类成c_i产生的期望损失，期望损失可通过下式计算：

$$R(c_i|x)=\sum_{j=1}^{N}\lambda_{ij}R(c_j|x) \tag{6-15}$$

为了最小化总体风险，只需在每个样本上选择能够使条件风险 $R(c|x)$最小的类别标记。最小化分类错误率的贝叶斯最优分类器为：

$$h^*(x)=\operatorname{argmin}R(c|x) \tag{6-16}$$

即对每个样本 x，选择能使后验概率 $P(c|x)$最大的类别标记。利用贝叶斯判定准则来最小化决策风险，首先要获得后验概率 $P(c|x)$。机器学习要实现的是基于有限的训练样本集尽可能准确地估计出后验概率 $P(c|x)$。主要有两种模型：一种是“判别式模型”，它通过直接建模 $P(c|x)$来预测，其中决策树、BP 神经网络、支持向量机都属于判别式模型；

另外一种是“生成式模型”，它对联合概率模型 $P(x,c)$进行建模，然后再获得 $P(c|x)$。对于生成模型来说：

$$P(c|x)=\frac{P(x,c)}{P(x)} \tag{6-17}$$

基于贝叶斯定理，可写为下式：

$$P(c|x)=\frac{P(c)P(x|c)}{P(x)} \tag{6-18}$$

通俗地理解为：

$$P(\text{类别}|\text{特征})=\frac{P(\text{类别}|\text{特征})P(\text{类别})}{P(\text{特征})} \tag{6-19}$$

$P(c)$是类“先验”概率，$P(c|x)$是样本 x 相对于类标记 c 的类条件概率，或称似然。$P(x)$是用于归一化的“证据”因子，对于给定样本 x，证据因子 $P(x)$与类标记无关。于是，估计 $P(c|x)$的问题变为基于训练数据来估计 $P(c)$和 $P(c|x)$，对于条件概率 $P(c|x)$来说，它涉及 x 所有属性的联合概率。

假设 $P(x|c)$具有确定的形式并且被参数向量唯一确定，则我们的任务是利用训练集估计参数 θ_c，将 $P(x|c)$记为 $P(x|\theta_c)$。令 D_c表示训练集 D 第 c 类样本的集合，假设样本独立同分布，则参数θ_c对于数据集 D_c的似然是：

$$P(D_c|\theta_c)=\prod_{x\in D_c}P(x|\theta_c) \tag{6-20}$$

对θ_c进行极大似然估计，就是寻找能最大化 $P(D_c|\theta_c)$的参数值$\widetilde{\theta_c}$。直观上看，极大似然估计是试图在θ_c的所有可能取值中，找到一个能使数据出现“可能性”最大的值。

式(6-20)的连乘操作易造成下溢，通常使用对数似然：

$$L(\theta_c)=\log P(D_c|\theta_c)=\sum_{x\in D_c}\log P(x|\theta_c) \tag{6-21}$$

此时参数θ_c的极大似然估计为$\widetilde{\theta_c}$：

$$\widetilde{\theta_c}=\mathrm{argmax}_{\theta_c}L(\theta_c) \tag{6-22}$$

在连续属性情形下，假设已知概率密度函数，则参数和的极大似然估计为：

$$\widehat{\mu_c}=\frac{1}{|D_c|}\sum_{\boldsymbol{x}\in D_c}\boldsymbol{x} \tag{6-23}$$

$$\widehat{\sigma_c}^2=\frac{1}{|D_c|}\sum_{\boldsymbol{x}\in D_c}(\boldsymbol{x}-\widehat{\mu_c})(\boldsymbol{x}-\widehat{\mu_c})^{\mathrm{T}} \tag{6-24}$$

也就是说，通过极大似然法得到的正态分布均值就是样本均值，方差就是$(\boldsymbol{x}-\widehat{\mu_c})(\boldsymbol{x}-\widehat{\mu_c})^{\mathrm{T}}$的均值。在离散情况下，也可通过类似的方式估计类条件概率。虽然这种参数化方法能使类条件概率估计变得相对简单，但估计结果的准确性严重依赖于所假设的概率分布形式是否与潜在的真实数据分布相符合。

基于贝叶斯公式来估计后验概率 $P(x|c)$的主要困难在于：条件概率 $P(x|c)$是所有属性的联合概率，难以从有限的训练样本中直接估计而得。朴素贝叶斯采用了“属性条件独立性假设”可以避开这个问题，意思是：假设所有属性相互独立，换言之，假设每个属

性独立地对分类结果产生影响。基于属性条件独立性假设，式(6-18)可重写为：

$$P(c \mid x)=\frac{P(c)P(x|c)}{P(x)}=\frac{P(c)}{P(x)}\prod_{i=1}^{d}P(x_i|c) \tag{6-25}$$

其中，d 为属性数目；x_i为 x 在第 i 个属性上的取值。

由于对于所有的类别 $P(x)$相同，因此基于式(6-25)的贝叶斯判定准则有：

$$h_{\mathrm{nb}}(x)=\mathrm{argmax}_{c\in\psi}P(c)\prod_{i=1}^{d}P(x_i|c) \tag{6-26}$$

这就是朴素贝叶斯分类器的表达式。

显然，朴素贝叶斯分类器的训练过程就是基于训练集 D 来估计类先验概率 $P(c)$，并为每个属性估计条件概率 $P(x_i|c)$。

若D_c表示由训练集 D 中第 c 类样本组成的集合，若有充足的独立同分布样本，则可容易地估计出类先验概率。

$$P(c)=\frac{|D_c|}{|D|} \tag{6-27}$$

对于离散属性而言，D_c、x_i表示在第 i 个属性上由取值为x_i的样本组成的集合，则条件概率 $P(x_i|c)$估计为：

$$P(x_i|c)=\frac{|D_{c,x_i}|}{|D_c|} \tag{6-28}$$

对于连续属性，可考虑为概率密度函数。假定 $P(x_i|c)\sim\mathcal{N}(\mu_{c,i},\ \sigma_{c,i}^2)$，其中$\mu_{c,i}$和$\sigma_{c,i}^2$ 分别是第 c 类样本在第 i 个属性上取值的均值和方差，则有：

$$P(x_i|c)=\frac{1}{\sqrt{2\pi}\,\sigma_{c,i}}\exp\left(-\frac{(x_i-\mu_{c,i})^2}{2\,\sigma_{c,i}^2}\right) \tag{6-29}$$

6.3 聚类算法

聚类分析又称群分析，是研究(样品或指标)分类问题的一种统计分析方法，同时也是数据挖掘的一个重要算法。聚类(cluster)分析是由若干种模式(pattern)组成的。通常，模式是一个度量(measurement)的向量，或者是多维空间中的一个点。聚类分析以相似性为基础，在一个聚类模式之间比不在同一个聚类模式之间具有更多的相似性。

常见的聚类算法如 K-means 和高斯混合模型(Gaussian Mixture Model，GMM)。

K-means 算法的一个基本假设是：对于每一个聚类(cluster)，我们都可以选出一个中心点(center)，使得该聚类中的所有点到该聚类中心点的距离小于到其他聚类中心点的距离。当然，实际情况可能无法总满足这个假设，但这是我们能达到的最好结果，而那些误差通常是固有存在的，或者由问题本身的不可分性造成的。所以，我们暂且认为这个假设是合理的。在此基础上，我们来推导 K-means 的目标函数：假设有 N 个点，要分为 K 个聚类，K-means 要做的就是最小化：

$$J=\sum_{n=1}^{N}\sum_{k=1}^{K}r_{nk}\,\|x_n-\mu_k\|^2 \tag{6-30}$$

其中，r_{nk} 在数据点 n 被归类到聚类 k 时为 1，否则为 0。直接寻找 r_{nk} 和μ_k来最小化 J 并不容易，不过我们可以采用迭代的办法，即先固定μ_k，再选择最优的 r_{nk}。可以看出，只要将数据点归类到离它最近的那个中心就能保证 J 最小。下一步则固定 r_{nk}，再求最优的μ_k。将 J 对μ_k求导并令导数等于 0，很容易得到 J 最小时μ_k应该满足下式：

$$\mu_k = \frac{\sum_n r_{nk} x_n}{\sum_n r_{nk}} \tag{6-31}$$

也就是μ_k的值应该是聚类 k 中所有数据点的平均值。由于每一次迭代都是为了取到更小的 J，因此所有 J 会不断减小直到不变。这个迭代方法可保证 K-means 最终会达到一个极小值。此处要做个说明，K-means 不保证总是能收敛到全局最优解，这与初值的选取有很大关系。因此在实际操作中，我们通常会多次选择初值运行 K-means 算法，并取其中最好的一次结果。K-means 结束的判断依据可以是迭代到了最大次数，也可以是 J 已经减小到小于我们设定的阈值。

下面，我们来介绍另外一种比较流行的聚类算法——高斯混合模型(Gaussian Mixture Model，GMM)。GMM 和 K-means 很相似，区别仅在于，在 GMM 中我们采用的是概率模型 $P(y|x)$，也就是通过未知数据 x 可以获得 y 值的一个概率分布。我们训练模型后得到的输出不是一个具体的值，而是一系列值的概率。然后可以选取概率最大的那个类作为判决对象，属于软分类(soft assignment，它对比于非概率模型 $y=f(x)$的硬分类(hard assignment))。GMM 学习的过程就是训练出几个概率分布。所谓的高斯混合模型就是指对样本的概率密度分布进行估计，而估计的模型是几个高斯模型的加权和(具体是几个要在模型训练前建立好)。每个高斯模型就代表了一个聚类。对样本中的数据分别在几个高斯模型上投影，这样就会分别得到在各个类上的概率。然后我们可以选取概率最大的类作为判决结果。高斯混合模型的定义为：

$$P(x) = \sum_{k=1}^{K} \pi_k p(x|k) \tag{6-32}$$

其中，K 为模型的个数；π_k为第 k 个高斯权重；$p(x|k)$则为第 x 个高斯的概率密度函数，其均值为μ_k、方差为σ_k。我们对此概率密度的估计就是要求π_k、μ_k和σ_k这几个变量。求解得到的最终求和式的各项结果就分别代表了样本 x 属于各个类的概率。在进行参数估计的时候，常采用的方法是最大似然法。最大似然法就是使样本点在估计的概率密度函数上概率值最大。由于概率值一般都很小，N 很大的时候这个连乘的结果非常小，容易造成浮点数下溢。因此我们通常取对数，将目标改写成：

$$\max \sum_{i=1}^{K} \log p(x_i) \tag{6-33}$$

也就是最大化对数似然函数，完整形式则为：

$$\max \sum_{i=1}^{K} \log\left(\sum_{k=1}^{K} \pi_k N(x_i \mid \mu_k, \sigma_k) \right) \tag{6-34}$$

一般进行参数估计的时候，我们都是通过对待求变量进行求导来求极值的。在式(6-34)中，log 函数中又有求和，若用求导的方法计算，方程组将会非常复杂，所以我们不直接求导，而是采用 EM(Expection Maximization)算法。这与 K-means 的迭代法相似，都是初始化各个高斯模型的参数，然后用迭代的方式直至波动很小，近似达到极值。总结一下，用 GMM 的优点是投影后样本点不会得到一个确定的分类标记，而是得到每个类的概率，这是一个重要信息。GMM 中每一步迭代的计算量都比较大，大于 K-means。GMM 的求解办法基于 EM 算法，因此有可能陷入局部极值，这与初始值的选取相关。

6.4 神经网络基础

6.4.1 感知机与神经网络基础

多层感知机也可被称为“前馈神经网络”。感知机的基本组成单元为神经元，神经元模型如图 6-2 所示。

神经元模型主要由 3 部分组成。

(1)突触，为每个连接到神经元的输入支路。连接到神经元 k 的突触 j 上的输入信号，记为x_j。在这个突触上，突触权值记为w_{kj}。还有一个外部偏置b_k，可以通过它来增加或者降低激活函数的输入。我们称输入为突触，是因为它模仿了生物神经元的部分原理，但是这和真正的生物神经元依然有着很大的区别。

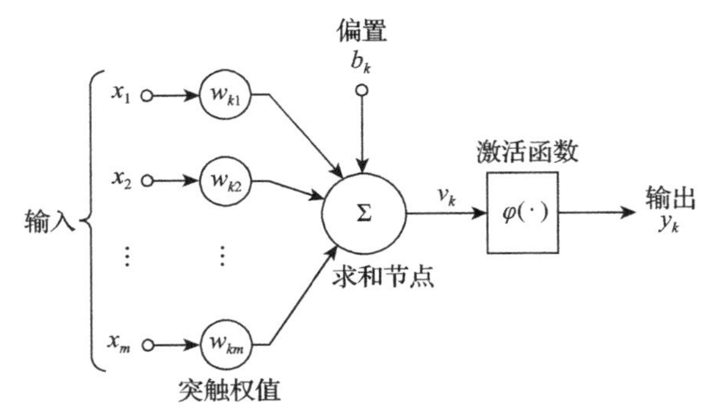

图 6-2　神经元模型

(2)求和节点，将求解输入信号和对应的突触权值的乘积的和。

(3)激活函数，根据求和节点的输出将输出结果映射到一个允许范围内，比如单位闭区间[0,1]或者区间[−1,+1]等。常见的激活函数包括以下几个。

- sigmoid 函数如图 6-3 所示。此函数为 S 形的递增函数，在线性和非线性中表现出了良好的平衡性。定义如下：

$$\varphi(v)=\frac{1}{1+\exp(-av)} \tag{6-35}$$

其中，a 是 sigmoid 函数的倾斜函数，改变 a 就可以改变倾斜程度。

- Relu 函数如图 6-4 所示。在实际应用中，人们发现 sigmoid 在处理极大值或者极小值时出现了饱和的现象，对于不同的较大值，其输出变化并不大。所以，为了解决这个问题，后来的网络大多是使用 Relu 激活函数。

定义如下：

$$\varphi(v)=\begin{cases}0, v\leqslant 0\\1, v>0\end{cases} \tag{6-36}$$

可以发现它实际上是一个具有两段线性部分的分段线性函数。这样可以避免出现函数饱和，以及因此造成的“梯度消失”现象。

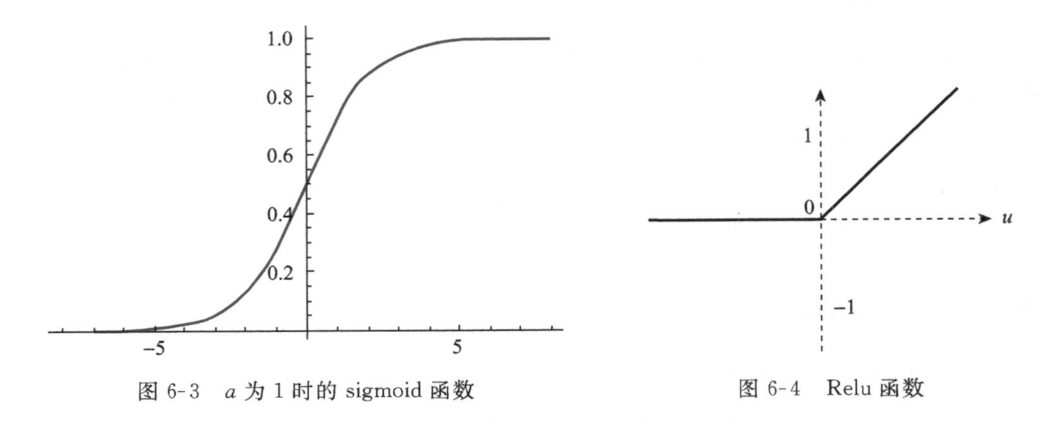

图 6-3　a 为 1 时的 sigmoid 函数　　　　图 6-4　Relu 函数

总结以上，神经元模型的计算原理如下：

$$v_k = \sum_{j=0}^{m} w_{kj}\, x_j \tag{6-37}$$

$$y_k = \varphi(v_k) \tag{6-38}$$

其中，x_j 为输入；w_{kj} 为输入对应的突触权值；v_k 为求和节点的结果；φ 为激活函数；y_k 为神经元的输出结果。

另外，值得注意的是，我们在式(6-37)中加入的一个突触：

$$x_0 = +1 \tag{6-39}$$

$$w_{k0} = b_k \tag{6-40}$$

这实际上就是偏置，我们可以把它当作一个输入。将所有输入乘以对应的突触权值，再求和。最后把这个和经过激活函数计算，得到一个输出值。这就是神经元模型的计算过程。

了解了这些基本概念以后，我们就可以继续学习多层感知机了。多层感知机的大致结构如图 6-5 所示。

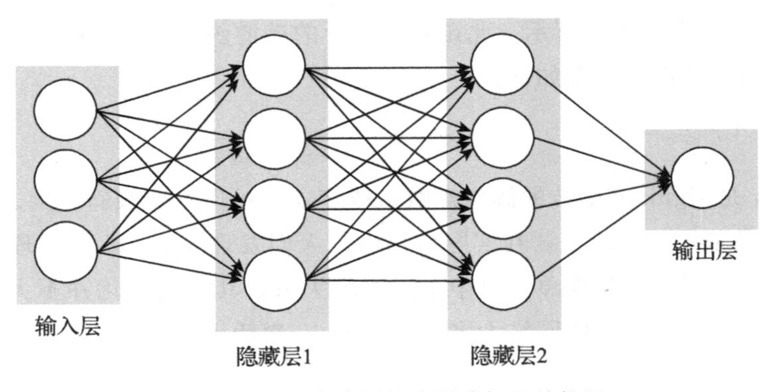

图 6-5　有两个隐层的多层感知机结构图

多层感知机主要由 3 部分组成。

(1)输入层。输入层的每个节点和输入的数据一一对应。这一层中的节点并不是神经元模型，而仅仅作为下一层隐藏节点的输入节点来使用。

(2)隐藏层。隐藏层中的每个节点都是神经元模型，将上一层输入节点的数据进行输入，并经过激活函数得到每个神经元的输出。它们将作为下一层的输入数据。那么隐藏层有什么作用呢？可以将图 6-5 所示的网络结构用函数表示：

$$f(x)=f^{(4)}(f^{(3)}(f^{(2)}(f^{(1)}(x))))$$

可以将$f^{(1)}$看作输入层，$f^{(2)}$和$f^{(3)}$为两层隐藏层，$f^{(4)}$为输出层。我们可以看出这样的函数形成了一个链，而链的全长就称为模型的深度。这也是“深度学习”名称的由来。在训练过程中，我们想让 $f(x)$尽可以逼近输入 x 对应的标签值 y(记得我们之前说过的监督式学习的含义吧)。实际上这个训练的过程就是不断调整各层函数(如$f^{(2)}$、$f^{(3)}$、$f^{(4)}$的函数)的内部参数过程。我们在介绍神经元模型的时候说过，每个输入都有一个对应的突触权值，这个权值决定了这项输入对于输出的影响力大小。而在学习过程中不断调整的参数，其实就是每个神经元的突触权值。在整个训练过程中，由于训练数据并没有直接给出隐藏层所需的输出，所以我们称它们为隐藏层。

(3)输出层。整个网络的最后一层为输出层。通过这一层的输出，我们可以得到最终的分类结果。大部分情况下，我们会使用 softmax 函数来对最后的结果进行归一化运算，得到最有可能的分类结果。softmax 公式如下：

$$\mathrm{softmax}(v)_i=\frac{\exp(v_i)}{\sum_j \exp(v_j)} \tag{6-41}$$

多层感知机至少要包括一个隐藏层(除了一个输入层和一个输出层以外)。单层感知机只能学习线性函数，而多层感知机也可以学习非线性函数。多层感知机是一种基础的深度神经网络。但是多层感知机是如何在迭代中进行训练的呢？这里我们就要采用反向传播算法解释这一重要的概念了。

6.4.2 参数学习方法

对于参数学习方法，在训练完成所有数据后得到一系列训练参数，然后根据训练参数来预测新样本的值，这时不再依赖之前的训练数据，参数值是确定的。

而非参数学习方法是，在预测新样本值时每次都会重新训练数据而得到新的参数值，也就是说每次预测新样本都会依赖训练数据集合，所以每次得到的参数值是不确定的。例如，局部加权回归(LWR)就是非参数学习方法。

6.4.3 GPU 并行技术

曾经，几乎所有的处理器都是以冯·诺依曼计算机架构为基础的。该系统架构简单来说就是处理器从存储器中不断取指、解码、执行。但如今这种系统架构遇到了瓶颈：内存的读写速度跟不上 CPU 的时钟频率。具有此特征的系统被称为内存受限型系统，目前的绝大多数计算机系统都属于此类系统。

为了解决此问题，传统解决方案是使用缓存技术。通过给 CPU 设立多级缓存，能大大地降低存储系统的压力，如图 6-6 所示。

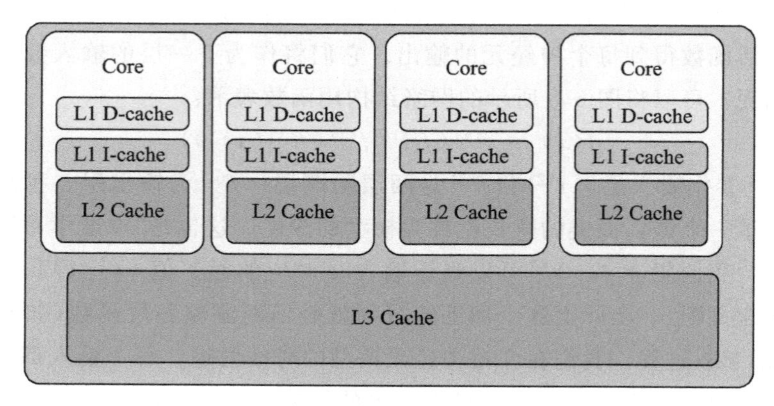

图 6-6　CPU 多级缓存

然而随着缓存容量的增大，使用更大缓存所带来的收益增速会迅速下降，这也就意味着我们要寻找新的办法了。

聚类计算是指通过将多个性能一般的计算机组成一个运算网络达到高性能计算的目的，这是一种典型的多点计算模型。而 GPU 的本质，也同样是多点计算模型。其相对于当今比较火的 Hadoop/Spark 集群来说："点"由单个计算机变成单个 SM(流处理器簇)，通过网络互连变成通过显存互连(多点计算模型中点之间的通信永远是要考虑的重要问题)。随着 CPU "功耗墙" 问题的产生，GPU 解决方案开始正式走上舞台。GPU 特别适合用于并行计算浮点类型的情况，图 6-7 展示了这种情况下 GPU 和 CPU 计算能力的差别。

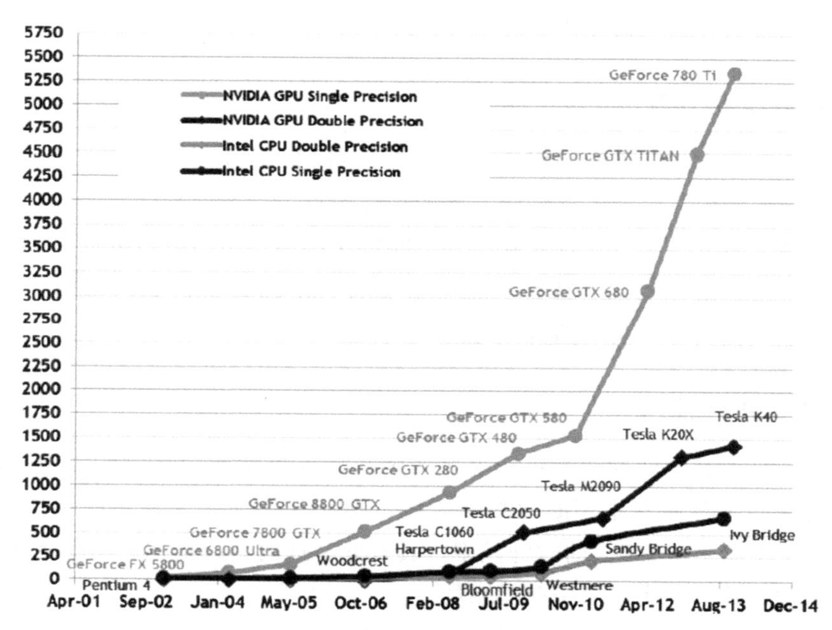

图 6-7　GPU 和 CPU 每秒的浮点操作数

但这可不能说明GPU比CPU更好，CPU应当被淘汰。图6-7中的测试是在计算可完全并行的情况下进行的。对于逻辑更灵活复杂的串行程序，GPU执行起来则远不如CPU高效(因为GPU没有分支预测等高级机制)。另外，GPU的应用早已不局限于图像处理。事实上，CUDA目前的高端板卡Tesla系列就是专门用来进行科学计算的，它们连VGA接口都没有。

主流GPU编程接口有3类。

(1)CUDA。它是英伟达公司推出的，是专门针对N卡进行GPU编程的接口。文档资料很齐全，几乎适用于所有N卡。

(2)OpenCL。它是开源的GPU编程接口，使用范围最广，几乎适用于所有的显卡。但相对CUDA，其掌握较难一些，建议先学CUDA，在此基础上进行OpenCL的学习则会非常简单轻松。

(3)DirectCompute。它是微软开发出来的GPU编程接口。功能很强大，学习起来也最为简单，但只能用于Windows系统，在许多高端服务器都是UNIX系统中无法使用。

总结一下，这几种接口各有优劣，需要根据实际情况选用。但它们使用起来方法非常相近，掌握了其中一种再学习其他两种会很容易。

6.5 深度卷积神经网络

在图像处理中，我们一般把图像表示为像素的矩阵，比如一个宽1000、长1000的图像，可以表示为一个1000×1000的矩阵。在前面提到的多层感知机中，如果我们把图片作为输入层，隐含层数目与输入层一样，那就是1 000 000个神经元。此时输入层到隐含层的参数数据为1 000 000×1 000 000=10^{12}个，这样需要训练的权值太多了，超出了计算机的处理能力。人们受生物视觉神经科学实验的启发，设计了卷积神经网络。

卷积神经网络一般由两个重要组成部分：卷积层和池化层。卷积层的主要思想有3个，分别是稀疏交互、参数共享和平移等变。

1. 稀疏交互

正如我们之前所说，如果使用同多层感知机一样的全连接网络，则需要训练的权值太多。所以，我们设定一个固定大小的卷积核，卷积核大小一般远小于原图片的大小。假设原图像的大小为1 000 000个像素，卷积核的参数大小为5×5，输出的节点数为500×500。我们可以发现，如果使用全连接，需要的权值数量为0.25×10^{12}个；而使用卷积所需的权值数量为0.625×10^{7}个。两者达到了10^{5}数量级的差别，所以权值连接稀疏了很多。卷积核可以看作一个滤波器，我们用它来提取图像的各种特征。我们在原图像上不断移动卷积核，训练不同位置对应的卷积核内部参数。

2. 参数共享

尽管有了稀疏交互，但权值的数量依然很多，所以我们使用参数共享来进一步降低权值的数量。我们将每个输出神经元对应的卷积核看作相同的，即共享所有卷积核的参数。这样就可以把权值数量降到一个很低的水平。如卷积核的参数大小为 5×5，输出的节点数为 500×500，则需要 0.625×10^7 个权值。如果每个输出节点的卷积核都相同，那么仅仅需要 5×5 个权值就可以了。但这样的参数量显然是不能体现图像特征的，所以我们可以使用多种卷积核来提取图像的不同特征，如图 6-8 所示。

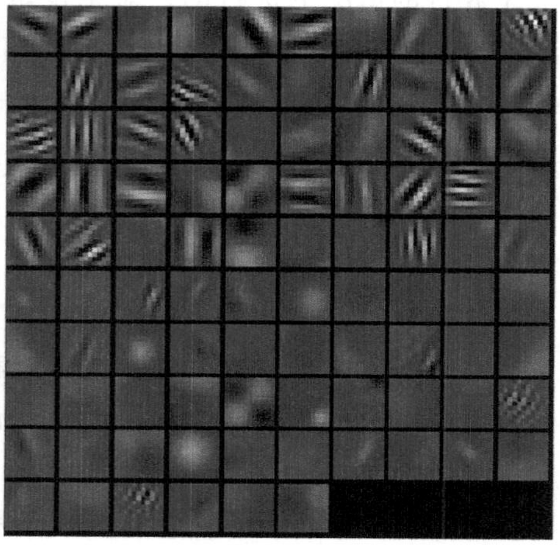

图 6-8　卷积神经网络 AlexNet 第一层使用的多种卷积核

3. **平移等变**

因为实现了参数共享，所以卷积神经网络也有了平移等变的性质。因为每个位置所用的卷积核是相同的，所以无论将图像的特征如何平移，使用卷积网络都可以提取出该图像的特征。但是对于图像的放缩或者旋转变换来说，需要用其他的机制进行处理。

下面介绍卷积神经网络的第二个重要组成部分：池化。池化的目的是对卷积结果进行压缩，进一步减少最后分类时全连接层的连接数。池化的计算过程是先建立一个池化窗口，再对池化窗口内的数据进行池化运算。经常使用的池化运算有两种：最大值池化、平均值池化。最大值池化指的是取窗口内数据的最大值作为池化区域的代表数值，平均值池化就是取平均值作为代表数值。完成一个区域的池化后，需要移动池化窗口到旁边的区域。池化窗口的大小和移动距离决定了池化后的特征图大小。池化能够使得网络有着局部平移不变性，当输入有着少量平移时，其池化结果并不会发生改变。

6.5.1　LeNet

LeNet 是 1998 年提出，是卷积神经网络的鼻祖。它的深度为 5，包含 2 个卷积层、2 个全连接层和 1 个高斯层。图 6-9 是 LeNet-5 网络结构：LeNet 中还未使用填充(padding)，所以一次卷积后，长宽会变小。

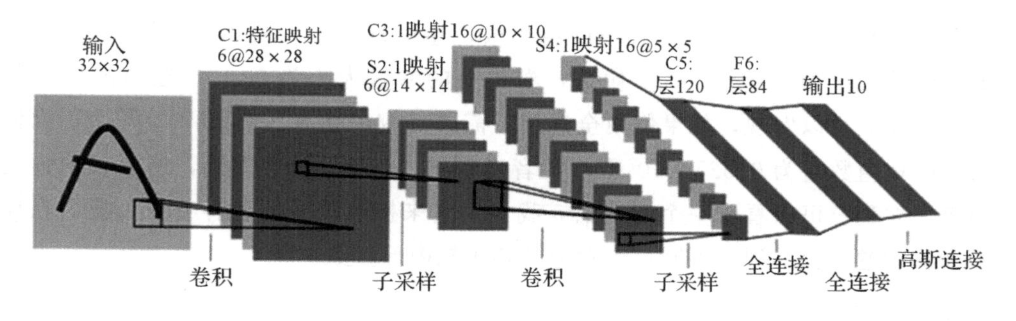

图 6-9　LeNet-5 网络结构

CNN 能够得出原始图像的有效表征，这使得 CNN 能够直接从原始像素中经过极少的预处理，识别视觉上面的规律。然而，由于当时缺乏大规模训练数据，计算机的计算能力也跟不上，因此 LeNet-5 对于复杂问题的处理结果并不理想。

6.5.2　GoogLeNet

2014 年，GoogLeNet 和 VGG 是当年 ImageNet 挑战赛(ILSVRC14)的双雄(GoogLeNet 获得了第一名、VGG 获得了第二名)，这两类模型结构的共同特点是层次更深了。那么，GoogLeNet 是如何进一步提升性能的呢?

一般来说，提升网络性能最直接的办法就是增加网络深度和宽度，深度是指网络层数量、宽度是指神经元数量。但这种方式存在以下问题：

(1)参数太多，如果训练数据集有限，很容易产生过拟合。

(2)网络越大、参数越多，计算复杂度越大，难以应用。

(3)网络越深，容易出现梯度弥散问题(梯度越往后穿越容易消失)，难以优化模型。

解决这些问题的方法当然就是在增加网络深度和宽度的同时减少参数，为了减少参数，自然就想到将全连接变成稀疏连接。但是在实现上，全连接变成稀疏连接后实际计算量并不会有质的提升，因为大部分硬件是针对密集矩阵计算而优化的，稀疏矩阵虽然数据量少，但是计算所消耗的时间却很难减少。那么，有没有一种方法既能保持网络结构的稀疏性，又能利用密集矩阵的高计算性能呢？大量的文献表明可以将稀疏矩阵聚类为较密集的子矩阵来提高计算性能，就如人类的大脑可以看作神经元的重复堆积，因此，GoogLeNet 团队提出了 Inception 网络结构，就是构造一种“基础神经元”结构来搭建一个稀疏性、高计算性能的网络结构。基本单元如图 6-10 所示。

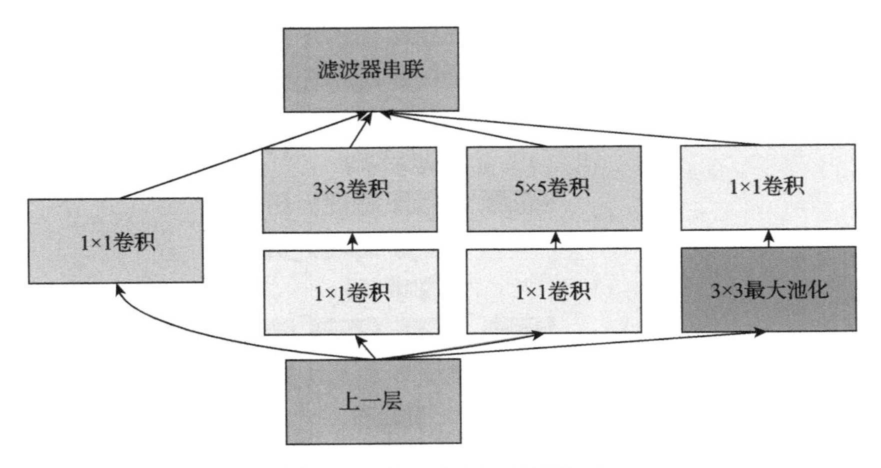

图 6-10　GoogLeNet 基础单元

网络总体结构如图 6-11 所示，包含图 6-10 所示的多个 Inception 模块，并添加了两个辅助分类分支以帮助梯度更好地训练。

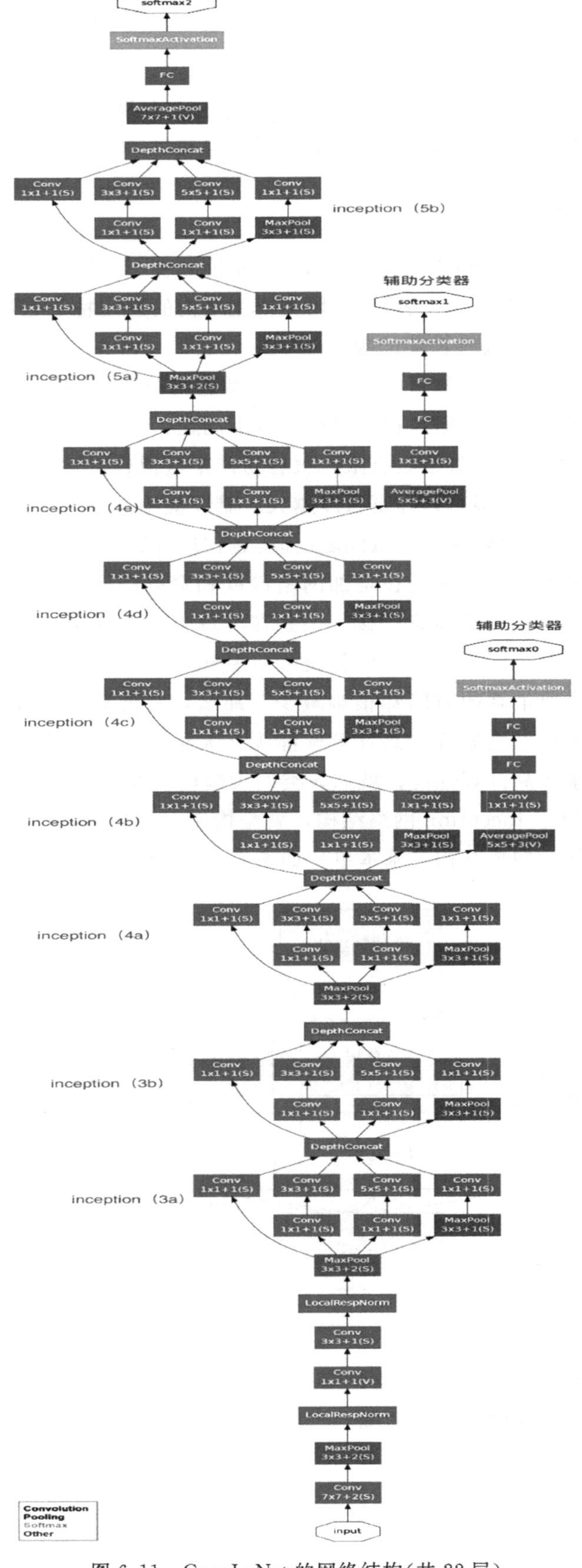

图 6-11　GoogLeNet 的网络结构(共 22 层)

通过网络的水平排布，可以用较浅的网络得到很好的模型能力，并进行多特征融合，同时更容易训练。另外，为了减少计算量，使用了 1×1 卷积先对特征通道进行降维。GoogLeNet 是一个精心设计的性能良好的 Inception 网络（Inception v1）的实例，即 GoogLeNet 是 Inception v1 网络的一种。从图 6-11 中我们可以发现如下 4 点。

(1)GoogLeNet 采用了模块化的结构（Inception 结构），方便增添和修改。

(2)网络最后采用了平均池化（average pooling）来代替全连接层。该想法来自 NIN（Network In Network），事实证明这样可以将准确率提高 0.6%。但是，实际在最后还是加了一个全连接层，主要是为了方便对输出进行灵活调整。

(3)虽然移除了全连接，但是网络中依然使用了 Dropout。

(4)为了避免梯度消失，网络额外增加了两个辅助的 softmax 用于向前传导梯度（辅助分类器）。辅助分类器是将中间某一层的输出用作分类，并按一个较小的权重（0.3）将其加到最终分类结果中。这样相当于进行了模型融合，同时给网络增加了反向传播的梯度信号，也提供了额外的正则化。这对于整个网络的训练很有裨益。而在实际测试的时候，这两个额外的 softmax 会被去掉。

6.5.3 ResNet

GoogLeNet 网络太深无法很好训练的问题还是没有解决，直到何凯明提出了残差连接（residual connection）。ResNet 通过引入直连（shortcut）来解决这个问题，如图 6-12 所示。

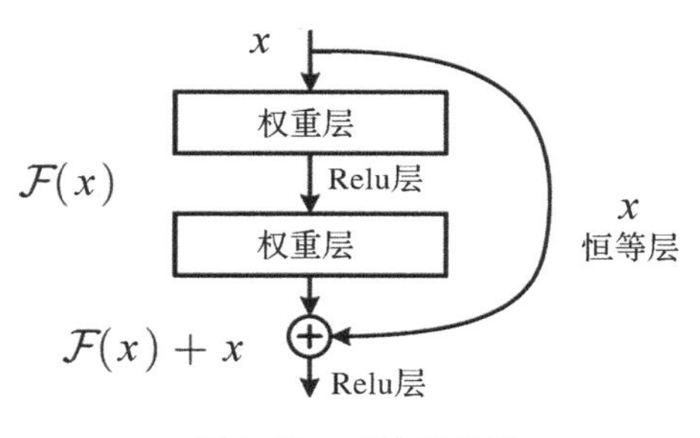

图 6-12　直连示意图

原来需要学习完全的重构映射，从头创建输出，这并不容易。而引入直连之后，只需要学习输出和原来输入的差值即可，绝对量变为相对量，容易很多，所以叫残差网络。通过引入残差、恒等映射，这相当于一个梯度高速通道，可以容易地训练避免梯度消失的问题。所以可以得到很深的网络，网络层数由 GoogLeNet 的 22 层到了 ResNet 的 152 层。

ResNet-34 的网络结构如图 6-13 所示。

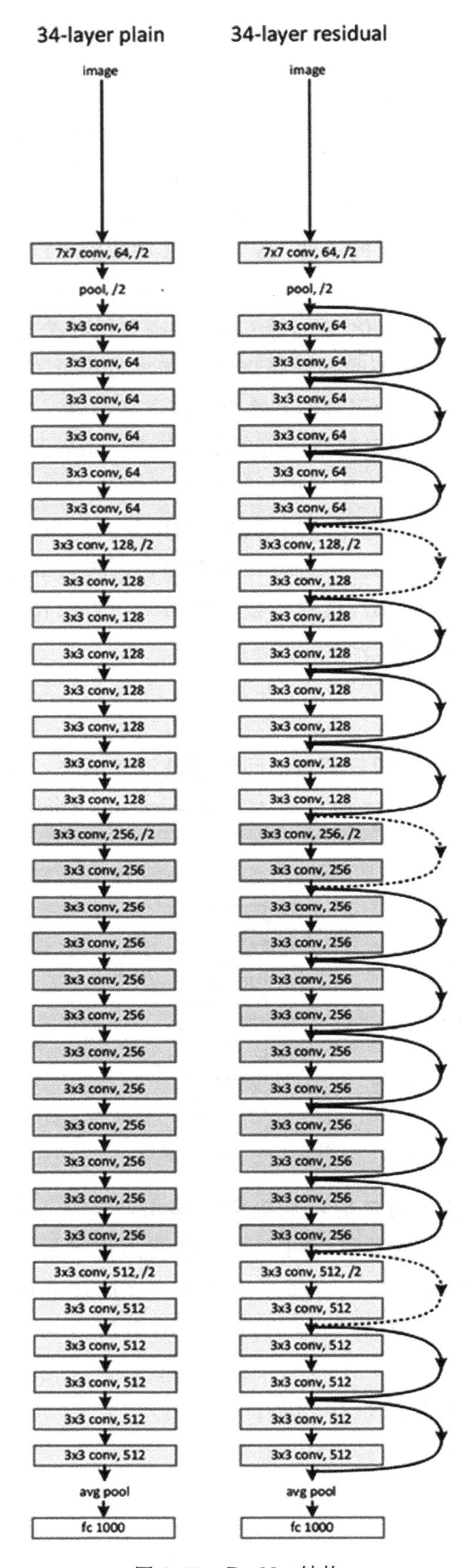

图 6-13　ResNet 结构

为了表明残差网络的有效性，这里共使用了 3 种网络进行实验。其一为 VGG19 网络（这是 VGG paper 中最深的亦是最有效的一种网络结构）。另外则是顺着 VGG 网络思维继续加深其层次而形成的一种 VGG 朴素网络，它共有 34 个含参层。最后一种则是与上述 34 层朴素网络相对应的 ResNet 网络，它主要由前面所介绍的残差单元构成。在具体实现残差网络时，对于其中的输入、输出通道数目不同的情况，作者使用了两种可能的选择：1)直连直接使用 identity 映射，不足的通道用补零来对齐；2)使用 1×1 的 Conv 来表示 W_s映射，从而使得输入、输出通道数目相同。

6.6 参考文献

[1] Cortes C，Vapnik V. Support-vector networks[J]. Machine learning，1995，20(3)：273-297.

[2] 支持向量机[OL]. https：//zh. wikipedia. org/w/index. php? title=%E6%94%AF%E6%8C%81%E5%90%91%E9%87%8F%E6%9C%BA&oldid=54990954.

[3] Chang Chih-Chung，Chih-Jen Lin. LIBSVM：A library for support vector machines[C]. ACM transactions on intelligent systems and technology(TIST)2. 3，2011：27.

[4] Pedregosa，et al. Scikit-learn：Machine Learning in Python[J]. JMLR，2011(12)：2825-2830.

[5] C D Manning，P Raghavan，H Schütze. Introduction to Information Retrieval[M]. Cambridge University Press，2008：234-265.

[6] A McCallum，K Nigam. A comparison of event models for Naive Bayes text classification[C]. AAAI/ICML-98 Workshop on Learning for Text Categorization，1998：41-48.

[7] V Metsis，I Androutsopoulos，G Paliouras. Spam filtering with Naive Bayes，Which Naive Bayes? [C]. 3rd Conf. on Email and Anti-Spam(CEAS)，2006.

[8] Kanungo，Tapas，et al. An efficient k-means clustering algorithm：Analysis and implementation[C]. IEEE Transactions on Pattern Analysis & Machine Intelligence，2002：881-892.

[9] Zivkovic，Zoran. Improved adaptive Gaussian mixture model for background subtraction[C]. ICPR(2)，2004.

[10] Redner R A，Walker H F. Mixture densities，maximum likelihood and the EM algorithm[J]. SIAM review，1984，26(2)：195-239.

[11] Rumelhart，David E，Geoffrey E Hinton，Ronald J Williams. Learning representations by back-propagating errors[C]. Cognitive modeling 5. 3，1988：1.

[12] Hecht-Nielsen R. Theory of the backpropagation neural network[M]. Academic Press，1992：65-93.

[13] LeCun，Yann A，et al. Efficient backprop[M]. Springer，2012：9-48.

[14] Krizhevsky A，Sutskever I，Hinton G E. ImageNet classification with deep convolutional neural networks[C]. International Conference on Neural Information Processing Systems. Curran Associates Inc，2012：1097-1105.

[15] Lecun Y L，Bottou L，Bengio Y，et al. Gradient-based learning applied to document recognition[J]. Proceedings of the IEEE，1998，86(11)：2278-2324.

[16] Simonyan K，Zisserman A. Very deep convolutional networks for large-scale image recognition[D]. arXiv preprint arXiv：1409. 1556，2014.

[17] Szegedy C，Liu W，Jia Y，et al. Going deeper with convolutions[C]. Proceedings of the IEEE conference on computer vision and pattern recognition，2015：1-9.

[18] He K，Zhang X，Ren S，et al. Deep residual learning for image recognition[C]. Proceedings of the IEEE conference on computer vision and pattern recognition，2016：770-778.

CHAPTER7

第7章

机器视觉在物体识别与测量中的应用

7.1 检测物体的特征提取

对物体进行测量或对物体进行分类可以确定物体的类型，比如在OCR中就需要进行类似的处理。所有这些应用都需要我们能从区域或轮廓中确定一个或多个特征量，这些确定的特征量称为特征，它们通常是实数。确定特征的过程被称为特征提取。存在着多种不同类型的特征，区域特征是能够从区域自身提取出来的特征。与之相比，灰度值特征还需要图像区域内的灰度值。另外，轮廓特征是基于轮廓坐标的。

7.1.1 区域特征

到目前为止，最简单的区域特征是区域的面积：

$$a=|R|=\sum_{(r,c)\in R}1=\sum_{i=1}^{n}ce_i-cs_i+1 \tag{7-1}$$

由式(7-1)可知，区域面积a就是区域内的点数$|R|$。如果区域是用一幅二值图像表示的，那么用式(7-1)中的第一个求和等式计算区域的面积；如果区域是用行程编码表示的，那么用式(7-1)中的第二个求和等式计算区域的面积。

面积是称为区域的矩的广义特征中的一个特例。$p\geqslant 0,q\geqslant 0$时，$(p,q)$阶矩被定义为：

$$m_{p,q}=\sum_{(r,c)\in R}r^p c^q \tag{7-2}$$

注意$m_{0,0}$就是区域的面积。与计算面积类似，因为能够推导出仅基于行程的简单等式来计算矩，所以使用行程表示法时可以高效率地计算矩。

式(7-2)中的矩依赖于区域的尺寸。通常我们期望有一些特征可不随物体尺寸的变化而变化，为获取这样的特征，当$p+q\geqslant 1$时，矩除以区域的面积就得到了归一化的矩。

$$n_{p,q} = \frac{1}{a} \sum_{(r,c) \in R} r^p c^q \tag{7-3}$$

从归一化的矩中推导得到的最令人感兴趣的特性是区域的重心(即($n_{1,0}$, $n_{0,1}$))，它能用来描述区域的位置。注意，尽管重心是从像素精度级别的数据中计算得到的，但它是一个亚像素精度特征。

归一化的矩是由图像中的位置决定的。通常，使特征不随图像中区域的位置变化而变化是很有用的。这可以通过计算相对于区域重心的矩来实现。这些中心矩是在 $p+q \geqslant 2$ 时由下式计算得到的：

$$\mu_{p,q} = \frac{1}{a} \sum_{(r,c) \in R} (r - n_{1,0})^p (c - n_{0,1})^q \tag{7-4}$$

注意，这些中心矩也是归一化处理后的。二阶中心矩($p+q=2$)尤其值得关注，它们可以用来定义区域的方位和区域的范围。这是通过假设从一个椭圆上获取区域的一阶矩和二阶矩而实现的。然后，从这 5 个矩推导出椭圆的 5 个几何参数。椭圆的中心与区域的重心是一致的。椭圆的长轴 1 和短轴 2，以及相对于横轴的夹角可由下式计算得到：

$$r_1 = \sqrt{2(\mu_{2,0} + \mu_{0,2} + \sqrt{(\mu_{2,0} - \mu_{0,2})^2 + 4\mu_{1,1}^2})}$$

$$r_2 = \sqrt{2(\mu_{2,0} + \mu_{0,2} + \sqrt{(\mu_{2,0} - \mu_{0,2})^2 + 4\mu_{1,1}^2})}$$

$$\theta = -\frac{1}{2} \arctan \frac{2\mu_{1,1}}{\mu_{0,2} - \mu_{2,0}} \tag{7-5}$$

通过椭圆的参数，我们能推导出另一个非常有用的特征：各向异性 r_1/r_2。此特征量在区域缩放时是保持恒定不变的，可以描述一个区域的细长程度。椭圆的这些参数在确定区域的方位和尺寸时极其有用。

区域的另一个有用特征是区域的轮廓长度。为计算此特征量，我们必须跟踪区域的边界以获取一个轮廓，此轮廓将边界上的全部点连接在一起。一旦得到了区域的轮廓，我们仅需将全部轮廓线段的欧几里得距离进行求和即可。水平线段和垂直线段的欧几里得距离都是 1，而对角线段的距离是$\sqrt{2}$。基于区域的轮廓长度 l 和区域的面积 a，我们能定义区域紧性的度量方法：$c=l^2/(4\pi a)$。所有圆形区域的紧性特征值都是 1，而其他区域的紧性特征值更大。紧性与凸性有着类似的用途。

7.1.2　灰度值特征

区域内的最大灰度值和最小灰度值为：

$$g_{\min} = \min_{(r,c) \in R} g_{r,c}, g_{\max} = \max_{(r,c) \in R} g_{r,c} \tag{7-6}$$

区域内灰度值的平均值是另一个明显的灰度值特征：

$$\bar{g} = \frac{1}{a} \sum_{(r,c) \in R} g_{r,c} \tag{7-7}$$

灰度值平均值是对区域内亮度的一个度量。对参考区域内灰度值的平均值进行测量可以确定附加的亮度变化，此亮度变化是相对于系统最初被设置时的情况而言的。在两个不同参考区域内，计算平均灰度值可测量出线性亮度变化，并且由此计算出线性灰度值变换，此变换可以用于补偿亮度的变化或调整分割阈值。平均灰度值是一个统计特征，另一个统计特征是灰度值的方差

$$s^2 = \frac{1}{a-1}\sum_{(r,c)\in R}(g_{r,c}-\bar{g})^2 \tag{7-8}$$

和标准偏差 $s=\sqrt{s^2}$。在一个参考区域内测出的平均值和标准偏差也能用来建立一个线性灰度值变换，此变换可以补偿亮度的变化。标准偏差能够用来调整分割阈值，而且它还可用来测量存在于区域内的纹理的多少。

在前面的小节中，我们已经看到了区域的矩是极其有用的特征量，它们也能很自然地被推广到灰度值特征中来。$p\geqslant 0,q\geqslant 0$ 时，(p,q)阶灰度值矩定义为：

$$m_{p,q} = \sum_{(r,c)\in R} g_{r,c}r^p c^q \tag{7-9}$$

这是区域矩自然而然的推广。与区域矩类似，矩 $a=m_{0,0}$ 被视为区域的灰度值面积。它实质上是灰度值函数 $g_{r,c}$ 在区域内的“体积”。与区域矩类似，归一化处理后的矩被定义为：

$$n_{p,q} = \frac{1}{a}\sum_{(r,c)\in R} g_{r,c}r^p c^q \tag{7-10}$$

矩$(n_{1,0}, n_{0,1})$定义的是区域的灰度值重心。通过此重心，中心灰度值矩被定义为：

$$\mu_{p,q} = \frac{1}{a}\sum_{(r,c)\in R} g_{r,c}(r-n_{1,0})^p(c-n_{0,1})^q \tag{7-11}$$

与区域矩类似，在二阶中心矩的基础上我们能定义椭圆的长轴、短轴和方向等参数，该式与式(7-5)一致。并且，各向异性的定义与区域矩中的也一样。

所有基于矩的灰度值特征与相应的基于矩的区域特性非常相似。因此，我们对它们之间的区别非常感兴趣。如上文所述，如果我们使用区域的特征函数作为灰度值，则灰度值矩就简化为区域矩。特征函数可被解释为某像素对于此区域是否具备隶属关系。隶属关系为 1 时意味着此像素是区域内的，而为 0 则表示此像素是区域外的。这个判断像素是否属于某个区域的方法是脆弱的，因为针对每个像素点都必须进行一次硬性判断。试想现在我们对每个像素不使用硬性判断，而使用一个“软的”或“模糊的”判断来描述像素是否在区域内，这样对隶属于区域的程度进行编码，编码使用的数的区间为[0,1]。我们用一个模糊的隶属关系值来解释隶属的程度，而不使用脆弱的二值隶属关系。如此，灰度值图像就能被视为一个模糊集合。把图像看作一个模糊集合的好处是，我们不必对一个像素点是否属于某物体做出硬性判断了，而是用模糊隶属关系值确定此像素属于此物体的百分比程度。这让我们能在测定物体的位置和尺寸时更准确，特别是测定小的物体时。在前景与背景的过渡区域中会存在一些混合像素，这些像素使我们在获取物体的几何信息时更准确。因为灰度值矩必须访问区域内的每个像素，而区域矩仅需要基于区域的行程编码就可以计算，所以计算区域矩的速度更快。因此，灰度值矩在一般情况下只用于处理相对小的区域。我们必须要回答的唯一问题是，如何定义某像素的模糊隶属

关系值。若假定摄像机有100%的填充因子且摄像机和图像采集设备的灰度值响应是线性的，那么一个像素与背景的 灰度值差异是与物体上被此像素所覆盖的面积成正比的。因此，我们能定义这样一个模糊隶属关系：对于灰度值低于背景灰度值 $g_{\min}$ 的每个像素，它们的隶属关系值都是0；相反地，对于灰度值高于前景灰度值 $g_{\max}$ 的每个像素，它们的隶属关系值都是1。对于灰度值落在此范围内的那些像素，它们的隶属关系值通过线性插值得到。由于这一计算过程需要使用浮点图像，因此通常将隶属关系值按比例放大到一个 b 位的整数图像上，一般是8位整数图像。因此，隶属关系就成为一个简单的按比例缩放的线性灰度值。当我们以此方式来按比例缩放隶属关系图像时，灰度值面积必须除以最大灰度值(比如除以255)，以得到真正的面积。归一化处理后的灰度值矩和中心灰度值矩无须此调整，因为由定义可知，它们在灰度值缩放时是恒定不变的。

7.1.3 轮廓特征

在7.1.1节中讨论过的很多区域特征都能直接转换为亚像素精度轮廓特征。计算轮廓的最小外接平行轴矩形(边框)也很简单。此外，计算轮廓凸包的方法与计算区域的类似。根据轮廓的凸包，我们能推导出最小外接圆和任意方向的最小外接矩形。

在前两节中，已经看到了矩特征是很有用的。因此，是否也可以为轮廓定义矩特征就成为我们感兴趣的问题。我们尤其感兴趣的是一个轮廓是存在面积。很显然，必须是围绕一个区域的轮廓才存在这些矩特征，也就是说，轮廓必须是闭合的且不能自相交。为简化等式，假设一个闭合轮廓是通过 $(r_1, c_1) = (r_n, c_n)$ 来表示的。R 表示轮廓围绕的亚像素精度区域，则 (p,q) 阶矩被定义为：

$$m_{p,q} = \iint_{(r,c)\in R} r^p c^q \tag{7-12}$$

与区域类似，我们能定义归一化的矩和中心矩。等式(7-12)与式(7-3)相同，只是将原式中的连加求和符号换成积分符号。可看到，以上这些矩都仅基于轮廓上的控制点计算而得到。

二阶矩能推导出类似的等式。根据这些等式，我们能计算出椭圆的长轴、短轴和方向等参数。基于矩的轮廓特征与基于矩的区域特征和基于矩的灰度值特征用途类似。

7.2 模式分类与识别

一个物体是一个物理单位，在图像分析和机器视觉中通常表示为图像分割后的一个区域。整个物体集合可以被分为几个互不相交的子集合，子集合从分类的角度来看具有某种共同特性(被称为类)。如何对物体进行分类并没有明确的定义，依具体的分类目的而定。

物体识别从根本上说就是为物体标明类别，而用来进行物体识别的工具叫作分类器。类别总数通常是事先已知的，一般可以根据具体问题而定。但是，也有处理类别总数不定的方法。

分类器(与人类相似)并不是根据物体本身来做出判断的——而是根据物体被感知到的某些性质。例如，要将钢铁同砂岩区别开，我们并不需要鉴定它们的分子结构，虽然分子结构可以很好地区别不同物质。真正用作判别依据的是纹理、相对密度、硬度等。这些被感知到的物体特性称作模式，分类器实际识别的不是物体，而是物体的模式。物体识别同模式识别被认为是同一个意思。

模式识别的主要步骤如图 7-1 所示。步骤“构建形式化描述”基于设计者的经验和直觉，选择一个基本性质集合用来描述物体的某些特征，这些性质以适当的方式进行衡量，并构成物体的描述模式。这些性质可以是定量的，也可以是定性的，形式也可能不同(数值向量、链等)。模式识别理论研究如何针对特定的(选择的)基本物体描述集合设计分类器。

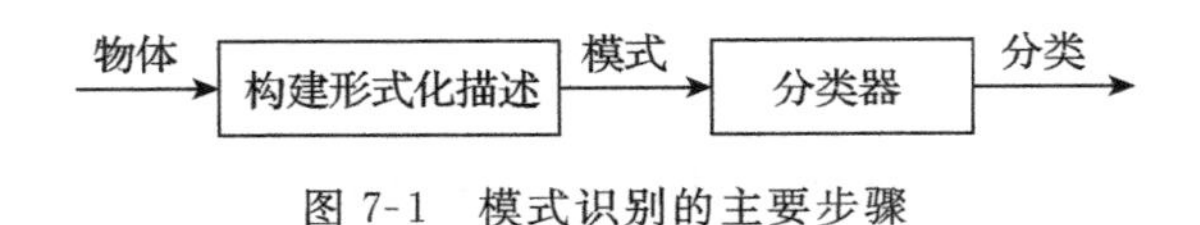

图 7-1　模式识别的主要步骤

统计物体描述采用基本数值表述，这称为特征。描述一个物体的模式(也称作模式向量，或特征向量)是一个基本描述的向量，所有可能出现的模式集合即为模式空间 X，也称为特征空间。如果基本描述选择得当，则类内物体间的相似性会使物体模式在模式空间中也相邻。在特征空间中各类会构成不同的聚集，这些聚集可以用分类曲线(或高维特征空间中的超曲面)来描述。

若存在一个分类超曲面可以将特征空间分为若干个区域，并且每个区域内只包含同一类物体，则这个问题被称为是可分类别的。若分类超曲面是一个平面，则称为是线性可分的。若问题具有可分类别，则每个模式只能表示一类物体。直观地，我们希望可分类别能够被准确无误地识别。

然而大多数物体识别问题并不具有可分类别，这种情况下在特征空间中不存在一个分类超曲面可以将各类无误地分开，肯定会有某些物体被错分。

统计分类器是一个具有 n 个输入端和 1 个输出端的装置。每个输入端接收从待分类物体中测量得到的 n 个特征($x_1, x_2, \cdots, x_n$)中的一个。一个 R-分类器的输出为 R 个符号 $w_1, w_2, \cdots, w_R$ 中的一个，用户将这个输出符号视为对分类物体的类别判断。输出符号 w_r 就是类别标识符。

函数 $d(x)=w_r$ 描述了分类器输入与输出之间的关系，这称为决策规则。决策规则将特征空间分成 R 个不相交的子集 $k_r(r=1,\cdots,R)$，每个子集包含所有满足 $d(x')=w_r$ 的物体特征表示向量 $\boldsymbol{x}'$。子集 $k_r(r=1,\cdots,R)$间的边界构成了前面提到的分类超曲面。设计分类器的目的就是要确定分类超曲面(或定义决策规则)。

分类超曲面可以由 R 个标量函数 $g_1(x), g_2(x), \cdots, g_R(x)$来定义，这些函数称为判别函数。对于所有 $x \in K$ 和任意 $s \in \{1,\cdots,R\}, s \neq r$ 判别函数的设计应满足如下公式：

$$g_r(x) \geqslant g_s(x) \tag{7-13}$$

由此可见，类别区域 K_r 和 K_s 间的分类超曲面由下式定义：

$$g_r(x)-g_s(x)=0 \tag{7-14}$$

这一定义也就确定了决策规则。物体模式 x 将被识别为判别函数具有最大输出值的类别。

$$d(x)=w_r \Leftrightarrow g_r(x)=\max_{s=1,\cdots,R} g_s(x) \tag{7-15}$$

线性判别函数是最简单的判别函数，但应用十分普遍。其一般形式为：

$$g_r(x)=q_{r0}+q_{r1}x_1+\cdots+q_{rn}x_n \tag{7-16}$$

其中，$r=1,\cdots,R$。若分类器的所有判别函数都是线性的，则称此分类器为线性分类器。

另一种方法基于最小距离准则构造分类器。这样得到的分类器只是判别函数分类器的一种特例，但其计算上具有一定优势，并且容易在数字计算机上实现。假设特征空间中定义了 R 个点，$V_1,V_2,\cdots,V_R$ 为类 $w_1,w_2,\cdots w_R$ 的代表(或称为样本模式)。最小距离分类器将待分类模式 x 识别为距其最近的代表所在的类别。

$$d(x)=w_r \Leftrightarrow |v_r-x|=\max_{s=1,\cdots,R}|v_s-x| \tag{7-17}$$

所有分类超平面都垂直平分线段 V_sV_r(见图7-2)。

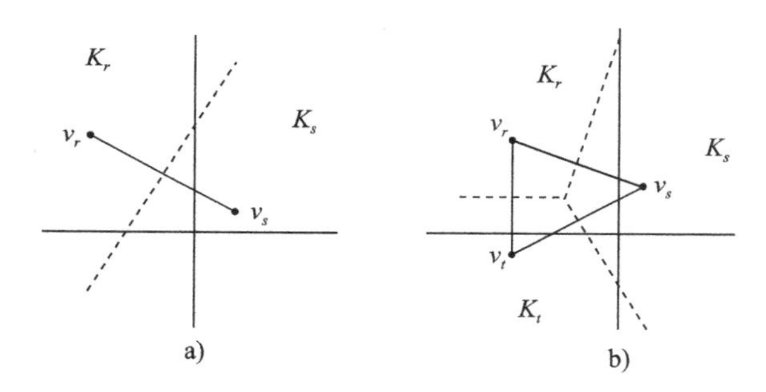

图7-2　最小距离判别函数

若每类仅由一个模式来表示，则分类器将是线性的。若一类中可能具有多个模式，则分类器为分段线性的分类超平面。

非线性分类器通常利用某些适当的非线性函数 Φ 将原始特征空间 X^n 变换到一个新的特征空间 X^m，其中上标 n、m 表示空间的维数。

$$\Phi=(\phi_1,\phi_2,\cdots,\phi_m):X^n \rightarrow X^m \tag{7-18}$$

经过非线性变换后，在新的特征空间中就可以采用线性分类器了——函数 Φ 的作用在于将原始特征空间中的非线性分类超曲面“拉直”，变成新变换特征空间中的超平面。这种利用特征空间变换的方法称为 Φ-分类器。

Φ-分类器的判别函数为：

$$g_r(x)=q_{r0}+q_{r1}\phi_1(x)+\cdots+q_{rm}\phi_m(x) \tag{7-19}$$

其中 $r=1,\cdots,R$。上式的向量形式为：

$$g_r(x)=q_r\cdot\Phi(x) \tag{7-20}$$

其中，q_r、$\Phi(x)$分别为由 $q_{r0},\cdots,q_{rm}$ 和 $\phi_0(x),\cdots,\phi_m(x)$ 构成的向量，且 $\phi_0(x)=1$。非线性函数 Φ 还在当前支持向量机分类器的发展中起着重要作用。

7.3 机器视觉中形状大小的测量

尺寸测量是机器视觉技术最普遍的应用，包括物件的长度、角度、孔径、直径、弧度等都是物件典型的待测几何参数。传统尺寸测量精度低、速度慢、无法满足大规模自动化生产的需要。基于机器视觉的尺寸测量技术属于非接触式测量，具有检测精度高、速度快、成本低、便于安装等优点。不但可以获取在线产品的尺寸参数，同时可对产品做出在线实时判定和分检。

7.3.1 长度测量

长度测量是尺寸测量技术中应用最广泛的一种测量，基于机器视觉的长度测量发展迅速，技术比较成熟。特别是测量精度高、速度快，对在线有形工件的实时 NG(No Good)判定、监控分检方面应用广泛。其基本步骤主要分为：1)对定位距离的两条直线进行识别和拟合(关键步骤)；2)得到直线方程后，根据数学方法计算两线间的距离。

直线是图像的基本特征之一，研究直线检测算法具有重要意义。一般情况下，物体平面图像的轮廓可近似为直线及弧的组合，因此，对物体轮廓的检测与识别可以转化为对这些基元的检测与提取。在运动图像分析和估计领域，也可以采用直线对应法实现对刚体旋转量和位移量的测量。两种经典的直线拟合(检测)算法是最小二乘法、Hough 变换法。

首先介绍最小二乘法。设有直线函数 $y=ax+b$(a、b 是待定常数)。设 $\varepsilon_i=y_i-(ax_i+b)$。其中 ε_i 反映计算值 y 与实际值 y_i 的偏差，可正可负。用 ε_i 的平方反映估计值与实际值的偏差。对于拟合直线上的若干个点，当它们的偏差平方和最小时，可以保证每个点的偏差都不会大。该方程可以用极值原理写出解析结果。

其次是直线拟合的 Hough 变换方法。Hough 变换是一种利用图像全局特征将特定形状的边缘连接起来以形成连续平滑边缘的一种方法。它通过将源图像上的点映射到用于累加的参数空间，实现对已知解析式曲线的识别。因为 Hough 变换利用了图像全局特性，所以受噪声和边界间断的影响较小，比较鲁棒。Hough 变换常用来对图像中的直线和圆进行识别。

假设有直线函数 $y=px+q$，其图像空间 XY 为(x,y)，参数空间 PQ 为(p,q)，两者关系如图 7-3 所示。

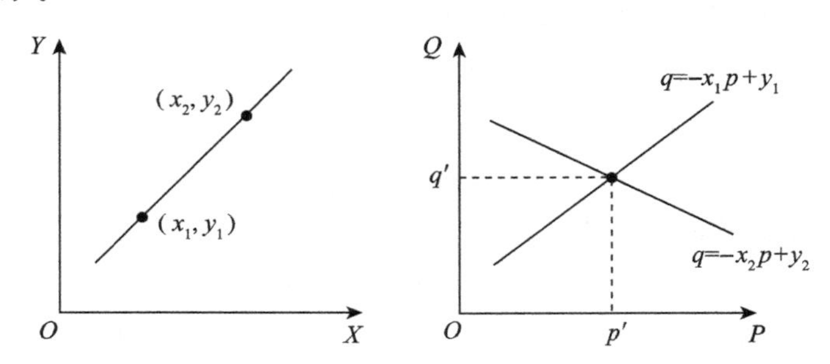

图 7-3 点-线对偶：为图像空间标准坐标系下的直线，参数空间的直线

此处需满足点-线对偶性，包括图像空间中共线的点对应参数空间中相交的线，参数空间中相交于一点的所有直线在图像空间里都有共线的点与之对应。所以在 PQ 平面上相交直线最多的点，对应于 XY 平面上的直线就是解。

在 XY 平面中用斜率描述的直线存在斜率 P 无穷大(即直线垂直)的情况，这会给计算带来不便，一般采用点-正弦曲线对偶(见图 7-4)。直线的极坐标方程为 $r=x\cos\theta+y\sin\theta$，此时，参数空间为 $r\theta:(r,\theta),\theta\in(0,\pi),r\in(-R,R)$。

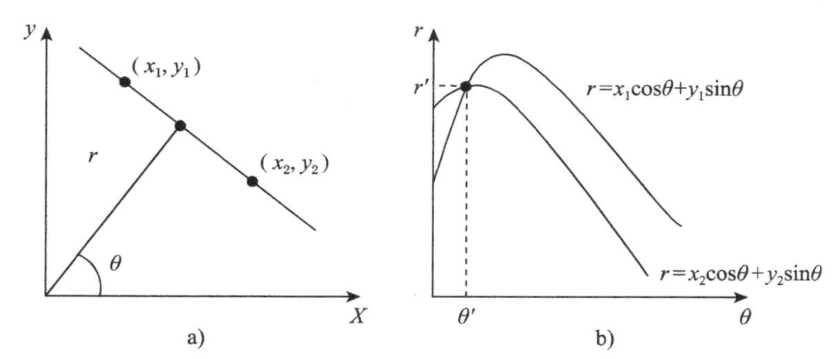

图 7-4　点-正弦曲线对偶：a)为图像空间标准坐标系下的直线，b)参数空间的直线

图 7-5 可视化了一个图像空间和参数空间的例子。

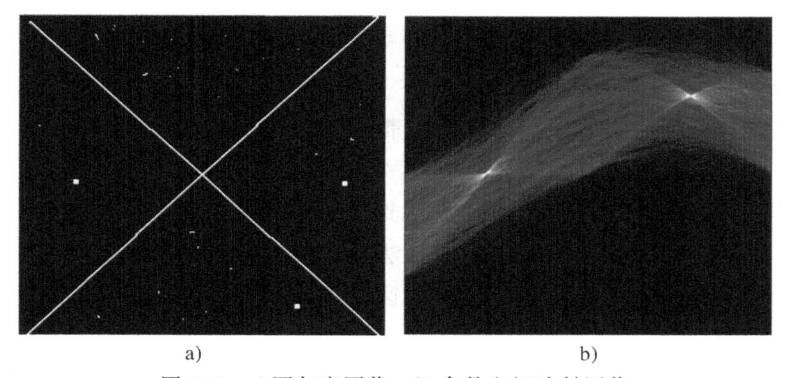

图 7-5　a)原灰度图像；b)参数空间映射图像

可以举一个更加形象的例子，假设图像上的直线是一个容器，直线上的点(图像中的特定像素)是放在容器中的棋子。

由于图像上任意一个像素可以同时属于多条直线，可看成每个棋子(像素)能同时放在多个容器中(直线)。Hough 变换的基本思想是依次检查图像上的每个棋子(特定像素)。对于每个棋子，找到所有包含它的容器(直线)，并为每个容器的计数器加 1。遍历结束后，统计每个容器所包含的棋子数量。当图像上某个直线包含的特定像素足够多时，就可以认为直线存在。

总结而言，Hough 变换的优点是，针对有噪图像其具有稳定性和鲁棒性。但其不足在于：1)计算量大，占用内存大；2)检测精度受参数离散间隔制约；3)只能指出图像中某条直线的存在，不能给出直线段的完整描述(端点坐标和长度信息等)。

7.3.2 线段测量

在工件检测中，经常要测量多边形工件的边长，即测量两个端点间的线段长度。线段测量的核心是在图像中找到线段的两个端点，通常这些端点是图像中的角点。基于Harris角点检测的线段测量方法流程如下。

(1)对采集到的工件图像进行角点提取。

(2)对工件图像进行轮廓提取。

(3)利用轮廓信息对角点位置进行精确定位。

(4)根据检测到的角点计算角点间的距离。

进行Harris角点检测时，需要采用高斯低通滤波器进行平滑，因而用该方法检测出的角点位置存在误差，会影响测量精度。如果知道图像的轮廓信息，则可以利用轮廓信息判断角点是否在轮廓上。如果在，则该点是角点的准确位置。否则，找出轮廓上离Harris角点最近的点，并作为这个角点的精确位置。

7.3.3 面积测量

面积测量在工业测量领域中应用十分广泛，例如目前比较成熟的基于机器视觉技术的果品自动筛选设备、金属腐蚀测试设备等，都是对面积测量技术的直接应用。面积测量的两种重要算法是，基于区域标记的面积测量和基于轮廓向量的面积测量。

1. 基于区域标记的面积测量

基本思想：计算待测物体所在区域的像素点个数，得到面积。

前提条件：已知图像中待测物体的所在区域。

问题：实际应用中，待测图像内可能有多个需要测量面积的物体。

解决方法：标记连通区域，最常用的方法是8-连通判别算法。目的是给图像中每个连通的区域分配一个唯一的标记值，以判定区域中的物体是否是独立的，以及区域中的物体是否只是噪声。

具体步骤如下所示。

(1)二值化图像。对于二值图像，从左到右，从上到下，依次检验每个像素。如果发现某像素值为0，则依次检测该点的右上、正上、左上、左前共4个点的像素值，判断其是否与已标示区域连通并标示物体，将物体的像素值改为该像素所在区域的标号。

(2)依次逐行检测至扫描结束。

(3)循环取得各点的标号。根据不同的标号，将像素加到对应的数组。

(4)计算各个连通区域的面积及个数等。

2. 基于轮廓向量的面积测量

该方法能准确地确定边界内的像素，精确地得到需要测量的面积。在测量不规则轮廓的区域面积时，它是一种简单、可靠、有效的方法。

基本思想：在感兴趣区域内的轮廓向量已知的情况下，用外轮廓所包含的面积减去内部各个内轮廓所包含的面积，得到此连通域实体的面积，进而计算出具有任意形状的每个感兴趣区域的面积。

实现原理如下所示。

(1)对感兴趣区域进行边界跟踪，获得一组有序边界点。

(2)把前一边界点($P-1$)到当前边界点(P)的路径称为前级向量。

(3)把当前边界点(P)到下一边界点($P+1$)的路径称为次级向量。

(4)针对不同方向，结合前级向量和次级向量，判断当前边界点的右侧像素是边界点、边界内点还是边界外点。

7.3.4 圆测量

圆测量是尺寸测量技术中与长度测量并列的另一种应用较为广泛的测量方式。在使用传统的物理接触方式测量圆弧时，参考点太多，无法从整体上把握综合参数，速度慢，精度较低。基于机器视觉技术的圆测量可以大大提高测量速度和精度，目前技术发展较快，实际应用也较成熟。

圆测量中应用最广泛的是正圆测量，椭圆测量相对较少，因此通常情况下将正圆测量简称为圆测量。

测量基本步骤：首先对圆的外形轮廓进行识别和拟合，得到圆的方程后，根据数学方法获取相关的各种参数。圆拟合的经典算法包括：Hough 变换法和最小二乘法。

1. Hough 变换法

Hough 变换不仅可用于检测直线、连接位于同一直线上的点，也可以检测满足解析式 $f(\boldsymbol{X},\boldsymbol{C})=0$(其中 $\boldsymbol{X}$ 是一个坐标矢量，$\boldsymbol{C}$ 是一个系数矢量)的曲线并把曲线上的点连接起来。

对于半径为 r、圆心为(a,b)的圆，有解析表达式为$(x-a)^2+(y-b)^2=r^2$。其对应的参数空间为(a,b,r)，其第一个物理意义可视为图像空间中的点(x_i，y_i)对应参数空间中的一个三维直立圆锥$(a-x_i)^2+(b-y_i)^2=r^2$，如图 7-6 所示。

其第二个物理意义可视为图像空间中的圆对应的参数空间中的一个点，它约束了通过该点的一个圆锥面的参数(a，b，r)，如图 7-7 所示。

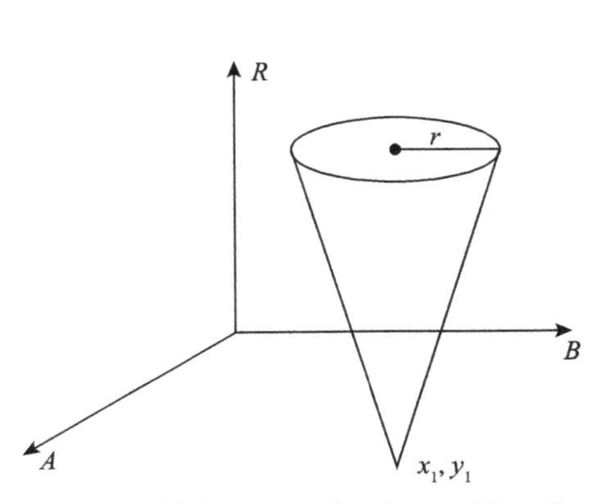

图 7-6　圆的$(a-x_i)^2+(b-y_i)^2=r^2$参数空间示意图

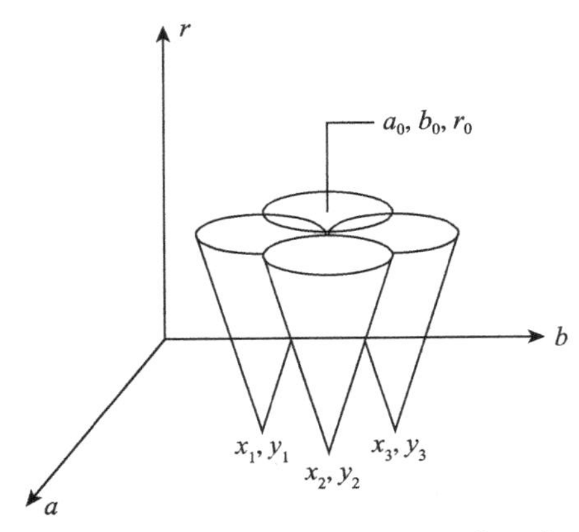

图 7-7　圆的$(a-x)^2+(b-y)^2=r^2$参数空间示意图

因为同一个参数(a_0, b_0, c_0)对应的圆锥越多，其越可能是图像空间中圆的参数，所以后续的算法只需要对每个(a,b)求每个(x,y)下对应的r值并对(a,b,r)进行计数，统计计数最多的(a,b,r)即为圆对应的参数。在参数空间中建立一个3D的累加数组（记为$A(a,b,r)$），让a、b依次变换算出r，对A进行累加：$A(a,b,r)=A(a,b,r)+1$。其余步骤与检测直线上的点相同。

下面举例用Hough变换检测圆。设半径已知，求圆心。图7-8a是一幅256×256灰度合成图，内有一灰度值为160半径为80的圆目标，背景灰度值为96。整幅图像叠加了在[−48，48]之间均匀分布的随机噪声。

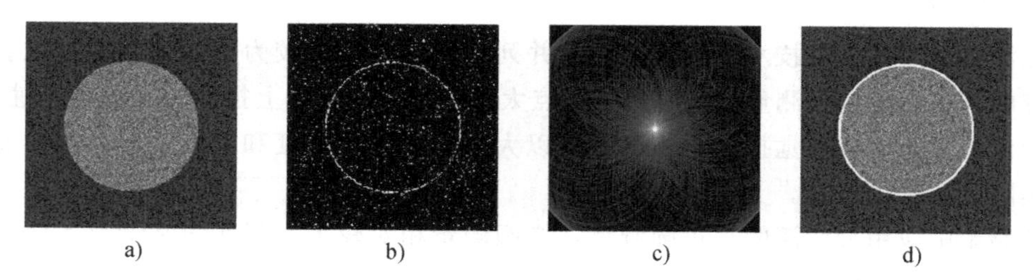

图7-8　Hough变换检测圆案例：a)灰度合成原图；b)用Sobel求梯度取阈值得边缘；c)Hough变换得累加器图像，亮点为圆心；d)因半径已知得圆周

2. 最小二乘法

圆方程为$(x-A)^2+(y-B)^2=R^2$，令$a=-2A$、$b=-2B$、$c=A^2+B^2-R^2$。

圆方程变为参数(a,b,c)的线性方程$x^2+y^2+ax+by+c=0$，而后可以根据图像平面点去搜最小二乘解即可。

7.4　机器视觉表面缺陷检测

表面缺陷检测系统通过摄像机、图像处理算法等集成机器视觉技术，能高效地实时检测、显示和识别被测物体常见的表面缺陷（如孔洞、破损、边缘裂缝、刮痕、边缘破损等）、疵点、脏污点、水滴或油滴印记、条纹、漏涂、皱褶、暗斑、亮斑、尘埃等，特别适用于塑料、纸张、玻璃、电子、金属、薄膜、箔片等外观有严格要求又有明确指标的生产行业，可用范围十分广泛。图7-9所示为一个齿轮缺陷检测的例子。

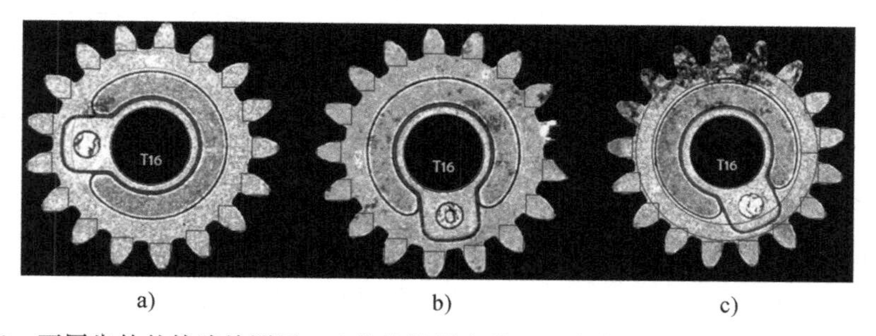

图7-9　不同齿轮的缺陷检测图：a)齿轮检测良品；b)齿轮检测缺陷；c)齿轮检测脏污

表面缺陷检测系统应具有的功能：1)自动完成工件转动与摄像机获取图像同步；2)自动检测产品表面斑点、凹坑、铜点、划伤等缺陷；3)对不良位置进行定位，可控制贴标设备和打印设备进行标识；4)对不良品图像进行自动存储，可进行历史查询；5)可根据需要选择检测的缺陷类型；6)可根据需要自主设定缺陷大小；7)可根据需要对缺陷类型进行学习并命名；8)自动统计良品、不良品、总数等。本节举 3 个缺陷检测的例子，分别是印刷检测、封装检查和锯齿检测。

7.4.1　印刷检测

现在的产品外包装印刷都是流水线式的大规模生产，是由工业印刷机批量地印刷在产品上的。在印刷的过程中会出现各种印刷缺陷，例如字符印得不完整、字符混乱、漏印刷、灰尘沾染等。为此，有必要研究一种检查速度快、准确率高的印刷质量检测系统。可通过编写上位机程序获取图像，然后选取模板图像并对其进行训练，紧接着通过与模板图像进行比较得到被检查字体与模板字体之间的差异，最后通过分析差异找到印刷字体的缺陷。这些算法的实现，解决了在批量印刷中产生的图像缺陷难以识别的难题。

工业印刷机在产品中批量印刷，很容易出现组装出错、印刷脏污等现象。因此，在实际的生产过程中，需要对印刷的质量进行识别检测，以便及时地剔除印刷缺陷的产品，减少甚至消除厂家在印刷过程中因为印刷缺陷而造成的经济损失。用机器视觉代替人工检测，可提高效率和产品质量，另一方面可降低劳动力成本。

取得一幅图像后，首先对其进行预处理，预处理的目的是消除图像在分割时候的噪声干扰。紧接着要选取合适的区域，把要检测的区域都能较好地分割出来作为模板存储在本地为后续检测做好准备。最后利用模板法来检测该区域是否完整，根据检测的缺陷面积来分析是否符合工业要求并进行一定规律的分类。其流程图如图 7-10 所示。

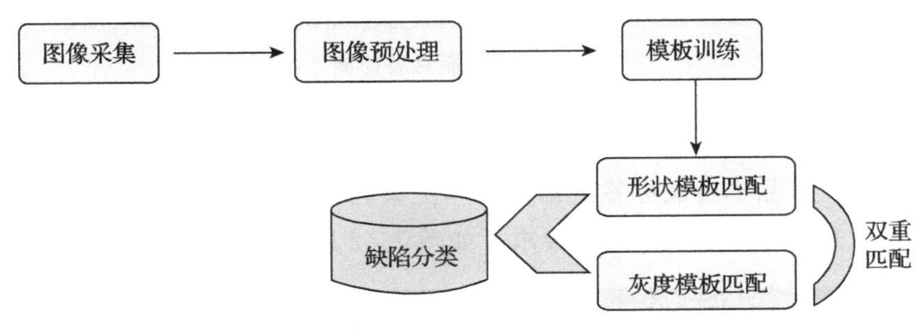

图 7-10　算法流程图

图像采集系统是印刷质量检测的根基，离开了这个采集系统，将无法获取外界目标，进而也无法分析印刷是否合格。在图像目标采集系统中，摄像机又是基础中的基础。选择一个合适的摄像机，不仅能解决分辨率问题，还能在算法上给予很多便利。因此摄像机的选取合适与否将决定本系统是否能用。

针对印刷字体质量检测的要求，不需要考虑印刷字体是否有颜色，所以一般采用黑白摄像机即可达到检测的要求。

7.4.2　封装检测

包装作为产品生产环节的最后一道工序，对产品质量及公司形象有着至关重要的影响。包装不仅对产品的安全做了保护，还起到了宣传的作用，更是代表着公司的形象。每件产品的包装上都包含各种信息，信息的正确读取有利于企业对产品进行追踪。针对产品的包装，以往工厂大多采用人工形式进行检测，在国内的一些生产企业里，经常可以看到数十名工人完成产品的检测工序。但随着企业生产水平的提高，这种方式已难以满足企业连续、大批量地生产产品的需求。机器视觉技术的应用，不仅逐步代替了人工去完成这项繁重、枯燥的工作，而且其可靠性及低成本都占有很大的优势。利用机器视觉技术，企业可以高效率地完成对产品的包装检测，还可以正确读取产品的包装信息，从而对产品进行有效追踪。

1. 产品外包装的检测

图 7-11 所示为产品外包装安全条的质量检测。本案例的检测系统可以在高速生产线中对是否有外包装安全条进行快速判断，以确保包装安全条无缺失。

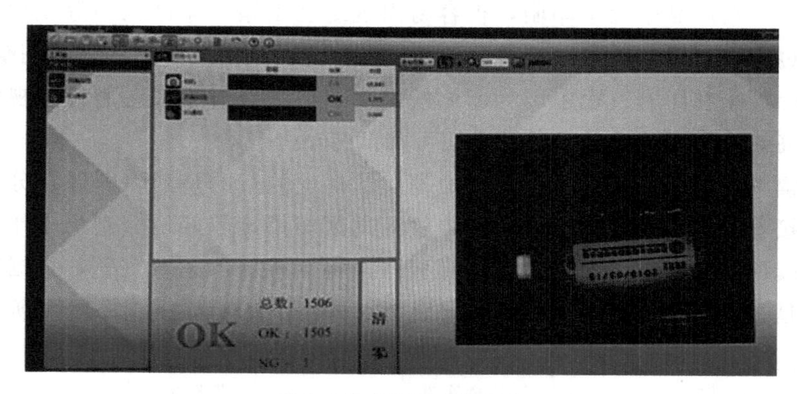

图 7-11　药瓶封装检测

2. 条码识别/字符检测

在外包装上，产品本身及标签上都会打印上条码、字符等以便企业建立产品的追踪系统，达到实时采集产品条码信息的要求，如图 7-12 所示。

图 7-12　条码识别/字符检测

一维码已经普遍应用于产品追踪和分拣，机器视觉可以校验条形码是否与包装的产品一致。二维码也普遍应用于零件追踪和过程控制，因其印刷面积小，内置错误纠正功能且可容纳大容量数据，所以二维码在很多行业都有普遍的应用。

产品表面上的日期和批号编码提供了严格的生产日期信息和产品追踪的信息。如果编码不可识别，消费者就无法验证产品的质量，那么该产品就成了伪劣产品。维视智造智能视觉软件的 OCR 工具能够读取苛刻环境下不同的印刷字符和日期，可以迅速地重新学习并将其保存为模板数据库，从而通过后续检测结果控制产品生产过程中的印刷信息质量。

3. 灌装检测

饮料行业一般采用的是自动灌装设备，灌装设备的稳定性是影响液位高度检测的关键因素。目前国内大部分灌装设备的振动性都比较强，一般的视觉检测无法满足在高振动环境中对液位的检测。维视的视觉检测系统可通过多方位取图，计算液位的平均值，从而计算出液位的高度。因此解决了行业内的难题。

4. 封口检测

在瓶装生产线上，瓶盖的密封性检测也是非常重要的，封口是否封装完整将直接影响到产品最终能否出厂。维视的视觉检测系统可针对矿泉水、饮料、啤酒、酱油、醋、日化医疗用品等产品进行封口检测。它速度快、精度高，且可根据客户需求配置专业的方案。

7.4.3 锯齿检测

图像的采集部分和图像处理算法已在前面章节进行了详细的探讨和设计，下面我们将选用已有的图像处理算法，借助 Halcon 软件通过编写程序代码实现锯片缺陷的检测。总体思路为：首先从采集得到的原始图像中提取锯片的轮廓，然后通过适当地分离轮廓得到每个锯齿，最后计算每个锯齿两侧的坡口角度并与参考值进行比较。其处理流程如图 7-13 所示。

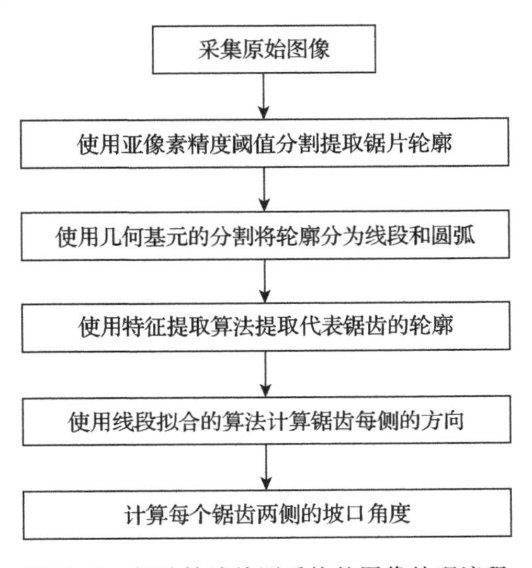

图 7-13　锯片缺陷检测系统的图像处理流程

下面将详细探讨利用 Halcon 软件实现锯片缺陷检测的流程和部分代码。首先需要提取锯片图像的亚像素精度的轮廓，在这里我们选择使用亚像素精度阈值分割的方法。因为此系统选择的是背光照明，图像上背景为白，锯片为黑色，所以不难找到一个合适的阈值，比如均值 128，通过如下程序可获得锯片图像亚像素精度轮廓(见图 7-14)。

```
* By subpixel precise thresholding the contour of the saw is obtained.
threshold_sub_pix(Image, Border, 128)
```

下一步去除轮廓上不是锯齿的部分。先通过使用前面描述的将轮廓分割为线段和圆弧的算法将轮廓分为线段和圆弧。这样一方面可以将轮廓中锯齿的直线部分与相邻锯齿间空隙的圆弧分开；另一方面 Ramer 算法中的多边形是通过线段逼近的，可以分开每个锯齿的正面和后面。图 7-15 所示为得到的将原始轮廓分为圆弧和线段后的轮廓结果。

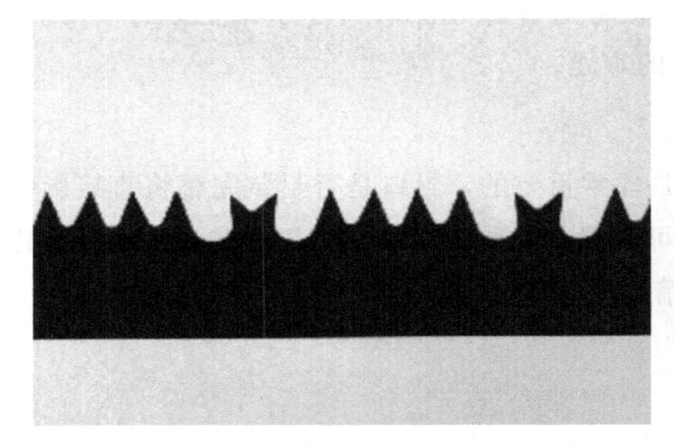

图 7-14　亚像素精度阈值分割得到的轮廓　　图 7-15　将原始轮廓分为圆弧和线段后的轮廓

然后使用前面描述的轮廓特征提取算法计算出轮廓的长度。由于大致知道锯齿每面的尺寸，因此使用 select_shape_xld 操作去掉比 30 个像素短或者比 200 个像素长的轮廓部分。

```
segment_contours_xld(Border, ContoursSplit, 'lines_circles', 5, 6, 4)
select_shape_xld(ContoursSplit, SelectedContours,
'contlength', 'and', 30, 200)
```

因为此系统中我们仅对代表锯齿的线段感兴趣，所以可以通过进一步处理去掉所有代表锯齿间空隙的圆弧，这可以通过查询设置在 segment_contours_xld 中的每个轮廓部分的 cont_approx 属性来实现。它对于线段属性返回值为－1，对于圆弧返回值为 1。代表锯齿两侧的线段集中于数组 ToothSides 中。最后锯齿边缘按其外接矩形左上角坐标升序排序，这样的结果会把图像上的锯齿边缘按从左至右的顺序排序放于 ToothSidesSorted 中，据此可以轻易地将锯齿边缘分为一对一对的，这样就得到了每个锯齿的前面与后面，所用程序代码如下：

```
Number :=  |SelectedContours|
ToothSides :=  []
for Index2 :=  1 to Number by 1
      select_obj(SelectedContours, SelectedContour, Index2)
```

```
        get_contour_global_attrib_xld (SelectedContour, 'cont_approx', Attrib)
        if(Attrib = - 1)
          ToothSides := [ToothSides, SelectedContour]
        endif
endfor
sort_contours_xld (ToothSides, ToothSidesSorted, 'upper_left',
                   'true','column')
```

经以上图像处理过程，所得图像如图 7-16 所示。

下一步计算锯齿每侧的方向。计算方向较好的方法是利用轮廓线段上的点，通过使用前面介绍的线段拟合算法得到拟合很好的直线。这里使用 5 次迭代，削波因数为 $2\sigma\delta$ 的 Tukey 加权函数。使用如下方法计算得出每条拟合的直线方向：

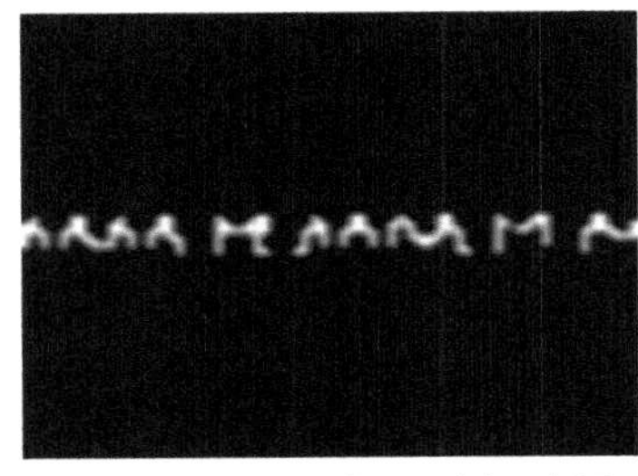

图 7-16 去掉过长和过短及圆弧后剩下的锯齿

```
fit_line_contour_xld(ToothSidesSorted, 'tukey', - 1, 0, 5, 2,
    Rows1, Columns1, Rows2, Columns2, Nr, Nc, Dist)
line_orientation(Rows1, Columns1, Rows2, Columns2, Orientations)
```

最后一步计算每个锯齿前面与后面的夹角。由于已经把锯齿边缘按从左到右进行排列了，可以每次在数组中使用步长 2，这样就选择出了连续的 2 个锯齿边缘，并保证了这两个边缘属于同一个锯齿，从而计算出锯齿角度。最后得到的角度限定到[0,π/2]。通过以下程序即可计算出锯齿的角度，图 7-17 所示为计算出角度的锯齿实例。

```
for Index2:= Start to |Orientations|- 1 by 2
      Angle:= abs(Orientations [Index2- 1] - Orientations[Index2])
      if(Angle> PI_2)
          Angle:= PI - Angle
      endif
endfor
```

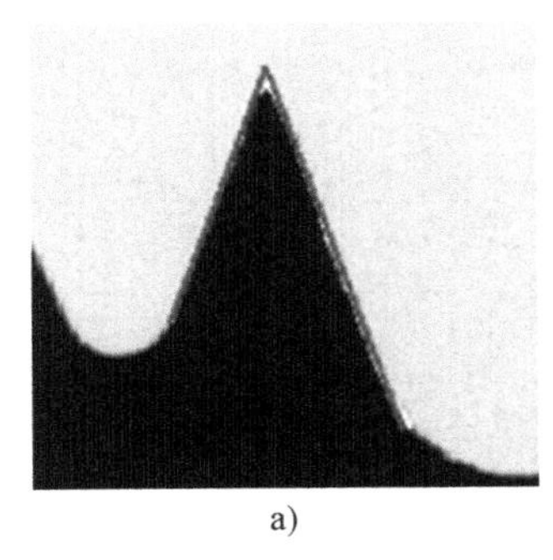

a)

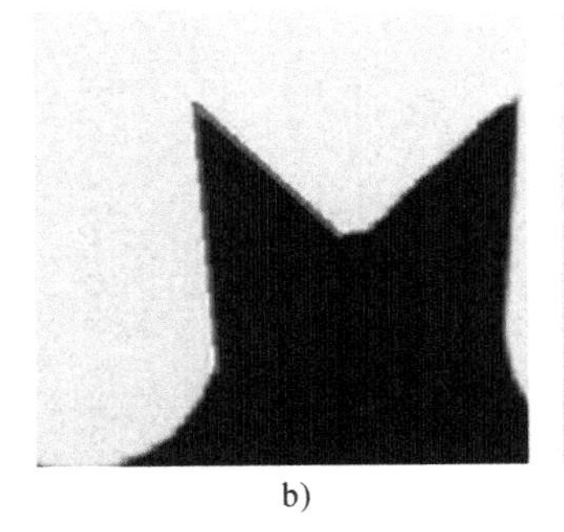

b)

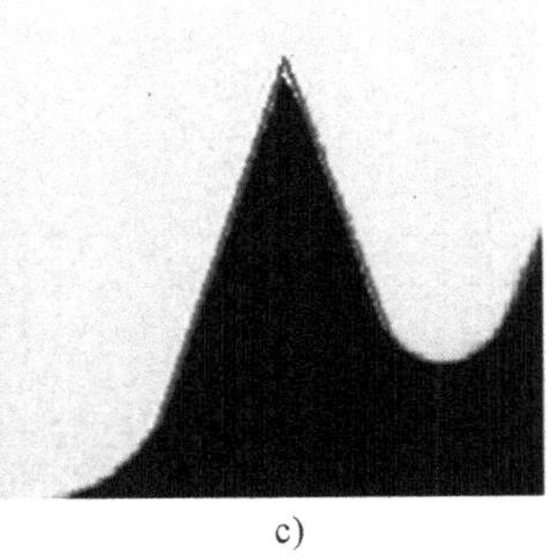

c)

图 7-17 3 个计算出角度的锯齿例子：a)38.08°，b)41.64°，c)37.38°

7.5 参考文献

[1] Impedovo S，Ottaviano L，Occhinegro S. Optical character recognition—a survey[J]. International Journal of Pattern Recognition & Artificial Intelligence，2013，05(01n02).

[2] Hough P V C. Method and means for recognizing complex patterns[P]. U. S. Patent 3,069,654，1962-12-18.

[3] Derpanis，Konstantinos G. The harris corner detector[D]. York University，2004：1-2.

[4] Bellavia F，D Tegolo，C Valenti. Improving Harris corner selection strategy[J]. IET Computer Vision，2011，5(2)：87-96.

[5] 孙亦南，刘伟军，王越超，等．一种用于圆检测的改进 Hough 变换方法[J]. 计算机工程与应用，2003(20)：35-37.

[6] 闫蓓，王斌，李媛．基于最小二乘法的椭圆拟合改进算法[J]. 北京航空航天大学学报，2008，34(3)：295-298.

CHAPTER 8

第 8 章

视觉伺服的基础

8.1 视觉伺服控制简介

视觉伺服的任务是使用从图像中提取的视觉特征控制机器人末端执行器相对于目标的位姿。如图 8-1 所示，摄像机可以安装在机器人上，随机器人运动，也可固定在周围环境中。图 8-1a 所示结构是摄像机安装在机器人的末端执行器上，用以观察目标，这称为端点闭环或手眼。图 8-1b 所示结构是摄像机固定在周围环境的一个点上，同时观测目标和机器人的末端执行器，这称为端点开环。我们将只讨论摄像机在机器人上的情况。

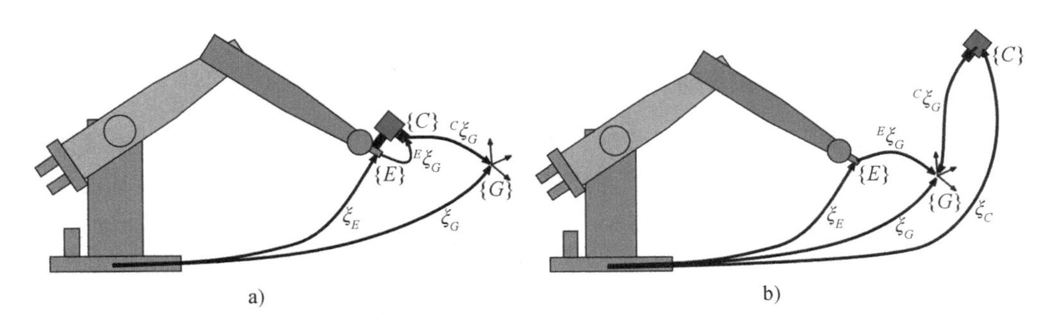

图 8-1　视觉伺服的结构和相关的坐标系

目标图像是一个相对位姿的函数，诸如点的坐标、直线或椭圆参数这些特征是从图像中提取的，它们也都是相对位姿${}^{C}\xi_{T}$ 的函数。有两种完全不同的视觉伺服控制方法：基于位置的视觉伺服(PBVS)和基于图像的视觉伺服(IBVS)。基于位置的视觉伺服(如图 8-2a 所示)，使用观察到的视觉特征、一个标定的摄像机和一个已知的目标几何模型来确定目标相对于摄像机的位姿。机器人随后向那个位姿运动，其运动控制在通常为 SE(3)的任务空间中被执行。对于位姿估计，已有了很好的算法，但它的计算量很大，而且完全依赖于摄像机标定和目标几何模型的准确性。

基于图像的视觉伺服(如图 8-2b 所示),省略了位姿估计的步骤,直接使用图像特征。控制操作是在图像坐标空间 R^2 中被执行的。相对于目标所需的摄像机位姿是由目的地位姿处的图像特征值隐含定义的。IBVS 是一个具有挑战性的控制难题,因为图像特征是关于摄像机位姿的一个高度非线性函数。

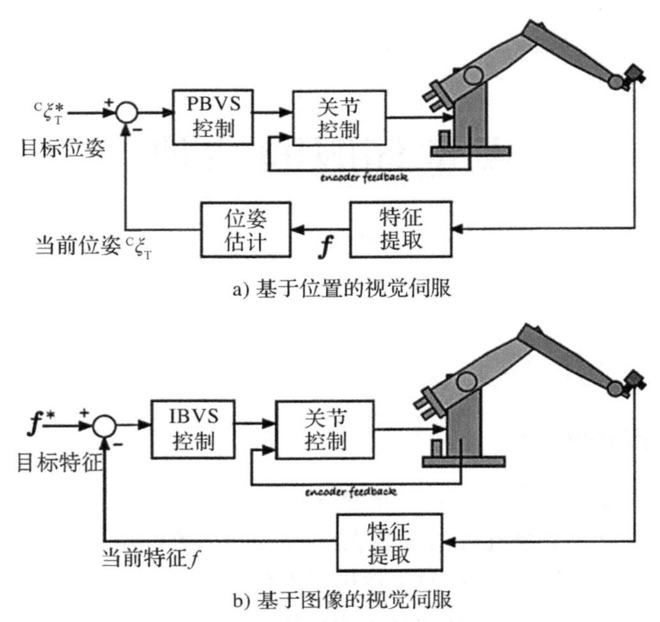

图 8-2　两种不同类型的视觉伺服系统

8.2　概念说明与标定技术

8.2.1　坐标变换与刚体运动

许多计算机图形应用涉及几何变换,主要包括平移、旋转、缩放。当以矩阵表达式来计算这些变换时,平移是矩阵相加,旋转和缩放则是矩阵相乘,综合起来可以表示为 $\boldsymbol{p}'=\boldsymbol{m}_1\times\boldsymbol{p}+\boldsymbol{m}_2$(注:由于习惯,实际一般使用变化矩阵左乘向量)($\boldsymbol{m}_1$ 为旋转缩放矩阵,$\boldsymbol{m}_2$ 为平移矩阵,$\boldsymbol{p}$ 为原向量,$\boldsymbol{p}'$ 为变换后的向量)。引入齐次坐标可以合并矩阵运算中的乘法和加法,表示为 $\boldsymbol{p}'=\boldsymbol{p}\times\boldsymbol{M}$ 的形式。即它提供了用矩阵运算把二维、三维甚至高维空间中的一个点集从一个坐标系变换到另一个坐标系的有效方法。

在三维欧氏空间,平移的齐次变换可写为:

$$\begin{bmatrix}x\\y\\z\\1\end{bmatrix}=[\boldsymbol{I}\quad \boldsymbol{t}]\begin{bmatrix}x\\y\\z\\1\end{bmatrix}\tag{8-1}$$

其中 $\boldsymbol{I}=\begin{bmatrix}1&0&0\\0&1&0\\0&0&1\end{bmatrix}$。

当同时考虑旋转和平移时(3D 刚性运动或 3D 欧氏变换)，齐次坐标表示为：

$$\begin{bmatrix} x \\ y \\ z \\ 1 \end{bmatrix} = [\boldsymbol{R} \quad \boldsymbol{t}] \begin{bmatrix} x \\ y \\ z \\ 1 \end{bmatrix} \tag{8-2}$$

其中 $\boldsymbol{R}$ 为 3×3 的正交旋转矩阵。

三维空间的旋转有多种互相等价的表示方式，常见的有旋转矩阵、单位四元数、欧拉角、旋转向量等。下面将逐一介绍。

1. 旋转矩阵(旋转矩阵是正交矩阵)

旋转矩阵用 3×3 的矩阵表示，是正交矩阵，且行列式是单位 1。最简单的三维旋转可以定义为物体绕世界坐标系的 x、y、z 轴依次旋转。与 2D 旋转计算过程同理，转换成齐次坐标表示，可得如下结果：

绕 x 轴的旋转矩阵为$\boldsymbol{R}_x$：

$$\boldsymbol{R}_x = \begin{bmatrix} 1 & 0 & 0 & 0 \\ 0 & \cos\theta & -\sin\theta & 0 \\ 0 & \sin\theta & \cos\theta & 0 \\ 0 & 0 & 0 & 1 \end{bmatrix} \tag{8-3}$$

绕 y 轴的旋转矩阵为$\boldsymbol{R}_y$：

$$\boldsymbol{R}_y = \begin{bmatrix} \cos\theta & 0 & -\sin\theta & 0 \\ 0 & 1 & 0 & 0 \\ \sin\theta & 0 & \cos\theta & 0 \\ 0 & 0 & 0 & 1 \end{bmatrix} \tag{8-4}$$

绕 z 轴的旋转矩阵为$\boldsymbol{R}_z$：

$$\boldsymbol{R}_z = \begin{bmatrix} \cos\theta & -\sin\theta & 0 & 0 \\ \sin\theta & \cos\theta & 0 & 0 \\ 0 & 0 & 1 & 0 \\ 0 & 0 & 0 & 1 \end{bmatrix} \tag{8-5}$$

在绕任意轴旋转时(认为旋转轴是单位向量)，需要进行如下操作：

(1)将旋转轴转至与 z 轴重合。

(2)按标准轴旋转。

(3)将旋转轴转回原位置。

图 8-3 所示为不同类型的视觉伺服系统，其中旋转矩阵为$\boldsymbol{R}_x(-\varphi)\boldsymbol{R}_y(-\phi)\boldsymbol{R}_z(\theta)\boldsymbol{R}_y(\phi)\boldsymbol{R}_x(\varphi)$，它满足左乘规律。

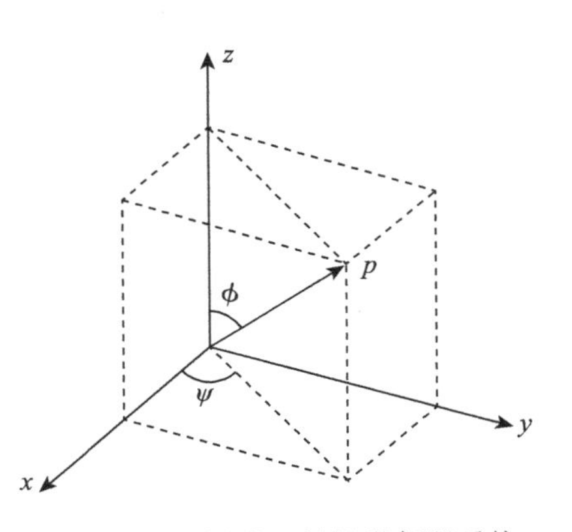

图 8-3 两种不同类型的视觉伺服系统

2. 欧拉角(RPY 角)

在空间中绕 3 个坐标轴的旋转可以表示为翻滚(roll)、俯仰(pitch)、偏航(yaw)。由图 8-4 可知，在欧拉角描述下，第一次旋转是按固定坐标系进行的，第二次之后的旋转是按照物体自身坐标系进行的，最后结果取决于所施加变化的顺序，且容易产生万向节死锁。一般不采用这种方式定量描述三维旋转。

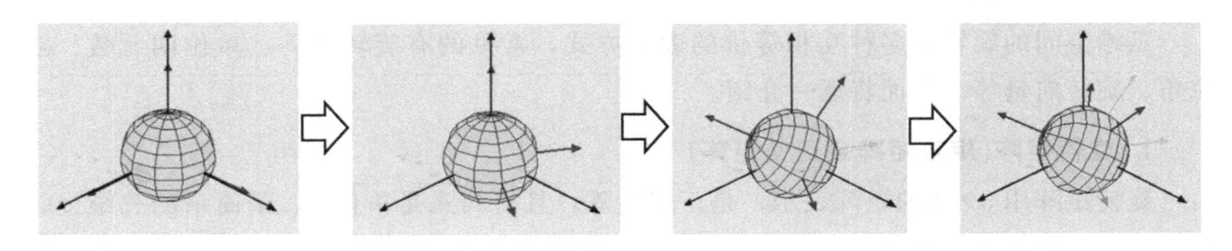

图 8-4　RPY 角变换

3. 单位四元数

绕坐标轴的多次旋转可以等效为绕某一转轴旋转一定的角度。假设等效旋转轴的方向向量为$\vec{\boldsymbol{K}}=[k_x,k_y,k_z]^{\mathrm{T}}$，等效旋转角为 θ，则四元数 $\boldsymbol{q}=(x,y,z,w)$ 可表示为 $x=k_x\sin\frac{\theta}{2},y=k_y\sin\frac{\theta}{2},z=k_z\sin\frac{\theta}{2},w=\cos\frac{\theta}{2}$，且 $\|\boldsymbol{q}\|=1$，即 $x^2+y^2+z^2+w^2=1$。

4. 旋转向量

旋转可以用旋转轴$\vec{\boldsymbol{K}}$和角度 θ 表示，或等同地用一个 3D 矢量 $\boldsymbol{w}=\theta\vec{\boldsymbol{K}}$ 表示。$\boldsymbol{R}(\vec{\boldsymbol{K}},\theta)=\boldsymbol{I}+\sin\theta\,[\vec{\boldsymbol{K}}]_\times+(1-\cos\theta)\,[\vec{\boldsymbol{K}}]_\times^2$（罗德里格斯公式），其中$[\vec{\boldsymbol{K}}]_\times$是交叉算子的矩阵形式，$[\vec{\boldsymbol{K}}]_\times=\begin{bmatrix}0 & -k_z & k_y\\ k_z & 0 & -k_x\\ -k_y & k_x & 0\end{bmatrix}$。

8.2.2　摄像机模型与标定

传感器是组成数字摄像头的重要组成部分，可分为电荷耦合元件(Charge Coupled Device，CCD)、金属氧化物半导体元件(Complementary Metal-Oxide Semiconductor，CMOS)和接触式图像传感器(Contact Image Sensor，CIS)。

图 8-5 所示为对简单的针孔模型进行几何建模的过程。设 $Oxyz$ 为摄像机坐标系，让 z 轴指向摄像机前方，x 向右，y 向下。O 为摄像机的光心，也是针孔模型中的针孔。现实世界的空间点 P 经过小孔 O 投影之后，落在物理成像平面 $Ox'y'$上，成像点为 P'。设 P 的坐标为$[X,Y,Z]^{\mathrm{T}}$，P'为$[X',Y',Z']^{\mathrm{T}}$，并且设物理成像平面到小孔的距离为 f(焦距)。那么，根据三角形相似关系有：

$$\frac{Z}{f}=-\frac{X}{X'}=-\frac{Y}{Y'} \tag{8-6}$$

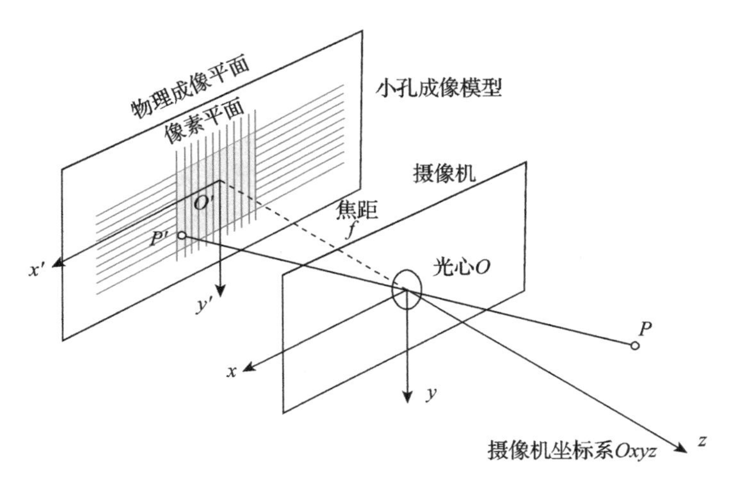

图 8-5　使用简单的针孔模型进行几何建模

其中负号表示成的像是倒立的。为了简化模型，可以把成像平面对称到摄像机前方，并和三维空间点一起放在摄像机坐标系的同一侧，如图 8-5 中间的样子所示。这样可以把公式中的负号去掉，使式子更加简洁：

$$\frac{Z}{f}=\frac{X}{X'}=\frac{Y}{Y'} \tag{8-7}$$

整理得：

$$X'=f\frac{X}{Z} \tag{8-8}$$

$$Y'=f\frac{Y}{Z} \tag{8-9}$$

上述两个式子描述了点 P 和它的像之间的空间关系。不过在摄像机中，我们最终获得的是一个个像素，这需要在成像平面上对像进行采样和量化。为了描述传感器将感受到的光线转换成图像像素的过程，设在物理成像平面上固定着一个像素平面 ouv。我们在像素平面得到了 P'的像素坐标$[u,v]^{\mathrm{T}}$。像素坐标系通常的定义方式是：原点 o'位于图像的左上角，u 轴向右与 x 轴平行，v 轴向下与 y 轴平行。像素坐标系与成像平面之间相差了一个缩放和一个原点的平移。设像素坐标在 u 轴上缩放了 α 倍，在 v 轴上缩放了 β 倍。同时，原点平移了$[c_x,c_y]^{\mathrm{T}}$。那么，P'的坐标与像素坐标 $[u,v]^{\mathrm{T}}$的关系为：

$$\begin{aligned}u&=\alpha X'+c_x\\v&=\beta X'+c_y\end{aligned} \tag{8-10}$$

令 $\alpha f=f_x$，$\beta f=f_y$ 得：

$$\begin{aligned}u&=f_x\frac{X}{Z}+c_x\\v&=f_y\frac{Y}{Z}+c_y\end{aligned} \tag{8-11}$$

其中，f 的单位为米，α、β 的单位为像素每米，所以 f_x、f_y 的单位为像素。把该式写成矩阵形式会更加简洁，不过左侧需要用到齐次坐标。

$$\boldsymbol{Z}\begin{bmatrix}u\\v\\1\end{bmatrix}=\begin{bmatrix}f_x & 0 & c_x\\0 & f_y & c_y\\0 & 0 & 0\end{bmatrix}\begin{bmatrix}X\\Y\\Z\end{bmatrix}=\boldsymbol{KP} \tag{8-12}$$

中间量组成的矩阵称为摄像机的内参矩阵 K。通常认为，摄像机的内参在出厂之后是固定的，不会在使用过程中发生变化。有的摄像机生产厂商会告诉你摄像机的内参，而有时需要你自己确定摄像机的内参，也就是所谓的标定。除了内参之外，自然还有相对的外参。由于摄像机在运动，因此 $\boldsymbol{P}$ 的摄像机坐标应该是它的世界坐标(记为 $\boldsymbol{P}_{\mathrm{w}}$)。根据摄像机的当前位姿变换到摄像机坐标系下的结果，摄像机的位姿由它的旋转矩阵 $\boldsymbol{R}$ 和平移向量 $\boldsymbol{t}$ 来描述。那么有：

$$\boldsymbol{ZP}_{uv}=\boldsymbol{Z}\begin{bmatrix}u\\v\\1\end{bmatrix}=\boldsymbol{K}(\boldsymbol{RP}_{\mathrm{w}}+t)=\boldsymbol{KTP}_{\mathrm{w}} \tag{8-13}$$

式(8-13)描述了 $\boldsymbol{P}$ 的世界坐标到像素坐标的投影关系。其中，摄像机的位姿 $\boldsymbol{R}$、$\boldsymbol{t}$ 又称为摄像机的外参。上式两侧都是齐次坐标，因为齐次坐标乘上非零常数后表达同样的含义，所以可以简单地把 $\boldsymbol{Z}$ 去掉。

$$\boldsymbol{P}_{uv}=\boldsymbol{KTP}_{\mathrm{w}} \tag{8-14}$$

为了获得好的成像效果，在摄像机的前方加了透镜。透镜的加入对成像过程中光线的传播会产生新的影响：一是透镜自身的形状对光线传播的影响；二是在机械组装过程中，透镜和成像平面不可能完全平行，这也会使光线穿过透镜投影到成像面时位置发生变化。由透镜形状引起的畸变称为径向畸变。在针孔模型中，一条直线投影到像素平面上还是一条直线。可是，在实际拍摄的照片中，摄像机的透镜往往使得真实环境中的一条直线在图片中变成曲线。越靠近图像的边缘，这种现象越明显。由于实际加工制作的透镜往往是中心对称的，这使得不规则的畸变通常径向对称。它们主要分为两大类：桶形畸变和枕形畸变，如图 8-6 所示。

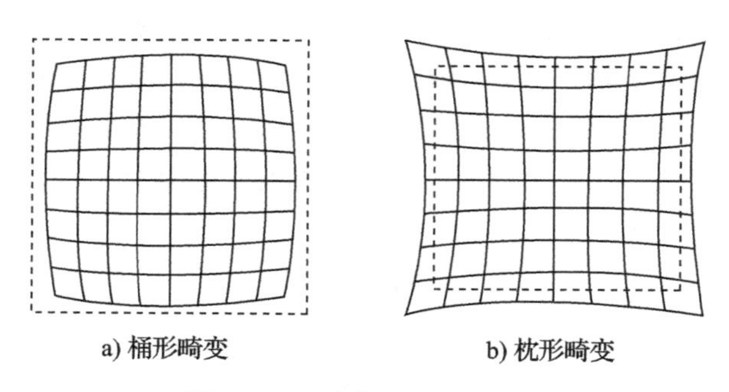

图 8-6　两种典型的畸变模型

如图 8-6 所示，桶形畸变是由于图像放大率随着离光轴的距离增加而减小，而枕形畸变却恰好相反。在这两种畸变中，穿过图像中心和光轴有交点的直线还能保持形状不变。除了透镜的形状会引入径向畸变外，在摄像机的组装过程中由于不能使透镜和成像面严格平行也会引入切向畸变，如图 8-7 所示。

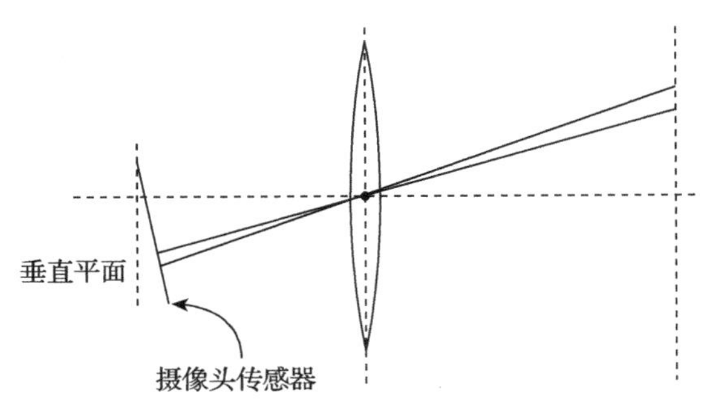

图 8-7　切向畸变原理

知道平面上的任意一点 p 可以用笛卡儿坐标表示为$[x,y]^T$，也可以把它写成极坐标的形式$[r,\theta]^T$，其中 r 表示点 p 离坐标系原点的距离，θ 表示和水平轴的夹角。径向畸变可看成坐标点沿着长度方向发生了变化 δr，也就是其距离原点的长度发生了变化。切向畸变可以看成坐标点沿着切线方向发生了变化，也就是水平夹角发生了变化 $\delta\theta$。对于径向畸变，无论是桶形畸变还是枕形畸变，由于它们都是随着与中心距离的增加而增加的，因此可以用一个多项式函数来描述畸变前后的坐标变化。这类畸变可以用与中心距离有关的二次及高次多项式函数进行纠正。

$$x_{\text{corrected}} = x(1 + k_1 r^2 + k_2 r^4 + k_3 r^6)$$
$$y_{\text{corrected}} = y(1 + k_1 r^2 + k_2 r^4 + k_3 r^6) \tag{8-15}$$

其中，$[x,y]^T$是未纠正点的坐标；$[x_{\text{corrected}},y_{\text{corrected}}]^T$是纠正后点的坐标。注意它们都是归一化平面上的点，而不是像素平面上的点。对于畸变较小的图像中心区域，畸变纠正主要是 k_1 起作用，而对于畸变较大的边缘区域主要是 k_2 起作用。普通摄像头用这两个系数就能很好地纠正径向畸变。对畸变很大的摄像头（比如鱼眼镜头）可以加入 k_3 畸变项对畸变进行纠正。

另一方面，对于切向畸变，可以使用另外的两个参数 p_1、p_2 进行纠正。

$$x_{\text{corrected}} = x + 2p_1 xy + p_2(r^2 + 2x^2)$$
$$y_{\text{corrected}} = y + 2p_2 xy + p_1(r^2 + 2y^2) \tag{8-16}$$

对于摄像机坐标系中的一点 $P(X,Y,Z)$，我们能够通过 5 个畸变系数找到这个点在像素平面上的正确位置。

(1)将三维空间上的点投影到归一化图像平面，设它的归一化坐标为$[x,y]^T$。

(2)对归一化平面上的点进行径向畸变和切向畸变纠正。

$$x_{\text{corrected}} = x(1 + k_1 r^2 + k_2 r^4 + k_3 r^6) + x + 2p_1 xy + p_2(r^2 + 2x^2)$$
$$y_{\text{corrected}} = y + 2p_2 xy + p_1(r^2 + 2y^2) + y + 2p_2 xy + p_1(r^2 + 2y^2) \tag{8-17}$$

(3)将纠正后的点通过内参矩阵投影到像素平面，得到该点在图像上的正确位置。

$$u = x_{\text{corrected}} + c_x$$
$$v = y_{\text{corrected}} + c_y \tag{8-18}$$

在上面的纠正畸变的过程中，使用了 5 个畸变项。实际应用中，可以灵活选择纠正模型，比如只选择 k_1、p_1、p_2 这三项等。

8.2.3　手眼标定技术

关于摄像机的内参(即上一节所阐述的内容)，一般用两种方法进行标定：OpenCV 或者 Matlab 标定工具箱。

建议选择 Matlab 应用程序——图像处理与计算机视觉——Camera Calibrator，直接导入拍摄好的图片即可。但是要注意，使用 Matlab 标定工具箱所得到的内参矩阵、外参旋转矩阵、外参平移向量都要经过转置才是正确的结果。

在常见的机器人视觉伺服中要实现像素坐标与实际坐标的转换，首先就要进行标定，若要实现视觉伺服控制，这里的标定不仅包括摄像机标定，也包括机器人系统的手眼标定。以常见的焊接机器人系统为例，有两种构型，如图 8-8 所示。

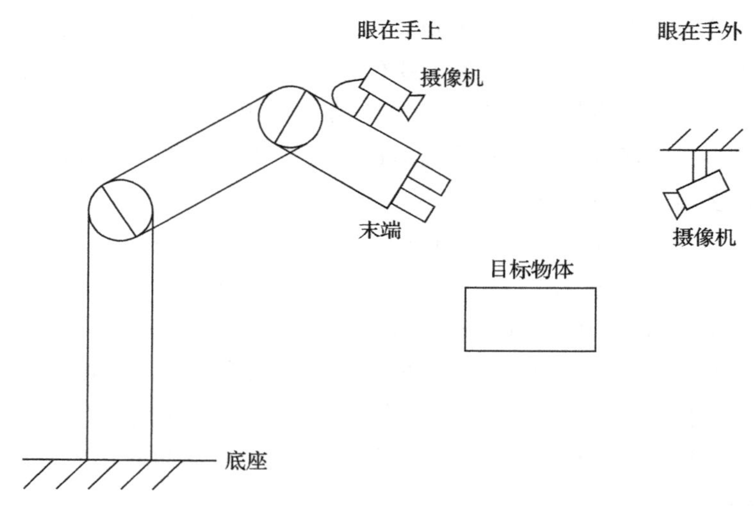

图 8-8　两种手眼系统示意图

两种方式为摄像机固定于机械手上或摄像机固定于外部场景，而视觉伺服一般是前者，即眼在手上(eye-in-hand)。在这种关系下，两次运动后，机器人底座和标定板的关系始终不变。求解的量为摄像机和机器人末端坐标系的位姿关系。在眼在手外的配置方式中，对于机器人移动过程中的任意两个位姿，有以下公式成立：

$$\boldsymbol{T}_{\text{end1}}^{\text{base}}\ \boldsymbol{T}_{\text{camera1}}^{\text{end1}}\ \boldsymbol{T}_{\text{object}}^{\text{camera1}} = \boldsymbol{T}_{\text{end2}}^{\text{base}}\ \boldsymbol{T}_{\text{camera2}}^{\text{end2}}\ \boldsymbol{T}_{\text{object}}^{\text{camera2}} \tag{8-19}$$

上式经过转换后，可得：

$$\boldsymbol{T}_{\text{end2}}^{\text{base}^{-1}}\ \boldsymbol{T}_{\text{end1}}^{\text{base}}\ \boldsymbol{T}_{\text{camera1}}^{\text{end1}} = \boldsymbol{T}_{\text{camera2}}^{\text{end2}}\ \boldsymbol{T}_{\text{object}}^{\text{camera2}}\ \boldsymbol{T}_{\text{object}}^{\text{camera1}^{-1}} \tag{8-20}$$

其中，$\boldsymbol{T}_{\text{end2}}^{\text{base}^{-1}}\boldsymbol{T}_{\text{end1}}^{\text{base}}$ 为 $\boldsymbol{A}$；$\boldsymbol{T}_{\text{object}}^{\text{camera2}}\boldsymbol{T}_{\text{object}}^{\text{camera1}^{-1}}$ 为 $\boldsymbol{B}$；$\boldsymbol{T}_{\text{camera1}}^{\text{end1}}$ 和 $\boldsymbol{T}_{\text{camera2}}^{\text{end2}}$ 相同都为 $\boldsymbol{X}$。则原问题可以简化为经典的 $\boldsymbol{AX}=\boldsymbol{XB}$ 的问题。

同样，在眼在手外的配置方式中，对于机器人移动过程中的任意两个位姿，机器人末端和标定板的位姿关系始终不变，求解的量为摄像机和机器人底座坐标系之间的位姿关系：

$$T_{\text{base}}^{\text{end1}} T_{\text{camera}}^{\text{base}} T_{\text{object1}}^{\text{camera}} = T_{\text{base}}^{\text{end2}} T_{\text{camera}}^{\text{base}} T_{\text{object2}}^{\text{camera}} \tag{8-21}$$

上式经过转换后，可得：

$$T_{\text{base}}^{\text{end2}^{-1}} T_{\text{base}}^{\text{end1}} T_{\text{camera}}^{\text{base}} = T_{\text{camera}}^{\text{base}} T_{\text{object2}}^{\text{camera}} T_{\text{object1}}^{\text{camera}^{-1}} \tag{8-22}$$

其中，$T_{\text{base}}^{\text{end2}^{-1}} T_{\text{base}}^{\text{end1}}$ 为 $\boldsymbol{A}$；$T_{\text{object2}}^{\text{camera}} T_{\text{object1}}^{\text{camera}^{-1}}$ 为 $\boldsymbol{B}$；$T_{\text{camera}}^{\text{base}}$ 为 $\boldsymbol{X}$。则原问题同样可以简化为经典的 $\boldsymbol{AX}=\boldsymbol{XB}$ 的问题。

关于求解 $\boldsymbol{AX}=\boldsymbol{XB}$ 的问题，该方程本质是西尔维斯特方程，可以转化为 $\boldsymbol{A}'\boldsymbol{X}=\boldsymbol{B}'$ 的形式，即：

$$\boldsymbol{M}\text{vec}(\boldsymbol{X}) = \boldsymbol{L}$$

$$\boldsymbol{M} = \boldsymbol{I} \otimes \boldsymbol{A} + \boldsymbol{B}^{\mathrm{T}} \otimes \boldsymbol{I}, \boldsymbol{L} = \text{vec}(\boldsymbol{C}) \tag{8-23}$$

其中，vec()将矩阵的每一列拼接成向量，$\otimes$为克罗内克积。此后，该式子化简为 $\boldsymbol{A}'\boldsymbol{X}=\boldsymbol{B}'$的形式，可用矩阵理论的违逆思想求得 $\boldsymbol{X}$ 的解。

8.3 视觉伺服控制理论

8.3.1 基于位置的视觉伺服

PBVS 系统中目标相对于摄像机的位姿${}^{C}\xi_{\mathrm{T}}$是估计值。它需要知道目标的几何形状、摄像机的内部参数和观察到的图像平面特征。位姿之间的关系如图 8-9 所示。我们指定了相对于目标的期望相对位姿${}^{C}\xi_{\mathrm{T}}$，并希望能够确定摄像机从初始位姿 ξ_{T}到期望位姿 ξ_{T}^{*} 的运动，其中从 ξ_{T}到 ξ_{T}^{*} 称为 ξ_{Δ}。目标的实际位姿 ξ_{Δ} 是不知道的。根据位姿体系，可以写出：

$$\xi_{\Delta} \oplus {}^{C^*}\xi_{\mathrm{T}} = {}^{C}\hat{\xi}_{\mathrm{T}}$$

其中，${}^{C}\hat{\xi}_{\mathrm{T}}$是目标相对于摄像机的估计位姿。我们把上式重新整理为：

$$\xi_{\Delta} = {}^{C}\hat{\xi}_{\mathrm{T}} \ominus {}^{C^*}\xi_{\mathrm{T}}$$

该式就是为了达到期望的目标位姿${}^{C^*}\xi_{\mathrm{T}}$。位姿的变化可能是相当大的，所以不要指望这个运动能一步到位，而是先移动到一个接近的点，该点位姿由下式定义：

$$\xi_{C}(k+1) = \xi_{C}(k) \oplus \lambda \xi_{\Delta}(k)$$

它是所需平移和旋转总量的一部分，其中 $\lambda \in (0,1)$。

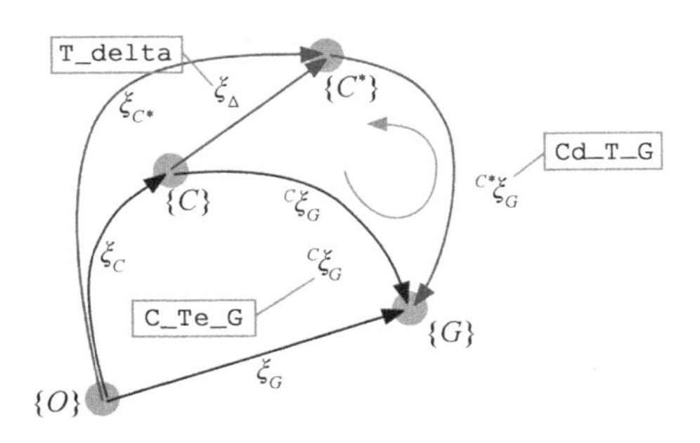

图 8-9　PBVS 示例的摄像机位姿体系

使用工具箱，我们首先定义一个参数已知的摄像机：

```
>> cam= CentralCamera('default');
```

目标包括4点，形成一个位于 xy 平面上的边长为0.5m的正方形，其中心在(0,0,3)处

```
>> P= mkgrid(2, 0.5, 'T', transl(0,0,3));
```

假设这个位姿对于控制系统是未知的，摄像机处于某种位姿 Tc，所以空间点的像素坐标是：

```
>> p= cam.plot(P, 'Tcam', Tc)
```

从中可以估计出目标相对于摄像机的位姿 ${}^{C}\hat{\xi}_{T}$ 是：

```
>> Tc_t_est= cam.estpose(P,p);
```

需要的运动 ξ_{Δ} 是：

```
>> Tdelta= Tc_t_est* inv(TcStar_t);
```

向目的地的分步运动由以下函数给出：

```
>> Tdelta= trinterp(eye(4,4),Tdelta,lambda);
```

然后赋给摄像机位姿一个新值：

```
>> Tc= trnorm(Tc* Tdelta);
```

我们使用函数 trnorm 把这个变换归一化，以确保它仍然是一个齐次变换。在每个时间步重复该过程，移动所需的相对位姿中的一小部分，直到整个运动完成。采用这种方式，即使机器人有误差未按预期运动，或者目标移动了，在下一时间步计算运动时都会补偿这些误差。

在这个示例中，我们选择在世界坐标系中的摄像机初始位姿为：

```
>> Tc0= transl(1,1,-3)* trotz(0.6);
```

以及期望的相对于摄像机的目标位姿为：

```
>> TcStar_t= transl(0,0,1);
```

它表示目标位于摄像机前方1m处，并且是平行的。我们创建一个 PBVS 类的实例：

```
>> pbvs= PBVS(cam, 'T0', 'Tc0', 'Tf', TcStar_t)
    Visual servo object: camera= noname
      200 iterations,0 history
      P= - 0.25     - 0.25     0.25     0.25
         - 0.25       0.25     0.25     0.25
              0          0        0        0
```

这是 VisualServo 类的子类，它实现了上面规划的控制器功能。对象构造函数需要一个 CentralCamera 对象作为它的参数，以驱动这个摄像机达到那个相对于目标的期望位姿。许多其他的选项可以传递这个类构造函数。显示方法能展示空间点的坐标、初始

摄像机位姿及期望的目标相对位姿。通过以下指令进行运行仿真：

```
>> pbvs.run();
```

它会反复调用 step 方法，step 方法执行单步操作。如图 8-10 所示，仿真动画包含了摄像机的平面图像，以及摄像机和空间点的三维可视化图像。当迭代次数达到指定值，或允许低于某个阈值时，仿真完成。

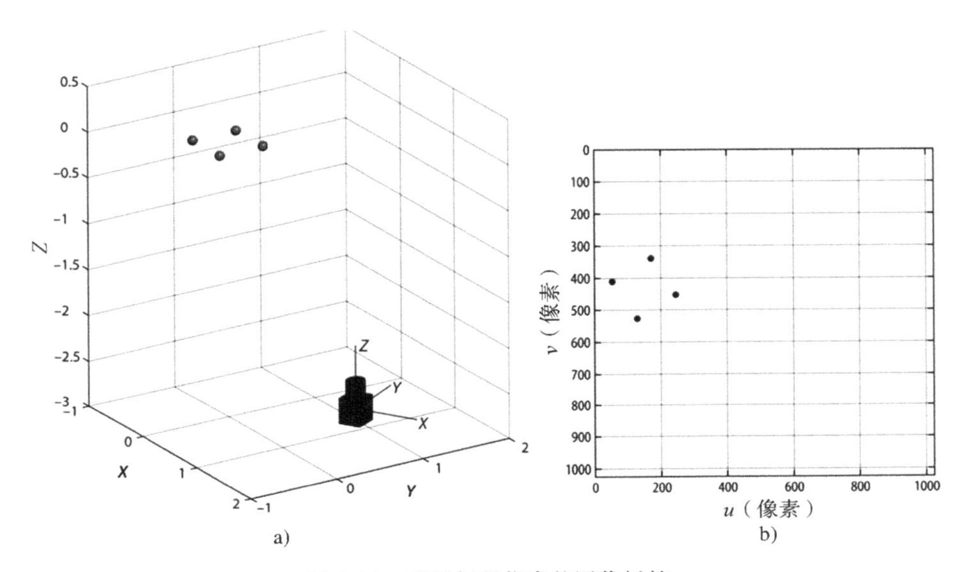

图 8-10　视觉伺服仿真的图像抓拍

仿真结果被存储在对象中以供日后分析。我们可以把目标特征的路径绘制在图像中，包括它们随时间变化的笛卡儿速度与位置。

```
>> pbvs.plot_p();
>> pbvs.plot_vel();
>> pnvs.plot_camera();
```

如图 8-11 所示，我们在图像中看到了特征点的弯曲路径，而且摄像机的位置和姿态都平滑地收敛到期望值。

8.3.2　基于图像的视觉伺服

IBVS 从根本上来说与 PBVS 不同，它不估计目标的相对位姿。相对位姿隐含在图像特征的值中。图 8-12 显示了一个正方形目标的两个视图。从初始摄像机位姿观看的视图显示为红色，很显然摄像机是倾斜着看目标的。从期望摄像机位姿观看的视图显示为蓝色，这时摄像机离目标更远，而且其光轴与目标平面垂直——一个平行视图。

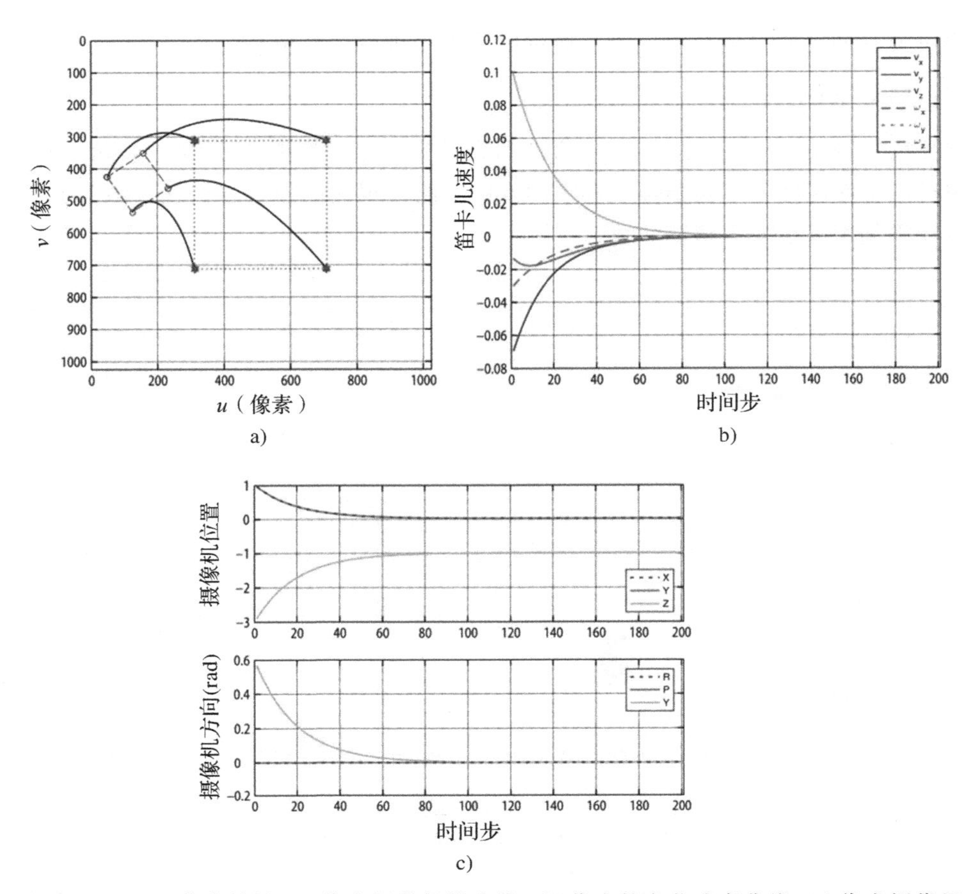

图 8-11 PBVS 仿真结果：a)代表视觉伺服曲线；b)代表笛卡儿速度曲线；c)代表摄像机位置和方向曲线

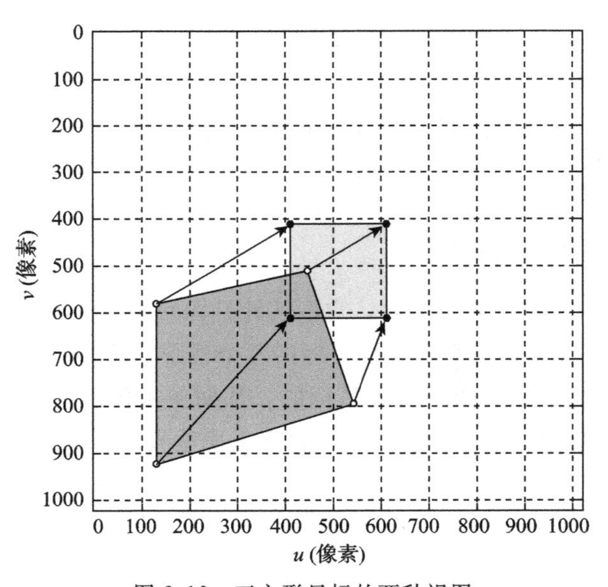

图 8-12 正方形目标的两种视图

控制问题可以用一系列的图像坐标来表示。我们的任务是把特征点从标记为○的点移动到标记为◇的点。坐标点可以按照图 8-12 中箭头指示的直线路径进行移动，但不是必须的。移动图像中的特征点暗含了位姿的改变——我们已经把问题从位姿估计变为控制图像上的点。

考虑这个默认摄像机：

```
> > cam= CentralCamera('default');
```

和一个空间点

```
> > P= [1 1 5]';
```

它的图像坐标是：

```
> > p0= cam.project(p)
 p0=
    672
    672
```

现在，如果沿 x 方向平移摄像机一小段距离，那么像素坐标将成为：

```
> > px= cam.project(P,'Tcam',transl(0,1,0,0))
 px=
    656
    672
```

使用图 8-13 所示的摄像机坐标约定，摄像机向右移动，所以图像点向左移动。相对于摄像机运动的图像运动灵敏度是：

```
> > (px- p0)/0.1
      ans=
           - 160
               0
```

这是一个近似的导数 $\partial p/\delta_x$。这表明摄像机每运动 1m，会导致在 u 方向产生－160 像素的特征运动，我们可以用沿 z 轴的平移重复这个操作。

```
> > (cam.project(P,'Tcam',transl(0,1,0,0))- p0)/0.1
      ans=
           32.6531
           32.6531
```

它表明沿 u 和 v 方向上的运动是相等的。对于绕 x 轴的旋转：

```
> > (cam.project(P,'Tcam',trotx(0.1)- p0)/0.1
      ans=
           40.9626
          851.8791
```

图像运动主要是在 v 方向。很明显，摄像机沿着或绕着 SE(3)中不同轴的运动会导致完全不同的图像点运动。之前我们曾把透视投影表示为如下的函数形式：

$$\boldsymbol{p} = D(P, K, \xi_C)$$

它相对于摄像机位姿 ξ 的导数是：

$$\dot{\boldsymbol{p}} = \boldsymbol{J}_P(P, K, \xi_C)\boldsymbol{v}$$

其中，$\boldsymbol{v}=(v_x, v_y, v_z, w_x, w_y, w_z)\in R^6$ 是摄像机的速度。$\boldsymbol{J}_p$ 是一个类似雅可比矩阵的对象，但因为我们求的是相对于位姿 $\xi\in$ SE(3)的导数，而不是相对于一个向量的，所以在专业上它被称为交互矩阵。

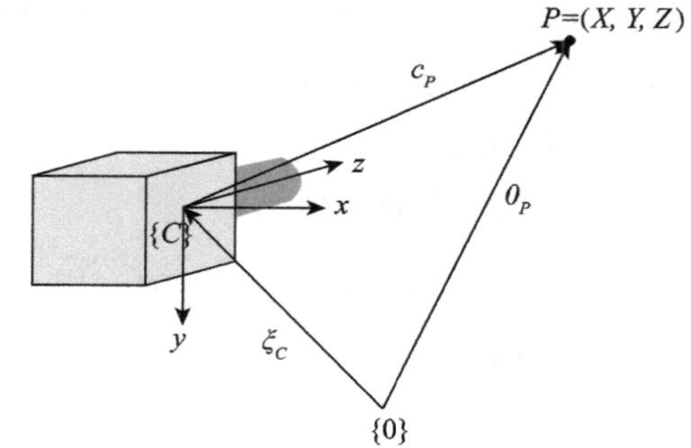

图 8-13 摄像机的坐标系

考虑一个摄像机在世界坐标系中以刚体速度 $v=(v,w)$ 进行移动，并观察一个世界坐标系中的空间点 P，该点相对于摄像机的坐标是 $P=(X,Y,Z)$。这个点相对于摄像机坐标系的运动速度是：

$$\dot{\boldsymbol{P}} = -\boldsymbol{w}\times\boldsymbol{P}-\boldsymbol{v} \tag{8-24}$$

可以写成标量形式：

$$\begin{aligned}\dot{X} &= Yw_z - Zw_y - v_x\\ \dot{Y} &= Zw_x - Xw_z - v_y\\ \dot{Z} &= Xw_y - Yw_x - v_z\end{aligned} \tag{8-25}$$

对于归一化坐标，透视投影方程(8-7)为：

$$x = f\frac{X}{Z},\quad y = f\frac{Y}{Z} \tag{8-26}$$

使用商的求导法则，上式的时间导数为：

$$\dot{x} = \frac{\dot{X}Z - X\dot{Z}}{Z^2},\quad \dot{y} = \frac{\dot{Y}Z - Y\dot{Z}}{Z^2}$$

把式(8-25)、$X=xZ$ 和 $Y=yZ$ 代入上式，可以把它写成矩阵形式：

$$\begin{pmatrix}\dot{x}\\ \dot{y}\end{pmatrix} = \begin{pmatrix}-\frac{1}{z}, 0, \frac{x}{z}, xy, -(1+x)^2, y\\ 0, -\frac{1}{z}, \frac{y}{z}, 1+y^2, -xy, -x\end{pmatrix}\begin{pmatrix}v_x\\ v_y\\ v_z\\ w_x\\ w_y\\ w_z\end{pmatrix} \tag{8-27}$$

上式把摄像机速度与归一化图像坐标形式的特征速度联系在一起。

$$\tilde{\boldsymbol{p}} = \underbrace{\begin{pmatrix} 1/\rho_w & 0 & u_0 \\ 0 & 1/\rho_h & v_0 \\ 0 & 0 & 1 \end{pmatrix}}_{K} \begin{pmatrix} f & 0 & 0 & 0 \\ 0 & f & 0 & 0 \\ 0 & 0 & 1 & 0 \end{pmatrix}^{C} \tilde{\boldsymbol{P}} \tag{8-28}$$

归一化图像平面坐标与像素坐标的关系可以表示为：

$$u = \frac{f}{\rho_u}x + u_0, \quad v = \frac{f}{\rho_u}y + v_0$$

重新整理后得：

$$x = \frac{\rho_u}{f}\bar{u}, \quad y = \frac{\rho_u}{f}\bar{v} \tag{8-29}$$

其中，$\bar{u}=u-u_p$ 和 $\bar{v}=(v-v_0)$是相对于主点的像素坐标。上式的时间导数是：

$$\dot{x} = \frac{\rho_u}{f}\dot{\bar{u}}, \qquad \dot{y} = \frac{\rho_u}{f}\dot{\bar{v}} \tag{8-30}$$

然后把式(8-29)和式(8-30)代入式(8-28)，得出：

$$\begin{pmatrix} \dot{\bar{u}} \\ \dot{\bar{v}} \end{pmatrix} = \underbrace{\begin{pmatrix} -\frac{f}{\rho_u Z} & 0 & \frac{\bar{u}}{Z} & \frac{\rho_u \bar{u}\bar{v}}{f} & -\frac{f^2+\rho_u^2\bar{u}^2}{\rho_u f}\sigma_v & \bar{v} \\ 0 & -\frac{f}{\rho_v Z} & \frac{\bar{v}}{Z} & \frac{f^2+\rho_v^2\bar{v}^2}{\rho_v f} & -\frac{\rho_v \bar{u}\bar{v}}{f} & -\bar{u} \end{pmatrix}}_{J_P} \begin{pmatrix} v_x \\ v_y \\ v_z \\ w_x \\ w_y \\ w_z \end{pmatrix} \tag{8-31}$$

上式是用相对于主点的像素坐标表示的。可以把它写成更简洁的矩阵形式：

$$\dot{\boldsymbol{p}} = \boldsymbol{J}_p \boldsymbol{v} \tag{8-32}$$

其中，$\boldsymbol{J}_p$ 是针对一个特征点的 2×6 图像雅可比矩阵。

工具箱 CentralCamera 类提供了方法 visjac_ p 来计算图像雅可比矩阵，对于上面的例子它是：

```
> > J= cam.visjac_p([672;672],5)
      J =
       - 160    0    32    32    - 832    160
           0  - 160  32   832     - 32  - 160
```

其中，第一个参数是感兴趣点相对于图像的坐标，第二个参数是该点的深度。前面计算出的近似值分别显示在第一列、第三列和第四列。也可以使用直线和圆特征来推导图像雅可比矩阵。

对于一个给定的摄像机速度，点的速度是关于该点坐标、该点深度和摄像机参数的一个函数。雅可比矩阵的每一列代表了速度向量中对应部分的一个特征点的速度。CentralCamera 类的 flowfield 方法能够显示对于某个特定的摄像机速度，在图像平面上一组网格点的特征速度。对于摄像机沿 x 方向上平移，速度的流场为：

```
> > cam.flowfield([1 0 0 0 0 0]);
```

如图 8-14a 所示，正如预期的那样若向右移动摄像机，则将导致所有的特征点向左边移动。点在像平面上的运动称为光流，可以根据图像序列进行计算。对于沿 z 方向的平移，流场为：

```
>> cam.flowfield([0 0 1 0 0 0]);
```

特征点从主点向外辐射——《星际旅行》中的变形效果，如图 8-14e 所示。绕 z 轴旋转的流场为：

```
>> cam.flowfield([0 0 0 0 0 1])
```

它使得特征点绕主点旋转，如图 8-14f 所示。

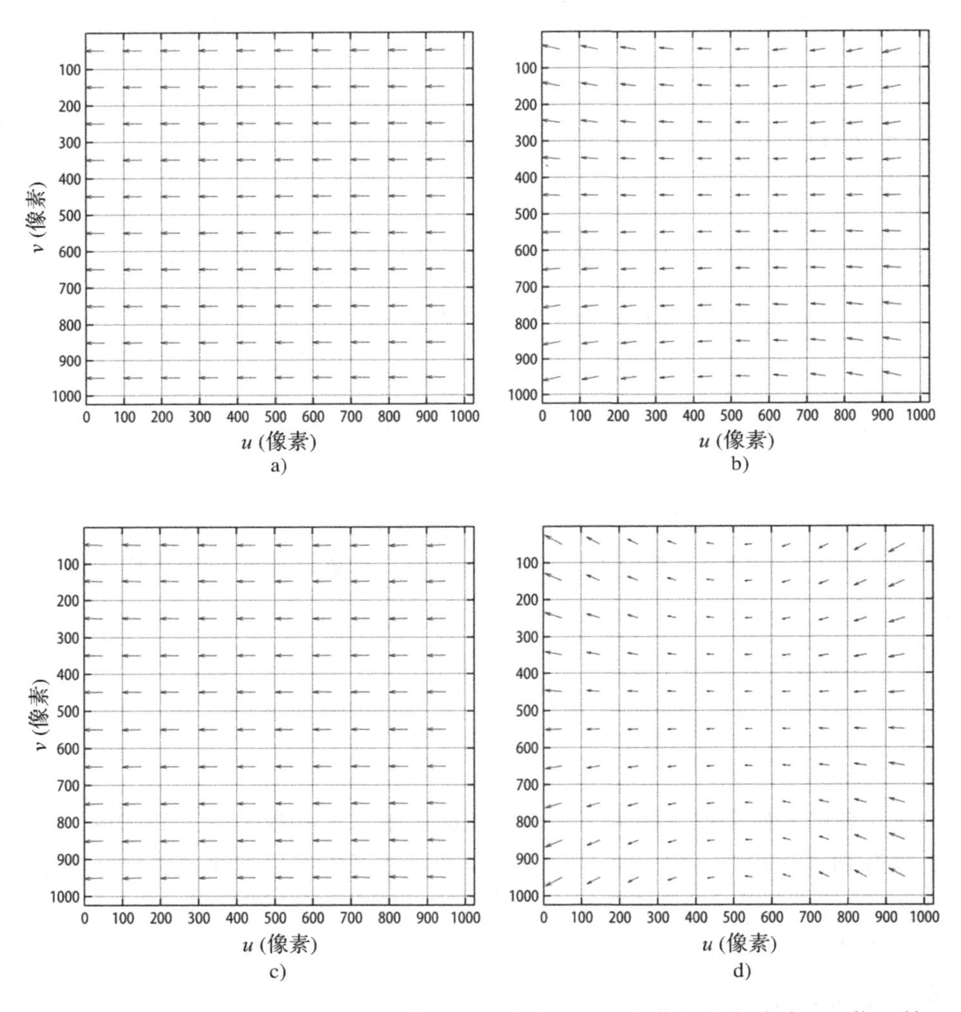

图 8-14 对于典型摄像机速度的图像平面速度向量：a)摄像机向右移动；b)绕 y 轴旋转运动；c)摄像机向右移动(焦距为 20mm)；d)摄像机向右移动(小焦距摄像机)；e)特征点从主点向外辐射；f)特征点绕主点旋转

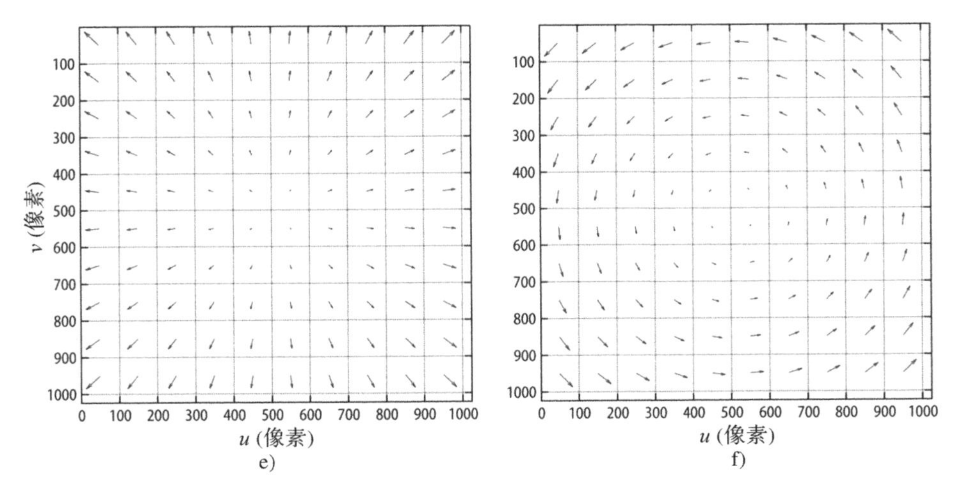

图 8-14 (续)

绕 y 轴旋转运动的流场为：

```
> > cam.flowfield([0 0 0 0 1 0]);
```

如图 8-14b 所示，它与沿 x 轴平移的情况非常相似，只是对于那些远离主点的特征点有少量弯曲。导致该现象的原因是，上述图像雅可比矩阵的第一列和第五列大致相等，这意味着沿 x 方向的平移与绕 y 轴的旋转所产生的图像运动几乎相同。这种等价关系很容易证实，若把你的头向右平移或者向右转动，并观察周围环境如何移动，则会看到对于这两种情况周围环境都是向左移动的。随着焦距的增加，元素 $\boldsymbol{J}[2,5]$ 会变得越来越小，矩阵的第五列和第一列也将近似变为一种标量倍数的关系。我们可以很容易地证明这一点，增加焦距到 $f=20\mathrm{mm}$(默认的焦距为 8mm)时，流场为：

```
> > cam.f= 20e- 3;
> > cam,flowfield([0 0 0 0 1 0]);
```

如图 8-14c 所示，这时它与图 8-14a 所示情况几乎完全相同。相反，对于小焦距摄像机(广角摄像机)，由于这些摄像机运动导致的图像运动将会有较大的差异。

```
> > cam.f= 4e- 3;
> > cam,flowfield([0 0 0 0 1 0]);
```

如图 8-14d 所示，弯曲非常明显。除了符号差别外，这种关系同样适用于矩阵的第二列和第四列——沿 y 轴方向的平移和绕 x 轴的旋转之间是等价的。

雅可比矩阵有一些有趣的性质。它完全不依赖于空间点的世界坐标 X 或 Y，只与图像平面上的坐标(u, v)有关。然而，它的前三列依赖于该空间点的深度 Z，并反映这样一个事实：对于摄像机的平移运动，图像平面的速度与深度成反比。你也可以很容易地证明这一点——侧向移动自己的头，你会观察到在你的视野中近处物体比远处物体移动得更多。不过，如果转动你的头，那么在你的视野中所有对象(无论近处还是远处)的移动都是相同的。

图像雅可比矩阵的秩为 2，因此存在一个四维的零空间。零空间中包含了一组空间速度向量，它们单独地或以线性组合方式使得图像中没有运动。考虑一种简单情况，一个点位于摄像机前方并在摄像机光轴上：

```
>> J= cam.visjac_p([512;512],1)
```

其雅可比矩阵的零空间为：

```
>> null(J)
    ans=
          0          0          0          0
          0          0    -0.7071          0
          0     0.7071          0          0
     1.0000          0          0          0
          0     0.7071          0          0
          0          0     0.7071          0
          0          0          0     1.0000
```

第一列表明，在 z 轴方向的运动(即沿着朝向该点的射线运动)，会导致在图像中没有运动。绕 z 轴的旋转运动的效果也一样，如矩阵中第四列所示。第二、三列的情况相对比较复杂，其中叠加了旋转和平移。从本质上讲，它们利用了前面提到的图像运动的模糊性。由于沿 x 轴的平移与绕 y 轴的旋转会产生相同的图像运动，因此第三列表明，如果沿 x 轴和绕 y 轴的运动中一个为正而另一个为负，那么它们共同产生的图像运动将是向左平移加上向右旋转的运动。

我们可以通过堆叠它们的雅可比矩阵来考虑两点的运动：

$$\begin{pmatrix} \dot{\boldsymbol{u}}_1 \\ \dot{\boldsymbol{v}}_1 \\ \dot{\boldsymbol{u}}_2 \\ \dot{\boldsymbol{v}}_2 \end{pmatrix} = \begin{pmatrix} \boldsymbol{J}_{p_1} \\ \boldsymbol{J}_{p_2} \end{pmatrix} \boldsymbol{v}$$

它是一个 4×6 的矩阵，其中有两列代表零空间。其中的一种摄像机运动对应于绕着两个点连线的旋转运动。

对于 3 个点的情况，有：

$$\begin{pmatrix} \dot{\boldsymbol{u}}_1 \\ \dot{\boldsymbol{v}}_1 \\ \dot{\boldsymbol{u}}_2 \\ \dot{\boldsymbol{v}}_2 \\ \dot{\boldsymbol{u}}_3 \\ \dot{\boldsymbol{v}}_3 \end{pmatrix} = \begin{pmatrix} \boldsymbol{J}_{p_1} \\ \boldsymbol{J}_{p_2} \\ \boldsymbol{J}_{p_3} \end{pmatrix} \boldsymbol{v} \tag{8-33}$$

只要 3 个点不重合或共线，矩阵就为非奇异矩阵。

到目前为止，我们已经展示了当摄像机运动时点是如何在图像平面中移动的。经常遇到的情况是，它的逆问题更为有用——为了使图像点以期望的速度运动，需要什么样的摄像机运动？

对于 3 个点$\{(u_i,v_i),i=1,\cdots,3\}$的情况，相应的速度为$\{(\dot{\boldsymbol{u}},\dot{\boldsymbol{v}})\}$，可以对式(8-33)求逆：

$$\boldsymbol{\upsilon}=\begin{pmatrix}\boldsymbol{J}_{p_1}\\\boldsymbol{J}_{p_2}\\\boldsymbol{J}_{p_3}\end{pmatrix}^{-1}\begin{pmatrix}\dot{\boldsymbol{u}}_1\\\dot{\boldsymbol{v}}_1\\\dot{\boldsymbol{u}}_2\\\dot{\boldsymbol{v}}_2\\\dot{\boldsymbol{u}}_3\\\dot{\boldsymbol{v}}_3\end{pmatrix} \tag{8-34}$$

得出所需的摄像机速度。

给定特征速度，可以计算出所需的摄像机运动，但怎么确定特征速度呢？最简单的策略是使用一个简单的线性控制器：

$$\dot{\boldsymbol{p}}^*=\lambda(\boldsymbol{p}^*-\boldsymbol{p}) \tag{8-35}$$

它将驱动特征点朝它们在图像平面上的期望值 $\boldsymbol{p}^*$ 运动。联立式(8-34)，可得：

$$\boldsymbol{\upsilon}=\lambda\begin{pmatrix}\boldsymbol{J}_{p_1}\\\boldsymbol{J}_{p_2}\\\boldsymbol{J}_{p_3}\end{pmatrix}^{-1}(\boldsymbol{p}^*-\boldsymbol{p})$$

就是这个控制器将驱动摄像头使得特征点移向图像中期望的位置。需要特别注意的是，我们没有要求任何摄像机位姿或对象位姿，一切都是根据图像平面上的测量数据计算的。

对于一般的 $N>3$ 的情况，可以将所有特征的雅可比矩阵堆叠，并使用广义逆求出摄像机的运动：

$$\boldsymbol{\upsilon}=\lambda\begin{pmatrix}\boldsymbol{J}_1\\\cdots\\\boldsymbol{J}_2\end{pmatrix}^{-1}(\boldsymbol{p}^*-\boldsymbol{p}) \tag{8-36}$$

注意，有可能指定的一组特征点速度是不一致的，这样能够产生所需图像运动的摄像机运动不存在。在这种情况下，广义逆可以找到一个解，它使得特征速度误差的范数最小。

对于 $N\geqslant3$ 的情况，如果这些点接近重合或共线，那么矩阵就呈现病态条件数。在实际应用中，这意味着某些摄像机运动只会引起非常小的图像运动，运动具有低的可感知性。考虑一个具有单位大小的摄像机空间速度：

$$\boldsymbol{\upsilon}^{\mathrm{T}}\boldsymbol{\upsilon}=1$$

从方程(8-33)可以写出用广义逆表达的摄像机速度：

$$\boldsymbol{v} = \boldsymbol{J}_p^+ \dot{\boldsymbol{p}}$$

将上式代入前面的单位速度表达式，得：

$$\dot{\boldsymbol{p}}^{\mathrm{T}} \boldsymbol{J}_p^{+\mathrm{T}} \boldsymbol{J}_p^+ \boldsymbol{p}^{\mathrm{T}} = 1$$

$$\dot{\boldsymbol{p}}^{\mathrm{T}} (\boldsymbol{J}_p \boldsymbol{J}_p^{\mathrm{T}})^{-1} \boldsymbol{p}^{\mathrm{T}} = 1$$

它是点速度空间中的一个椭球方程。$\boldsymbol{J}_p\boldsymbol{J}_p^{\mathrm{T}}$ 的特征向量定义了椭球的主轴，$\boldsymbol{J}_p$ 的奇异值为半径。最大与最小半径之比由 $\boldsymbol{J}_p$ 的条件数给出，代表了特征运动的各向异性。如果该比值很高，就表明一些点在响应某些摄像机运动时运动速度较低。如果不想使用堆叠所有特征点的雅可比矩阵，另一种方法是选择其中 3 个进行堆叠，得到一个具有最佳条件数的正方形矩阵，然后对它求逆。

使用工具箱时，首先定义一个摄像机：

```
>> cam= CentralCamera('default');
```

目标包括 4 个点，形成了一个位于 xy 平面的边长为 0.5 m 的正方形，其中心在(0,0,3)处。

```
>> P= mkgrid(2,0.5,'T',transl(0,0,3));
```

假设这个位姿对于控制系统是未知的。目标特征在像平面上的期望位置是一个中心位于主点的 400×400 正方形。

```
>> pStar= bsxfun(@plus,200*[-1 -1 1 1;-1 1 1 -1],cam.pp');
```

它隐含表示摄像机与正方形目标相平行。

摄像机处于某种位姿 Tc，所以空间点的像素坐标为：

```
>> p= cam.plot(P,'Tcam',Tc)
```

从中可以计算图像平面误差：

```
>> e= pStar-p;
```

以及堆叠的图像雅可比矩阵：

```
>> J= visjac_p(ci,p,depth);
```

这里，它是一个 8×6 的矩阵，因为 $\boldsymbol{p}$ 包含 4 个点。雅可比矩阵需要点的深度，而它是不知道的，所以现在我们只选择一个常数来表示。

控制算法决定了摄像机所需的平动速度和旋转角速度。

```
>> c= lambda*pinv(J)*e;
```

其中，lambda 是增益，为一个正数，并且我们采用非方形雅可比矩阵的广义逆来实现方程(8-32)。所产生的速度是在摄像机坐标系中表示的，再把它在一个单位时间步内进行积分，就能得到对应参量的位移。摄像机的位姿由下式更新：

$$\xi_C(k+1) = \xi_C(k) \oplus \Delta^{-1}(\upsilon(k))$$

其中，$\Delta^{-1}(\cdot)$由方程(8-33)定义。

$$\boldsymbol{T}=\begin{pmatrix}\boldsymbol{S}\delta_{\Theta} & \delta_d \\ 0_{3\times1} & 0\end{pmatrix}+\boldsymbol{I}_{4\times4} \tag{8-37}$$

使用工具箱，上式的实现方式为：

```
>> Tc= trnorm(Tc* delta2tr(v));
```

其中，通过使用 trnorm 将变换归一化，使得这个变换仍然是一个齐次变换。

在这个示例中，我们在世界坐标系中选择摄像机的初始位姿为：

```
>> Tc0= transl(1,1,- 3)* trotz(0.6);
```

与 PBVS 的示例类似，我们创建一个 IBVS 类的实例：

```
>> ibvs= IBVS(cam,'T0','Tc0','pstar',pStar)
```

这是一个 VisualServo 类的子类，它能实现上文所述的控制器功能。'T0'选项指定了摄像机的初始位姿，'pstar'指定了特征的期望图像坐标。对象构造函数把一个 CentralCamera 对象作为它的参数，驱动摄像机达到相对于目标的期望位姿。许多其他选项也可以传递这个类的构造函数。显示方法能展示空间点的坐标、初始绝对位姿，以及期望的图像平面特征坐标。通过以下指令运行仿真：

```
>> ibvs.run();
```

该指令会反复调用 step 方法，step 方法执行单步操作。仿真动画包含了摄像机的平面图像，以及摄像机和空间点的三维可视化图像。

仿真结果被存储在对象中以供日后分析。我们可以把目标特征的路径绘制在图像中，包括它们随时间变化的笛卡儿速度与位置。

```
>> ibvs.plot_p();
>> ibvs.plot_vel();
>> ibvs.plot_camera();
>> ibvs.plot_jcond();
```

如图 8-15 所示，我们在图像中看到特征点的路径几乎都是直线，笛卡儿位置也是平滑地向终值变化。在整个运动过程中，图像雅可比矩阵的条件数在减小，这表明雅可比的条件变得越来越好，这是特征点扩散运动的结果。

如何确定 $\boldsymbol{p}^*$ 呢？图像点可以通过示教方法找到。示教方法是移动摄像机到期望的位姿，然后记录下所观察到的图像坐标。另一种方法是，如果摄像机标定参数以及目标的几何形状是已知的，那么对于任何指定的终点位姿，图像坐标都可以计算出来。请注意，这个计算(空间点的投影)的工作量不大，而且只需在视觉伺服开始之前执行一次。

IBVS 系统也可以用一个 Simulink 模型来表示：

```
>> sl_ibvs
```

如图 8-16 所示。它的仿真由以下指令运行：

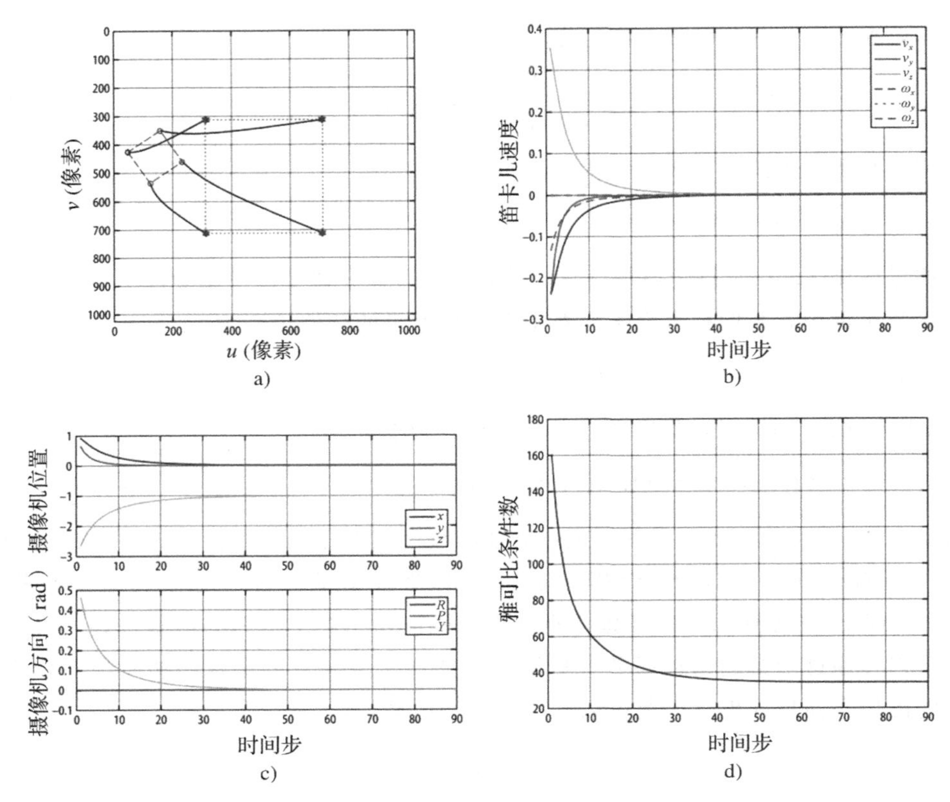

图 8-15　IBVS 的仿真结果：a)代表视觉伺服曲线；b)代表笛卡儿速度曲线；c)代表摄像机位置和方向曲线；d)代表雅可比条件数

```
> > r= sim('sl_ibvs')
```

摄像机位姿、图像平面的特征误差以及摄像机速度都可以用动画显示出来。示波器模块可以绘制出摄像机速度和特征误差随时间变化的曲线。摄像机的初始位姿由 pose 模块中的一个参数设定，空间点由 camera 模块的参数设定。CentralCamera 对象是传给 camera 模块和视觉 Jacobian 模块的一个参数。

仿真结果存储在仿真输出对象 r 中。例如，摄像机速度是第二条记录的信号：

```
> > t= r.find('tout');
> > v= r.find('yout'). signals(2).values;
> > about(v)
```

仿真结果为：

```
v[double]:501×6(24048 bytes)
```

其中每个仿真步对应一行，而列是摄像机的空间速度分量。我们可以绘制出摄像机速度随时间变化的曲线。

```
> > plot(t,v)
```

图像平面坐标也被记录为第一条信号。

```
> > p= r.find('yout').signals(1).values;
> > about(p)
```

仿真结果为：

```
p[double]:2×4×1001(64064 bytes)
```

可以通过以下指令来绘制。

```
> > plot2(p)
```

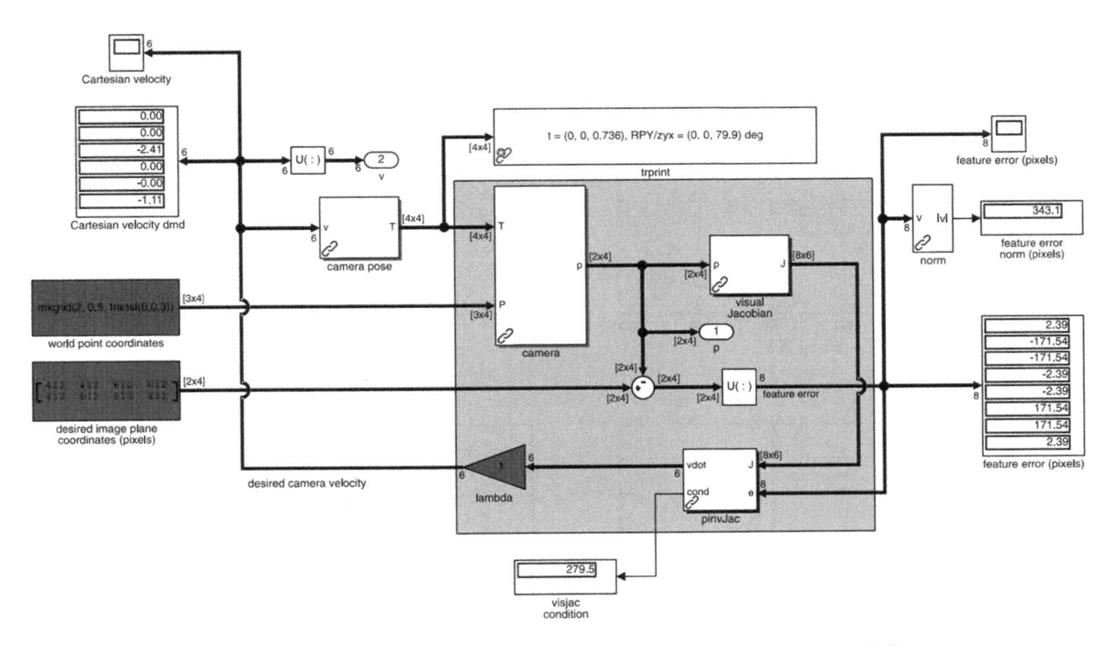

图 8-16 Simulink 模型 sl _ ibvs 驱动图像平面上的特征点到期望的位置

计算图像雅可比矩阵需要知道摄像机内部参数、主点位置和焦距，在实际应用中，对这些参数存在的误差相当宽容。雅可比矩阵也需要知道 Z_i，即每个点的深度。在刚刚讨论过的仿真中，我们假设该深度是已知的——这在仿真中很容易，但在现实中并非如此。幸运的是，在实际应用中我们发现 IBVS 对于 Z 的误差也很宽容。

学者们已经提出了许多方法来处理深度未知这个问题。最简单的方法就是假定一个恒定不变的深度值，如果所需的摄像机运动近似地在一个平面中且平行于目标点所在平面，那么这样的假设相当合理。为了评估点的深度在取不同常数值时的性能，可以对上面的示例分别选择 $z=1$ 和 $z=10$ 来进行比较。

```
> > ibvs= IBVS(cam,'T0','Tc0','pstar',pStar,'depth',1)
> > ibvs.run(50)
> > ibvs= IBVS(cam,'T0','Tc0','pstar',pStar,'depth',10)
> > ibvs.run(50)
```

结果如图 8-17 所示，从图 8-17 中可以看到，在图像平面上路径不再是直线，因为现在的雅可比矩阵未能很好地近似摄像机运动和图像特征运动之间的关系。我们也看到，$Z=1$ 时的收敛速度比 $Z=10$ 时的收敛速度要慢得多。$Z=1$ 时的雅可比矩阵高估了光流，所以其逆矩阵低估了所需的摄像机速度。然而，对于相当大的误差，真实深度为 $Z=3$ 时，IBVS 收敛了。在 $Z=10$ 的情况下，由于每个时间步的位移都较大，从而导致了一个锯齿状的路径。

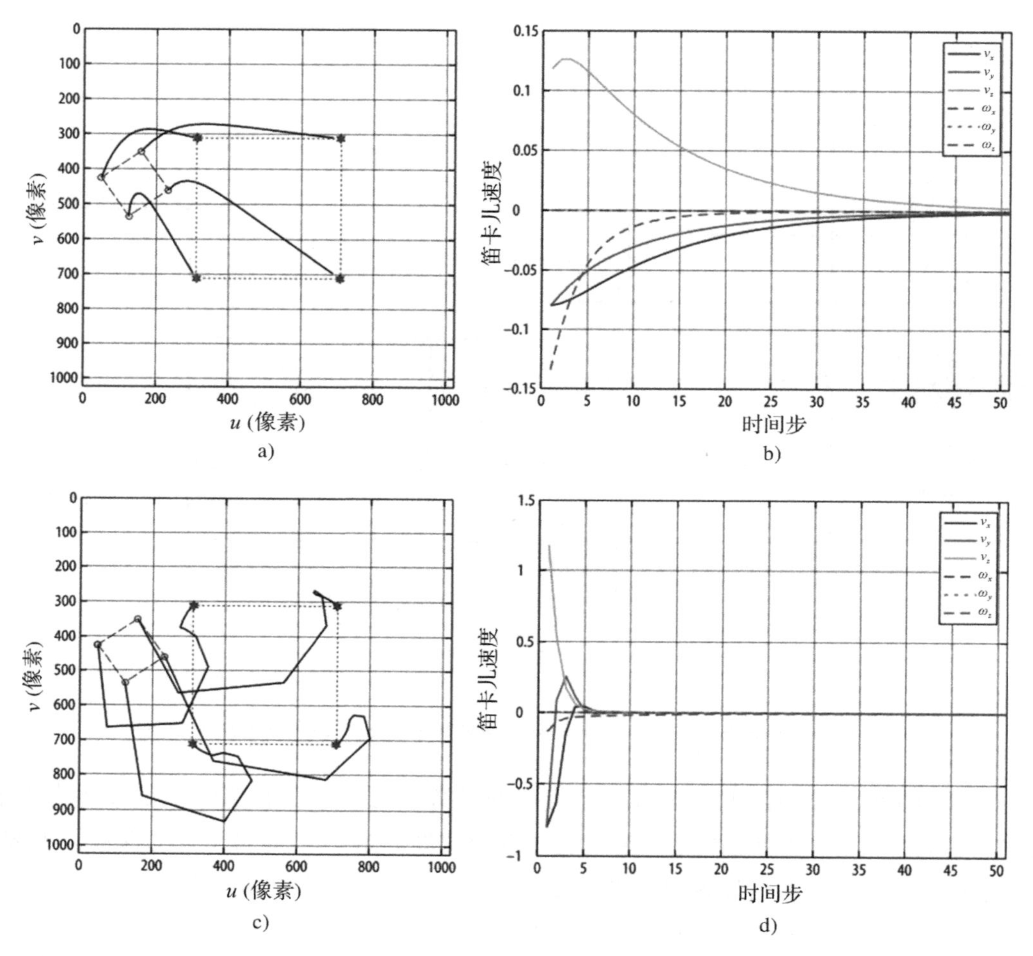

图 8-17　点深度为不同常数时的 IBVS 结果：a)代表视觉伺服曲线($Z=1$)；b)代表笛卡儿速度曲线($Z=1$)；c)代表视觉伺服曲线($Z=10$)；d)代表笛卡儿速度曲线($Z=10$)

第二种方法是使用标准的计算机视觉技术来估算 Z 值。如果摄像机内部参数已知，则可以使用稀疏立体匹配技术根据连续的摄像机位置来估计每个特征点的深度。

第三种方法是使用对机器人和图像运动的测量数据来在线估计 Z 值。可以通过对方程(8-32)重新整理来创建一个简单的深度估计器。

$$
\begin{pmatrix}\dot{u}\\ \dot{v}\end{pmatrix}=\left(\begin{array}{ccc:ccc}-\dfrac{1}{\rho_u Z} & 0 & \dfrac{\overline{u}}{Z} & \dfrac{\rho_u\overline{u}\overline{v}}{f} & -\dfrac{f^2+\rho_u^2\overline{u}^2}{\rho_u f}\sigma_v & \overline{v}\\ 0 & -\dfrac{f}{\rho_v Z} & \dfrac{\overline{v}}{Z} & \dfrac{f^2+\rho_v^2\overline{v}^2}{\rho_v f} & -\dfrac{\rho_v\overline{u}\overline{v}}{f} & -\overline{u}\end{array}\right)\begin{pmatrix}\boldsymbol{v}\\ \boldsymbol{w}\end{pmatrix}
$$

$$
=\left(\frac{1}{Z}\boldsymbol{J}_t \;\vdots\; \boldsymbol{J}_w\right)\begin{pmatrix}\boldsymbol{v}\\ \boldsymbol{w}\end{pmatrix}
$$

$$
=\frac{1}{Z}\boldsymbol{J}_t\boldsymbol{v}+\boldsymbol{J}_w\boldsymbol{w}
$$

将上式重新整理为：

$$
(\boldsymbol{J}_t\boldsymbol{v})\frac{1}{Z}=\begin{pmatrix}\dot{u}\\ \dot{v}\end{pmatrix}-\boldsymbol{J}_w\boldsymbol{w} \tag{8-38}
$$

该方程的右侧是观察到的光流减去由于摄像机旋转预计产生的光流，这个过程称为反转光流。经过减法运算后，剩余的光流就只是摄像机平移所致的。将方程(8-38)写成紧凑的形式：

$$
\boldsymbol{A}\theta=\boldsymbol{b} \tag{8-39}
$$

我们得到一个简单的线性方程，其中有一个未知参数 $\theta=1/Z$，它可以使用最小二乘法求解。

在我们的示例中，可以通过以下指令进行求解。

```
>> ibvs= IBVS(cam,'T0','Tc0','pstar',pStar,'depthest')
>> ibvs.run
>> ibvs.plot_z()
>> ibvs.plot_p()
```

结果如图 8-18 所示。图 8-18b 显示的是估计与真实的点深度随时间变化的曲线。估计深度的初始值为零，不是一个好的选择，但它迅速上升，然后跟踪到实际目标的深度，再后来就能在控制器收敛过程中准确跟踪真实深度。图 8-18a 显示的是特征运动，从图中可以看到，初始阶段由于深度值有误差，因此特征的移动方向是错误的。

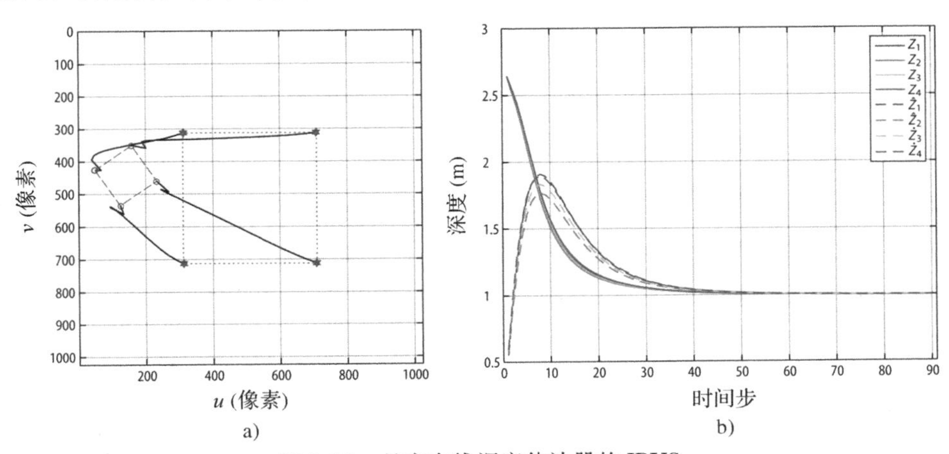

图 8-18　具有在线深度估计器的 IBVS

因为 PBVS 的控制律是在三维工作空间中定义的，所以不存在一种能直接调整图像特征运动的机制。对于图 819 所示的 PBVS 示例，特征点在图像平面上走过的是一条弯曲路径，因此它们有可能会走出摄像机视场。我们使用一个不同的初始摄像机位姿。

```
> > pbvs.T0= transl(- 2.1,0,- 3)* trotz(5* pi/4);
> > pbvs.run()
```

结果如图 8-19a 所示，我们看到有两个点已经走出了图像边界，这可能会导致 PBVS 控制失败。相比之下，对于相同的初始位姿，IBVS 的控制为：

```
> > ibvs= IBVS(cam,'T0','Tc0','pstar',pStar,'lambda',
0.002,'niter',Inf,'eterm',0.5)
> > ibvs.run()
> > ibvs.plot_p();
```

得出的特征轨迹如图 8-19b 所示。

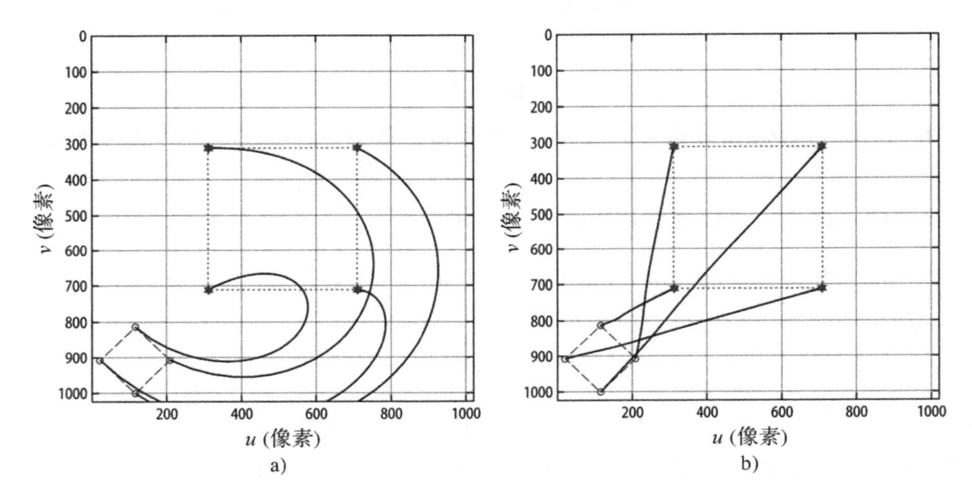

图 8-19　图像平面特征路径

相反，基于图像的视觉伺服控制方法没有对摄像机的笛卡儿运动进行直接控制。有时这会导致令人意外的运动，特别是当目标绕 z 轴旋转时。

```
> > ibvs= IBVS(cam,'T0',transl(0,0,- 1)* trotz(pi),'pstar',pStar)
> > ibvs.run()
> > ibvs.plot_camera
```

结果如图 8-20 所示(上部)。我们看到，摄像机进行了不必要的沿 z 轴的移动——先远离目标，然后再返回。这种现象称为摄像机退化。由此产生的运动不是时间最短的，而且还会有一些很大的，甚至可能无法实现的摄像机运动。一个极端示例是绕光轴纯转动 π 弧度。

```
> > ibvs= IBVS(cam,'T0',transl(0,0,- 1)* trotz(pi),'pstar',pStar,'niter',10)
> > ibvs.run()
> > ibvs.plot_camera
```

结果如图 8-20 所示(下部)。所有特征点与往常一样，朝着它们的期望值在一条直线上移动，但问题在于所有的路径都经过了原点。这是一个奇异点，IBVS 方法将在这里失效。目标点位于图像原点的唯一可能是摄像机在负无穷远处，并且它正朝向原点！

最后需要考虑的是，图像雅可比矩阵是对高度非线性系统的一种线性化。如果在每个时间步的运动过大，则线性化将失效，特征点也会在图像上走出一条弯曲而不是直线的路径，正如在图 8-20 中所见。如果期望的特征位置离初始位置很远，或者增益 λ 太大，这种情况就可能发生。一种解决方案是限制指令速度的最大范数：

$$v=\begin{cases}v_{\max}\dfrac{v}{|v|}, & |v|>v_{\max}\\ v, & |v|\leqslant v_{\max}\end{cases}$$

特征路径不一定非要是直线，特征也不一定非要以渐近速度移动——我们在前面这么说只是为了简化问题。特征点可以在图像中沿任意的轨迹运动，而且可以有任意的速度曲线，并具有任意的速度与时间曲线。

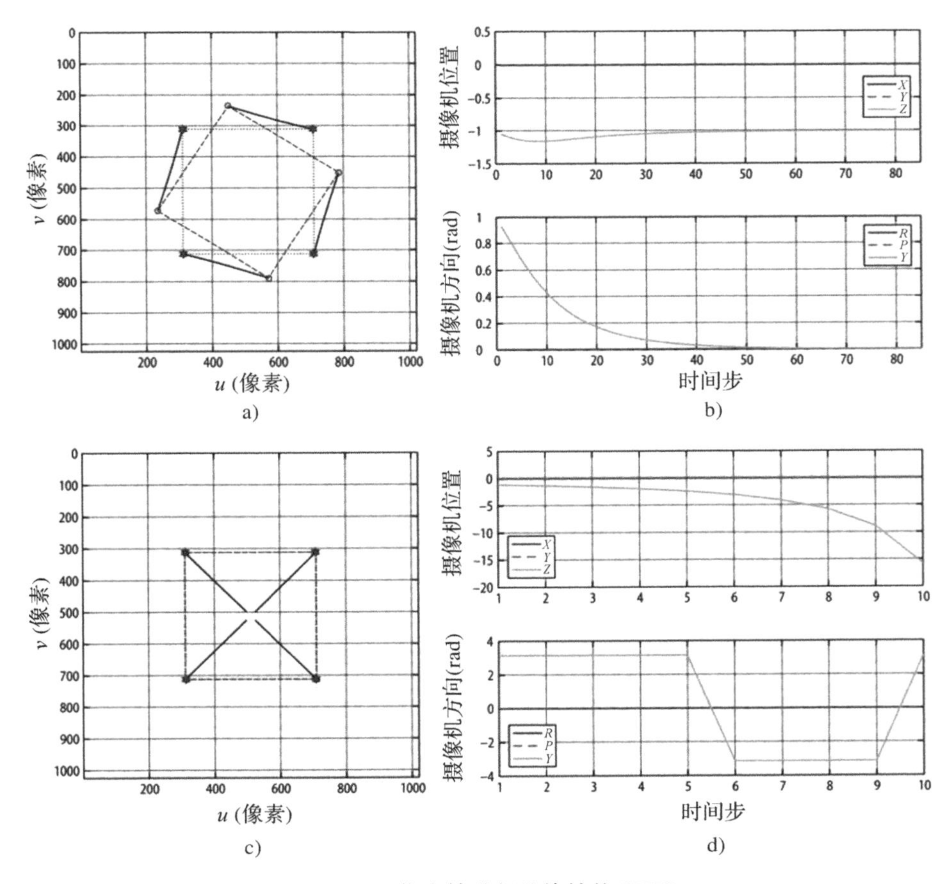

图 8-20　绕光轴进行纯旋转的 IBVS

综上所述，对于基于视觉的控制，IBVS 是一种鲁棒性非常强的方法。我们已经看到，这种方法对点深度的误差相当宽容。我们还展示了对于绕光轴进行较大旋转的情况，这种方法可以产生稍次于最佳的笛卡儿路径。

8.4　应用案例

在上一节，在一个 IBVS 系统中遇到了摄像机退化的问题。这种现象可以依靠直觉解释为：我们的 IBVS 控制律要让特征点在图像平面上沿直线移动，但是对于一个旋转的摄像机，这些点将会自然地沿着圆弧移动。线性 IBVS 控制器会动态地改变总体的图像尺度，以至于沿着圆弧的运动表现为沿着直线的运动。尺度变化通过沿 z 轴的平移来实现。

分割方法可消除摄像机退化，其原理是：使用 IBVS 控制一些自由度，而对于剩下的自由度使用另外的控制器。XY/Z 混合方案是把 x、y 轴看作一组，而把 z 轴看作另一组。这种方法基于如下认识。首先直观来看，摄像机退化问题是一种 z 轴现象：绕 z 轴的旋转导致了不需要的沿 z 轴的移动。其次，从图 8-20 中可以看到，关于 x、y 轴的平移与旋转而产生的图像平面运动是非常相似的，相反，关于 z 轴的旋转和平移产生的光流却完全不同。

我们分割方程(8-33)的特征点光流，得到：

$$\dot{\boldsymbol{p}} = \boldsymbol{J}_{xy}\boldsymbol{v}_{xy} + \boldsymbol{J}_z\boldsymbol{v}_z \tag{8-40}$$

其中，$\boldsymbol{v}_{xy}=(v_x, v_y, w_x, w_y)$，$\boldsymbol{v}_z=(v_z, w_z)$，且 $\boldsymbol{J}_{xy}$、$\boldsymbol{J}_z$ 分别是 $\boldsymbol{J}_p$ 的列$\{1,2,4,5\}$和列$\{3,6\}$。由于 $\boldsymbol{v}_z$ 要通过不同的控制器进行计算，所以可以把方程(8-40)写成

$$\boldsymbol{v}_{xy} = \lambda\boldsymbol{J}_{xy}^{+}(p^* - \boldsymbol{J}_z\boldsymbol{v}_z) \tag{8-41}$$

其中，$\dot{\boldsymbol{p}}^*$ 是期望的特征点速度。

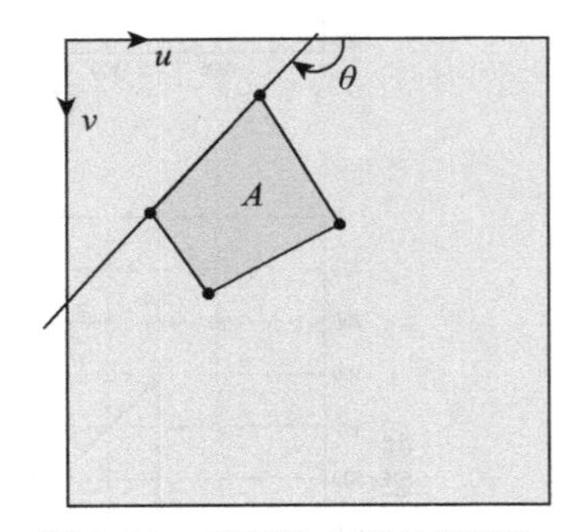

图 8-21　XY/Z 分割的 IBVS 控制图像特征

z 轴速度 v_z 和 w_z 是根据两个附加图像特征 A 和 θ 直接计算出来的，如图 8-21 所示。第一个图像特征 $\theta\in[0, 2\pi)$是 u 轴与连接特征点(i,j)的有向线段之间的夹角。对于数值调节，选择由特征点构造的最长线段具有优势，因为运动过程中特征点配置会发生改变，这样最长线段就能随之改变。期望的转动速度可以用简单的比例控制来获得：

$$w_z^* = \lambda_{w_z}(\theta^* \ominus \theta)$$

其中，算子$\ominus$表示模-2π 的减法。和通常在圆周上的运动一样，可以从两个方向移动到目的地。如果旋转运动受到限制(例如有一个机械限位)，那么就可以通过选择 w_z 的符号来避免遇到这个限位。

我们使用的第二个图像特征是规则多边形面积 A 的一个函数，该多边形的顶点是图像特征点。采用这个参数的优点是：它是一个标量；它具有旋转不变性，因此可以从 z 轴平移中分离出摄像机旋转；它的计算量小。多边形面积仅仅是一个零次矩 m_{∞}，可以使用工具箱函数 `mpq_poly(p,0,0)`来计算。用于控制的特征是面积的平方根：

$$\sigma = \sqrt{m_{\infty}}$$

它具有长度单位，以像素来计量。期望的摄像机沿 z 轴的平移速度可以使用简单的比例控制律来获得：

$$v_z^* = \lambda_{v_z}(\sigma^* - \sigma) \tag{8-42}$$

上文讨论的用于 z 轴平移和旋转控制的特征非常简单，计算量也小，但要想获得最佳控制效果，目标法线与摄像机光轴之间的夹角还应当在 ±40° 范围内。当目标平面与光轴不正交时，它的面积将会由于透视而减少，这会使摄像机开始靠近目标。透视也会改变感知到的线段角度，这可能会造成较小的，但是不必要的 z 轴旋转运动。

上述控制策略的 Simulink 模型为：

```
>> sl_partitioned
```

其具体模型如图 8-22 所示。

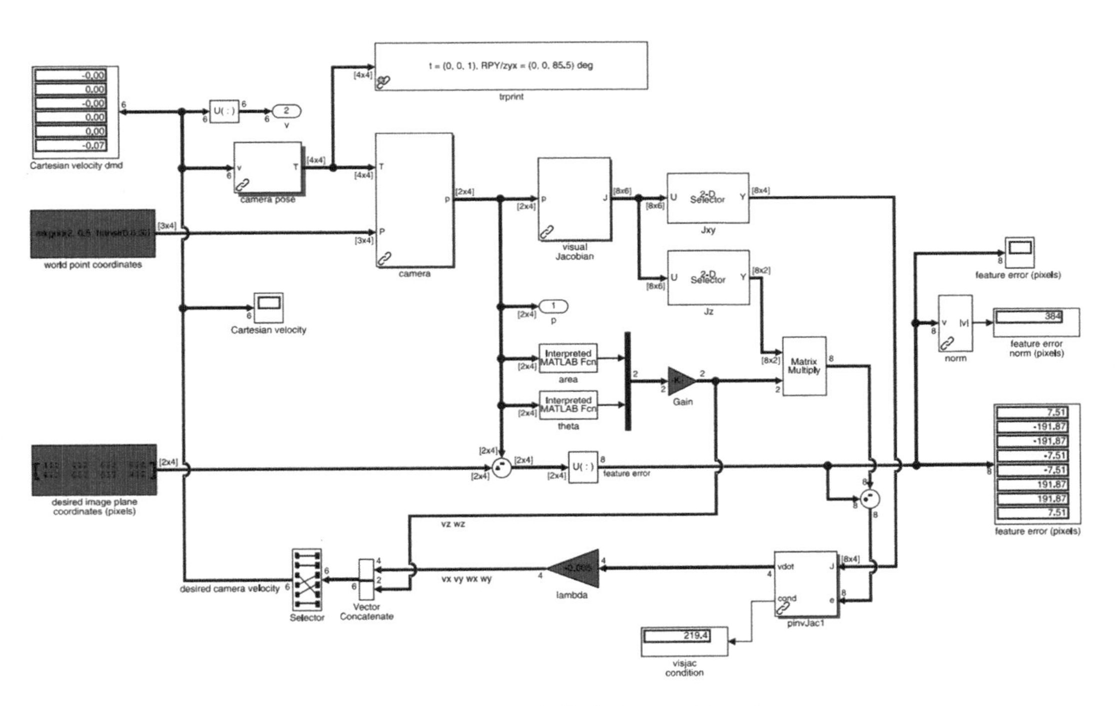

图 8-22 Simulink 模型 sl_partitioned

摄像机最初的位姿由 pose 模块中的参数来设定。仿真通过以下指令运行：

```
>> sim('sl_partitioned')
```

上面的代码可以显示出摄像机位姿、像平面特征误差和摄像机速度的动画。示波器模块还可以绘制出相对于时间的摄像机速度和特征误差曲线。

如果特征点朝着视野的边缘移动，那么让它们不出视野的最简单方法是把摄像机朝远离场景的方向移动。我们定义一个作用在摄像机上的排斥力，当特征点靠近图像平面边缘时它会把点推开：

$$F_z(p) = \begin{cases} \left(\dfrac{1}{d(p)} - \dfrac{1}{d_0}\right)\dfrac{1}{d^2(p)}, & d(p) \leqslant d_0 \\ 0, & d(p) \leqslant d_0 \end{cases}$$

其中，$d(p)$是从图像点 p 到图像平面边缘的最短距离，是有排斥力作用的图像区域的宽度。对于一幅 $W \times H$ 的图像，有：

$$d(p) = \min\{u, v, W-u, H-v\} \tag{8-43}$$

把排斥力嵌入 z 轴平移控制器中：

$$v_z^* = \lambda_{v_z}(\sigma^* - \sigma) - \eta \sum_{i=1}^{N} F_z(p_i)$$

其中，η 是一个阻尼单位的增益常数。排斥力是不连续的，这可能会引发颤振，即特征点反复地进出有排斥力的区域——这可以通过引入平滑滤波器和速度限制进行补偿。

在这里我们将要展示在不同坐标系中的点特征雅可比矩阵。在极坐标中，图像点表示为 $p=(r, \phi)$，其中 r 是从主点到该点的距离：

$$r = \sqrt{\bar{u}^2 + \bar{v}^2} \tag{8-44}$$

其中，$\bar{u}$ 和 $\bar{v}$ 是相对于主点而不是图像原点的图像坐标。u 轴与连接主点和图像点的直线的夹角是：

$$\phi = \arctan \frac{\bar{v}}{\bar{u}} \tag{8-45}$$

这两个坐标表示方法的关联是：

$$\bar{u} = r\cos\phi, \quad \bar{v} = r\sin\phi \tag{8-46}$$

将上式对时间求导数，得：

$$\begin{pmatrix} \dot{\bar{u}} \\ \dot{\bar{v}} \end{pmatrix} = \begin{pmatrix} \cos\phi & -r\sin\phi \\ \sin\phi & -r\cos\phi \end{pmatrix} \begin{pmatrix} \dot{r} \\ \dot{\phi} \end{pmatrix}$$

然后求逆，得：

$$\begin{pmatrix} \dot{r} \\ \dot{\phi} \end{pmatrix} = \begin{pmatrix} \cos\phi & \sin\phi \\ -\dfrac{1}{r}\sin\phi & \dfrac{1}{r}\cos\phi \end{pmatrix} \begin{pmatrix} \dot{\bar{u}} \\ \dot{\bar{v}} \end{pmatrix}$$

将其连同式(8-38)一起代入式(8-46)，可以写出：

$$\begin{pmatrix} \dot{r} \\ \dot{\phi} \end{pmatrix} = \boldsymbol{J}_{p,p} \begin{pmatrix} v_x \\ v_y \\ v_z \\ w_x \\ w_y \\ w_z \end{pmatrix} \tag{8-47}$$

其中特征雅可比矩阵为：

$$\boldsymbol{J}_{p,p} = \begin{pmatrix} -\dfrac{f}{Z}\cos\phi & -\dfrac{f}{Z}\sin\phi & \dfrac{r}{Z} & \dfrac{f^2+r^2}{f}\sin\phi & -\dfrac{f^2+r^2}{f}\cos\phi & 0 \\ \dfrac{f}{rZ}\sin\phi & -\dfrac{f}{rZ}\cos\phi & 0 & \dfrac{f}{r}\cos\phi & \dfrac{f}{r}\sin\phi & -1 \end{pmatrix} \tag{8-48}$$

这个雅可比矩阵是不常见的，因为它有 3 个常量元素。在第一行最后一列为 0，这意味着半径 r 对于绕 z 轴的旋转是不变的。在第二行中，0 意味着极角对于沿光轴的平移是不变的(点沿着径向直线移动)。-1 意味着一个特征的夹角(相对于 u 轴)随着摄像机的正向旋转而减小。至于笛卡儿点特征，雅可比矩阵的平移部分(前 3 列)与 $1/Z$ 成正比。还要注意，雅可比矩阵对于 $r=0$ 是不确定的，$r=0$ 代表在图像中心的点。关联矩阵可以通过 CentralCamera 类的 visjac_ p_ polar 方法来计算。

期望的特征速度是特征误差的一个函数：

$$\dot{\boldsymbol{p}}^* = \lambda \begin{pmatrix} r^* - r \\ \phi^* \ominus \phi \end{pmatrix}$$

其中，$\ominus$是用于角度运算的模 -2π 减法，它是通过工具箱函数 angdiff 执行的。注意，$|r|>>|\phi|$，并进行归一化。

$$r = \frac{\sqrt{\bar{u}^2 + \bar{v}^2}}{\sqrt{W^2 + H^2}}$$

这样 r 和 ϕ 的数量级就近似相同了。

一个使用极坐标的 IBVS 示例是通过 IBVS_ polar 类执行的。我们首先创建一个典型摄像机，使它具有归一化的图像坐标。

```
> > cam= CentralCamera('default')
> > Tc0= transl(0,0,- 2)* trotz(1);
> > vs= IBVS_polar(cam,'T0','Tc0','verbose')
```

然后运行仿真：

```
> > vs.run()
```

动画显示了在图像中的特征运动，以及在一个三维空间视图中摄像机和空间点的运动。与前一节介绍的笛卡儿 IBVS 策略相比，摄像机运动已有很大不同。对于以前讨论中存在问题(绕光轴有较大旋转的情况)，现在的摄像机已经能朝着目标移动并旋转了。特征点也能在 $r\phi$ 平面上跟随一条直线路径来运动。可以说极坐标 IBVS 是笛卡儿 IBVS 的一种补充——对于大旋转情况，它会产生比较好的摄像机运动，但是对于大平移情况，摄像机运动会比较差。

方法 plot_error、plot_vel 和 plot_camera 可以用于显示在仿真期间记录的数据。另外一种方法是：

```
> > vs.plot_features()
```

它显示了在 ϕr 空间中的特征路径，如图 8-23 所示。图中还显示了摄像机运动，我们没有看到摄像机退化的迹象。

对于非透视摄像机(例如鱼眼镜头摄像机和反射折射摄像机)，若给定它们特殊的投影方程，则可以根据第一原理推导出一个图像特征的雅可比矩阵。然而，有多少种不同的透镜和反射镜形状，就会有多少种不同的投影模型和图像雅可比矩阵。另一种方法是，

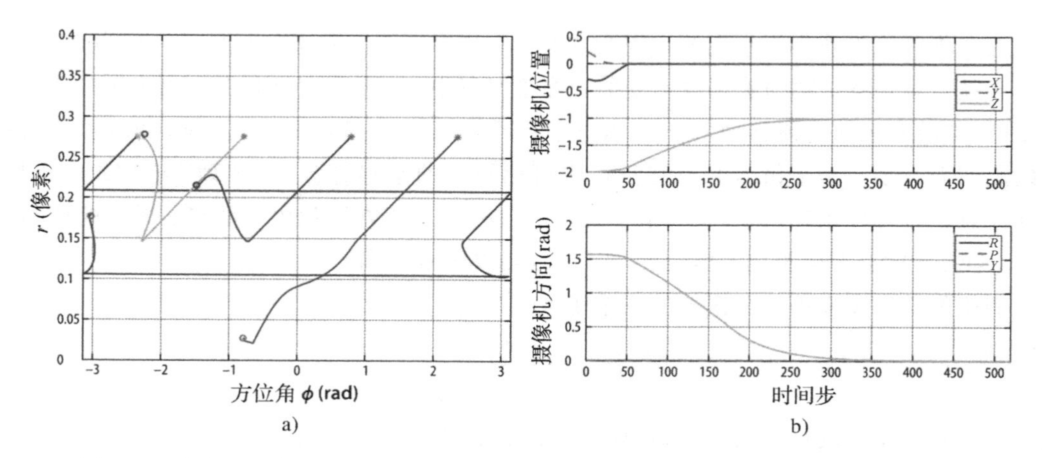

图 8-23　使用极坐标表示的 IBVS：a)代表 ϕr 曲线；b)代表摄像机方向和位置的曲线

我们可以把来自任何类型摄像机的特征投影到球面上，然后推导出在球面上用于视觉伺服控制的图像雅可比矩阵。

用于球面的图像雅可比矩阵可以用类似于透视摄像机的方法推导出来。参照图 8-24，空间点 P 由在摄像机坐标系中的向量 $\boldsymbol{P}=(X,Y,Z)$ 表示出来，并且由一条穿过球面中心的射线把它投影到球体表面的点 $\boldsymbol{p}=(x,y,z)$：

$$x=\frac{X}{R},\quad y=\frac{Y}{R},\quad z=\frac{Z}{R} \tag{8-49}$$

其中，$R=\sqrt{(X^2+Y^2+Z^2)}$ 是从摄像机原点到空间点的距离。

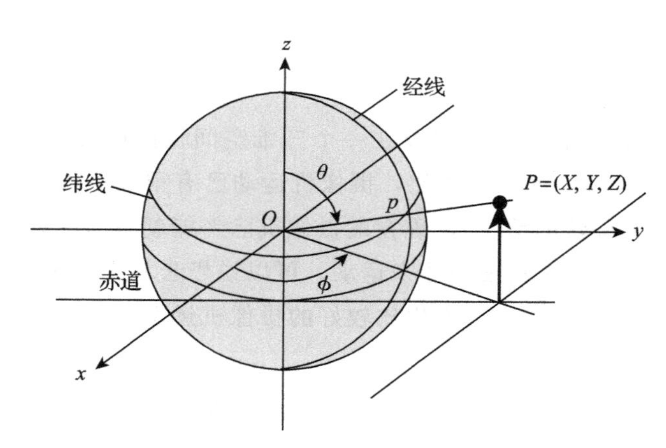

图 8-24　球面图像的形成

球面约束 $x^2+y^2+z^2=1$ 意味着笛卡儿坐标中有一个是多余的，所以我们将使用一个最小球面坐标系，它包含了纬度角：

$$\theta=\arcsin r,\quad \theta\in[0,\pi] \tag{8-50}$$

其中 $r=\sqrt{x^2+y^2}$。该坐标系也包含了方位角(或经度角)：

$$\phi=\arctan\frac{y}{x},\quad \phi\in[-\pi,\pi) \tag{8-51}$$

它们共同确定点的特征向量 $\boldsymbol{p}=(\theta,\phi)$。

求式(8-50)和式(8-51)关于时间的导数，然后把式(8-49)和下式代入其中：

$$X = R\sin\theta\cos\phi,\quad Y = R\sin\theta\sin\phi,\quad Z = R\cos\theta \tag{8-52}$$

我们获得矩阵形式的球面光流方程：

$$\begin{pmatrix}\dot{\theta}\\ \dot{\phi}\end{pmatrix} = \boldsymbol{J}_{p,s}(\theta,\phi,R)\begin{pmatrix}v_x\\ v_y\\ v_z\\ w_x\\ w_y\\ w_z\end{pmatrix} \tag{8-53}$$

其中图像特征雅可比矩阵是

$$\boldsymbol{J}_{p,s} = \begin{pmatrix} -\frac{\cos\phi\cos\theta}{R} & -\frac{\sin\phi\cos\theta}{R} & \frac{\sin\theta}{R} & \sin\phi & -\cos\phi & 0 \\ \frac{\sin\phi}{R\sin\theta} & -\frac{\cos\phi}{R\sin\theta} & 0 & \frac{\cos\phi\cos\theta}{\sin\theta} & \frac{\sin\phi\cos\theta}{\sin\theta} & -1 \end{pmatrix} \tag{8-54}$$

它与前面为极坐标系推导出的雅可比矩阵相似。首先，常量元素位于相同的位置，这意味着纬度角对于绕光轴的转动是固定不变的，而经度角对于沿光轴的平移也是固定不变的，但是它与绕光轴的旋转大小相等，方向相反。至于所有的图像特征雅可比矩阵，其中的平移子矩阵(前三列)是点深度 $1/R$ 的一个函数。

雅可比矩阵在 $\sin\theta=0$ 的南极点和北极点处是不确定的，这些点处的方位也没有意义。这是一个奇异点，在方位用欧拉角表示的情况下，这是使用最小表示法的一个结果。然而对于这种应用，通常收益大于支出。

出于控制目的，我们遵循常规程序先为 N 个特征点中的每个点计算出一个 2×8 的雅可比矩阵，如式(8-55)所示：

$$\boldsymbol{v} = \boldsymbol{J}(\boldsymbol{q})\dot{\boldsymbol{q}} \tag{8-55}$$

然后把它们堆叠起来形成一个 $2N\times6$ 的矩阵。

$$\begin{pmatrix}\dot{\theta}_1\\ \dot{\phi}_1\\ \cdots\\ \dot{\theta}_N\\ \dot{\phi}_N\end{pmatrix} = \begin{pmatrix}\boldsymbol{J}_1\\ \cdots\\ \boldsymbol{J}_N\end{pmatrix}\boldsymbol{v} \tag{8-56}$$

控制律是：

$$\boldsymbol{v} = \boldsymbol{J}^{+}\dot{\boldsymbol{p}}^{*} \tag{8-57}$$

其中，$\dot{\boldsymbol{p}}^{*}$ 是在 $\phi\theta$ 空间中特征的期望速度。通常，我们选择它与特征误差成正比：

$$\dot{\boldsymbol{p}}^{*} = \lambda(\boldsymbol{p}^{*} \ominus \boldsymbol{p}) \tag{8-58}$$

其中，λ 是正增益；$\boldsymbol{p}$ 在 $\phi\theta$ 坐标系中表示的当前点；$\dot{\boldsymbol{p}}^{*}$ 是期望值。该控制律会导致在特征空间内特征的局部线性运动。$\ominus$表示模减法，在 $\theta\in[0,\pi]$、$\phi\in[-\pi,\pi)$条件下它会返

回一个最小角距离。

使用球面坐标的 IBVS 示例(见图 8-25)可以由 IBVS_sph 类来实现。首先创建一个球面摄像机：

```
>> cam= SphericalCamera()
```

然后是一个球面 IBVS 目标：

```
>> Tc0= transl(0.3,0.3,- 2)* trotz(0.4);
>> vs= IBVS_sph(cam,'T0',Tc0,'verbose')
```

我们对于 IBVS 失败的情况进行一个仿真：

```
>> vs.run()
```

动画显示了在 $\phi\theta$ 平面上的特征运动，以及三维空间视图中的摄像机和空间点运动。球面成像对于视觉伺服有很多优点。首先，球面摄像机消除了在视场中明确保留特征的需要，这对基于位置的视觉伺服和一些混合策略都是一个大问题。其次，我们在以前观察小视场时，在 R_x 与 $-T_y$ 运动的光流场之间存在不确定性。对于一个长焦距的 IBVS，这会减慢收敛或减弱特征坐标中对噪声的敏感度。而对于一个球面摄像机，由于有尽可能大的视场，因此可以减小这种不确定性。

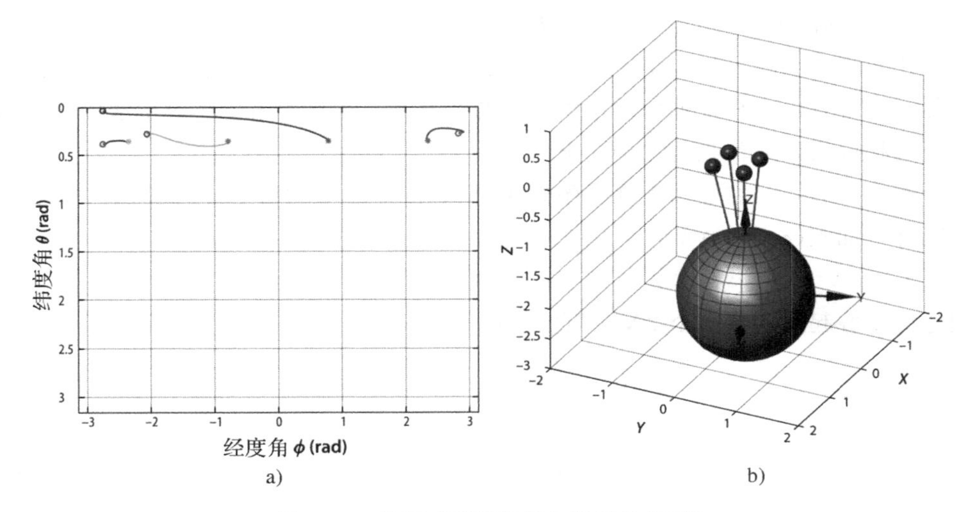

图 8-25　使用球面摄像机和坐标的 IBVS

真正的球面摄像机至今还不存在，但是我们可以把来自任意类型的一个或多个摄像机的特征投影到球面特征平面上，然后用球面坐标来计算控制律。

8.5　参考文献

[1] Horaud R, Dornaika F. Hand-eye calibration[J]. The international journal of robotics research, 1995, 14(3): 195-210.

[2] Tsai R Y, Lenz R K. A new technique for fully autonomous and efficient 3 D robotics hand/eye calibration[J]. IEEE Transactions on robotics and automation, 1989, 5(3): 345-358.

[3] Chaumette F, Hutchinson S. Visual servo control. I. Basic approaches[J]. IEEE Robotics & Automation Magazine, 2006, 13(4): 82-90.

[4] Hutchinson S, Hager G D, Corke P I. A tutorial on visual servo control[J]. IEEE transactions on robotics and automation, 1996, 12(5): 651-670.

[5] Chaumette F, Hutchinson S. Visual servo control. II. Advanced approaches [Tutorial][J]. IEEE Robotics & Automation Magazine, 2007, 14(1): 109-118.

CHAPTER9

第9章

机器视觉从容器中抓取零件的应用

9.1 散乱零件识别的基本方法

工业机器人在自动化领域的应用取得相当惊人的发展，工业机器人由传统的基于示教的固定轨迹工作运行方式转变为基于计算机实时控制的智能控制工作方式。近年来，由于计算机视觉的高速发展，智能技术的研究更是为机器人的升级提供了基础。目前工厂的自动化已经有了一定的发展和成果，但是随着制造水平和制造要求的提高，机器的进一步智能化成为当今自动化竞争的关键因素。

随着技术的不断发展，越来越多的高精度传感器应用在工业领域。高性能的视觉传感系统为物体的三维重建提供了多种多样的解决方案。特别是随着价廉的深度传感器(如RealSense、Kinect 等)的出现，视觉检测系统的成本大大降低。它可通过彩色图像和深度图像来重建零件的三维信息，运用图像处理、人工智能和机器视觉等领域的技术对目标进行识别，实现对零件类别的判断，对获取到的点云数据进行处理以估计零件的位姿，并将计算结果输出给机器人，使其可快速准确地智能抓取零件(如图 9-1 所示)。随着我国工业自动化水平的进一步提高，智能抓取系统在工业装配、智能物流以及恶劣的作业环境中的需求越来越大，具有非常广阔的应用前景。同时对抓取系统的视觉识别的要求也越来越高，开发出精度高、鲁棒性强的视觉识别定位系统是智能抓取系统一个热门的研究课题。

目前绝大多数散乱零件抓取(bin picking)的核心是：找到合适的抓取点(或者吸盘的吸取点)。之后具体怎么执行只是影响速度，这属于运动规划问题了。找抓取点的主流方法有三大类：基于模型(Model-based)、基于半模型(Half-model-based)以及无模型(Model-free)的方法。

1. 基于模型

此类方法要求事先知道所有物体的模型，最好是直接能拿到实物，进行拍照/扫描。方法大概分为以下 3 步。

a) Scape-Tech Discs 系统

b) Quattro 并行机器人

c) 柱状零件抓取系统

d) 片状零件抓取系统

图 9-1　零件抓取系统

(1)离线计算：根据 Gripper 类型，对每一个物体模型计算局部抓取点。

(2)在线感知：通过 RGB 或者点云，计算出每一个物体的类型和三位位姿。

(3)计算抓取点：把每个物体的抓取点投影到世界坐标系下，然后根据其他要求(碰撞检测等)选一个最优的抓取点。早些年，关于机器人抓取的文章基本都只能局限在非常简单的场景下，比如空空的桌子上放一个茶杯之类。近年来 SSD-6D 之类的方法开始出现后，让散乱空间内的多个物体的 6D 位姿识别成为可能(见图 9-2)。完全基于模型的方法在环境相对可控的场合确实成为最稳妥的方案。

图 9-2　SSD-6D 效果

2. 基于半模型

此类方法并不需要预先知道抓取的物体，但是需要大量类似的物体来训练图像分割的算法，“物体”的概念在这类方法中仍然很关键。方法流程：1)离线训练图像分割算法，就是把图片里的像素按物体分类。早年此类方法一般需要手动标出图像样本，而如今多数算法采用仿真+渲染的方式，效率大增。2)在线运行图像分割，在每个物体所属的一块像素里找正常分布的合适的点作为抓取(吸取)点。其效果图如图 9-3 所示。

图 9-3　基于半模型方法的效果示意图

3. 无模型

此类方法并不涉及“物体”的概念，直接从 RGB 或点云中计算出合适的抓取点。如 Andreas Ten Pas 提出的基于几何的方法的代表作是 AGILE 抓取，通过一些几何约束在点云上高效地采样潜在的优质抓取点，然后通过监督学习训练得到的分类器进一步分类。其效果示意图如图 9-4 所示。

图 9-4　无模型方法的效果示意图

9.2　抓取操作的机器人技术

抓取(grasping)是机器人操作的最基本技能(见图 9-5)。机器人抓取会找到一个能够满足机器人所面临的抓取任务的相关约束的抓取构型(grasp configuration)。

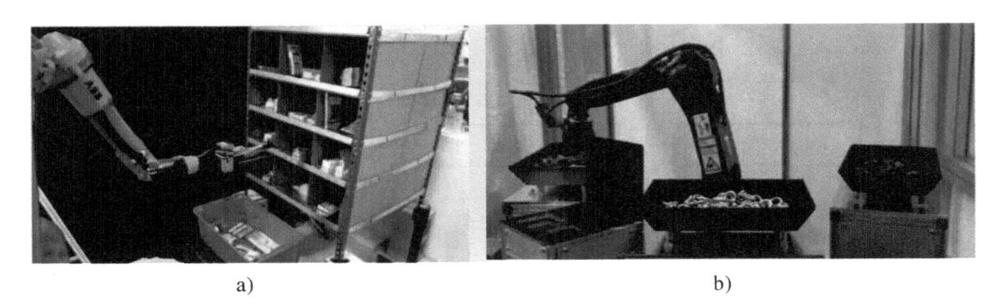

a)　　　　　　b)

图 9-5　a)仓储抓取；b)工业零件抓取

影响机器人抓取的六大因素如图 9-6 所示。

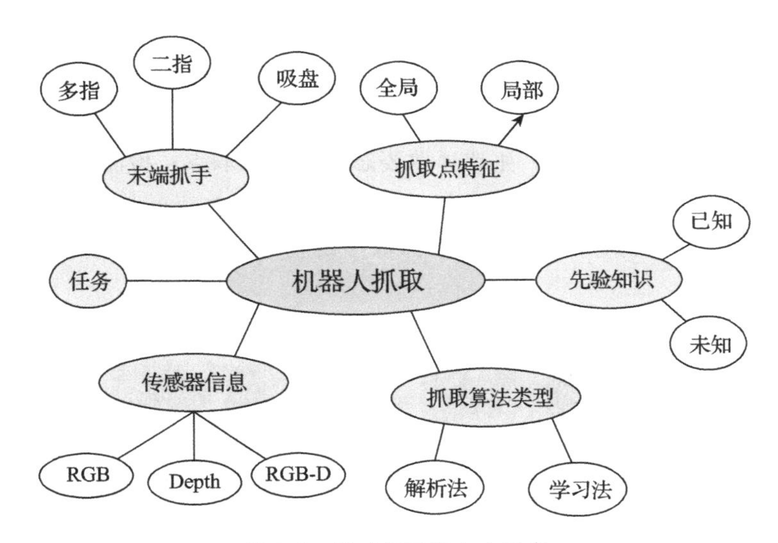

图 9-6　影响抓取的六大因素

影响抓取的六大因素主要包括：末端抓手；抓取点特征；先验知识；任务；传感器信息；抓取算法类型。抓取按照末端抓手的方式算法分为三类：基于多指；基于二指；基于吸盘。按照抓取点特征算法可以分为两类：全局特征和局部特征。按照先验知识分类为已知和未知，同时先验知识是抓取算法的核心算法。此外，按照抓取算法类型，可分为解析法和学习法。按照传感器类型可以分为 RGB、Depth 和 RGB-D 算法。最后，按照任务可以有不同的算法，可以分为基于平面和基于空间的抓取。

有模型机器人抓取实现在已知物体的 3D 模型下进行机器人的抓取，其流程如图 9-7 所示。

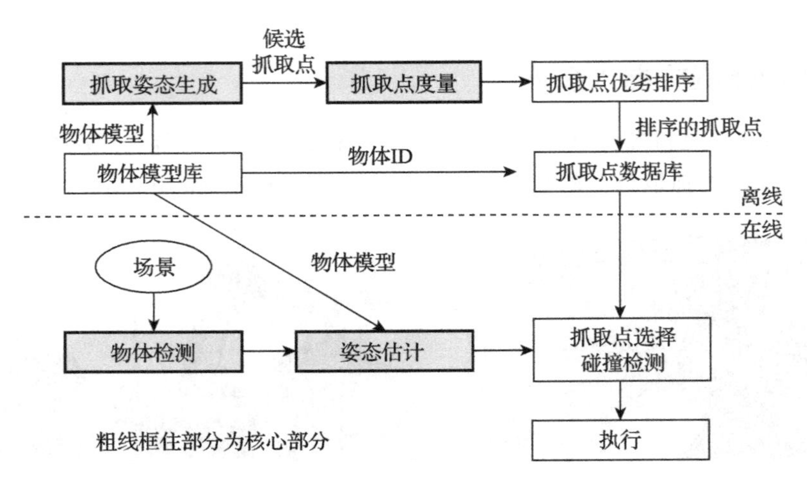

图 9-7 基于模型的抓取算法流程图

离线过程中，在物体模型库中，获得物体模型，同时生成抓取姿态，而后度量抓取点，此外再将这些抓取点按照度量结果进行排序，生成抓取点数据库。在线过程中，对抓取点数据库进行抓取点的选择并进行碰撞检测；最后在一个新场景下，通过姿态估计算法获得物体的姿态，再将物体模型叠加到姿态中，并结合抓取点选择和碰撞检测从而对最优抓取点执行抓取。

在这个过程中，核心部分为：生成抓取姿态；度量抓取点；检测物体；估计姿态。

在物体检测方面，是从一个场景中将被测物体框出，并获得其类别；或者用包围框进行像素级分割，并获得其类别。机器人抓取中的物体检测属于多物体检测，如图 9-8 所示。

图 9-8 物体检测

物体检测发展的流程如图 9-9 所示。

从图中可以看出，随着深度学习和 GPU 技术的成熟，物体检测迎来了新的高峰，并发展为两个分支：单步检测器(one-stage detector)和双步检测器(two-stage detector)。自 RCNN 诞生以来，VOC 数据集和 COCO 数据集不断地被刷新。最新的 TridentNet 使用非常简单干净的办法在标准的 COCO 基准上，使用 ResNet101 单模型可以得到 MAP 48.4 的结果，这远远超越了目前公开的单模型最优结果。物体检测精度的改进如图 9-10 所示。

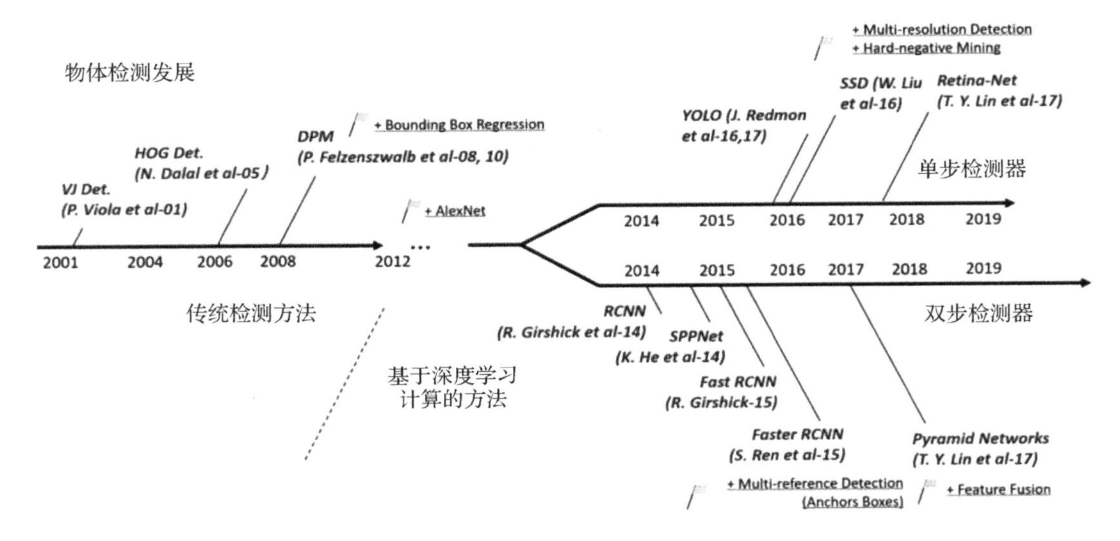

图 9-9　物体检测发展示意图

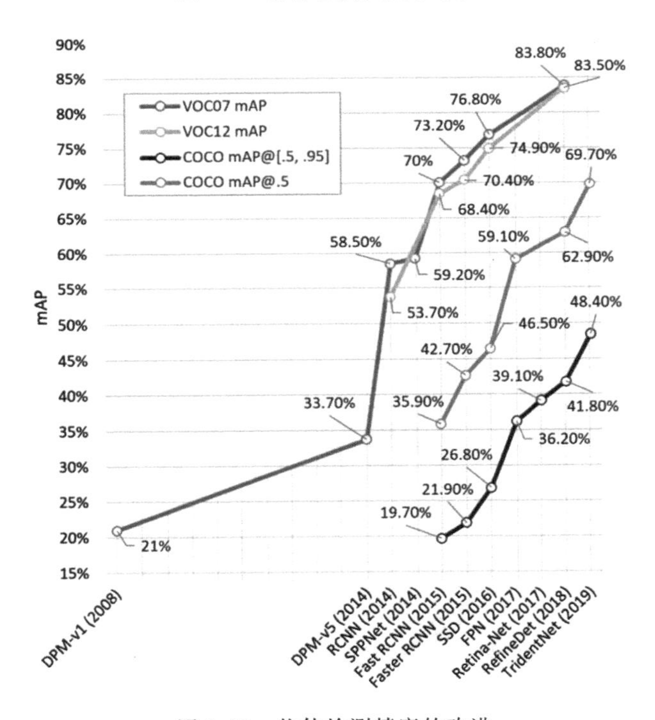

图 9-10　物体检测精度的改进

姿态估计(pose estimation)为从摄像机传感器的信息中获得物体的姿态信息，输入为传感器信息(如 RGB 信息或 RGB-D 信息)，输出为物体的姿态。同时，姿态估计面临四大挑战：前景遮挡；背景杂乱；大规模场景的姿态估计；多物体姿态估计。

生成抓取姿态十度量抓取点(即抓取规划(grasp planning))。抓取规划算法是在输入模型中找出合适的抓取点，并生成抓取度量常用的度量算法，如力闭合理论、Ferrari-canny 凸包理论(见图 9-11)等。常用的抓取规划器包括 Graspit! 和 Dex-Net。

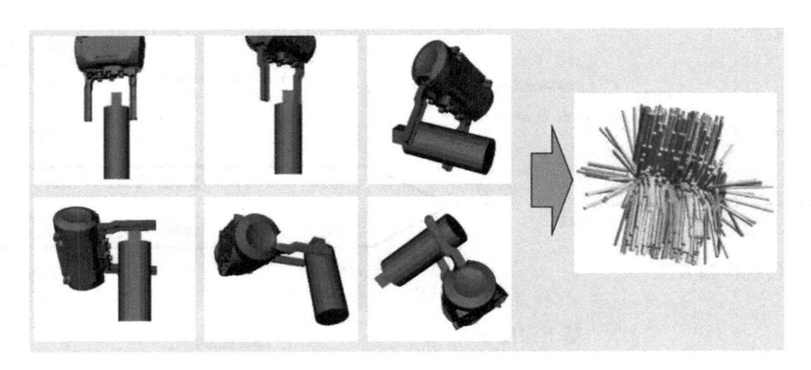

图 9-11　基于 Ferrari-canny 凸包理论的抓取度量

无模型机器人抓取实现在未知物体的 3D 模型下进行机器人的抓取，常见应用如仓储抓取、堆叠抓取、垃圾分拣。无模型机器人抓取也可以专门针对某种物体进行训练，转化为有模型抓取，从而能较好地解决有模型抓取的杂乱堆叠问题。无模型机器人抓取流程如图 9-12 所示。

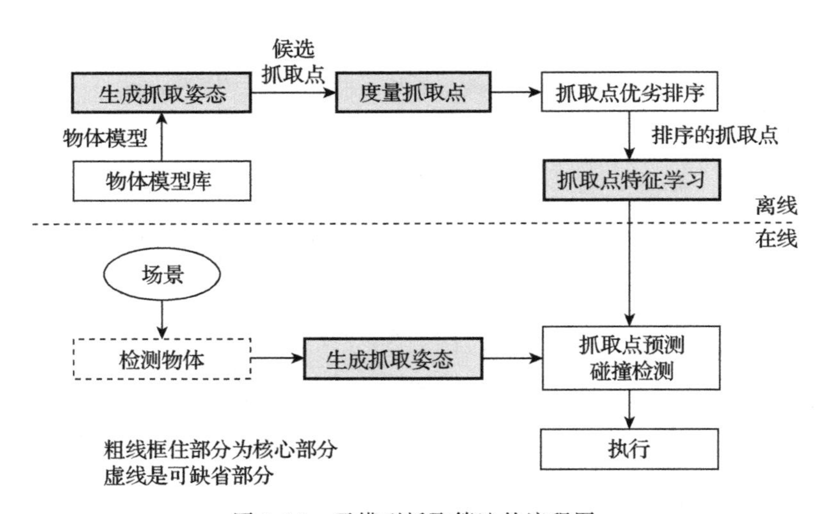

图 9-12　无模型抓取算法的流程图

离线过程中，在物体模型库中获得物体模型后，就执行抓取姿态生成的算法，同时对每个抓取姿态进行抓取点度量的计算。而后通过度量值对抓取点优劣进行排序，同时对抓取点进行特征学习。在线过程中，在获得场景点云后，直接进行抓取姿态的生成，同时进行抓取点预测和碰撞检测，最后执行最优抓取点。

9.3　散乱零件的识别与操作应用

无模型的抓取是直接从传感器的端对端中估计出杂乱物体的抓取姿态。2015 年，Lenz 等人最先提出采用自编码器来估计物体的抓取姿态，从而开启了用深度学习进行自然未知物体抓取学习的新方向。Pinto 等人在 2017 年提出让机器人自己学习物体抓取技能，虽然该研究对机器人有一定的破坏性，但它开启了机器人自我抓取学习的思路，从而避免人为先验定义与人工干预。在这种思路下，机器人能够学到更加“自然”的抓取特征。同年，Levine 等人用相似的思路将机器人抓取问题视为马尔可夫决策过程(Markov Decision Process，MDP)，通过机器人自我学习的方式使得机器人能够以一种类似伺服的方式对大量杂乱的自然物体执行抓取操作。同时，随着 Pybullet、V-REP 等模拟器的成熟，研究者开始思考通过模拟器环境代替真实环境来让机器人进行自主学习。2017 年 Bousmalis 等人首次提出在模拟环境中让机器人自主学习抓取技能，同时提出基于深度对抗网络的 GraspGAN 以减少模拟环境和真实环境的差别。2018 年，Quillen 等人系统地分析了不同深度的强化学习算法在抓取任务中的优劣。此后，国际前沿的大量研究都集中在基于模拟器学习的视觉抓取上。这些研究在模拟环境和真实环境的技能迁移方面都直接使用深度传感器信息从而减少技能迁移方面的性能损失。2019 年，机器人方面的顶级期刊《Science Robotics》发布了一篇关于将深度学习和模拟器学习相结合的论文。该论文提出了结合抓取和吸取的 Dexterity Network(Dex-Net)4.0，在无人为先验干预的情况下让机器人充分自主学习，从而形成一种端到端的学习模式。具体而言，无模型抓取可以分为以下几类，如图 9-13 所示。

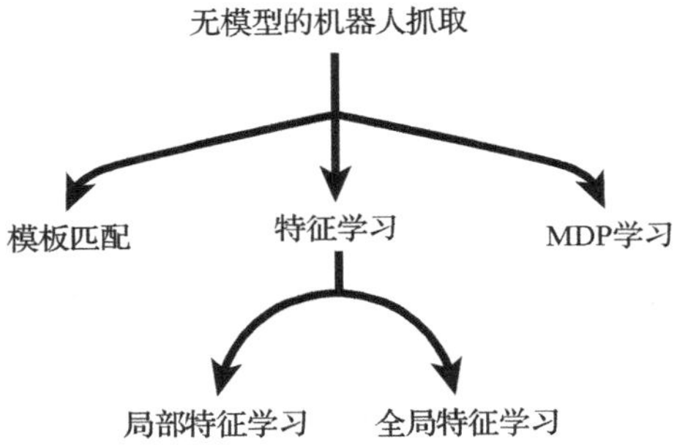

无模型的机器人抓取
模板匹配　特征学习　MDP学习
局部特征学习　全局特征学习

图 9-13　无模型抓取算法分类

模板匹配通常采用人为定义的某些抓取特征，如抓取点附近的点云变化模板、HAF 特征等。这些方法虽然定义难度较小，但存在大量人工先验知识，故也需要大量的人工标注/示教。局部特征学习算法的流程图如图 9-14 所示，首先在获得抓取点云或者 RGB 信息后，会在传感器信息上进行采样，而后进行特征的提取和抓取点的判别，同时生成特征训练集，最后将特征训练集输入到学习器中进行学习。

而针对测试算法(见图 9-14)而言，无模型抓取算法在采样后进行特征提取，此步和训练模式一样，而后将提取的特征送入学习器中进行预测，从而得到最优的抓取点。代表算法见参考文献[8][5][18][19]，这些算法的优缺点对比如表 9-1 所示。

表 9-1　局部特征学习算法具体对比

算法	采样算法	提取特征	抓取判别	特征预测	数据收集
[8]	极限采样	抓取矩形	人工判别	AE	手动
[5]	CEM 算法	抓取正方形	Wrench-resistance	CNN	自动
[18]	极限采样	抓取点云投影	Antipodal	CNN	自动
[19]	极限采样	抓取点云	GWS	PointNet	自动

通过表 9-1 可以发现，局部特征学习存在以下缺点：1)无论训练还是测试，都是采用“采样”+“特征提取”来执行的，所以特征只是采样点上的特征，故一定是局部的，而

非全局的，即无法考虑到特征在整个抓取环境中的分布。2)存在采样过程，这意味着抓取点越稀疏，采样点需要越多，耗时越长；同时采样得到的解仅仅是全局的较优解，而未必是最优解。

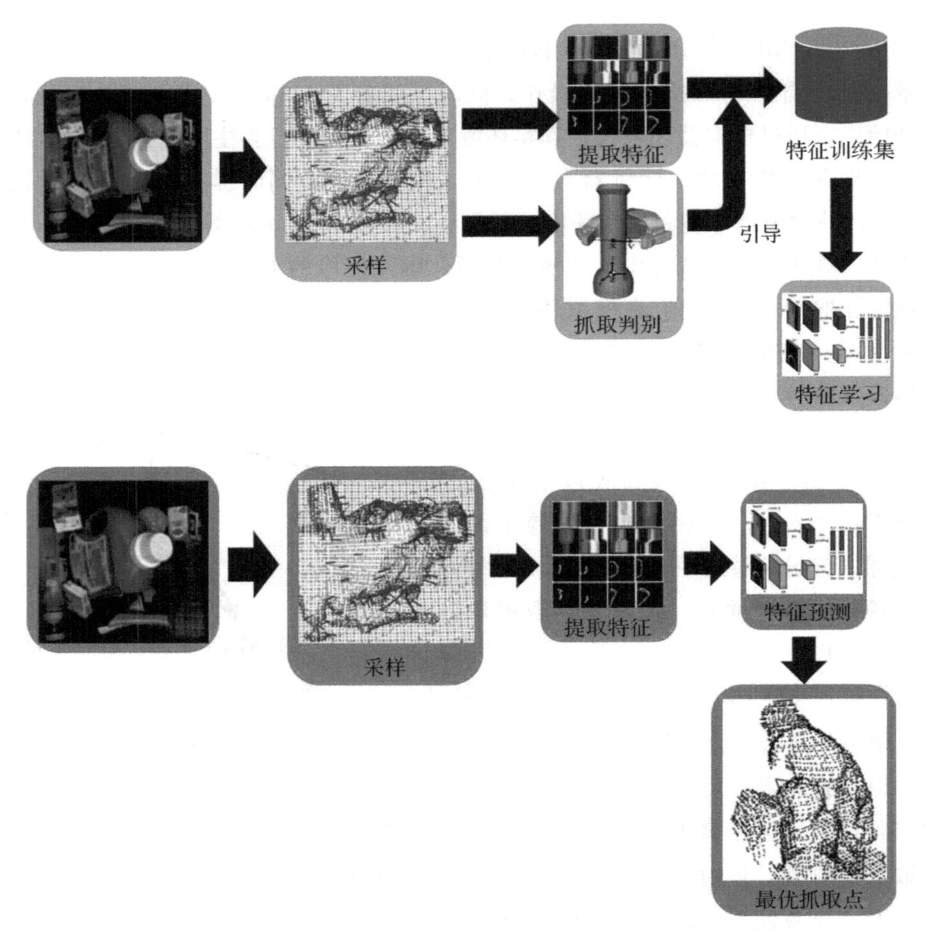

图 9-14　无模型抓取算法——局部特征学习算法训练测试流程图

此外，部分研究者使用全局特征学习来学习最优抓取点，即学习在整个抓取分布中的最优抓取位置，如一维抓取分布、二维抓取分布，以及二维杂乱抓取分布。现有的全局特征学习算法的优势是，其无须执行“采样搜索”过程，能较好地从全局抓取分布中找到最优的抓取点，故有较好的抓取点精度和速度。缺点在于，其数据难以获取，且目前全局特征学习全部集中在二维平面内，而抓取的姿态应该是6Dof。MDP(马尔可夫决策过程，见图 9-15)学习将抓取感知与控制规划相结合，并视为一个马尔可夫决策过程。该过程假设每次抓取尝试由 T 步机器人视觉运动组成，这类似于人的手眼协调抓取。机器人每次采样收集下述样本：1)第 i 步运动的图像；2)第 i 步运动的差分；3)第 i 步运动的标注，即最终抓取是否成功。随着模拟器技术的成熟(如 V-REP、pybullet 等模拟器)，基于马尔可夫决策过程的抓取算法逐渐形成由模拟器学习到 Domain 随机化/Domain 适应学习，再到真实场景应用。由上述内容可知，MDP 学习的优点为：所学结果具有全局性；可以用于单目摄像机，无须精确标定，部署速度快；可以抓取很多深度传感器无法探测的物体。缺点为：对机器人具有严重的依赖性，通用性不强；需要机器人有速度控制和力矩反馈，且不会崩坏；将控制和感知相整合，故模块性差。

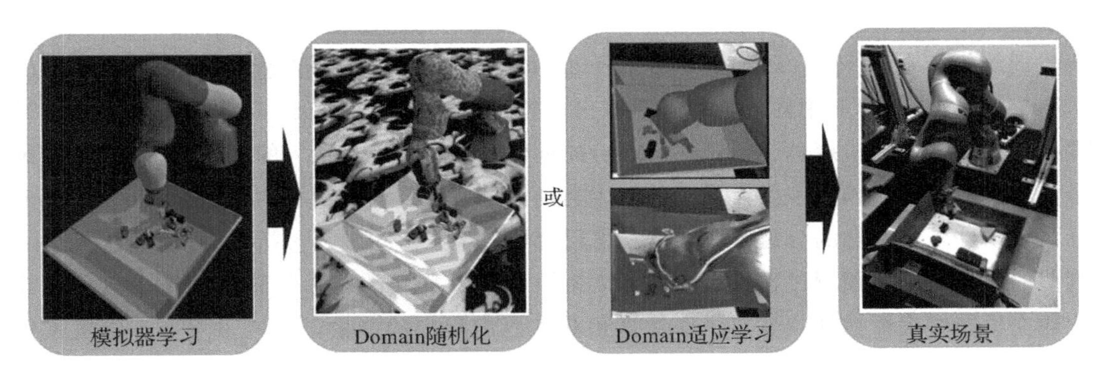

图 9-15　MDP 算法学习流程

无模型机器人抓取方案的总结，如表 9-2 所示。

表 9-2　无模型机器人抓取方案的总结

	模板匹配	局部特征学习	全局特征学习	MDP 学习	辅助策略
优势	适用于简单物体	流程通用 可靠	具有全局性 无须采样	具有全局性 可用于单目	提高抓取精度
劣势	需要大量的人工 标注/示教	未必是最优解 特征有局部性	只限于二维 数据收集困难	机器人受限 模块化差	训练困难

基于模型的抓取以物体姿态估计和抓取规划为核心。姿态估计方面分为模板匹配、特征描述子和深度学习回归的方法，如图 9-16 所示。

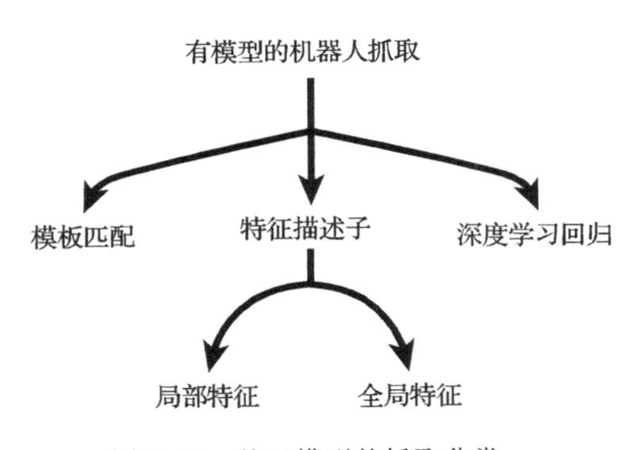

图 9-16　基于模型的抓取分类

模板匹配利用多个视角与尺度下的物体模板对场景物体进行匹配，物体模板可以是自己定义的特征(如表面法向、梯度等)，因此模板数量较大。对于 LINEMOD 算法，其中模板由目标物体颜色边界特征与表面法向特征组成，不依赖物体表面的纹理信息，其中颜色边界特征在 RGB 图像中提取而表面法向特征则从深度图像中提取。为实现物体在各种姿态下都可以被识别，该算法需要建立多个视角与尺度下的物体模板，因此模板数量较大。考虑到实时性，该算法还采用了不同的匹配方式，首先对模板特征进行二进制编码，在模板搜索方面采用了并行运算的方式。由于多个模板只能表示离散的多种姿态，因此通过模板匹配直接得到的物体 6Dof 位姿是不准确的。最后，该算法结合迭代最近点(iterative closest point)算法以模板匹配得到的位姿为初始值进行迭代计算，从而得到精确值。这类方法在背景杂乱的场景中也有较好的效果，但是无法应对部分物体存在前景遮挡的情况，由于遮挡物的存在，模板匹配计算的相似度会受到严重影响。

特征描述子分为局部特征描述子和全局特征描述子。局部特征描述子通过局部图像块的特征来进行特征匹配，或者通过投票的方式得到物体姿态。参考文献[38]中提出了通过训练稀疏自编码器(sparse autoencoder)提取目标物体局部图像块特征(local patch feature)的方法，并利用稀疏自编码器输出的特征向量训练 Hough 森林。参考文献[39]提出了一种基于随机森林(random forest)的框架，算法可以对输入的 RGB-D 图像中的每个像素进行预测，预测该像素属于的物体类别信息，以及该像素在物体坐标系中的 3D 坐标。其中，随机森林的分裂函数特征只采用简单的像素值比较，包括 RGB 值的比较与深度值的比较，因此预测过程具有较高的实时性。在获得每个像素位置的预测值后，该算法建立了能够表征估计位姿与图像像素预测值匹配程度的能量函数，采用基于随机采样一致性(RANSAC)的优化方法求解目标物体的 6Dof 姿态。

全局特征描述子提取物体整体点云数据来计算特征并进行特征匹配，但要求进行点云分割等预处理。参考文献[40]中的 VFH，首先利用整个物体点云来计算点快速直方图(Fast Point Feature Histogram，FPFH)描述，在计算 FPFH 时以物体中心点与物体表面其他所有点之间的点作为计算单元。其次是增加视点方向与每个点估计法线之间额外的统计信息，主要是通过统计视点方向与每个法线之间角度的直方图来计算与视点相关的特征分量。由于这种方法是基于物体整体点云特征进行计算的，因此在实际应用中需要结合较好的点云分割算法将待识别点云分割出来。

深度学习回归是近两年兴起的一种方法。2017 年 Yu Xiang 通过一种端到端的网络直接回归出物体在空间中的六自由度位姿，该方法仅用 RGB 图像，定位物体在图像中的中心并预测其与摄像机的距离，从而估计出物体的三维平移，通过回归到四元数表示来估计物体的三维旋转。但数据的标注问题却没有得到很好的解决，且存在精度问题。此后，又有研究者通过 Domain 随机化创建出合成的虚拟数据来进行训练，这也是首次虚拟数据的效果优于实际数据。但目前而言，该论文并没有对点云残缺的物体进行尝试，且杂乱情况下仍然不稳定。

同时，很多姿态估计中用了大量物体识别方法，最早研究者们主要针对特定模板图像进行识别，采用的方法也主要是一些基于模板匹配(Template Matching)的算法。首先建立待识别物体的模板图像，构建模板相似度评价函数，计算待识别图像与模板图像的相似度从而确定物体类别。近几年来，深度学习(Deep Learning)的方法逐渐成为物体识别领域的主流。目前，已经有很多深度学习模型能够实现非常高的分类准确率，包括 AlexNet、VGG、GoogLeNet、ResNet，以及其他网络结构等。针对这些方法在物体检测方面的运用，R-CNN 算法是第一个把传统的基于人工设计的特征加上分类器的步骤用卷积神经网络来替代的。首先需要产生物体可能位置的候选区域，然后把这个区域交给 CNN 进行分类和检测框回归。这种方法把检测问题分解为候选区域搜索和分类两个子任务，可以分别去优化求解。这简化了检测任务的学习难度，但是速度太慢并极大地限制了其实用性。后来研究者们对 R-CNN 进行了一系列改进，提出了 Faster R-CNN 并引入了区域提案网络(Region Proposal Network，RPN)的结构。这个 RPN 结构就是一个 CNN，用来预测图像上哪些地方可能有物体，并回归出物体的位置，而且 RPN 和分类网络共享图像特征。这进一步避免了重复计算，可以实现端到端的训练，检测时间缩短到 0.2s 左右，使得实用性大大提高。第二种思路是使神经网络能够一步到位，直接定位物体，目前一些代表性的工作有 YOLO、SSD 等。其中 SSD 可以看作强化版的 RPN 结构，输出层的每个像素都代表了一个检测框。与 RPN 的一个输出层不同，SSD 会有好几个输出层，比较浅的输出层分辨率比较高，用来检测小物体，比较深的层检测大的物体。最后再把所有层的检测结果合在一起作为最终的输出。此外随着像素级分割的逐渐发展，物体检测也逐渐朝着像素级迈进。

有模型机器人抓取方案的总结，如表 9-3 所示。

表 9-3 有模型机器人抓取方案的总结

	模板匹配	局部特征学习	全局特征学习	深度学习回归
优势	适用于背景杂乱，简单物体	实时性较好，轻量化	具有全局性	具有全局性且可以用于单目
劣势	人为定义特征，不适于前景遮挡	受初始值影响，不适于前景遮挡	需要点云分割，训练难度大	训练量庞大

9.4 参考文献

[1] 龚学健. 基于 RealSense 的散乱零件三维目标识别[D]. 哈尔滨：哈尔滨工业大学，2018.

[2] Kehl W，Manhardt F，Tombari F，et al. SSD-6D：Making RGB-Based 3D Detection and 6D Pose Estimation Great Again[C]. IEEE International Conference on Computer Vision(ICCV)，2017：169.

[3] Pas A T，Platt R. Using Geometry to Detect Grasps in 3D Point Clouds[J]. Computer Science，2015.

[4] Bohg J，Morales A，Asfour T，et al. Data-Driven Grasp Synthesis—A Survey[J]. IEEE Transactions on Robotics，2014，30(2)：289-309.

[5] Lenz，Ian，Honglak Lee，Ashutosh Saxena. Deep learning for detecting robotic grasps[J]. The International Journal of Robotics Research，34. 4-5(2015)：705-724.

[6] Pinto，Lerrel，Abhinav Gupta. Supersizing self-supervision：Learning to grasp from 50k tries and 700 robot hours [C]. Robotics and Automation (ICRA)，2016 IEEE International Conference on. IEEE，2016.

[7] Levine Sergey，et al. Learning hand-eye coordination for robotic grasping with deep learning and large-scale data collection[J]. The International Journal of Robotics Research，37. 4-5(2018)：421-436.

[8] Mahler J，Matl M，Satish V，Danielczuk M，DeRose B，McKinley S，Goldberg K. Learning ambidextrous robot grasping policies[J]. Science Robotics，2019，4(26)：eaau4984.

[9] Coumans E，Y Bai. Pybullet，a python module for physics simulation for games，robotics and machine learning[Z]. GitHub repository，2016.

[10] Rohmer Eric，Surya PN Singh，Marc Freese. V-REP：A versatile and scalable robot simulation

framework[C]. Intelligent Robots and Systems(IROS), 2013 IEEE/RSJ International Conference on. IEEE, 2013.

[11] Bousmalis K, Irpan A, Wohlhart P, et al. Using simulation and domain adaptation to improve efficiency of deep robotic grasping [C]. 2018 IEEE International Conference on Robotics and Automation(ICRA). IEEE, 2018: 4243-4250.

[12] Quillen, Deirdre, et al. Deep Reinforcement Learning for Vision-Based Robotic Grasping: A Simulated Comparative Evaluation of Off-Policy Methods[D]. arXiv preprint arXiv: 1802.10264 (2018).

[13] Depierre, Amaury, Emmanuel Dellandréa, Liming Chen. Jacquard: A Large Scale Dataset for Robotic Grasp Detection[D]. arXiv preprint arXiv: 1803.11469(2018).

[14] Breyer, Michel, et al. Flexible Robotic Grasping with Sim-to-Real Transfer based Reinforcement Learning. [D]. arXiv preprint arXiv: 1803.04996(2018).

[15] Herzog A, Pastor P, Kalakrishnan M, Righetti L. Template-based learning of grasp selection[C]. IEEE International Conference on Robotics and Automation, 2012: 2379- 2384.

[16] Fischinger D, Vincze M. Empty the basket-a shape based learning approach for grasping piles of unknown objects [C]. Intelligent Robots and Systems (IROS), 2012 IEEE/RSJ International Conference, 2012: 2051-2057.

[17] Fischinger D, Weiss A, Vincze M. Learning grasps with topographic features[J]. The International Journal of Robotics Research 34(9), 1167-1194(2015).

[18] ten Pas, Andreas, et al. Grasp pose detection in point clouds[J]. The International Journal of Robotics Research 36. 13-14(2017): 1455-1473.

[19] Liang, Hongzhuo, et al. PointNetGPD: Detecting Grasp Configurations from Point Sets[D]. arXiv preprint arXiv: 1809.06267(2018).

[20] Qi C R, Su H, Mo K, et al. PointNet: Deep Learning on Point Sets for 3D Classification and Segmentation[C]. IEEE Conference on Computer Vision & Pattern Recognition, 2017.

[21] C Ferrari, J Canny. Planning optimal grasps[C]. IEEE Int. Conf. on Robotics and Automation(ICRA), 1992(3): 2290 - 2295.

[22] Mishra B. On the existence and synthesis of multifinger positive grips[J]. Algorithmica(Special Issue: Robotics), 1987, 2(1-4): 541-558.

[23] Johns E, Leutenegger S, Davison A J. Deep learning a grasp function for grasping under gripper pose uncertainty[C]. 2016 IEEE/RSJ International Conference on Intelligent Robots and Systems(IROS). IEEE, 2016: 4461-4468.

[24] Hinterstoisser Stefan, et al. Multimodal templates for real-time detection of texture-less objects in heavily cluttered scenes[C]. 2011 international conference on computer vision. IEEE, 2011.

[25] Zeng A, Song S, Yu K T, et al. Robotic pick-and-place of novel objects in clutter with multi-affordance grasping and cross-domain image matching[C]. 2018 IEEE International Conference on Robotics and Automation(ICRA). IEEE, 2018: 1-8.

[26] E Rohmer, S P Singh, M Freese. V-REP: A versatile and scalable robot simulation framework[C]. in Intelligent Robots and Systems (IROS), 2013 IEEE/RSJ International Conference, 2013: 1321-1326.

[27] E Coumans, Y Bai, J Hsu. Pybullet physics engine," ed.

[28] Dmitry Kalashnikov, Alex Irpan, Peter Pastor, Julian Ibarz, Alexander Herzog, Eric Jang, Deirdre Quillen, Ethan Holly, Mrinal Kalakrishnan, Vincent Vanhoucke, Sergey Levine. Qt-opt:

Scalable deep reinforcement learning for vision-based robotic manipulation[C]. Conference on Robot Learning(CoRL), 2018.

[29] M Yan, I Frosio, S Tyree, J Kautz. Sim-to-Real Transfer of Accurate Grasping with Eye-In-Hand Observations and Continuous Control[D]. arXiv preprint arXiv: 1712.03303, 2017.

[30] M Breyer, F Furrer, T Novkovic, R Siegwart, J Nieto. Flexible Robotic Grasping with Sim-to-Real Transfer based Reinforcement Learning[D]. arXiv preprint arXiv: 1803.04996, 2018.

[31] Quillen D, Jang E, Nachum O, et al. Deep reinforcement learning for vision-based robotic grasping: A simulated comparative evaluation of off-policy methods[C]. IEEE International Conference on Robotics and Automation(ICRA). IEEE, 2018: 6284-6291.

[32] Viereck U, Pas A, Saenko K, et al. Learning a visuomotor controller for real world robotic grasping using simulated depth images[C]. Conference on Robot Learning, 2017.

[33] James S, et al. Sim-to-Real via Sim-to-Sim: Data-efficient Robotic Grasping via Randomized-to-Canonical Adaptation Networks[OL]. https://arxiv.org/abs/1812.07252(2018).

[34] Alexander Krull, Eric Brachmann, Frank Michel, Michael Ying Yang, Stefan Gumhold, Carsten Rother. Learning analysis-by-synthesis for 6D pose estimation in RGB-D images[C]. IEEE International Conference on Computer Vision(ICCV), 2015: 954-962.

[35] Oberweger, Markus, Mahdi Rad, Vincent Lepetit. Making deep heatmaps robust to partial occlusions for 3d object pose estimation[C]. Proceedings of the European Conference on Computer Vision(ECCV), 2018.

[36] Hinterstoisser, Stefan, et al. Model based training, detection and pose estimation of texture-less 3d objects in heavily cluttered scenes[C]. Asian conference on computer vision, 2012.

[37] Tejani Alykhan, et al. Latent-class hough forests for 3D object detection and pose estimation[C]. European Conference on Computer Vision, 2014.

[38] Doumanoglou A, Kouskouridas R, Malassiotis S, et al. Recovering 6D object pose and predicting next-best-view in the crowd[C]. Proceedings of the IEEE Conference on Computer Vision and Pattern Recognition, 2016: 3583-3592.

[39] Brachmann E, Krull A, Michel F, et al. Learning 6d object pose estimation using 3d object coordinates[C]. European conference on computer vision, 2014: 536-551.

[40] Rusu R B, Bradski G, Thibaux R, et al. Fast 3D recognition and pose using the Viewpoint Feature Histogram[C]. Ieee/rsj International Conference on Intelligent Robots and Systems. IEEE, 2014: 2155-2162.

[41] Xiang Yu, et al. Posecnn: A convolutional neural network for 6d object pose estimation in cluttered scenes[D]. arXiv preprint arXiv: 1711.00199(2017).

[42] Tremblay Jonathan, et al. Deep object pose estimation for semantic robotic grasping of household objects[D]. arXiv preprint arXiv: 1809.10790(2018).

[43] Krizhevsky A, Sutskever I, Hinton G. ImageNet Classification with Deep Convolutional Neural Networks[C]. NIPS. Curran Associates Inc, 2012.

[44] Simonyan K, Zisserman A. Very Deep Convolutional Networks for Large-Scale Image Recognition [J]. Computer Science, 2014.

[45] He Kaiming, et al. Resnet-Deep Residual Learning for Image Recognition[C]. ResNet: Deep Residual Learning for Image Recognition, 2015.

[46] Szegedy Christian, et al. Going deeper with convolutions[C]. Proceedings of the IEEE conference on computer vision and pattern recognition, 2015.

[47] Ioffe Sergey, ChristianSzegedy. Batch normalization: Accelerating deep network training by reducing internal covariate shift[D]. arXiv preprint arXiv: 1502.03167(2015).
[48] Girshick Ross, et al. Rich feature hierarchies for accurate object detection and semantic segmentation [C]. Proceedings of the IEEE conference on computer vision and pattern recognition, 2014.
[49] Ren Shaoqing, et al. Faster r-cnn: Towards real-time object detection with region proposal networks [C]. IEEE Trans Pattern Anal Mach Intell, 2017, 39(6): 1137-1149.
[50] Redmon Joseph, et al. You only look once: Unified, real-time object detection. [C]. Proceedings of the IEEE conference on computer vision and pattern recognition, 2016.
[51] Liu Wei, et al. Ssd: Single shot multibox detector [C]. European conference on computer vision, 2016.
[52] Dai Jifeng, et al. R-fcn: Object detection via region-based fully convolutional networks[C]. 30th Conference on Neural Information Processing Systems, 2016.

CHAPTER 10

第10章

机器视觉在无源导航与定位中的应用

10.1 移动机器人与导航

移动机器人智能化的一个重要标志是智能导航，而实现机器人智能导航有一个基本要求——避障。目前，避障使用的传感技术主要有激光传感技术、视觉传感技术、超声波传感技术、红外传感技术等。下面让我们来了解一下这几大类传感技术。

第一类是激光传感技术。激光测距传感技术利用激光来测量到被测物体的距离或者被测物体的位移等参数。比较常用的测距方法是 ToF 激光雷达测距和三角法激光雷达测距。ToF 激光雷达测距的工作原理：通过电动机带动传感器旋转，将激光脉冲不断投射到障碍物上同时接收反射回的激光脉冲，将光速与飞行时间差相乘，求得雷达到相应障碍物的距离。三角法激光雷达测距主要针对室内的中近距离进行测距。

第二类是视觉传感技术。它使用多个视觉传感器，或与其他传感器配合使用，通过一定算法可得到物体的形状、距离、速度等诸多信息。也可以利用一个摄像机的序列图像来计算到目标的距离和速度。但在图像处理中，边缘锐化、特征提取等图像处理方法的计算量大，实时性差，对处理器要求高。另外，视觉测距法检测不到玻璃等透明障碍物的存在，另外也受视场光线强弱、烟雾的影响大。

第三类是超声波传感技术。超声波传感技术的检测原理是测量发出超声波至再检测到发出的超声波的时间差，同时根据声速计算出物体的距离。由于超声波在空气中的速度与温度和湿度有关，因此在比较精确的测量中，需把温度和湿度的变化和其他因素考虑进去。超声波传感器一般作用距离较短，普通的有效探测距离为 5～10m。

第四类是红外传感技术。大多数红外传感技术都是基于三角测量原理进行测距的。红外发射器按照一定的角度发射红外光束，当遇到物体以后，光束会反射回来。但测量时受环境影响很大，物体的颜色、方向、周围的光线都能导致测量误差，测量不够精确。

10.2　定位与地图构建

1. 对极几何

对极几何(见图 10-1)是两幅图像之间固有的投影几何约束，只与摄像机的内部参数和两幅图像之间的相对位姿有关。其中基本矩阵和本质矩阵与图像的场景无关，但基本矩阵和本质矩阵可以通过两幅图像上的对应点关系计算而得。

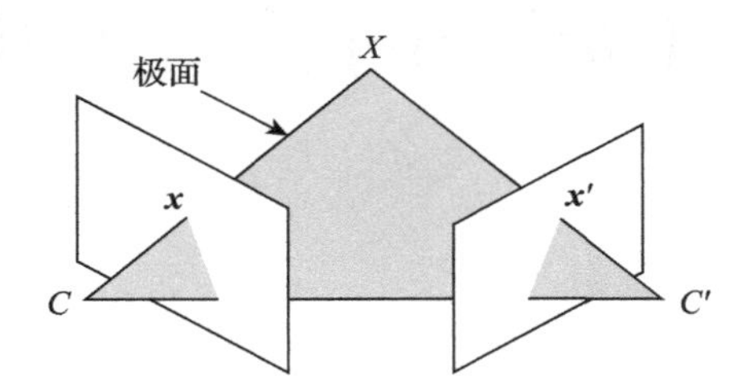

图 10-1　两视图对极几何

假设 X 为两幅图像都能观测得到的 3D 空间点，其在第一幅图像上的图像坐标为 $\boldsymbol{x}=[u \quad v \quad 1]$，在第二幅图像上的坐标为 $\boldsymbol{x}'[u' \quad v' \quad 1]$，则二者的关系如图 10-1 所示。图像点 $\boldsymbol{x}$ 和 $\boldsymbol{x}'$、空间点 X、摄像机中心 C 和 C'共面，可以称这个平面为极面。假设两个摄像机的内部参数相同均为 $\boldsymbol{K}$，空间点 X 在左摄像机坐标系下的坐标为 $\boldsymbol{X}_C$，在右摄像机坐标系下的坐标为 $\boldsymbol{X}_{C'}$。同时设右摄像机坐标系相对于左摄像机坐标系的旋转矩阵为 $\boldsymbol{R}$，平移量为 $\boldsymbol{t}$，则：

$$\boldsymbol{X}_{C'} = \boldsymbol{R}\boldsymbol{X}_C + \boldsymbol{t} \tag{10-1}$$

根据摄像机投影的模型可以得到：

$$z\boldsymbol{x} = \boldsymbol{K}\boldsymbol{X}_C \tag{10-2}$$

$$z'\boldsymbol{x}' = \boldsymbol{K}\boldsymbol{X}_{C'} \tag{10-3}$$

根据共面的几何约束得到：

$$\overrightarrow{\boldsymbol{C'X}} \cdot (\overrightarrow{\boldsymbol{C'C}} \times \overrightarrow{\boldsymbol{CX}}) = 0 \tag{10-4}$$

将所有量统一到 $\boldsymbol{C}'$坐标系中：

$$\overrightarrow{\boldsymbol{C'X}} = (\boldsymbol{X}_{C'})^{\mathrm{T}} \tag{10-5}$$

$$\overrightarrow{\boldsymbol{C'C}} = \boldsymbol{t} \tag{10-6}$$

$$\overrightarrow{\boldsymbol{CX}} = \boldsymbol{X}_{C'} - \boldsymbol{t} = \boldsymbol{R}\boldsymbol{X}_C + \boldsymbol{t} - \boldsymbol{t} = \boldsymbol{R}\boldsymbol{X}_C \tag{10-7}$$

将式(10-5)、式(10-6)、式(10-7)代入到式(10-4)中可得：

$$(\boldsymbol{X}_{C'})^{\mathrm{T}} \cdot ([\boldsymbol{t}]_x(\boldsymbol{R}\boldsymbol{X}_C)) = 0 \tag{10-8}$$

其中$[\boldsymbol{t}]_x$ 为 $\boldsymbol{t}$ 的反对称矩阵：

$$[\boldsymbol{t}]_x = \begin{bmatrix} 0 & -t_3 & t_2 \\ t_3 & 0 & -t_1 \\ -t_2 & t_1 & 0 \end{bmatrix} \tag{10-9}$$

将式(10-2)、式(10-3)代入式(10-8)可得到：

$$z'(\boldsymbol{x}')^{\mathrm{T}}(\boldsymbol{K}')^{-\mathrm{T}} \cdot ([\boldsymbol{t}]_x \boldsymbol{R}z\boldsymbol{K}^{-1}\boldsymbol{x}) = z'z(\boldsymbol{x}')^{\mathrm{T}}(\boldsymbol{K}')^{-\mathrm{T}}[\boldsymbol{t}]_x\boldsymbol{R}\boldsymbol{K}^{-1}\boldsymbol{x} = 0 \tag{10-10}$$

所以：

$$(\boldsymbol{x}')^{\mathrm{T}}\boldsymbol{F}\boldsymbol{x} = (\boldsymbol{x}')^{\mathrm{T}}(\boldsymbol{K}')^{-\mathrm{T}}\boldsymbol{E}\boldsymbol{K}^{-1}\boldsymbol{x} = (\boldsymbol{x}')^{\mathrm{T}}(\boldsymbol{K}')^{-\mathrm{T}}[\boldsymbol{t}]_x\boldsymbol{R}\boldsymbol{K}^{-1}\boldsymbol{x} = 0 \tag{10-11}$$

其中，$\boldsymbol{F}=(\boldsymbol{K}')^{-\mathrm{T}}[\boldsymbol{t}]_x\boldsymbol{R}\boldsymbol{K}^{-1}$，$\boldsymbol{F}$ 为基本矩阵；$\boldsymbol{E}=[\boldsymbol{t}]_x\boldsymbol{R}$，$\boldsymbol{E}$ 为本质矩阵。

在机器视觉中常使用两幅图像之间的本质矩阵 $\boldsymbol{E}$ 恢复图像之间的相对位姿。本质矩阵 $\boldsymbol{E}=[\boldsymbol{t}]_x\boldsymbol{R}$ 只有 5 个自由度：旋转矩阵 $\boldsymbol{R}$ 和平移向量 $\boldsymbol{t}$ 各自都有 3 个自由度，但是整体上本质矩阵有一个尺度的模糊性。通过参考文献[1]中可知本质矩阵可通过 SVD 分解得到：

$$\boldsymbol{E} = \boldsymbol{U}\boldsymbol{\Sigma}\boldsymbol{V}^{-\mathrm{T}} \tag{10-12}$$

其中，$\boldsymbol{U}$、$\boldsymbol{V}$ 为正交阵；$\boldsymbol{\Sigma}$ 为奇异值矩阵，并且 $\boldsymbol{\Sigma}=\mathrm{diag}(1,1,0)$。对于任意的本质矩阵都可得到：

$$\boldsymbol{t}_1 = \boldsymbol{U}\boldsymbol{R}_Z(\pi/2)\boldsymbol{\Sigma}\boldsymbol{U}^{\mathrm{T}} \tag{10-13}$$

$$\boldsymbol{t}_2 = \boldsymbol{U}\boldsymbol{R}_Z(-\pi/2)\boldsymbol{\Sigma}\boldsymbol{U}^{\mathrm{T}} \tag{10-14}$$

$$\boldsymbol{R}_1 = \boldsymbol{U}\boldsymbol{R}_Z^{\mathrm{T}}(\pi/2)\boldsymbol{V}^{\mathrm{T}} \tag{10-15}$$

$$\boldsymbol{R}_2 = \boldsymbol{U}\boldsymbol{R}_Z^{\mathrm{T}}(-\pi/2)\boldsymbol{V}^{\mathrm{T}} \tag{10-16}$$

这样就构成了 4 组可能解，但其中只有一组解是正确的，如图 10-2 所示。为了在这 4 组可能的解中找到正确的一组，通常的做法是判断利用相对位姿重构出点的深度值符号，正确的解应重构出在两个摄像机坐标系下都具有正的深度值的空间点。

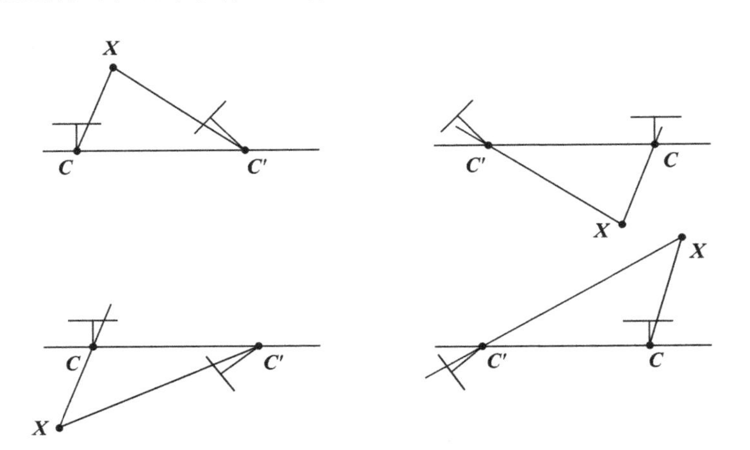

图 10-2　本质矩阵分解的 4 组可能解

2. 摄像机位姿估计中的 PnP 问题

重定位是视觉 SLAM 系统中一个重要的功能，能够在系统跟踪失败后根据已经构建的 3D 地图重新定位当前摄像机的位姿。而 PnP 是实现重定位功能中至关重要的算法。PnP 问题可以简单描述为使用已知摄像机的内部参数和 n 对 3D 与 2D 对应点求解摄像机姿态的问题。常见的 PnP 求解方法有 p3p _ kneip、p3p _ gao、UPnP 和 ePnP。其中摄像机位姿是由6个自由度组成的，包括了摄像机相对于世界的旋转(横滚角、俯仰角、偏航角)和平移量。PnP问题最早起源于摄像机标定，现在已经广泛应用于包括计算机视觉、3D姿态估计和增强现实在内的多个领域。其中对于$n=3$存在一种称为P3P的解决方案；对于$n\geqslant 3$的一般情况，许多解决方案都可适用。

PnP问题中有一些假设在所有解法中是常见的，例如在多数PnP问题中摄像机被认为是完成内部参数标定的。因此摄像机内部参数(包括焦距、主点和畸变系数等)都是已知的。而在诸如UPnP和DLT(Direct Linear Transform)方法中则认为摄像机的内部参数是未知的，因为它们可以同时估计出摄像机的内部参数和外部参数。对于大部分PnP问题，选择的对应空间点不能是共面的。另外PnP问题常伴随着多解，这个问题需要通过后处理才能得到解决。RANSAC方法也常使用在PnP问题求解中，这使得求解过程对异常值具有一定的鲁棒性。然而大多数解法都认为数据是不存在噪声的。

ePnP(Efficient PnP)是由Lepetit等人在2008年在《国际计算机视觉》期刊上提出的解决PnP的有效方法。ePnP指出，PnP问题中n个参考点的每个点都可以由4个虚拟的控制点进行加权相加后来表示。因此，原PnP问题就转化为求取虚拟控制点在世界坐标系与摄像机坐标系之间的转换关系。ePnP相较于传统的PnP，其优势在于ePnP是一种非迭代的计算方法，同时其计算复杂度只有$O(n)$。若配合例如高斯-牛顿的优化方式可以在不增加计算时间的情况下得到更精确的结果，下面着重介绍ePnP问题的求解方法。

设n个参考点在世界坐标系下的坐标值为p_i^{w}，其对应点在摄像机坐标系下的坐标值为p_i^{c}，则它们可以分别使用4个虚拟控制点c_j^{w}或c_j^{c}进行加权求和来表示。权重按照参考点归一化，如式(10-17)、式(10-18)所示。所有的点坐标都以齐次的方式显示。

$$p_i^{\mathrm{w}} = \sum_{j=1}^{4} \alpha_{ij} c_j^{\mathrm{w}} \tag{10-17}$$

$$p_i^{\mathrm{c}} = \sum_{j=1}^{4} \alpha_{ij} c_j^{\mathrm{c}} \tag{10-18}$$

其中：

$$\sum_{j=1}^{4} \alpha_{ij} = 1 \tag{10-19}$$

根据针孔摄像机的投影方式得到：

$$s_i [u_i \quad v_i \quad 1]^{\mathrm{T}} = \boldsymbol{K} \sum_{j=1}^{4} \alpha_{ij} c_j^{\mathrm{c}} \tag{10-20}$$

式中，s_i为常数，$\boldsymbol{K}$为摄像机内部参数。设控制点的齐次形式为$c_j^{\mathrm{c}} = [x_j^{\mathrm{c}} \quad y_j^{\mathrm{c}} \quad z_j^{\mathrm{c}}]$，将式(10-20)的第三列代入第一、第二列中得到：

$$\sum_{j=1}^{4} \alpha_{ij} f_x x_j^{\mathrm{c}} + \alpha_{ij} (u_c - u_i) z_j^{\mathrm{c}} = 0 \tag{10-21}$$

$$\sum_{j=1}^{4} \alpha_{ij} f_y y_j^{\mathrm{c}} + \alpha_{ij} (v_c - v_i) z_j^{\mathrm{c}} = 0 \tag{10-22}$$

将式(10-21)、式(10-22)结合可得到：

$$Mx = 0, \text{其中 } x = \begin{bmatrix} c_1^{cT} & c_2^{cT} & c_3^{cT} & c_4^{cT} \end{bmatrix}^T \quad (10\text{-}23)$$

求解式中的 $\boldsymbol{x}$，$\boldsymbol{x}$ 为 $\boldsymbol{M}$ 的零空间。因此方程的解可以表示为：

$$\boldsymbol{x} \sum_{i=1}^{N} \beta_i \boldsymbol{v}_i \quad (10\text{-}24)$$

式中，N 为 $\boldsymbol{M}$ 零空间的维度，$\boldsymbol{v}_i$ 为 $\boldsymbol{M}$ 对应的右奇异向量。因此求解过程转化为寻找合适的线性组合来表示 $\boldsymbol{x}$。当 N 不同时，求解过程略有不同，在此不详述。在求解完初始的 β_i 之后，可以使用高斯-牛顿方法对结果进行优化，优化的方程为：

$$F(\beta) = \sum_{(i,j) s.t. i<j} (\| c_i^c - c_j^c \|^2 - \| c_i^w - c_j^w \|^2) \quad (10\text{-}25)$$

式(10-25)的优化过程与参加 ePnP 运算的对应点的数量无关，因此优化的时间不会随着点数量的增加而增加。

经过以上步骤可以获得对应点在摄像机坐标系中的坐标值 p_i^c，剩下计算旋转矩阵和平移量的问题就转化为在已知两个坐标系下的点云后求两个坐标系的变换关系的问题。

3. SLAM 问题建模

经典的 SLAM 问题建模可以分为：图 10-3 所示的动态贝叶斯网络(Dynamic Bayesian Network，DBN)和图结构(图优化)。

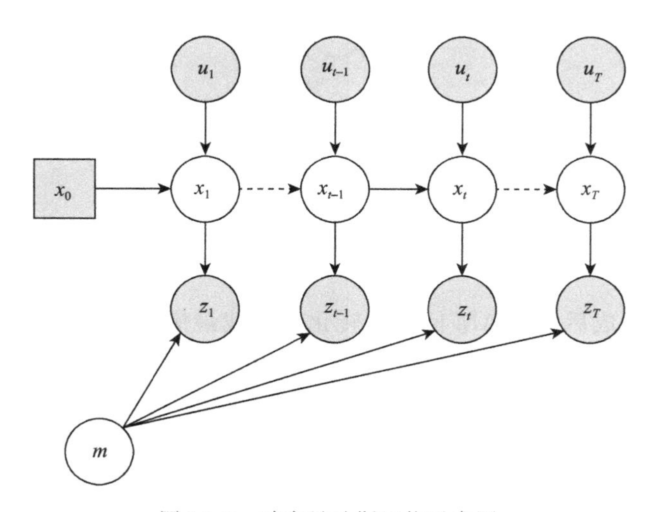

图 10-3 动态贝叶斯网络示意图

SLAM 问题可以分为机器人运动轨迹估计和环境地图构建两个子问题，但由于传感器存在噪声，SLAM 问题通常用概率的工具进行描述。假设机器人在未知环境中的位姿为 $x_{1:T}=\{x_1,\cdots,x_T\}$，而当机器人运动后获得的里程信息为 $u_{1:T}=\{u_1,\cdots,u_T\}$，同时传感器获得的观测数据为 $z_{1:T}=\{z_1,\cdots,z_T\}$，则完整的 SLAM 问题就可以描述为已知传感器的观测值 $z_{1:T}$、里程信息 $u_{1:T}$ 和机器人的初始位姿 x_0，求解 $x_{1:T}$ 的后验概率和环境地图 m：

$$p(x_{1:T}, m \mid z_{1:T}, u_{1:T}, x_0) \quad (10\text{-}26)$$

因为初始位姿 x_0 只影响地图的位置，对机器人位姿在地图中的位置并不影响，所以在之后的表述中将其省略。式(10-26)中的后验估计是在一个高维度的空间中进行的，并且假设世界是静止的，同时满足马尔可夫假设。一种表达此类问题简便的方式是使用动态贝叶斯网络(Dynamic Bayesian Network，DBN)，如图 10-3 所示。图中空白的节点为未知量，而黑色节点为已知量。图中 DBN 的连接关系也展示了 SLAM 问题中的状态转移模型和观测模型。机器人状态之间的转移模型 $p(x_t|x_{t-1}, u_t)$在图中表示为已知 $t-1$ 时刻机器人的状态和 t 时刻机器人的里程值，估计 t 时刻机器人的状态的过程。机器人的观测模型 $p(z_t|x_t, m_t)$在图中表示为已知 t 时刻机器人的状态和 t 时刻的地图信息，估计 t 时刻传感器的观测值的过程。DBN 网络很好地突出了 SLAM 问题中的时间结构，并将其转化为概率模型进行计算。

基于图结构(graph-based)的 SLAM 问题的建模与动态贝叶斯网络不同，图结构突出了 SLAM 问题的空间性。图结构将机器人的姿态以空间节点的形式进行表示，而各个空间节点之间的约束是由传感器的观测值或者里程信息构成的，如图 10-4 所示。

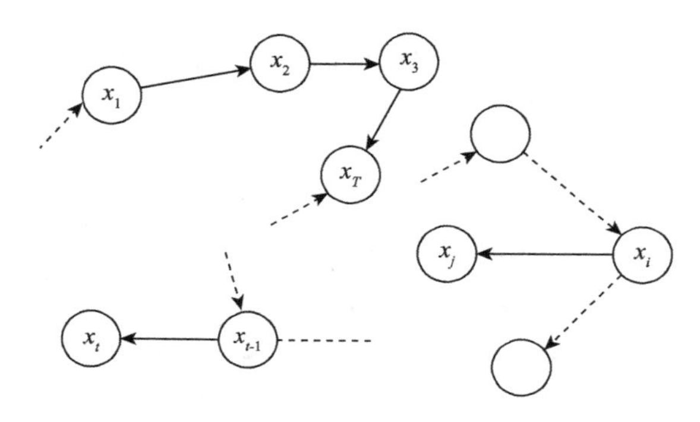

图 10-4 图结构示意图

当图结构建立完成后，SLAM 问题就转化为寻找最满足此图结构的一系列机器人姿态。因此基于图结构的 SLAM 问题主要由两个任务构成：1)根据传感器的观测值或者里程值构建图结构；2)寻找最满足此图结构的一系列机器人姿态。前者就是 SLAM 问题中的前端(front-end)，而后者就是 SLAM 问题中的后端(back-end)。

假设 $x_{1:T}=(x_1,\cdots,x_T)$为一系列机器人姿态，其中 x_i 表示机器人在 i 节点处的姿态，设 $\boldsymbol{z}_{ij}$ 和 $\boldsymbol{\Omega}_{ij}$ 分别代表了 i 节点和 j 节点之间的观测值和预估观测值的信息矩阵。其中预估观测值是使在 i 节点处获得的观测值能最大程度上与 j 节点处获得的观测值重合的相对值。设 $\hat{\boldsymbol{z}}_{ij}$ 为 i 节点和 j 节点之间的预估观测值，通常情况下 $\hat{\boldsymbol{z}}_{ij}$ 与两个节点之间的相对位姿有关系。因此预估观测值 $\hat{\boldsymbol{z}}_{ij}$ 的对数似然 $\boldsymbol{l}_{ij}$ 为：

$$\boldsymbol{l}_{ij} \propto [\boldsymbol{z}_{ij} - \hat{\boldsymbol{z}}_{ij}]^{\mathrm{T}} \boldsymbol{\Omega} [\boldsymbol{z}_{ij} - \hat{\boldsymbol{z}}_{ij}] \tag{10-27}$$

设 $e(x_i,x_j,z_{ij})$为真实观测值 $\boldsymbol{z}_{ij}$ 和预估观测值 $\hat{\boldsymbol{z}}_{ij}$ 之间的误差，即：

$$e(x_i,x_j,z_{ij}) = \boldsymbol{z}_{ij} - \hat{\boldsymbol{z}}_{ij} \tag{10-28}$$

设 C 为这些节点对集合，则 SLAM 问题的最大似然解法就是寻找一组 $x_{1:T}^*$ 使得所有

观测值似然 $F(x)$ 的负对数最小：

$$F(x) = \sum_{\langle i,j \rangle \in C} \boldsymbol{e}_{ij}^{\mathrm{T}} \boldsymbol{\Omega} \boldsymbol{e}_{ij} \tag{10-29}$$

$$x^{*} = \underset{x}{\operatorname{argmin}} F(x) \tag{10-30}$$

这样图结构就将 SLAM 问题转化为求解式(10-30)的问题。可以使用高斯-牛顿法(Gaussian-Newton)或者列文伯格-马奎尔特(Levenberg-Marquardt)方法对其进行求解。

4. 局部线性化迭代法最小化误差

如果已知一个很好的机器人姿态的初始值 x，可通过初始值进行一阶泰勒展开来逼近式(10-30)：

$$\boldsymbol{e}_{ij}(x_i + \Delta x_i, x_j + \Delta x_j) = \boldsymbol{e}_{ij}(x + \Delta x) \simeq \boldsymbol{e}_{ij}(x) + \boldsymbol{J}_{ij} \Delta x \tag{10-31}$$

式中，$\boldsymbol{J}_{ij}$ 是 $e_{ij}(x)$ 在 x 处的雅可比矩阵。将式(10-31)代入误差函数 F_{ij} 中得到：

$$\begin{aligned} F_{ij}(x + \Delta x) &= \boldsymbol{e}_{ij}(x + \Delta x)^{\mathrm{T}} \boldsymbol{\Omega}_{ij} e_{ij}(x + \Delta x) \\ &\simeq (\boldsymbol{e}_{ij} + \boldsymbol{J}_{ij} \Delta x)^{\mathrm{T}} \boldsymbol{\Omega}_{ij} (\boldsymbol{e}_{ij} + \boldsymbol{J}_{ij} \Delta x) \\ &= \boldsymbol{e}_{ij}^{\mathrm{T}} \boldsymbol{\Omega}_{ij} \boldsymbol{e}_{ij} + 2 \boldsymbol{e}_{ij}^{\mathrm{T}} \boldsymbol{\Omega}_{ij} \boldsymbol{J}_{ij} \Delta x + \Delta x^{\mathrm{T}} \boldsymbol{J}_{ij}^{\mathrm{T}} \boldsymbol{\Omega}_{ij} \boldsymbol{J}_{ij} \Delta x \\ &= \boldsymbol{c}_{ij} + 2 \boldsymbol{b}_{ij} \Delta x + \Delta x^{\mathrm{T}} \boldsymbol{H}_{ij} \Delta x \end{aligned} \tag{10-32}$$

局部的近似结果代入到完整的误差方程中得到：

$$\begin{aligned} F_{ij}(x + \Delta x) &= \sum_{\langle i,j \rangle \in C} F_{ij}(x + \Delta x) \\ &\simeq \sum_{\langle i,j \rangle \in C} c_{ij} + 2 b_{ij} \Delta x + \Delta x^{\mathrm{T}} \boldsymbol{H}_{ij} \Delta x \\ &= \boldsymbol{c} + 2 \boldsymbol{b} \Delta x + \Delta x^{\mathrm{T}} \boldsymbol{H} \Delta x \end{aligned} \tag{10-33}$$

则误差方程可以通过解线性方程的方式获得优化量 Δx：

$$\boldsymbol{H} \Delta x^{*} = -\boldsymbol{b} \tag{10-34}$$

其中，$\boldsymbol{H}$ 矩阵也被称为系统的信息矩阵。值得注意的是 $\boldsymbol{H}$ 矩阵是稀疏的，只有机器人姿态拥有约束时，其对应的矩阵块才是非零的。因此式(10-34)可以通过稀疏 Cholesky 分解进行计算。在迭代的过程中，线性化的最优结果为初始值 $\boldsymbol{x}$ 加上优化量 Δx：

$$\boldsymbol{x}^{*} = x + \Delta x \tag{10-35}$$

高斯-牛顿方法就是通过以上步骤逐步优化结果的。在迭代的过程中，上一次迭代的结果将作为下一次迭代的线性化点和初始值。

5. ORB 特征点

ORB 特征全称为 Oriented Fast and Rotated BRIEF，是一种快速鲁棒的局部特征检测器，是由 Ethan Rublee 等人在 2011 年提出的。ORB 特征主要应用在物体识别或者三维重建的工作中。它是基于 FAST 关键点与 BRIEF 二进制描述子的一种实现，主要作为 SIFT 特征点的替代物。SIFT 特征点虽然已经提出了十几年了，但其效果仍然是视觉领域十分杰出的，被广泛应用在物体识别、图形拼接和视觉建图中。但是 SIFT 特征点最大的缺点在于其需要极大的计算量，这使其在实时应用或者移动设备上的应用受限。ORB 特征使用的

FAST 关键点和 BRIEF 描述子最明显的优势在于它们在计算量方面要求很低。

FAST 特征因其计算特性被广泛应用。FAST 特征检测是通过中心点周围的图像灰度值识别出具有代表性的特征点，如图 10-5 所示。如果中心点周围区域内的像素灰度值比中心点处像素灰度值显著的数量多于阈值，则认为此中心点为 FAST 特征点：

$$N = \sum_{x \forall (\text{circle}(p))} |I(x) - I(p)| > \varepsilon_d \tag{10-36}$$

式中，$I()$为像素点的灰度值，ε_d为灰度值差异阈值。

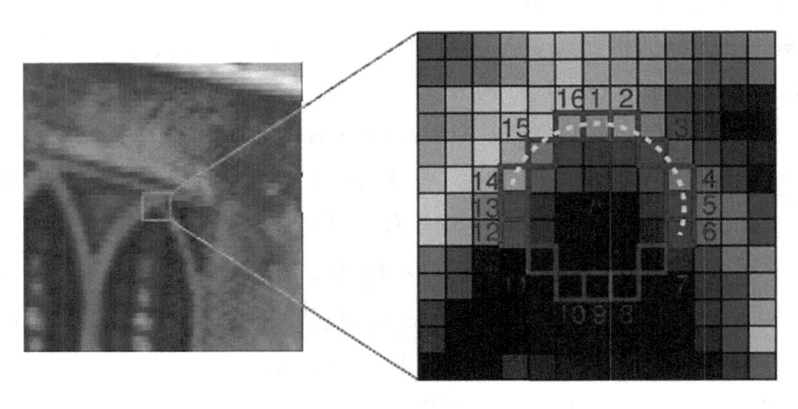

图 10-5　FAST 特征点提取过程

需要注意的是，FAST 特征点不具有尺度不变性这个特性，因此在使用的过程中需要建立图像金字塔，并在图像金字塔的每一层进行 FAST 特征的提取。另外 FAST 特征也不具有旋转不变性，为了解决这个问题，在 FAST 特征提取的过程中需要计算其特征点的方向，这样的 FAST 特征称为 oFAST。oFAST 使用一种简单有效的角度测量方法，称为强度矩心(Intensity Centroid)。强度矩心假设角的方向偏离中心，这样这个矢量可以用来计算特征点的方向，计算方位为：

$$m_{pq} = \sum_{x,y} x^p y^q I(x,y) \tag{10-37}$$

因此可以计算特征的矩心为：

$$C = \left(\frac{m_{10}}{m_{00}}, \frac{m_{01}}{m_{00}}\right) \tag{10-38}$$

oFAST 特征点的方向矢量为特征点的中心 O 指向矩心$\overrightarrow{OC}$，oFAST 特征点的角度即为 θ：

$$\theta = \arctan2(m_{01}, m_{10})$$

在计算完 FAST 特征点之后，需要针对每个 FAST 特征点计算其 BRIEF 描述子。BRIEF 描述子是一组由图像灰度值测试构成的位串描述。在一个平滑的图像块中，灰度测试 τ 定义为：

$$\tau(\boldsymbol{p}; x, y) := \begin{cases} 1: p(x) < p(y) \\ 0: p(x) < p(y) \end{cases} \tag{10-39}$$

式中，$p(x)$为图像块 p 在点 x 处的灰度值。BRIEF 描述子由一个包含 n 次测试向量组成：

$$f_n(\boldsymbol{p}):=\sum_{1\leqslant i\leqslant n}2^{i-1}\tau(\boldsymbol{p};x_i,y_i) \tag{10-40}$$

关于点对(x,y)的选取，经过参考文献[3]的测试得出，在中心点附近使用高斯分布的点对能得到最好的效果，如图 10-6 所示。在计算描述子时选取描述子的长度 $n=256$。

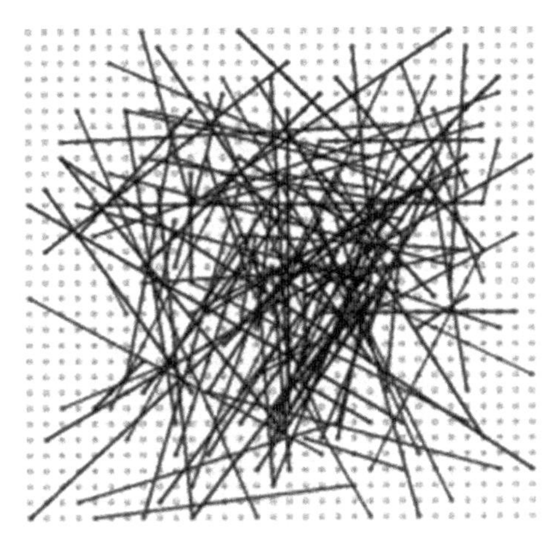

图 10-6 点对的高斯分布

10.3 各类传感器的初始化与预处理

1. 单目摄像机模型

单目摄像机就是生活中常见的只用一个摄像头进行成像的摄像机，它将三维世界中的物体投影到二维平面上，如图 10-7 所示。这种单目摄像机的工作原理可以用最简单的针孔摄像机模型来描述。

图 10-7 单目摄像机

针孔摄像机的原理很简单，初中物理课程中的小孔成像实验就是它的一个应用实例。在针孔摄像机模型中，光线从很远的一个点发射过来，通过针孔在成像平面上投影，即图像被聚焦在投影平面上。而与物体的图像大小有关的摄像机参数只有焦距 f，如图 10-8 所示。

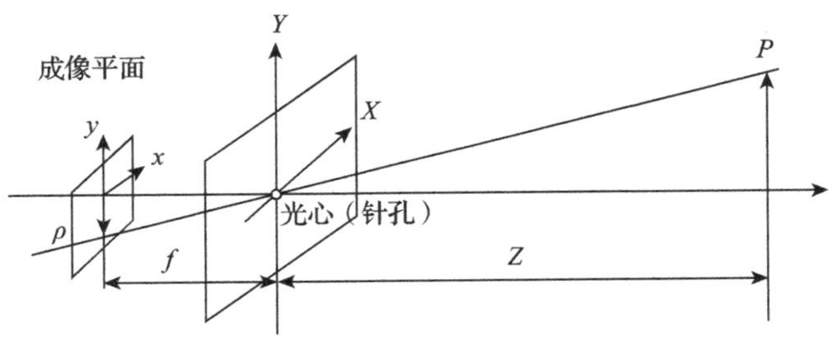

图 10-8 针孔摄像机模型

f 是摄像机的焦距(针孔到成像平面的距离)，Z 是针孔到物体 P 的距离，P 是物体的长度，p 是物体在成像平面上的长度。可以通过相似三角形得到：

$$-p = f\frac{P}{Z} \tag{10-41}$$

再把其数学形式简化，将投影平面和针孔交换位置，将针孔位置看作投影中心。每条从远处物体出发的光线都在投影中心聚集，此时新投影平面上的图像与旧投影平面上的物体等大，仅图像被翻转过来。这样就可以去掉负号了，示意图如图 10-9 所示。

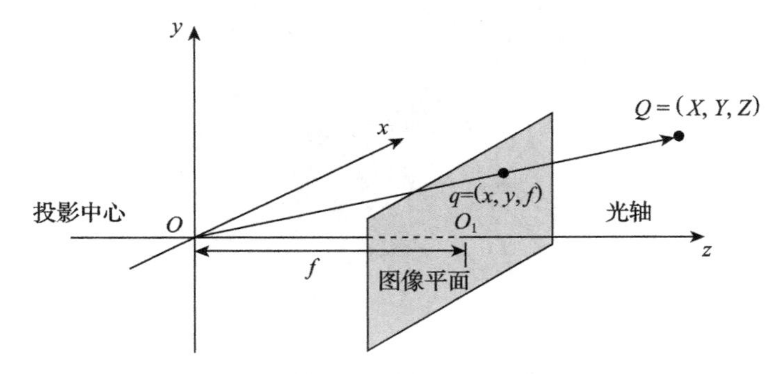

图 10-9　把图像平面放于投影中心前，简化投影公式

点 $Q(X,Y,Z)$ 通过投影中心的光线把图像投影在图像平面上，$q(x,y,f)$ 是 Q 点在图像平面上的投影位置。我们将光轴与图像平面的交点称为主点，实际上也是真实摄像机中感光器件和光轴的交点。但是主点的位置因为安装误差并不一定在感光器件的中心位置，这样就出现了两个摄像机参数 c_x 和 c_y，即感光器件中心相对于光轴交点在 X 方向和 Y 方向的偏移量。另外因为单个像素在感光器件上并不一定是正方形的，所以物理焦距与感光器件的单元尺寸 s 在 X 和 Y 方向上的乘积不一定相同(s 的单位是像素/毫米，物理焦距的单位是毫米，所以 f 的单位是像素)。这样又出现了另外两个摄像机参数 f_x 和 f_y，即摄像机在 X 方向和 Y 方向的像素焦距。我们可以得到：

$$x_{\text{screen}} = f_x\left(\frac{X}{Z}\right) + c_x \tag{10-42}$$

$$y_{\text{screen}} = f_y\left(\frac{Y}{Z}\right) + c_y \tag{10-43}$$

这样就可以得到实际物体尺寸和图像像素尺寸的转换关系，只要求出 f_x、f_y、c_x、c_y 这 4 个参数即可。

将公式矩阵化，可得：

$$\boldsymbol{q} = \begin{bmatrix} x \\ y \\ w \end{bmatrix}, \boldsymbol{Q} = \begin{bmatrix} X \\ Y \\ Z \end{bmatrix}, \boldsymbol{q} = \boldsymbol{MQ}，\text{其中 } \boldsymbol{M} = \begin{bmatrix} f_x & 0 & c_x \\ 0 & f_y & c_y \\ 0 & 0 & 1 \end{bmatrix} \tag{10-44}$$

其中，$\boldsymbol{M}$ 被称为摄像机的内参矩阵。

实际上，对于针孔摄像机，只有很少的光线可以通过针孔。所以真实的摄像机会使用透镜对光线进行聚焦，然而聚焦会带来图像畸变的问题。为了校正畸变需要对摄像机进行标定，从而确定内参矩阵 $\boldsymbol{M}$，这个问题在摄像机标定部分会继续说明。

在摄像机坐标系中，我们可以用旋转和平移来描述物体在摄像机坐标系中的相对位置。因为在空间中，物体的旋转可以分解为绕 X、Y、Z 这 3 个空间指向坐标轴的旋转，所以总的旋转矩阵 $\boldsymbol{R}$ 可以看作 3 个绕轴旋转矩阵 $\boldsymbol{R}_x(\psi)$、$\boldsymbol{R}_y(\phi)$和 $\boldsymbol{R}_z(\theta)$的乘积。

$$\boldsymbol{R}=\boldsymbol{R}_x(\psi)\boldsymbol{R}_y(\phi)\boldsymbol{R}_z(\theta) \tag{10-45}$$

平移可以看成以物体为中心的坐标原点从一点移动到了摄像机坐标系的另一点，平移向量为 $\boldsymbol{T}$。

所以在世界坐标系中点 $\boldsymbol{P}_{\mathrm{o}}$ 转换到摄像机坐标系中的 $\boldsymbol{P}_{\mathrm{c}}$ 可表示为：

$$\boldsymbol{P}_{\mathrm{c}}=\boldsymbol{R}\boldsymbol{P}_{\mathrm{o}}+\boldsymbol{T} \tag{10-46}$$

综合以上各式，我们可以得到空间任意点 $P_{\mathrm{o}}(X_{\mathrm{o}}, Y_{\mathrm{o}}, Z_{\mathrm{o}})$转换到像平面上点的齐次坐标$(u,v,1)$的公式即式(10-47)，其中 $\boldsymbol{R}$ 和 $\boldsymbol{T}$ 分别为 3×3 矩阵和 3×1 矩阵。

$$\boldsymbol{Z}_{\mathrm{T}}\begin{bmatrix}u\\v\\1\end{bmatrix}=\begin{bmatrix}f_x&0&c_x&0\\0&f_y&c_y&0\\0&0&1&0\end{bmatrix}\begin{bmatrix}\boldsymbol{R}&\boldsymbol{T}\\0&1\end{bmatrix}\begin{bmatrix}X_{\mathrm{o}}\\Y_{\mathrm{o}}\\Z_{\mathrm{o}}\\1\end{bmatrix} \tag{10-47}$$

其中，f_x、f_y、c_x、c_y 为摄像机内参。为求解这个矩阵，我们需要知道 10 个参数(旋转的 3 个角度参数、平移向量的 3 个位移参数和 4 个摄像机内参)，而每个视角可以确定 8 个参数。所以我们至少需要使用两个视角去求解全部参数。标定摄像机内参的方法有很经典的张正友标定法，具体的标定原理可以参考文献[4]。目前，有很多工具可以方便地解决单目摄像机的标定问题，比如 Matlab、ROS 和 OpenCV 都提供了单目摄像机标定工具包，它们的具体使用方法这里就不再赘述。

2. 双目摄像机模型

双目摄像机模仿人眼的机构，一般由左眼摄像机和右眼摄像机组成。双目摄像机的左右两个摄像机都可看作针孔摄像机，两个摄像机的光圈中心都位于 x 轴上，两者之间的距离是双目摄像机的基线。基线是双目摄像机的重要参数。双目摄像机的成像模型如图 10-10 所示。

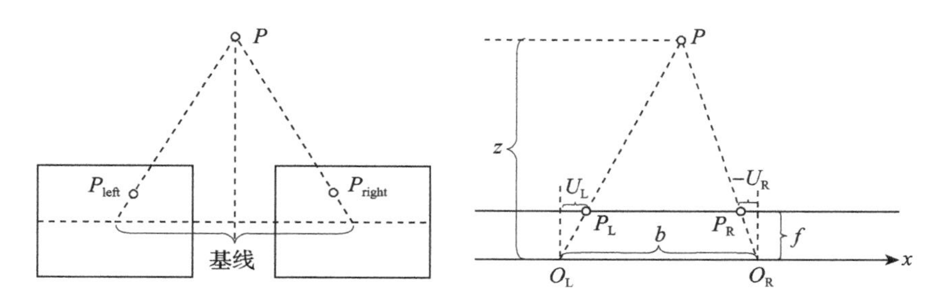

图 10-10　双目摄像机的成像模型。P 为空间点，P_{L} 和 P_{R} 为 P 在左右摄像机下的投影；O_{L}、O_{R} 为左右摄像机光心，方框为成像平面，f 为焦距；u_{L} 和 u_{R} 是 P_{L} 和 P_{R} 在像平面的 x 方向上的坐标

现有一个空间点 P，在双目摄像机的左右摄像机上都投影一点，分别为 P_L 和 P_R。在理想情况下，因为左右摄像机只在 x 轴上有一段位移(即基线长度)，所以 P_L 和 P_R 也只在 x 轴上有差异。记它的左侧坐标为 u_L，右侧坐标为 u_R。那么又根据 $\triangle PP_L P_R$ 和 $\triangle PO_L O_R$ 的相似关系，可以得到：

$$\frac{z-f}{z}=\frac{b-u_L+u_R}{b} \tag{10-48}$$

整理可得：

$$z=\frac{fb}{d},\quad d=u_L-u_R \tag{10-49}$$

其中，d 为左右图的横坐标之差，即视差。可以用视差估计出像素对应的空间点到摄像机之间的距离。视差与距离成反比关系，视差越大，距离越近。然而，因为视差最小为一个像素，所以双目测距的深度存在理论上的最大值。当基线越长时，双目摄像机探测的最大距离越远；反之，则越近。

但是，在双目摄像机模型中，有一个重要的问题是如何确定空间点 P 在左右摄像机投影中的对应像素。这里就要涉及对于有纹理图像的特征点匹配、极线搜索和块匹配技术，本书不再对这些知识点进行详细介绍，读者可以参考文献[5]。

3. RGBD 摄像机模型

前面介绍的双目摄像机是一种被动式的计算深度的摄像机，适用于光照条件好，并且有丰富纹理的环境。而 RGBD 摄像机则是一种主动式的摄像机，可以主动发出红外光或可见光去探测环境的深度信息。按照原理它可以分为两类。

(1)通过结构光来探测深度信息(比如 KinectV1 和 Intel Realsense 系列)，如图 10-11 所示。这种方法通过向被测环境投射一个图案(如光斑图案、编码式条带状图案)来简化特征点匹配的过程。由于特征点匹配步骤被简化，并且有更多的已知条件(特征点分布)，因此可以在一定范围内达到较高的测量精度。因为它会主动发出红外光线或可见光，所以它在黑暗环境下也可以正常使用。但是在室外有强烈阳光的场合，结构光会被影响，造成错误的深度测量。而且因为主动式探测的投射光源固定，所以被测物体与摄像机的距离越远，探测光斑越大，探测精度也就越低。另外，环境中的反光、透明或者深色物体也有可能对结构光的投影结果产生干扰，在使用时需要考虑这些干扰因素。

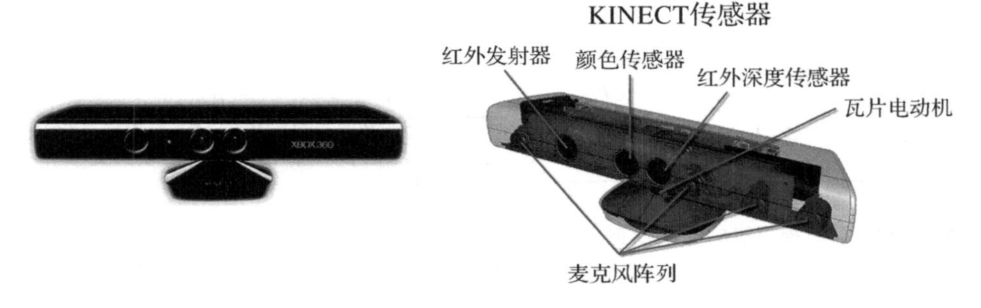

图 10-11　Kinect V1 的传感器布置，包括单目摄像机、红外发射器和红外深度接收器

(2)通过飞行时间(Time-of-flight，ToF)来探测深度信息，比如 KinectV2，如图 10-12 所示。ToF 摄像机中一般包含一个激光发生器和一个由光敏元件或雪崩二极管组成的感光单元。当激光发生器发射激光后，遇到障碍物后反射回来，摄像机中的感光单元接收到反射光后，计算出激光从发射出去到接收到反射光所需的时间，进而根据飞行时间乘以光速得到障碍物与摄像机的距离。ToF 摄像机一般是通过逐点扫描来获取整幅图像的像素深度的，经过专门处理可以达到很高的帧率。其原理如图 10-13 所示。

图 10-12　几种 ToF 摄像机

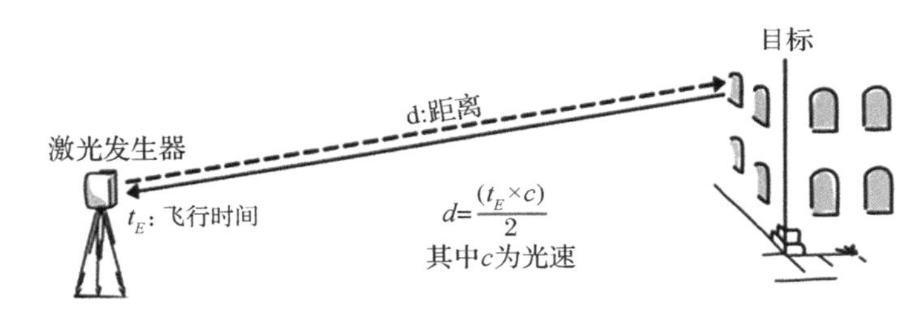

图 10-13　ToF 摄像机的测距原理

在完成深度测量后，RGBD 摄像机一般会根据彩色摄像机和深度摄像机间的位置关系，自动完成彩色和深度像素点的配对，生成配准的彩色图和深度图。使用者可以根据彩色摄像机和深度摄像机的内参信息，生成环境的彩色点云。

4. 全景摄像机模型

不同于传统的针孔摄像机模型，全景摄像机模型是非线性的。这里以理光景达的 Ricoh Theta V 产品级全景摄像机为例进行讲解，全景摄像机通常由两个视角超过 180°的鱼眼摄像机构成。该摄像机(见图 10-14)可以通过内部程序实时地将设备上的两个鱼眼摄像机拍摄的图像拼接转化为全景图像，其输出的图像如图 10-15 所示。从图 10-15 中可以看出全景图像在上下两部分将产生严重的畸变。

图 10-14　Ricoh Theta V

在摄像机坐标系中，空间点投影到二维图像的过程可以简化为将空间点投影到单位球面上，然后将此球面展开成全景图像。以投影球面的球心为坐标系原点建立空间直角坐标系，其坐标系的定义如图 10-16 所示，图

图 10-15 全景摄像机图片

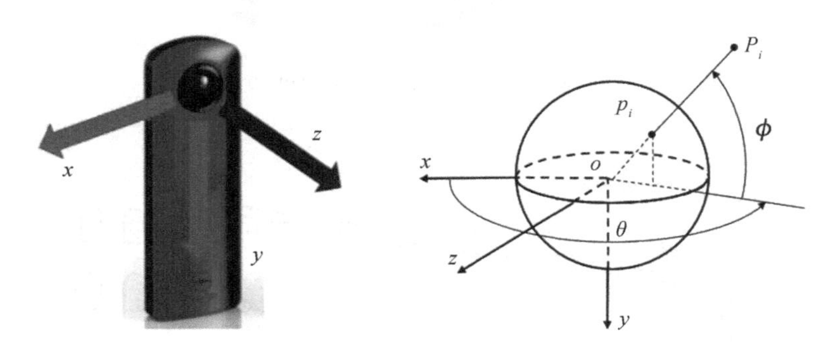

图 10-16 全景摄像机坐标系定义(线框图)

中 P 为摄像机坐标系下的空间点，ϕ 为 OP 与 XOZ 平面的夹角，θ 为 OP 与 XOY 平面夹角。因此全景图像横轴上的像素点有相同的 ϕ 值，而纵轴上的像素点有相同的 θ 值，设 p_i 为 P_i 在全景图像上的对应点，则有：

$$\boldsymbol{p}_i = \begin{bmatrix} u \\ v \end{bmatrix} = \begin{bmatrix} \lambda(-\theta + 3\pi/2) \\ \lambda(-\phi + \pi/2) \end{bmatrix} = \pi(\boldsymbol{P}_i) \tag{10-50}$$

$$\boldsymbol{P}_i = \begin{bmatrix} x_i \\ y_i \\ z_i \end{bmatrix} = \begin{bmatrix} r_i \cos\phi \cos\theta \\ -r_i \sin\phi \\ r_i \cos\phi \sin\theta \end{bmatrix} = r_i \overline{\boldsymbol{P}}_i \tag{10-51}$$

式中，r_i 为空间点在摄像机坐标系中与原点的距离，$\pi()$ 为投影函数。能看出全景图像的畸变系数为 $\cos\phi$，图 10-17 为全景摄像机图像畸变的示意图，图中椭圆示意该区域图像变形程度。可以看出靠近图像顶端或底端时图像变形严重。

初始化是先计算两帧图像的相对位姿，然后通过三角化得到空间点的三维坐标的过程。RGBD 摄像机可以直接获得空间点的三维坐标，单目摄像机和双目摄像机可以通过对极几何获得空间坐标。而全景摄像机无法直接获得特征点的三维坐标，因此该系统需要一个初始化过程。

图 10-17 全景摄像机图像畸变示意图

在系统初始化过程中，首先要进行特征点匹配。在第 3 章中已经对全景图像上的 ORB 特征点提取进行了说明，在此不再赘述。在初始化时需要快速准确地匹配两幅图像上的 ORB 特征点，为了达到此目的，将图像上的特征点采用分区的方式，如图 10-18 所示。由于初始化的两帧图像之间的相对运动较小，因此同一空间点在两幅图像上的坐标十分接近。可以在图像上的同一块区域内进行两幅图像的特征点匹配，以达到提高匹配准确性与效率的目的。

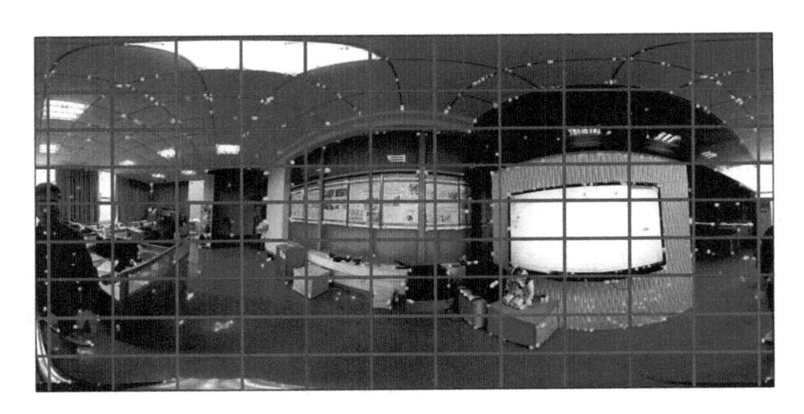

图 10-18 将图像上的特征点进行分包

假设初始化的两帧图像为 F_{R} 和 F_{C}，随机选取 8 对 F_{R} 与 F_{C} 上匹配成功的特征点 $\boldsymbol{p}_{\mathrm{R}i}$ 和 $\boldsymbol{p}_{\mathrm{C}i}$，其对应的空间点在摄像机坐标系 O_{R} 和 O_{C} 下的坐标分别为 $\boldsymbol{P}_{\mathrm{R}i}$ 和 $\boldsymbol{P}_{\mathrm{C}i}$，则根据多视图几何的原理，$\boldsymbol{P}_{\mathrm{R}i}$ 和 $\boldsymbol{P}_{\mathrm{C}i}$ 满足：

$$\boldsymbol{P}_{\mathrm{C}i}^{\mathrm{T}}\boldsymbol{E}\boldsymbol{P}_{\mathrm{R}i} = 0 \tag{10-52}$$

根据式(10-50)、式(10-51)可得：

$$\overline{\boldsymbol{P}}_{\mathrm{C}i}^{\mathrm{T}}\boldsymbol{E}\overline{\boldsymbol{P}}_{\mathrm{R}i} = 0 \tag{10-53}$$

式(10-53)中的 $\overline{\boldsymbol{P}}_{\mathrm{R}i}$ 和 $\overline{\boldsymbol{P}}_{\mathrm{C}i}$ 可由 $\boldsymbol{p}_{\mathrm{R}i}$ 和 $\boldsymbol{p}_{\mathrm{C}i}$ 计算获得，则使用 8 对 $\overline{\boldsymbol{P}}_{\mathrm{R}i}$ 和 $\overline{\boldsymbol{P}}_{\mathrm{C}i}$ 即可解得本质矩阵 $\boldsymbol{E}$。需要说明的是，式(10-53)中的 $\boldsymbol{E}$ 缩放任意常数都成立，因此在计算过程中可令 $e_{33}=1$。然后 F_{R} 和 F_{C} 之间的旋转矩阵 $\boldsymbol{R}_{\mathrm{R}}^{\mathrm{C}}$ 和平移向量 $\boldsymbol{t}_{\mathrm{R}}^{\mathrm{C}}$ 可由式(10-53)中的本质矩阵

$\boldsymbol{E}$ 分解获得。本质矩阵的分解伴随着多解，为了在多个解中选择正确的解，参考文献[6]提出，可通过判断特征点在摄像机坐标系下的深度值来选择正确的一组解，正确的 $\boldsymbol{R}_{\mathrm{R}}^{\mathrm{C}}$ 和 $\boldsymbol{t}_{\mathrm{R}}^{\mathrm{C}}$ 应生成具有正深度值的空间点。此方法适用于针孔摄像机，而全景摄像机的视角为360°，因此理论上正确的相对位姿也会生成具有负深度值的空间点。为了在全景图像中使用此方法，初始化时只对摄像机前方的特征点进行三角化并判断特征点的深度值符号，如图 10-19 所示，图中灰点为初始化使用的特征点。

图 10-19　初始化时进行三角化的特征点

在初始化过程中，选取的特征点 $\boldsymbol{p}_i=[u_i \quad v_i]$的图像坐标应满足：

$$1/4W < u_i < 3/4W \tag{10-54}$$

其中，W 为图像的宽度，因此 $\boldsymbol{p}_i$ 对应的特征点在摄像机坐标系下的深度值为正。在分解本质矩阵的过程中判断 4 组解中生成 $\boldsymbol{p}_i$ 的深度值符号，从而可得正确的相对位姿。

由于在特征匹配的过程中不可避免地将带来错误的特征匹配，因此应使用 RANSAC 策略进行上述的摄像机相对位姿计算。在两幅图像上随机选择 8 对匹配成功的特征点 $\boldsymbol{p}_{\mathrm{R}i}$ 和 $\boldsymbol{p}_{\mathrm{C}i}$，并通过本质矩阵的计算与分解求得两幅图像的 4 组可能的相对位姿。通过三角化生成地图点在摄像机坐标系下的深度值符号判断其正确性：其中 1 组相对位姿生成的具有正深度值的地图点数量大于剩下 3 组各自生成的具有正深度值的地图点数量的 1.5 倍。若存在这样的相对位姿，则停止 RANSAC 过程，此相对位姿为正确解；若没有满足条件的相对位姿，则继续选取 8 对匹配成功的特征点重复计算。

利用本质矩阵分解获得正确的初始化后的两帧之间的相对位姿，然后需要构建初始化地图。初始化地图由初始化的两帧图像上成功匹配的特征点三角化而组成。设点 $\boldsymbol{p}_{\mathrm{R}i}$ 和 $\boldsymbol{p}_{\mathrm{C}i}$ 分别是初始化两帧图像 F_{R} 和 F_{C} 上匹配成功的特征点，其对应的空间特征点为 $\boldsymbol{P}_i$，而两帧图像之间的相对旋转矩阵为 $\boldsymbol{R}_{\mathrm{R}}^{\mathrm{C}}$，相对平移向量为 $\boldsymbol{t}_{\mathrm{R}}^{\mathrm{C}}$。令 F_{R} 图像的摄像机坐标系为世界坐标系，因此：

$$\boldsymbol{R}_{\mathrm{W}}^{\mathrm{R}} = \boldsymbol{I}, \quad \boldsymbol{t}_{\mathrm{W}}^{\mathrm{R}} = [0 \quad 0 \quad 0] \tag{10-55}$$

$$\boldsymbol{R}_{\mathrm{W}}^{\mathrm{C}} = \boldsymbol{R}_{\mathrm{R}}^{\mathrm{C}}, \boldsymbol{t}_{\mathrm{W}}^{\mathrm{C}} = \boldsymbol{t}_{\mathrm{R}}^{\mathrm{C}} \tag{10-56}$$

则点 $\boldsymbol{P}_i$ 在 F_R 摄像机坐标系中的坐标 $\boldsymbol{P}_{\text{R}i}$ 为：

$$\boldsymbol{P}_{\text{R}i}=[\boldsymbol{R}_\text{W}^\text{R}\mid \boldsymbol{t}_\text{W}^\text{R}]\boldsymbol{P}_i=[\boldsymbol{I}\mid \boldsymbol{0}]\boldsymbol{P}_i=\boldsymbol{M}_1\boldsymbol{P}_i \tag{10-57}$$

点 $\boldsymbol{P}_i$ 在 F_C 摄像机坐标系中的坐标 $\boldsymbol{P}_{\text{C}i}$ 为：

$$\boldsymbol{P}_{\text{C}i}=[\boldsymbol{R}_\text{W}^\text{C}\mid \boldsymbol{t}_\text{W}^\text{C}]\boldsymbol{P}_i=[\boldsymbol{R}_\text{R}^\text{C}\mid \boldsymbol{t}_\text{R}^\text{C}]\boldsymbol{P}_i=\boldsymbol{M}_2\boldsymbol{P}_i \tag{10-58}$$

根据全景摄像机的性质可得：

$$\boldsymbol{P}_{\text{R}i}=k_1\overline{\boldsymbol{P}}_{\text{R}i}=k_1[\overline{\boldsymbol{P}}_{\text{R}i,1}\quad \overline{\boldsymbol{P}}_{\text{R}i,2}\quad \overline{\boldsymbol{P}}_{\text{R}i,3}]^\text{T} \tag{10-59}$$

$$\boldsymbol{P}_{\text{C}i}=k_2\overline{\boldsymbol{P}}_{\text{C}i}=k_2[\overline{\boldsymbol{P}}_{\text{C}i,1}\quad \overline{\boldsymbol{P}}_{\text{C}i,2}\quad \overline{\boldsymbol{P}}_{\text{C}i,3}]^\text{T} \tag{10-60}$$

其中 $\overline{\boldsymbol{P}}_{\text{C}i,j}$ 为 $\overline{\boldsymbol{P}}_{\text{C}i}$ 的第 j 行元素，k_1 和 k_2 分别为常数。进一步可得到：

$$\frac{\overline{\boldsymbol{P}}_{\text{R}i,1}}{\overline{\boldsymbol{P}}_{\text{R}i,3}}=\frac{k_1\overline{\boldsymbol{P}}_{\text{R}i,1}}{k_1\overline{\boldsymbol{P}}_{\text{R}i,3}}=\frac{\boldsymbol{M}_{1,1}\boldsymbol{P}_i}{\boldsymbol{M}_{1,3}\boldsymbol{P}_i}\Rightarrow(\overline{\boldsymbol{P}}_{\text{R}i,1}\boldsymbol{M}_{1,3}-\overline{\boldsymbol{P}}_{\text{R}i,3}\boldsymbol{M}_{1,1})\boldsymbol{P}_i=0 \tag{10-61}$$

同理：

$$(\overline{\boldsymbol{P}}_{\text{R}i,2}\boldsymbol{M}_{1,3}-\overline{\boldsymbol{P}}_{\text{R}i,3}\boldsymbol{M}_{1,2})\boldsymbol{P}_i=0 \tag{10-62}$$

$$(\overline{\boldsymbol{P}}_{\text{C}i,1}\boldsymbol{M}_{1,3}-\overline{\boldsymbol{P}}_{\text{C}i,3}\boldsymbol{M}_{1,1})\boldsymbol{P}_i=0 \tag{10-63}$$

$$(\overline{\boldsymbol{P}}_{\text{C}i,2}\boldsymbol{M}_{1,3}-\overline{\boldsymbol{P}}_{\text{C}i,3}\boldsymbol{M}_{1,2})\boldsymbol{P}_i=0 \tag{10-64}$$

上面的式子进一步可整理为：

$$\boldsymbol{AP}_i=\begin{bmatrix}\overline{\boldsymbol{P}}_{\text{R}i,1}\boldsymbol{M}_{1,3}-\overline{\boldsymbol{P}}_{\text{R}i,3}\boldsymbol{M}_{1,1}\\ \overline{\boldsymbol{P}}_{\text{R}i,2}\boldsymbol{M}_{1,3}-\overline{\boldsymbol{P}}_{\text{R}i,3}\boldsymbol{M}_{1,2}\\ \overline{\boldsymbol{P}}_{\text{C}i,1}\boldsymbol{M}_{1,3}-\overline{\boldsymbol{P}}_{\text{C}i,3}\boldsymbol{M}_{1,1}\\ \overline{\boldsymbol{P}}_{\text{C}i,2}\boldsymbol{M}_{1,3}-\overline{\boldsymbol{P}}_{\text{C}i,3}\boldsymbol{M}_{1,2}\end{bmatrix}\boldsymbol{P}_i=0 \tag{10-65}$$

使用 SVD 分解求解式(10-65)就可获得空间点 $\boldsymbol{P}_i$ 在世界坐标系下的坐标。

通过三角化生成的空间点(地图点)坐标值的不确定度与三角化时两帧图像之间的相对位姿有关，如图 10-20 所示，图中阴影部分表示三角化时空间点的不确定度。由此可以看出，若两帧图像的光轴越平行或者两帧图像上特征点的视差越小，则生成的空间点的不确定度就越高。为了提高初始化的质量，需要剔除不确定度高的空间点。

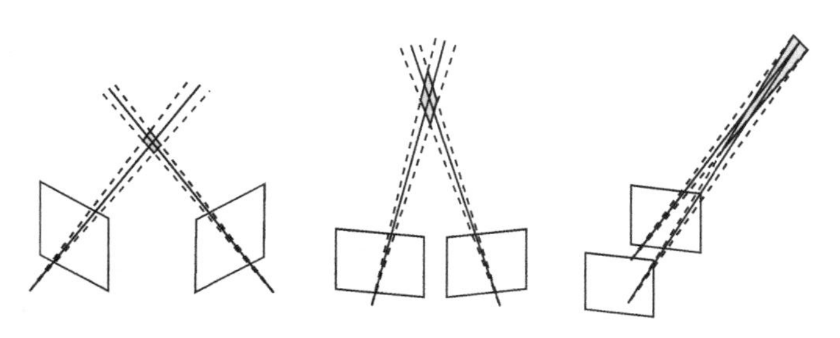

图 10-20　三角化空间点的不确定度

设图像 F_R 的摄像机中心为 O_R、图像 F_C 的摄像机中心为 O_C，则空间点 $\boldsymbol{P}_i$ 的视差角为 $\angle O_\text{C}P_iO_\text{R}$，如图 10-21 所示。通过计算可以得出三角化生成的空间点的视差角，其中视差角小于 10°的空间点将被视为质量不高的点并会删除。通过这种方式可以提高初始化地图点的质量。

利用本质矩阵分解获得初始化后两帧之间的相对位姿和三角化生成的地图点，它们之间存在误差。利用两帧图像的局部光束法平差来进行优化，首先定义全景图像上的重投影误差 $e(\boldsymbol{p}_i, \boldsymbol{R}_j, \boldsymbol{t}_j, \boldsymbol{P}_i)$。因此初始化两帧图像的光束法平差可以写为：

$$\{\boldsymbol{R}_i, \boldsymbol{t}_i, \boldsymbol{P}_j\} = \underset{\boldsymbol{R}_i, \boldsymbol{t}_i, \boldsymbol{P}_j}{\operatorname{argmin}} \sum_{i,j} \| e_{ij}(\boldsymbol{p}_i, \boldsymbol{R}_j, \boldsymbol{t}_j, \boldsymbol{P}_i) \|^2 \tag{10-66}$$

可以使用 Levenberg-Marquardt 算法优化式(10-66)得到精度较高的初始化地图点和初始化摄像机位姿。

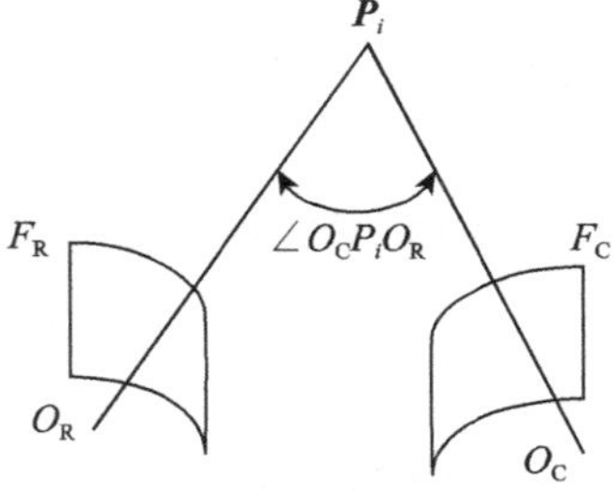

图 10-21　三角化空间点的视差角

10.4　即时定位与地图构建

即时定位与地图构建(SLAM)问题的研究是从机器人领域发展起来的，Smith 和 Cheeseman 在 1986 年的研究中首次提出了 SLAM 问题。早期的 SLAM 问题主要研究的是轮式机器人在平面上运动的情形，主要采用移动设备激光雷达上的数据与机器人的控制信号，估计移动机器人的运动状态。虽然这与如今的视觉 SLAM 领域中估计摄像机在 6D 空间中的姿态问题相去甚远，但是 SLAM 问题的核心始终没有改变：构建环境的高精度地图；从多个不可靠的数据中获得机器人的状态等。

近 10 年来视觉传感器已经成为 SLAM 问题研究中的重点，因为视觉传感器可以提供丰富的环境信息。视觉 SLAM 中有大量使用双目摄像机或者使用摄像机结合其他传感器(例如惯性测量单元或 GPS)中的数据进行地图构建与摄像机轨迹估计的研究。而从 2001 年起，大量涌现出使用单目摄像机进行视觉 SLAM 任务的研究工作，其中 Andrew Davison 在参考文献[7] 中的工作就是典型的代表。

Mono-SLAM 是当代视觉 SLAM 中里程碑式的研究工作，其由 A. Davison 于 2003 年完成。Mono-SLAM 使用图像的特征来表示环境中的路标，通过帧与帧之间的匹配迭代更新特征点的深度值概率来恢复它们的 3D 空间坐标，从而初始化稀疏的特征点地图，并且在扩展卡尔曼滤波器(EKF)的框架下更新全局的状态矢量。A. Davison 的 Mono-SLAM 在一定程度上奠定了基于贝叶斯滤波器的视觉 SLAM 框架。同时 Mono-SLAM 采用的扩展卡尔曼滤波器框架非常适合进行多传感器信息的融合，如图 10-22 所示。

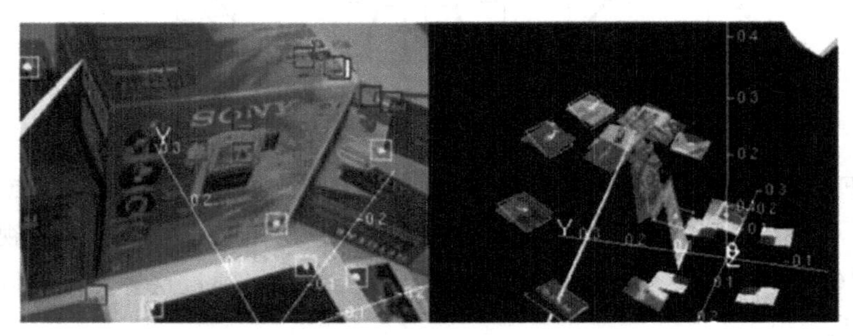
图 10-22　Mono-SLAM

在 Mono-SLAM 推出之后，M. Pupilli 与 A. Calway 提出的视觉 SLAM 算法使用粒子滤波器取代了卡尔曼滤波器完成了摄像机位姿跟踪和实时地图构建的任务。粒子滤波器可以处理非线性与非高斯模型问题，与传统的 EKF 相比，它可以提高系统的鲁棒性。在 M. Pupilli 与 A. Calway 提出的方法中，粒子滤波器可以不断地递归逼近 3D 运动的后验概率模型，在解决非线性高斯问题中表现出色。值得一提的另一项重要工作是由 D. Nister 等人提出的视觉测距法，他们提出的方法如今在基于特征的视觉里程和 SFM (Struct From Motion)中仍被视为经典算法，并且在视觉 SLAM 的前端中被频繁使用。传统的基于 EKF 的 SLAM 方法存在一定的局限性：1)EKF 方法只更新当前的状态变量，而不会改变过去的状态变量，在不断预测更新的迭代中将会把过去估计的误差不断传播下去，这就使得系统的累计误差无法消除；2)EKF 算法会始终维护一个状态变量及其协方差矩阵，这就导致随着地图的增长 EKF 计算的复杂度将不断提升。

2007 年两位研究增强实现的研究员 Georg Klein 和 David Murray 为小型 AR 场景提出了并行跟踪与建图(Parallel Tracking and Mapping，PTAM)的方法，这很好地解决了 EKF 所带来的问题。PTAM 是一种基于图像特征的 SLAM 方法，可以同时跟踪并且构建几百个特征点以提高系统的鲁棒性。同时它创造性地将摄像机的位姿估计和建图分离到两个线程中进行计算，并依靠高效的基于关键帧的光束法平差来优化摄像机位姿和地图点，在既保证实时性的同时，也避免了拓展卡尔曼滤波器所带来的计算复杂度。这使得 PTAM 从精度与效率上明显优于 Mono-SLAM。尽管 PTAM 是专门为小场景的 AR 应用设计的，但其设计思路被视为当今视觉 SLAM 的经典方法。

实际上，基于关键帧的地图与摄像机位姿的光束法平差(bundle adjustment)也被称为“图优化”技术。在图优化中，地图点和摄像机位姿都被视为图中的节点，通过优化节点之间的测量误差达到同步优化的目的。同时可以直接从图中删除摄像机位姿、地图点和观测值，而不是从概率分布中边缘化稀疏图。这种方式可以通过计算稀疏矩阵而高效快速地执行经典的光束法平差。从当前众多的基于关键帧图优化 SLAM 系统的出现可以看出，PTAM 显然在视觉 SLAM 研究中取得了较大的进展，如图 10-23 所示。

图 10-23 PTAM 方法

虽然 PTAM 能有效地解决小场景中的摄像机定位与建图任务，但是针对大场景的地图构建问题仍有待解决。大场景的地图构建与定位需要完成两个主要任务：1)高精度视觉里程与地图构建；2)闭环检测。其中高精度视觉里程与地图构建，就是 SLAM 前端为良好闭环检测的前提。基于图结构的 SLAM 系统展现出了面向大场景的优势，因此其可以很容易通过删除冗余数据的方式来提高建图的效率。M. Cummins 和 P. Newman 的 FAB-MAP 利用图结构与视觉词袋技术检测闭环并进行全局优化。然而闭环检测的问题还没有完全解决，在高动态环境中或者场景相似性高的环境中有效地识别闭环仍是十分有挑战的任务。

现代的 SLAM 技术研究更像系统性的研发，在理论与框架上都有十分出色的技术在不断地产生，例如改进图像特征点提取与描述子计算的 ORB 特征点，可以保证在 CPU 上进行实时图像的特征识别；又如 RTAB 对系统内存动态管理的 SLAM 算法。R. Mur-Artal 等人提出的 ORB-SLAM 与 J. Engel 提出的 LSD-SLAM 分别代表了当今 SLAM 领域发展的两大方向。

ORB-SLAM(见图 10-24)由 R. Mur-Artal 等人在 2015 年提出，这是一个比较传统的基于图像特征点的视觉 SLAM 系统。系统结构与 PTAM 类似，系统将摄像机姿态跟踪与建图功能分离，分别放在两个单独的线程中进行。另外系统还增加了闭环检测功能，使其相较于 PTAM 是一个更加完整的 SLAM 系统。此外在 ORB-SLAM 中同时使用两种模型进行初始化，分别是基于单应性情形与基于本质矩阵情形，系统会自动在这两种模式间切换。此外系统在特征匹配、地图构建和闭环检测方面都统一使用 ORB 特征点，提高了图像跟踪和特征匹配在尺度和方向变化下的鲁棒性。ORB-SLAM 还创新地使用了共视关系图、姿态图等多种图结构进行局部与全局的优化，使其在定位精度与稳定性上都明显优于 PTAM。

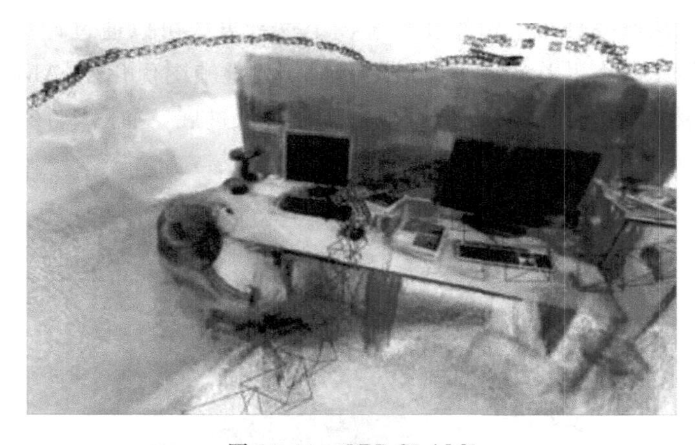

图 10-24　ORB-SLAM2

而 LSD-SLAM(见图 10-25)则与基于图像特征点的 SLAM(PTAM、ORB-SLAM 等)不同，其属于直接方法的一种。所谓的直接方法就是直接基于图像像素进行状态估计，而不是依靠图像的特征点。像素点的深度估计与其他 SLAM 系统一样，它通过使用一系列图像进行逆深度参数化来实现。而后端优化与 ORB-SLAM 相同，都使用图优化的方式进行。从构建地图的角度来说，LSD-SLAM 构建的是被称为半稠密的地图。这不同于 PTAM 与 ORB-SLAM 构建的稀疏特征地图，也不同于 DTAM 进行的稠密地图的构建。LSD-SLAM 只对图像中灰度值梯度明显的像素点进行深度估计，这使得 LSD-SLAM 可以在 CPU 进行实时运算。LSD-SLAM 相较于基于特征的 SLAM 方法的另一大优势在于，即使面对基于特征的 SLAM 方法无法工作的环境(如墙壁)，它也能够实现很好的场景重建。但是 LSD-SLAM 也有局限性：其深度估计的概率模型比较复杂，同时图像匹配方法是非凸的，这就导致了当图像内容变化明显时 LSD-SLAM 的精度将大打折扣。而相对地，基于特征的 SLAM 方法在摄像机移动距离大、图像信息变化明显的场景下仍可以很好地进行摄像机的姿态估计。

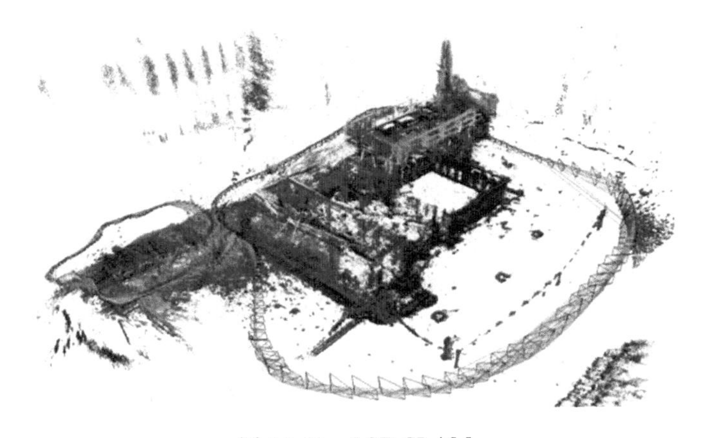

图 10-25　LSD-SLAM

当今 SLAM 领域的主要研究方向如下。

(1)SLAM 系统的轻量化与小型化。随着 VR/AR 技术逐渐走进人们的视野，移动平台上的 SLAM 算法开发也成为许多研究人员的工作重点，如何在有限的计算平台上进行摄像机的定位与地图构建是十分有应用前景的研究点。同时融合移动平台的传感器(如惯性测量单元(Inertial Measurement Unit，IMU)、编码器等)的 SLAM 系统也是该领域的研究重点。例如对于视觉与 IMU 相融合的研究工作，IMU 可以测量设备的加速度与角速度，结合视觉之后它可以解决单目视觉中的尺度问题。同时 IMU 对剧烈运动十分敏感，结合 IMU 的 SLAM 系统表现出了出色的运动稳定性，相关工作可以在 MSCKF、OKVIS、ROVIO 、VINS-Mono 等著名的 VIO 算法中得到体现。不仅如此众多的商业公司也致力于该方向的发展，如苹果公司的 ARKit、谷歌的 Tango 计划等。

(2)SLAM 算法与深度学习的结合。近年来在深度学习方向取得的研究成果让人们看到了人工智能的无限潜力，在 SLAM 方向也有许多结合深度学习的研究工作，包括语义 SLAM、深度估计，以及摄像机姿态估计等。如今 SLAM 算法处理的仍是像素级别的图形信息，对于特征点更上层的信息无法得知，结合深度学习的语义分割(分类)等方法可以进一步提升图像信息，这会使机器人对环境的理解十分有帮助。另一方面，通过深度学习恢复图像深度也包含许多研究方向，例如 CNN-SLAM，以及 Monocular Depth Estimation 等使机器人能更加像人类一样理解环境，其可以应用在碰撞检测等对精度要求不高的场合下。虽然这些方法目前还没有成为主流，但将 SLAM 与深度学习相结合来处理图像，亦是一个很有前景的研究方向。

(3)针对特定环境或特殊要求的 SLAM 系统开发。SLAM 系统十分复杂，不同的使用环境对 SLAM 系统提出了不同的要求，例如 Struct-SLAM 解决了系统在没有明显特征的结构化环境下定位的问题等。针对不同领域的问题，SLAM 技术的研究也得到了充分的发展。

经过近 30 年的研究，视觉 SLAM 技术已经比较成熟，但其稳定性仍待提高，具体表现在以下几点。

(1)不同于运动捕捉系统，视觉 SLAM 中的定位精度依赖于视觉观测对象的距离以及纹理。在弱纹理或者无纹理的环境中，定位与建图都极易失败。

(2)算法结果与传感器获取数据之间有较大的延时。由于图像处理和后端优化需要大量计算资源，往往算法计算得到的结果都比传感器获得的数据落后 50～200ms，这使得 SLAM 算法在快速运动或者运动变化剧烈的场景中并不适用。

(3)机器人的控制与感知通常被视为是分离的。研究人员希望看到机器人能根据感知的结果控制机器人执行特殊任务，例如在 SLAM 的过程中控制机器人运动到纹理丰富的环境中。

(4)视觉传感器自身的不稳定性。大部分摄像机对于弱纹理、高动态范围(HDR)场景和运动模糊等问题都无法很好地解决。

视觉 SLAM 的一大局限性在于算法过分依赖场景的特征，当摄像机视野内的场景特征少或者当前摄像机视野被遮挡时，算法都无法正常工作。这将极大地影响 SLAM 算法的鲁棒性。这种问题在针孔摄像机上尤为明显，因为针孔摄像机的视野范围小，视野内能观测到的信息量少。图 10-26 所示为在相同位置使用不同类型摄像机获得的图像。从图中可以明显地看出使用针孔摄像机获取的环境信息最少，鱼眼摄像机其次，而全景摄像机能观测到四周 360°的环境信息。Zhang 在参考文献[23] 中使用不用视角(Field of View，FoV)的摄像机对摄像机位姿估计精度与鲁棒性进行了比较，其在真实和虚拟实验环境中得出了相对于室内环境而言，使用大视角的摄像机将显著提升系统的精度与鲁棒性。通过增大摄像机视野的方式使视觉 SLAM 系统的稳定性与精度得到提升是最直接的方式。

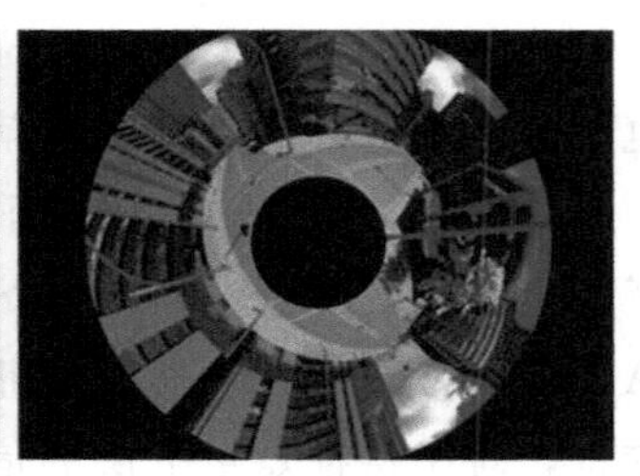

图 10-26　不同摄像机获取的图像(左：针孔摄像机，中：鱼眼摄像机，右：全景摄像机)

10.4.1 使用鱼眼摄像机的视觉 SLAM 系统

在机器视觉领域，使用鱼眼摄像机的优势显而易见。例如在参考文献[7]中提及使用广角摄像机可以显著提高 SLAM 系统的精度，而且鱼眼摄像机已被广泛应用于汽车工业。例如在高级的 ADAS 系统中，车辆会在前后保险杆以及两侧倒视镜上安装鱼眼摄像机，车载处理单元将会把 4 个摄像机的视频流拼接在一起，这样的系统称为环视系统。环视系统可以辅助驾驶员观察车辆四周的情况。在参考文献[24]中使用单个鱼眼摄像机对 Mono-SLAM 进行了修改以提高其定位精度。虽然鱼眼摄像机这类的大视角摄像机在定位上具有优势，并且在人们的日常生活中有广泛的应用，但是这种摄像机会给图片带来严重的径向畸变和图像变形。而传统的基于特征点的视觉 SLAM 系统在计算特征点描述子时需要对图像块中的像素值进行计算，这使其并不适用于鱼眼摄像机。为此参考文献[25]和[26]专门为鱼眼摄像机设计了高级的特征描述子 pSIFT 和 sRDsift。

10.4.2 基于多摄像机系统的视觉 SLAM 系统

如今，随着摄像机及其配套电子产品的价格越来越低，在机器人四周配置多个摄像机的方案是十分可行的，其提供潜在的大视角和高分辨率，如图 10-27 所示。然而多摄像机组合并非等同于单个摄像机，因为多摄像机系统拥有多个光学中心。虽然多个光学中心对图像拼接造成了困难，但对于机器人定位导航并不存在问题。通过摄像机外部参数的标定，就可以获得多个摄像机之间的空间关系。若摄像机图像之间存在视觉重合部分，还可通过立体匹配的方式获得像素点的深度信息。参考文献[27]使用多摄像机系统搭建了一个可以在未知空间中自主探索的移动机器人，并建立了适合自主导航的一致性地图。参考文献[28]将多摄像机系统带入 ORB-SLAM 中，结合多摄像机的优势和 ORB-SLAM 优秀的框架进行多摄像机系统的视觉 SLAM。参考文献[29]将 GPS 数据与多摄像机数据进行融合，使用 GPS 数据和视觉特征点进行全局的光束法平差(global bundle adjustment)，从而达到厘米级别的定位精度。

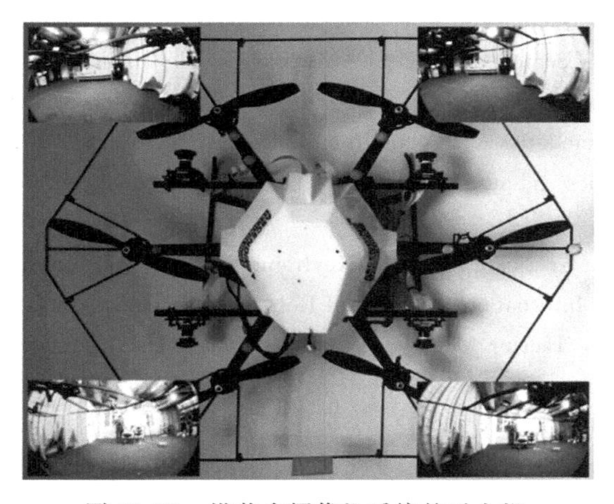

图 10-27 搭载多摄像机系统的无人机

10.5 参考文献

[1] Wang W, Tsui H T. A SVD decomposition of essential matrix with eight solutions for the relative positions of two perspective cameras[C]. Pattern Recognition, 2000. Proceedings. 15th International Conference on. IEEE, 2000, 1: 362-365.

[2] Lepetit V, Moreno-Noguer F, Fua P. Epnp: An accurate o(n) solution to the pnp problem[J]. International journal of computer vision, 2009, 81(2): 155.

[3] Calonder M, Lepetit V, Strecha C, et al. Brief: Binary robust independent elementary features[C]. European conference on computer vision, 2010: 778-792.

[4] Zhang Z. A Flexible New Technique for Camera Calibration[C]. IEEE Computer Society, 2000.

[5] 高翔，张涛，刘毅. 视觉 SLAM 十四讲：从理论到实践[M]. 北京：电子工业出版社，2017.

[6] Hartley R I, Zisserman A. Epipolar geometry and the fundamental matrix[J]. Multiple View Geometry, 2009.

[7] Davison A J, Reid I D, Molton N D, et al. MonoSLAM: Real-time single camera SLAM[C]. IEEE transactions on pattern analysis and machine intelligence, 2007, 29(6): 1052-1067.

[8] Pupilli M, Calway A. Real-Time Camera Tracking Using a Particle Filter[C]. BMVC, 2005.

[9] Nistér D, Naroditsky O, Bergen J. Visual odometry[C]. Computer Vision and Pattern Recognition, 2004. CVPR 2004. Proceedings of the 2004 IEEE Computer Society Conference on. Ieee, 2004, 1: I-I.

[10] Klein G, Murray D. Parallel tracking and mapping for small AR workspaces[C]. Mixed and Augmented Reality, 2007. ISMAR 2007. 6th IEEE and ACM International Symposium on. IEEE, 2007: 225-234.

[11] Cummins M, Newman P. Appearance-only SLAM at large scale with FAB-MAP 2.0[J]. The International Journal of Robotics Research, 2011, 30(9): 1100-1123.

[12] Rublee E, Rabaud V, Konolige K, et al. ORB: An efficient alternative to SIFT or SURF[C]. Computer Vision(ICCV), 2011 IEEE international conference on. IEEE, 2011: 2564-2571.

[13] Labbé M, Michaud F. Memory management for real-time appearance-based loop closure detection[C]. Intelligent Robots and Systems(IROS), 2011 IEEE/RSJ International Conference on. IEEE, 2011: 1271-1276.

[14] Mur-Artal R, Montiel J M M, Tardos J D. ORB-SLAM: a versatile and accurate monocular SLAM system[J]. IEEE Transactions on Robotics, 2015, 31(5): 1147-1163.

[15] Engel J, Schöps T, Cremers D. LSD-SLAM: Large-scale direct monocular SLAM[C]. European Conference on Computer Vision, 2014: 834-849.

[16] Mourikis A I, Roumeliotis S I. A multi-state constraint Kalman filter for vision-aided inertial navigation[C]. Robotics and automation, 2007 IEEE international conference on. IEEE, 2007: 3565-3572.

[17] Leutenegger S, Lynen S, Bosse M, et al. Keyframe-based visual - inertial odometry using nonlinear optimization[J]. The International Journal of Robotics Research, 2015, 34(3): 314-334.

[18] Bloesch M, Omari S, Hutter M, et al. Robust visual inertial odometry using a direct EKF-based approach[C]. Intelligent Robots and Systems(IROS), 2015 IEEE/RSJ International Conference on. IEEE, 2015: 298-304.

[19] Qin T, Li P, Shen S. Vins-mono: A robust and versatile monocular visual-inertial state estimator [D]. arXiv preprint arXiv: 1708.03852, 2017.

[20] Tateno K, Tombari F, Laina I, et al. CNN-SLAM: Real-time dense monocular SLAM with learned depth prediction[D]. arXiv preprint arXiv: 1704.03489, 2017.

[21] Godard C, MacAodha O, Brostow G J. Unsupervised monocular depth estimation with left-right consistency[D]. arXiv preprint arXiv: 1609.03677, 2016.

[22] Zhou H, Zou D, Pei L, et al. Structslam: Visual slam with building structure lines[C]. IEEE Transactions on Vehicular Technology, 2015, 64(4): 1364-1375.

[23] Zhang Z, Rebecq H, Forster C, et al. Benefit of large field-of-view cameras for visual odometry[C]. Robotics and Automation(ICRA), 2016 IEEE International Conference on. IEEE, 2016: 801-808.

[24] Yang Z. Large scale visual SLAM with single fisheye camera[C]. Audio, Language and Image Processing(ICALIP), 2014 International Conference on. IEEE, 2014: 138-142.

[25] Hansen P, Corke P, Boles W. Wide-angle visual feature matching for outdoor localization[J]. The International Journal of Robotics Research, 2010, 29(2-3): 267-297.

[26] Lourenço M, Barreto J P, Vasconcelos F. sRD-SIFT: Keypoint detection and matching in images with radial distortion[J]. IEEE Transactions on Robotics, 2012, 28(3): 752-760.

[27] Carrera G, Angeli A, Davison A J. Lightweight SLAM and Navigation with a Multi-Camera Rig[C]. ECMR, 2011: 77-82.

[28] Urban S, Hinz S. MultiCol-SLAM-A Modular Real-Time Multi-Camera SLAM System[D]. arXiv preprint arXiv: 1610.07336, 2016.

[29] Shi Y, Ji S, Shi Z, et al. GPS-Supported Visual SLAM with a Rigorous Sensor Model for a Panoramic Camera in Outdoor Environments[J]. Sensors, 2013: 119-136.

推荐阅读

智能语音处理

书号：978-7-111-66532-8 作者：张雄伟 孙蒙 杨吉斌 等 定价：79.00元

本书从智能化社会对语音处理提出的新要求出发，系统地介绍了智能语音处理涉及的基础理论、基本技术、主要方法以及典型的智能语音处理应用，理论与实际紧密结合，适合作为高等院校人工智能、电子信息工程、物联网工程、数据科学与大数据技术、通信工程等专业高年级本科生以及智能科学与技术、信号与信息处理、网络空间安全、通信与信息系统等学科研究生的参考教材，也可供从事语音处理技术研究与应用的科研及工程技术人员参考。

推荐阅读

机器人学和人工智能中的行为树

作者：[瑞典] 米歇尔·科莱丹基塞 [瑞典] 彼得·奥格伦 书号：978-7-111-65204-5 定价：79.00元

本书主要介绍了行为树构造智能体的行为及任务切换的方法，讨论了从简单主题（如语义和设计原则）到复杂主题（如学习和任务规划）学习行为树的基本内容，包括行为树的模块化和反应性两大特性、行为树的设计原则与扩展，并将行为树与自动规划、机器学习相结合。

本书通过丰富的图文展示，从简单的插图到现实的复杂行为，成功地将理论和实践相结合。本书适合的读者非常广泛，包括对机器人、游戏角色或其他人工智能体建模复杂行为感兴趣的专业人士和学生。

Machine vision and Application

机器视觉是自动化与机器人领域的一项新兴技术，能让自动化装备具备视觉功能，包括观测、检测和识别功能，从而提高自动化设备的柔性化和智能化水平。

本书重在理论联系实际，介绍图像处理、机器人控制、视觉光源、光学成像、视觉传感、模拟与数字视频技术、机器视觉算法应用以及所涉及的软硬件技术。同时，围绕着机器人测量、抓取和导航定位应用案例和专题实验，系统地介绍当前视觉识别、视觉测量、视觉伺服以及三维重建的新理论和新方法。

作者简介

曹其新 上海交通大学机械与动力工程学院教授，博士生导师。主要研究方向为机器视觉、机器人控制技术。曾发表 EI&SCI 论文 150 多篇，获得国家发明专利 90 多项、国家科技进步二等奖 1 项、吴文俊人工智能科学技术奖一等奖 1 项、省部级科技奖项 5 项。

庄春刚 上海交通大学机械与动力工程学院副研究员，博士生导师。主要研究方向为机器视觉与控制。曾发表 EI&SCI 论文 30 多篇，获得国家发明专利 10 多项、上海市技术发明一等奖 1 项。

上架指导：计算机/人工智能

ISBN 978-7-111-68686-6

定价：79.00元

客服电话：(010) 88361066 68326294